本书由安徽大学淮河流域环境与经济社会发展研究中心运行经费资助出版

本书系安徽大学"双一流"学科建设"淮河流域生态建设与经济社会发展"文科创新团队阶段性成果

江淮流域的灾害与民生

◎张崇旺　朱浒　主编

科学出版社

北　京

内 容 简 介

本书精选中国灾害防御协会灾害史专业委员会第十四届年会暨"江淮流域灾害与民生"学术研讨会的参会论文编辑而成,分别就灾害史理论、江淮流域等地区灾害与民生领域的一些重要问题进行了深入探讨。

本书可供对历史学、灾害史、环境史方向感兴趣的读者参考阅读。

图书在版编目(CIP)数据

江淮流域的灾害与民生 / 张崇旺,朱浒主编. —北京:科学出版社,2021.9
ISBN 978-7-03-069763-9

Ⅰ.①江… Ⅱ.①张… ②朱… Ⅲ.①江淮流域-自然灾害-研究
Ⅳ.①X432.5

中国版本图书馆 CIP 数据核字(2021)第 185250 号

责任编辑:王 媛 杨 静 / 责任校对:王晓茜
责任印制:张 伟 / 封面设计:润一文化
邮箱:yangjing@mail.sciencep.com
电话:010-64011510

科 学 出 版 社 出版
北京东黄城根北街 16 号
邮政编码:100717
http://www.sciencep.com

北京中石油彩色印刷有限责任公司 印刷
科学出版社发行 各地新华书店经销
*

2021 年 9 月第 一 版 开本:720×1000 1/16
2021 年 9 月第一次印刷 印张:19 3/4
字数:350 000

定价:168.00 元
(如有印装质量问题,我社负责调换)

江淮之间：区域灾害史研究的新征程（代序）

夏明方

（中国人民大学清史研究所暨生态史研究中心）

中国灾害防御协会灾害史专业委员会从 2004 年 10 月正式成立以来，就在创会会长高建国先生的带领下，每年召开一次年会，而且大都选择在不同的地方举办，并以各所在区域的灾害研究作为年会探讨的主题。这样做的目的，主要是想在依托各地已有研究力量的基础上，尽可能地吸引更多的学者关注此一区域，或者由此引发出对其他区域相关问题的讨论，通过有意无意地对照和比较，进一步显示各区域之间的地域特色与相互关联，以推动对中国灾害史的总体思考。如此十几年坚持下来，灾害史专业委员会的队伍一点点地扩大了起来，参会人数从最初的几十人甚至十几人猛增到七八十人、甚至百人左右，参会论文的质量每次也多有很大的提升，参会者所在单位可以说分布全国各地，原本由为数不多的科研机构和高校主导的灾害史研究终于遍地开花，灾害史之作为历史学的一门分支学科，也逐渐得到学界的认同。虽然这样的成就是新时期全国各地灾害史研究者共同努力的结果，但作为国内灾害史学者最重要的学术交流平台，灾害史专业委员会在其间所发挥的引领、牵线、汇聚的作用，无论如何也是不遑多让的。更何况，随着年会的次第举办，我们这些原本埋首于故纸堆的历史学者，也走出书斋，走出象牙塔，自东而西，自北而南，在饱览祖国大好河山、领略各地风土人情的同时，对灾害史研究的现实意义也有着更切实的感受，这反过来便成了我们继续前行的动力。

2014 年之后，新一届的灾害史专业委员会，在高先生的指导之下，又连续举办了几届区域灾害史年会，如保定的"海河流域环境变迁与自然灾害"和上海的"江南灾害与社会"等，使专委会的足迹几乎遍及中国东西南北各主要大江大河流域，唯一所缺就是夹在长江黄河之间、古称四渎之一的淮河。适逢安徽大学淮河流域环境与经济社会发展研究中心主任张崇旺教授在上海年会上发出倡议，大家一拍即合，于是"江淮流域的灾害与民生"便成为第十四届年会的主题。此次会议同样得到了各地学者的广泛响应，仅提交论文的老中青三代学者就有 80 余位，其间围绕着江淮流域的灾害与民生、中国灾害史研究的理论与方法以及其他相关问题展开了深入的讨论，并针对淮河流域的自然灾害与环境治理专门召开学术沙龙，邀请相关专家就该流域的灾害研究和现实问题提出相应的建议和对策。应该说，此次会议还是取得了一定的成效，其集中的体现就是这本由张崇旺、朱浒主编的年会论文集《江淮流域的灾害与民生》；另据相关消息，在 2018 年国家社科基金重大项目的入选名单中，由安徽大学淮河流域环境与经济社会发展研究中心申报的 "民国时期淮河流域灾害文献搜集、整理与数据库建设" 赫然在列，这表明至少在属于人文学科的历史学界，淮河流域灾害史的研究已经得到应有的重视，虽然在此之前，已有诸多学者在此方面做出了巨大的贡献。据该项目主持人朱正业教授在项目开题会上介绍，他们当初之所以要申请这一项目，就是接受了有关专家在前述学术沙龙中提出的建议。这大约也算是江淮年会的溢出效应吧。

说来惭愧的是，当张崇旺教授将他编好的论文集发给我，并嘱我作序的时候，我却感到力不从心。作为一个生长在安徽巢湖之滨的农家子女，我对这一块灾害频发的土地太过于熟悉了。我之从事灾害史研究，而且持之不辍，也与我自小对于饥饿和灾害的深切体验密不可分。我也曾目睹故土之民为克服自然灾害、战胜饥饿而做出的艰苦卓绝的抗争，譬如著名的 "淠史杭灌溉工程"，还以少年之躯投入到当时轰轰烈烈的 "围湖造田" 运动之中，虽然其效果适得其反。此后进城求学，留乡执教，以及北上读研、就职，对家乡的变化，尤其是时或遭遇的灾害既耳闻目睹，也萦绕于怀。可是当我选择灾害史（当时称为 "灾荒史"）作为自己的学术志业时，我对自己家乡的灾害历史反而没有做过一点点的专门研究，扪心自问，至感亏欠。幸而江淮年会讨论的过程，也就是我的学习过程，而崇旺兄的屡屡 "逼迫" 更使我不得不抽出相当的时间去请教国内外的相关研究者，偶然也会通过无线通信，求教于生活在那一片土地之上的亲朋故旧，以求释去心中的某些困惑。多途并进，也算对家乡所在之江淮大地的总体历史，尤其是它的灾害以及国家和社会对灾害的响应之历史有了更加全面、更深层次的了解。这并非傲娇之辞，毕竟我接下来所要谈的个人体会和学习心得，主要来源于国内外的前贤和同仁在这一方面取得的成果，我不能否认他们付出的艰辛和智慧。我在此处所要表达的是发自内心的崇高敬意。当然，作为一种体会，总是避免不了掺杂一己之私见，也会多有误读和曲解，如此种种，当然只能由本人负责，而无损于前贤同仁之伟大。唯求方家一哂，于愿足矣。

不妨先从 "江淮之间" 这一表述开始。据崇旺兄的梳理，其所指范围，有的认为包括今皖苏两省境内西起大别山麓、北抵淮河、南达长江、东至黄海之滨的地带，有的则泛指今安徽、江苏、河南以及湖北东北部长江以北、淮河以南的地区，但总体而言并没有脱出江北、淮南的范围；也有的把它与江淮流域等同起来，指的是淮河以南和长江下游地区，简言之，即江南淮南。崇旺兄自己选择的是前述第二种标准，但还是注意到这一概念的历史内涵，认为唐宋之前"江淮"和"江淮之间"并用，且泛指江淮之间以及江南的部分地区，但是明清以来仅是特指"江淮之间"，不再包括江南地区了。到了近现代，江苏的长江以北地区，习惯上被称呼为"江北""苏北"，"江淮"一词专指安徽的江北、淮南之地。①不过也有研究唐史的学者另有考量，认为"江淮"连称，在先秦至秦，主要指的是淮水流域，"江"字等同于淮或形同虚设；两汉以后确指江北淮南之地，少有例外；唐代以来，其南限越过了长江，把江南也包括在内，而且愈往后，愈以江南为主。②不过新近的研究则倾向于将先秦至西汉时期的"江淮"，理解为包括淮河以北部分区域，江北淮南之间，以及长江中下游的广大地区；东汉以后，随着江东地区经济、文化的发展，逐渐被排除于江淮之外。③很显然，同一个"江淮"，在不同的历史时期或同一历史时期也都有不同的含义，如果我们关心的不是某一特定的时段，而是通贯古今，那么最好还是追溯不同时代各自不同的地域认知，去描绘一个变化的、动态的"江淮之间"。下文讨论的江淮，取其广义，主要包括淮北、淮南，兼及皖南等部分长江以南地区（确切地说，应为"江东"）。

不管其空间范围如何盈缩无常，是大是小，不能改变的是它位处长江、黄河之间的位置，但也正是由于这一夹持之势，使得江淮之间，无论就狭义还是广义来说，其天、地、人、万物及其组合也总是处于一种流动的状态，给人一种捉摸不定的感觉。在我的家乡，"江淮之间"这一说辞所表达的，往往指的是这样一种心理状态，一种面临危机和抉择时举棋不定、不置可否、上下忐忑、左右摇摆、前瞻后顾、进退失据等诸如此类之犹豫徘徊、踟蹰彷徨的心境。这是一种只有生活于江淮之间的家乡人才能心领神会的特有表述，外地人难以窥见其中的奥妙。这并不表明这里的居民没有主心骨，没有一己之定见，相反，我们拿"江淮之间"作为表达两可之间不确定性状态的隐喻，这一约定俗成的用法本身就是某种确定性的表现。而之所以如此，除了在发音上这个"江淮"与"徘徊"一词有点相似外，更关键的因素还在于我们生活的这片土地，亦即江淮流域、江淮大地，其自身的自然生态以及以此为基础而展开的人文生态之过渡性、中间性和多样性、多变性特征。作为华夏大地之南北、东西、天地（气候、地貌、植被）、海陆的多方位、多层次的多元交汇之处，它在长期以来国内外学术话语中，几乎都被表述为自然、人文方面的"过渡地带""中间地带""文化通道""经济谷地""生态走廊"等，虽然由于学科背景或研究视野的不

---

① 参见张崇旺：《"江淮"地理概念简析》，《地理教学》2005年第2期。
② 参见张邻、周殿杰：《唐代江淮地域概念试析》，《学术月刊》1986年第2期。
③ 参见陈晨：《从边缘到核心——汉晋之间江淮地域社会的演进》，江西师范大学硕士学位论文，2017年。

同，人们给予它的名号各有差异，但是作为"中间物"的过渡性、中介性、多元性、连通性和多变性的特征，却是得到广泛的认同。大凡谈及"淮河文化""江淮文化"者，几乎没有不以此作为分析问题的出发点。

值得注意的是，随着生态学思想的普及，以及新兴的环境史研究的影响，近年来有不少学者开始把当代环境保护专家用以对淮河流域环境问题进行分析的生态学理论，转而用于探讨该地域的人文现象及其变迁，尤其是用"生态环境脆弱带"这一概念作为基本的分析框架。①从我个人的研究经验和当代生态史研究的发展趋向来看，这一概念的引入，真正把握住了江淮之间生态系统的本质特质，也应使我们对江淮流域的认识进入新的层次。它有助于我们从自然、人文交互作用的角度全方位、多层次地阐释江淮大地的生态演化过程，值得在此方面大做文章、做大文章。不过我个人更偏向于"生态脆弱带"这一表述，并赋予其中的"生态"以人与自然的双重内涵。就其统合的一面而言，这一脆弱带是由人与自然两者交互复合而成的生态系统；就其分析的一面而言，它也可以区别为"环境脆弱带"和"社会脆弱带"这两个相对分离的次级生态系统。②在我看来，目前灾害学界盛行的"环境脆弱性"概念，亦可作如是解，但那已是另一个需要深入探讨的领域了，此处暂且不表。

回到"中间地带"这一话题，我们完全可以做出这样的判断，正是由于此类过渡性、多变性特征，使得淮河流域这一在过去绝大部分时间原本独流入海、独立完整的巨大水系，以及在其中生活过的人们，在有文字记载以来的数千年华夏历史叙事中，其自身的历史，一直被以黄河流域为主体的中原中心史观以及后来逐渐占据区域研究话语霸权地位的江南叙事所遮蔽掉了。即使人们在这类总体性或区域性叙事中也会单独提及它的名号，但无论是考古文化的探索，还是历史时期的研究，其所指代的地域或文化，要么被其北部的黄河文明所覆盖，要么就是被南部的长江流域肢解而去。淮河流域，一分为二，自身特色，消弭殆尽。③有学者为此而鸣不平，坚定地认为：历史事实表明，淮河流域在中华文明的发展演进中，不论在史前时期，抑或在历史时期，都有着自身的发展体系，都同样有着特殊的历史地位，只是学者们在研究中未能给予其客观的定位而已。④

这当然是后发之明，因为其所肯定的"历史事实"，也就是淮河流域曾经有过的辉煌历史，实际上是一个再发现的过程。令人玩味的是，这一再发现，恰恰是创造此种辉煌历史的先民之后辈，在对他们所承袭之淮河过去，也就是

---

① 参见徐峰：《春秋时期淮北江淮地区的政治生态与地理结构》，《南都学坛》2014 年第 2 期。

② 参见夏明方：《民国时期自然灾害与乡村社会》，北京：中华书局，2000 年。

③ 参见杨育彬、孙广清：《淮河流域古文化与中华文明》，《东岳论丛》2006 年第 2 期。

④ 参见张文华：《汉唐时期淮河流域历史地理研究》，上海：上海三联书店，2013 年。

"旧社会""旧山河"进行持续改造之时，在对先民文化遗址有意无意地破坏之中才被发现的，而其得到学界和社会的承认，尚需经过几代考古学人艰苦细致的抢救性辨认和考证。如前所述，曾经有过这样一段相当长的历史时期，人们对于华夏文明起源及其演化路径的认识，主要聚焦于黄河流域和黄河文明。黄河流域，尤其是黄河中下游地区，一直被视为华夏文明的核心生存空间，黄河也一直被当作孕育中华文明的"母亲河"。然而其后，尤其是中华人民共和国成立以来，为改变过去一穷二白的社会面貌（或社会生态面向），人们在包括淮河流域在内的华夏国土之上进行了空前规模的水利工程建设，以及相应的工业化、城镇化建设，这一场原本与过去决绝的"重整山河"运动，反而把长期以来被遗忘、被掩盖的史前和先秦历史，让肆意纵横的推土机给掘了出来，长江流域之作为中华文明另一个重要源头的判断，逐渐成为举世公认的事实，尤其是位于长江三角洲的良渚文化在考古学家的最新发现中变身而为"良渚文明"，使中华文明之光一下子提前到了距今 5000 年前。兼之东北、西北、西南、华南各处的考古新发现，中华文明起源的"满天星斗""多元一体"的大格局已经牢牢地确定了下来。在这一过程中，淮河流域，尤其是它的南部亦即狭义的江淮地区，其考古文化一开始还是被裹挟在长江文化的谱系之中。之后，主要是新世纪以来，随着越来越多的文化遗址被发现，其与江南、海岱、中原、江汉等区系不同的文化异质性愈发凸显，人们对其与前述各区系文化之间的互动关系也有了新的认识，著名考古学家苏秉琦在 20 世纪 70 年代初期对淮河流域古文化所做的推测，获得越来越多的证据，于是，一种新的完整的考古文化区系——淮系文化区系，通过考古学家手中小小的"洛阳铲"而被清晰地勾勒了出来。①差不多与此同时，受 20 世纪 80 年代以来逐渐盛行的社会史、区域史研究的影响，对江淮大地的历史研究也从对总体性的华夏史学的攀附逐步向本土化、地方化，旨在展示大一统华夏文化圈之中多样化的地方性特色。起初这样的地方化、本土化还笼罩在江南区域史、华北区域史的阴影之下，但久而久之，这类研究开始呈现愈益浓烈的区域主体自觉性，"淮河文区""江淮文化"等概念也呼之而出。②

作为一个地地道道的"江淮人"，我们没有理由不对这样的新发现鼓与呼。但在欢喜雀跃之余，我们还是应该直面如此冷酷的事实，毕竟这一段源远流长的辉煌历史，终究还是被来自北方的黄河席卷而来的漫漫黄沙掩埋掉了。此情此景，不禁使人想起唐人杜牧的一首咏赤壁诗："折戟沉沙铁未销，自将磨洗认前朝。东风不与周郎便，铜雀春深锁二乔。"位处东部之滨的淮河流域从来

---

① 参见高广仁：《淮河流域古代社会文明化进程研究（笔谈）》，《郑州大学学报（哲学社会科学版）》2005 年第 2 期。

② 参见张崇旺：《略论"江淮文化"》，《文化学刊》2008 年第 6 期。

也不缺东风之便,但其早前的历史却深锁在华夏记忆的最深处,人们只能从层累的黄沙和浩瀚的文海之中才能钩沉索隐,使其大白于世。说实在的,对于此种境况,我们只能借用一个不那么妥帖可又没有比它更合适的说法来概括之,那就是"沦陷区",一个中华文明的"沦陷区",尽管自华夏文明成形伊始,它就是其中不可分割的一部分,但至少从南宋以来的一蹶不振,千年走衰,也是不容否认的事实。因此将其确认为 "沦陷区",并非故作高论、危言耸听,当然也不是要否认它曾经有过的辉煌。相反,恰恰是有了这样的辉煌,"沦陷"之义方才确然而显。辉煌臻于顶巅,沦陷归为渊底,相反而相成也。在此之外,我所说的"沦陷"还有另外一重含义,前面所说的"沦陷"还没有脱离中国传统文明的圈子,无论是纵向的沉沦,还是横向的凹陷,都是在这一范围内进行讨论的;而第二重含义的"沦陷",则是针对试图取代传统文明的现代文明来说的,它在改天换地的高歌猛进之中,几乎被其自身的非预期负面效应活生生地毁掉了。

此是后话。我们先来领略一下从"淮河本位"或"江淮视野"出发的新探索,看看它们给我们重绘的"黄金时代"到底是何许模样?借助现有的大量研究,大体上应该可以包括以下几个方面,依序说来:

首先,就旧石器时代而言,这里有亚洲已知最古老的距今最晚四五十万年前的古猿化石,有可能是远古人类的诞生地之一;而到了该时代的中晚期,从上游、中游到下游,整个流域遍布人类活动的痕迹。在我的老家原巢湖地区就有两处这样的发现:一为和县龙潭洞猿人遗址,距今约 30 万年;一为巢湖银山早期智人遗址,距今 20 万年。如果将毗邻的皖南地区包括在内,则人类活动的痕迹一下子可以往前追溯到 200 万到 240 万年前,在芜湖繁昌人字洞遗址,生活着欧亚大陆迄今发现的最早的古人类。此外还有宣城陈山、宁国水阳江两处遗址,距今分别约 100 万、80 万年。

到了新石器时代,这里的文化当然免不了要受到周边各种文化交流、碰撞的影响而呈现出多元交汇的特征,但也有不少考古学家从中梳理出具有自身特色的淮系文化,其中已知最早的是距今 9000—7000 年淮河上游的贾湖文化和裴李岗文化,继而是距今 7000—5000 年的上游大河村文化、中游侯家寨文化以及下游的北辛文化、大汶口文化(北部黄淮地区)与南部江淮地区的龙虬庄文化,之后是距今 5000—4500 年的上游谷水河三期文化、中游大汶口文化尉迟寺类型以及下游大汶口文化花厅类型,最后是距今 4500—4000 年的上游龙山时代王成岗类型、中游造律台文化和下游的龙山文化。据考证,这些文化,在居住址、遗物、文化传统、自然环境、原始信仰、精神文化等方面都具有相当多的共同因素,尤其是到了距今 5000 多年的仰韶文化时代晚期与之后的龙山文化时代,从上游到下游,大量城址的发现如雨后春笋,表明这里"与黄河中游的伊洛地区、长江中游的江汉地区、长江下游的太湖流域和杭州湾区、内蒙古中部的长城地带等地同步进入了以城邦为标志的早期文明阶段"①。

与此相应，当人们把这里的考古发现与现存古文献结合起来，并引入族群视野，20 世纪 30 年代傅斯年提出的"夷夏东西说"便由此获得了更多的证据支持，进而也面对越来越多新的质疑和挑战，有人提出"夏为东夷说"，有人提出"新夷夏东西说"，尽管这些新的探讨并不一定会得到学界的广泛认同，但至少表明潜藏在傅斯年假说中比较僵硬的东夷西夏二元对峙格局已经动摇，以淮河流域为主要活动空间的史前部落或族群，作为"东夷"或东方族群之一部分，其对华夏文明的诞生确乎发挥了至关重要的作用，而且也已经得到越来越多的肯定，中原中心的华夏正统史观逐渐被做出修正。

接下来进入了夏商周三代的先秦历史时期。曾经共同参与华夏文明创生的东方族群开始发生分异，一部分融入中原，成为新的华夏族群，一部分则依旧作为东夷族群或者说是因应华夏族的形成而分化为东夷。②这些族群，尤其是从中分化而来的淮夷，虽然在中原王朝的压迫下逐步南迁，但其势力之大，不仅深深地影响了夏王朝的政治走向，也与曾经共处一地的商人所创立的新中原王朝长期对垒，而且直至西周一代，对周王朝控制东国、南国影响巨大，其中的徐夷甚至一度迫使周穆王承认其为东南各族的盟主，而西周的灭亡也与淮夷的反叛脱不了干系。至春秋末年战国之时，吴楚争霸，淮夷仍然活跃于政治舞台，直至被纳入楚王国的一部分，成为与西秦争霸的劲敌。③

除此之外，更重要的是，对后世中华文明产生决定性影响的诸子大家，大多出于此一地域空间，诸如管子、老子、孔子、孟子、庄子、墨子、韩非子以及神农学派的许行，等等，正是他们提出的学说以及相互之间的对话，在群星璀璨的中华文明的轴心时代发出了最耀眼的光芒，姑且无论在生产工具、矿业开采、稻作种植、水利工程以及天文历法等方面此一地域曾经取得的先进成就。

大一统之后，"淮泗之夷皆散为民户"，江淮大地走入全新的华夏时代。依据司马迁、班固的描述，其中的淮北大部是中原文化不可分割的一部分，其余的部分乃至整个淮河南部，则被归入江南楚越之地。不过，历经秦汉魏晋乃至隋唐的持续开发，兼以北方中原持续的战乱和衰败，以淮河流域为主导的江淮大地在隋唐之际迅速崛起，成为其时中国最重要的基本经济区，尤其是唐代辖境内包括今江苏淮北、皖北、鲁南、河南省的河南道，据称是当时全国最重

---

① 参见高广仁：《淮河史前文化大系提出的学术意义》；张居中：《略论淮河流域新石器时代文化》，以上两文均载于《郑州大学学报（哲学社会科学版）》2005 年第 2 期。

② 参见朱继平：《从淮夷族群到编户齐民：周代淮水流域族群冲突的地理学观察》，北京：人民出版社，2011 年。

③ 参见李修松主编：《淮河流域历史文化研究》，合肥：黄山书社，2001 年。

要的产粮区，稻鱼桑麻远胜长江流域。也就是说，此时的淮河流域才是真正的鱼米之乡，或者说是之后举世称羡的"水乡江南"的前生。"江淮熟，天下足""走千走万，比不上淮河两岸""扬一益二"，诸如此类的民谚，足证江淮流域的富裕与繁华。①

这样的"黄金时代"，理所当然地要让今日的江淮人引以为傲，引以为大傲。从古人类的起源到华夏古文明的曙光，从三代之时号称人文觉醒的轴心时代到唐宋变革之际江淮新经济区的崛起，一切的一切，无不彰显江淮大地的辉煌与荣耀。如果将叙事的终点在此而刹车，它的过去虽然也曾有过顿挫，但总体而言，还称得上是一曲延绵不绝、昂扬奋进的"欢乐颂"。然而历史的脚步无以阻挡，人类在这一片土地上继续弹奏的乐章，其主调很快便发生了急剧的变动，迄今犹有余响。也就是说，在这之后八九百年的时段里，无论我们选择什么样的节点或事件来作为故事的终局，也就是说无论我们采用什么样的主观立场来建构我们对淮河流域的叙事，几乎都改变不了传唱至今、凄凉哀怨的"凤阳悲歌"。当下涌现的有关淮河流域水利史、灾害史、环境史的各类研究，无不以其铁一般的数字和活生生的事实，再现了在这一地域上演的一幕幕惨剧。谁能想到，这一片多灾多难、十年倒有九年荒的广阔大地，最终居然可以成为质疑、颠覆甚至埋葬激进后现代史家海登·怀特之"元史学"的历史世界。就我所知，综观海内外的一众研究，无论是出自自由主义者，还是马克思主义学者，对这一地域的这一段历史，似乎都呈现出浓重的抑郁色调。

不过南宋前后这样一种截然不同的世界，并不应该让我们把南宋以前的淮河史或江淮史浪漫化、诗意化；我们应该清楚地认识到，无论是史前"东夷"的活动空间，还是先秦夷夏、夷楚的共享之地，以及秦汉至宋中原汉民稻香四溢的"沃土"，实际上都未曾改变这一地域之作为过渡性的"生态脆弱带"的基本特质。而这样一种脆弱带，就其自然生态的一面来说，本身就是一个充满风险、危机和灾害的不确定性的生态系统。相比于南宋黄河夺淮之后的八九百年，早先的淮河两岸，虽然目前还很少见到对淮河流域古生态系统展开独立的环境考古研究，但如下表述应该没有太大的问题，那就是气候更为温暖，雨量更加丰沛，森林广布，湖沼众多，动植物资源多样而丰富，其总体自然环境远比现在要优越得多。②但是，尽管如此，随着气候的冷暖变化，一方面，作为气候过渡带的淮河两岸显然要经历更大的波动，兼以淮河干流自西而东从山麓向平原的冲刷，北部黄河频繁的南泛，东部海洋灾害（如海平面上升、海水入侵、台风风暴潮等）不时的侵扰，还有从山东到庐江横贯南北的郯城地震断裂

---

① 参见马俊亚：《区域社会发展与社会冲突比较研究：以江南淮北为中心（1680—1949）》，南京：南京大学出版社，2014年。

② 参见徐峰：《史前江淮地区的生态环境与生业经济》，《中国农史》2013年第2期。

带间歇性的活跃，生活在这里的史前人类和上古先民显然要遭受无数大大小小的灾害冲击；另一方面，淮河两岸独特的"中间地带性"，也使这一片多样化的地域空间，成为周边各类人群南来北往、东迁西徙的大通道，由此固然有助于不同文化的交汇与融合，但这样的融合主要的还是在相互的竞争、冲突乃至战争的过程中展开的，这是从人文生态的角度而言两淮地区必得面临而实际上也一直遭遇的重大灾难之源，不管是夷夏之间的东西之争，还是华夏分裂时期的南北之战，这都是两淮流域周期性上演的人间悲剧。把黄河夺淮之前的两淮地区书写成无灾无难、平和繁荣的乐土，不过是一厢情愿的想象。当然，从一定意义上来说，正是这样一种不确定性的环境以及面对这一环境挑战所做的应对，才是包括两淮地区在内的华夏文明诞生和演进的重要动力，我们从孔孟、老庄、墨子、韩非以及其他诸子百家的思想世界中，也都能捕捉到他们对于灾害问题的思考，以及这种思考对华夏文明构建的重要性，只是它的重要性几乎被现时代所有的思想史家或历史学家大大地低估了。两淮地区从先秦的邹鲁渐次扩展，进而蜕变成唐宋的"江淮"，也是不同时期国家和民众应对战祸和天灾的产物。

之后的历史，就是众所周知的客水来袭、黄河夺淮的惨剧了。20 世纪末以来国内出版的一系列优秀成果，比如韩昭庆《黄淮关系及其演变过程研究》（复旦大学出版社，1999 年）、吴海涛《淮北的盛衰：成因的历史考察》（社会科学文献出版社，2005 年）、汪汉忠《灾害、社会与现代化：以苏北民国时期为中心的考察》（社会科学文献出版社，2005 年）、张崇旺《明清时期江淮地区的自然灾害与社会经济》（福建人民出版社，2006 年）、陈业新《明至民国时期皖北地区灾害环境与社会应对研究》（上海人民出版社，2008 年）、胡惠芳《淮河中下游地区环境变动与社会控制（1912—1949）》（安徽人民出版社，2008年）、马俊亚《被牺牲的"局部"：淮北社会生态变迁研究（1680—1949）》（台湾大学出版中心，2010 年；北京大学出版社，2011 年），以及最近的吴海涛《淮河流域环境变迁史》（黄山书社，2017 年），等等，对于该流域尤其是淮北地区在黄河长期夺淮的背景下，水系的演变、地貌的变迁、灾害的演化、民生的困顿，以及社会关系的恶化和经济结构的畸变，都做了极为细致、深入的探讨，从中尽显作为黄泛对象之"淮域沦陷区"的沧桑巨变。不少研究更进一步，从自然、社会等不同侧面多方位探讨淮北地区由盛转衰的历史动因，读来令人唏嘘，其中尤以马俊亚被牺牲的"局部"这一富有洞察力的表述，振聋发聩，发人深省。

当然，淮域走衰，动因不一，诸如气候变冷、人口过剩、植被减少、战乱频仍，等等，无疑都是不容忽视的重要方面，但最关键的原因还是人为造成的黄河夺淮。这一"人为"至少体现在如下三大事件之上，依次而言，首先是南宋建炎二年、公元 1128 年东京留守司杜充在今河南滑县的决河之举，为确保偏安一隅之南宋朝廷，不惜将曾为沃土之"河南"变成后日贫瘠之"河北"。其次是就连南宋新儒家之鼻祖朱熹也将黄河"白西南贯梁山泊，迤逦入淮来"看作是南宋国运不衰之吉兆，即所谓"神宗时河北流，故金人胜；今却南来，故其势亦衰"。①面对拱手相让的新"国土"，金人自然喜不自禁，"我初与敌国议以河为界尔，今新河且非我决，彼人自决之以与我也，岂可弃之？"为何？因为"河北素号富庶，然名藩巨邑、膏腴之地，盐、铁、桑麻之利，复尽在旧河之南"。此处的"旧河之南"当然也包括其时的淮北，故此，"今当以新河为界，则可外御敌国，内扼叛亡，多有利吾国"②。宋金两国一拍即合，黄河岂有北归之理？如果说这时的淮北还是一个"敌国"艳羡之地，那么到了明清时期，确切地说，它在今河南、山东、安徽的大部分以及江苏淮阴以东的淮河两岸，似乎都应归为黄河平原方为妥当——就像马俊亚痛切直陈的那样，是两家王朝为了捍卫祖陵、保卫运道或治河保漕而以"国家"的名义完全牺牲的"局部"地区，被大大缩小了的淮河流域彻底丧失了在唐朝获得的经济中心地位，而被后开发的江南稳稳地取代了。再次是距今 80 余年的黄河花园口决堤事件，当时的抗日"领袖"蒋介石以其"空间换时间"的防御战略，将 1855 年铜瓦厢改道之后的黄淮地区再一次变成了"人间炼狱"。显而易见，黄河，这条中华民族的母亲之河，之所以又变成中华民族的忧患之河，固然与其桀骜不驯的自然特性密不可分，但是更与人类对它的"驾驭"或利用有着不解之缘，它汹涌咆哮也好，它安澜顺轨也罢，往往都可能是人类尤其是掌控着巨大权力的国家对它的有目的干预或刻意安排，而且都会给它所辐射到的或大或小地域范围的无数民众带来巨大的灾难。从这一意义上来说，两淮地区之成为中华文明的"沦陷区"，主要还是国家力量自我操纵的结果，借用当代后殖民理论的时髦用语，这种情况多多少少也算是一种"自我殖民"。如果从区域或地方本位的角度来看，这实际上是国家借用黄河的力量对江淮大地所推行的一种内部殖民，是国家在自然生态和社会生态两个方面对两淮地区的资源与民众进行压制和压榨的"内殖民主义"行为。

此种生态内殖民主义，使两淮地区的生态系统发生了根本的转向。当然，作为中华大地南北之间的"生态过渡带"或"生态廊道"，由于大运河的贯通，它的地位不但没有被削弱，反而进一步强化了，但也正是这样一种"生态一体化"的进程，使其作为"生态脆弱带"的角色更加凸显。气候干旱化、物种单一化和土壤贫瘠化开始成为这一"生态脆弱带"的主色调。与早先广大的水域

---

① （清）胡渭：《禹贡锥指》卷 13 下引《朱子语录》，转引自韩昭庆：《黄淮关系及其演变过程研究》，上海：复旦大学出版社，1999 年，第 27 页。

② （宋）徐梦莘：《三朝北盟会编》卷 197，转引自韩昭庆：《黄淮关系及其演变过程研究》，第 23 页。

世界相比，今日黄河故道南北的广大淮北地区，在日积月累的黄河泥沙不断的淤积、侵占之下，水系紊乱，河湖萎缩，逐步沙化、碱化、干旱化，吴海涛称之为"黄淮化"；而为了蓄清敌黄、束水攻沙以致人为扩大的洪泽湖，则如同悬釜一样，成为苏北里下河地区的洪灾之源；至于淮河中游今河南、安徽境内的淮河两岸，也因洪泽湖水位的顶托而增加了洪水暴发的频率。所以自然生态系统并非静止不变，或变动甚小，以致在历史研究中可以忽略不计。同样，人们通常所说的作为中国旱地、水田作物分界线的秦岭—淮河一线，从来就不是固定不变的，也不是纯自然的产物。它一方面因应气候的冷暖变化而在南北之间往来摆动，而此一时期恰好进入长达数百年的明清小冰期，气候转为不宜，另一方面则因黄河南泛、水地旱化、土质沙化，自然使得水乡稻作向南不断退缩。如果说，沦陷之前的两淮地区在遭遇重大战祸之后往往在不长的时间内还能够得到一定程度的恢复，甚或有所发展，其关键的原因，大约就在于其水资源相对丰富的多样化生态系统内在的减灾韧性，而随着这一系统之生态多样性的丧失，它的应灾能力自然也就大大萎缩了。

　　另外，从人文生态的角度来说，自从华夏中国于元代再次一统之后，除了在元明、明清等王朝交替之际还会周期性地遭遇来自外部的战争灾难，这里的绝大部分时间都处在和平年代，这原本有利于此一过渡带的生态修复，但是和平红利带来的是人口的数量增长和空间扩张，人口压力与资源承载力之间的矛盾愈益凸显，人与人之间的社会关系也因资源的贫瘠化而趋于紧张，两淮地区各地域之间，由于灾害与资源（主要是水资源）这一对利害关系在空间分布上的不均衡，致使生活于其间的同一族群往往也会产生分裂，形成利害互异的利益共同体，不仅村与村之间、县与县之间，甚至省与省之间，因为所处河流水系的上下游或左右岸之别，而在水资源或灾害风险分配过程中产生竞争、纠纷和冲突，时常引发大规模的械斗[①]；或者就像美国学者裴宜理的研究所揭示的，在淮北这同一片空间，主要是源于资源匮乏导致的资源竞争与冲突，各地会相当普遍地催生资源掠夺型的土匪集团和资源防御型的联庄会等基层组织，两者之间的武装对垒或军事交锋，成为淮河流域大地一道抹不掉的风景线。[②]这是明清民国时期江淮内部族群之间一种内生的战争，它可能暂时性地缓解了某些利益群体的生存危机，但更多的时候还是两败俱伤，最终结果就是从整体上削弱了两淮地区的抗灾减灾能力。它与上述自然生态系统的衰变叠交在一起，给该地域的人群打上了不可磨灭的文化烙印，虽然在行政区划方面，两淮地区并

---

① 参见张崇旺：《淮河流域水生态环境变迁与水事纠纷研究：1127—1949）》，天津：天津古籍出版社，2015年。

② 参见〔美〕裴宜理：《华北的叛乱者与革命者：1845—1945》，池子华、刘平译，北京：商务印书馆，2007年。

未能像清末曾经尝试过的那样作为一个完整的"江淮省"来进行治理，但至少在省一级，如今日的豫南、豫中，皖南、皖中和皖北，以及苏南、苏北，明清以降大体上一直都被放在同一个行政区划之中进行管理，但这种自上而下的政治力量并不能阻止上述各地在地域认同或地方性族群认同方面形成互相区别的文化界标，如江苏省内与江南人似乎有着天壤之别的"苏北人"，等等，这种族群分化更在不均衡的区域等级秩序中得以维持和巩固。当然，黄河夺淮，对这一地区似乎并非有百害而无一利。至少其携带的大量泥沙在入海口堆积的三角洲，以及在苏北海岸线的延伸，也算是给多灾多难的苏北人平添了一片稍可回旋的资源空间。

新中国成立之后，这里和全国其他地方一样，在自然和人文两个方面均发生了翻天覆地的变化。其中之一是随着淮海战役的结束，新的政治力量迅即介入，将在其他地区业已轰轰烈烈开展的"土改运动"在此予以推广；而另一方面，新生的国家除了从量的分配方面对江淮流域的人地关系进行重新配置之外，还从质的方面对该地区的地表生态系统进行人为的改造，这就是发端于皖北的"旱改水"或"稻改"运动①，与其相应的就是在淮河流域实施大规模的水利工程建设和水土治理。"一定要把淮河修好！"正式从这里拉开了新中国水利工程建设的序幕。长期以来人们对中华人民共和国建立初期的土地革命，完全都是从量的平均分配角度去理解的，而实际上必须把这样的"土改"和与此同时展开的战天斗地的"改土"结合在一起，方能构成完整意义上的土地革命。这样的革命，不仅涉及人与人之间的关系，也涉及人与自然之间的关系，以及自然与自然之间的关系，因此称之为新中国最初的"生态革命"或许更为恰当。

不过，这样的生态革命，其在景观意义上的目标是将其"江南化"，或者说在农业灌溉和农作物种植方面通过"学江南"而使其变成"小江南"，其在生存意义上的目标，则是根治灾荒，消除饥饿，构建温饱社会，而其在发展意义上目标，则在于为以城市为主导的工业化进程提高商品粮基地，提供资本积累，也提供更广大的工业品消费市场。不可否认的是，由于这一运动的激进化、简单化和教条化，这条大踏步迈向"天堂"的道路，遭遇了众所周知的重大挫折，并引发史无前例的大饥荒，当时的河南、安徽和山东等地，无疑是受害最严重的地区之一。此后经过相当长一段时间的调整，两淮地区绝大部分民众摆脱了饥饿，但也未能更进一步地走出贫困的陷阱，饥饿的威胁依然笼罩在江淮大地上。1978 年，贫困的驱动力再一次激发了江淮人的主体性和创造性，因一场旱灾而在安徽凤阳小岗村发起的农村改革，开始席卷全国，也第一次使包括两淮地区在内的中国广大农村逐步摆脱贫穷，赢得温饱，进而走上富裕之

---

① 参见葛玲：《天堂之路：1959—1961 年饥荒的多维透视——以皖西北临泉县的乡村十年为中心》，华中师范大学博士学位论文，2014 年。

路。遗憾的是，这样一种成就之所以达成，除了思想上的解放、制度上的大胆变革之外，还有一个被不容忽视的因素，就是工业化大潮对它的支撑，然而也正是伴随着这样一种工业化浪潮喷涌而出的"三废"污染，使这一地区农村改革面临越来越严重的环境危机。与周边其他地区，特别是其南部的长江三角洲相比，两淮地区在国家的宏观经济规划之中一直都是作为商品粮基地而存在的，在工农业产品剪刀差的价格机制主导之下，它的经济增长远远跟不上其对面的江南以及东南沿海的发展速度，而且由于这一地区恰巧又是各所在省份相对落后的农业区，以致人们形象地把江淮大地称之为成为新时代中国的"经济谷地"或"经济洼地"。这反过来推动着当地的人们把追求的目标从"小江南"转向"小上海"，迫不及待地去发展形形色色落后的重污染工业，甚至不惜采取各种优惠措施迎接和拥抱来自东南沿海发达地区的"产业大转移"，结果抬高了GDP，却也摧毁了原本就很脆弱的生态系统，淮河流域这一华夏东部的后发展、欠发展地区反而最先走向工业化、城市化的死胡同，或者叫作"生态瓶颈"，传统的、非传统的灾害与风险纷至沓来。淮河，又从一条无水之河变成了全国最严重的污染之河。[①]虽然经过十多年的治理，这里的环境质量有所改善，但未来毕竟还有很长的路要走。山清水秀、碧水蓝天，到底什么时候才能重新光顾这片远古人类的起源地，这片中华文明的发祥地，以及这片中华原典思想的轴心地带？

　　或许我只是杞人忧天。因为就在我们的江淮年会于安徽首府合肥召开的前一年，亦即 2016 年，一个新的大型水利工程——引江济淮工程已经在我的家乡破土动工了；到 2018 年，随着长江流域作为国家生态保护带的大战略开始全面实施，"淮河区域生态走廊"这一设想，也在家乡有识之士的倡导之下进入国家战略规划的视野。虽则生我养我的老家，一个不起眼的村庄，很快就要沦为引江济淮工程的一段河床，但我还是衷心地希望我所热爱的那一片故土，在不久的将来可以重新焕发绿色的生机；我同样热切地期盼这些新时代的伟大工程，能够落到实处，能够持之以恒，能够变成真正意义上的生态革命。果真如此，大概也就应了唐代诗人刘禹锡在与友人白居易初逢扬州时所写的那著名的"七律"诗句了：

　　沉舟侧畔千帆过，病树前头万木春。

　　是为序。

北京世纪城
2019 年 8 月 15 日

---

① 参见偶正涛：《暗访淮河》，北京：新华出版社，2005 年。

目　　录

其他地区的灾害与环境社会治理

附　　录

灾害史理论方法与减灾事业

应对灾害：历史启示与现实思考

池子华　李红英

（苏州大学社会学院；河北大学政法学院）

　　灾害问题研究是一个古老而常新的课题。近年来，世界各地灾害频发，灾害危害不断加剧，尽管前人在减灾救灾方面留下了诸多宝贵经验，但灾害对于人类生存和发展的严重威胁仍然丝毫不减。

一、应对灾害始终是人类社会发展不可或缺的内容

　　由于灾害具有多种多样性、不完全确定性、突发性、破坏性等特点，尤其是自然灾害的不可控性，人类在相当长时间内还无法消灭灾害，但可以通过正确措施积极防灾，减少、减轻灾害及其破坏力。

（一）灾害的破坏力不容忽视

　　自人类诞生以来，灾荒就与之相伴相随，其破坏力涉及人类生产生活的诸方面。首先是危害人们生命、财产安全。历史上大凡大灾过后，或赤地千里，或汪洋一片，人员伤亡无数，粮食颗粒无收，民众居无定所，抛弃子女者、卖儿鬻女者比比皆是[1]，甚至出现人食人的惨剧[2]。其次，灾害严重破坏了社会经济的发展。重灾迫使老弱转于沟壑，壮者散于四方，灾民不得不吃掉种子、耕牛，烧毁农具等以应付眼前之急，生产荒废，摧毁了本来就相当薄弱的农村经济基础。近代大批流民、乞丐进入城市，造成城市拥挤、职业结构畸形、犯罪现象严重等各种城市问题[3]。最后，灾害还影响到人们心理健康和社会秩序的稳定。灾后一部分人"失去了正常的生活信念和行为规范，发生了理性、理念、心理的回归，即向原始的、本能的、生物的本能的回归，无视社会规范和行为准则，将自身活动降低到仅仅求取生命延续即生物学意义上的生存层次上"[4]。灾

---

① 池子华、李红英、刘玉梅：《近代河北灾荒研究》，合肥：合肥工业大学出版社，2011 年，第 77 页。
② 参见池子华、李红英、刘玉梅：《近代河北灾荒研究》，第 57 页图表 3-2，多次涉及"人相食"问题。
③ 池子华：《中国流民史·近代卷》，合肥：安徽人民出版社，2001 年，第 283-290 页。
④ 王子平：《灾害社会学》，长沙：湖南人民出版社，1998 年，第 261-262 页。

民往往出现一些极度绝望、迷信、攻击、抢劫以及传播灾害谣言等越轨心理和行为，或求神拜佛，或为盗为匪，或揭竿而起，造成社会动荡，延缓经济社会发展。

（二）人类对自然灾害还不能完全掌控

自然灾害的主要成因是自然因子的异常活动，随着科学的发展，人们对气候、地形、河流、土壤、海洋活动、地壳活动等规律有了一定了解，可以在一定程度上通过预警机制预防某些灾害的发生，但自然灾害的不确定性和突发性，还往往使人们猝不及防。比如，突发的地震、山洪、泥石流等地质灾害，至今还是人类不能完全预防的灾难。

（三）灾害的发生与加重越来越多地打上了人类的烙印

人类善意或恶意的对自然环境的改变，虽然短期内改善了人们的生产生活条件，但从长远来看，也存在着破坏人们生存的生态环境的风险，加速了灾害的发生频率，加大了灾害的危害程度。比如，自清代以来，人口逐渐增加，人们开始大规模毁林开荒，扩大农田面积，致使太行山区森林面积急剧下降到原有规模的 10% 以下。[①]承德坝上平原，由于大量无序地开垦，到中华人民共和国成立初期，森林覆盖率已由清代的 70% 下降到 5%。[②]森林的退化加剧了这些地区灾害的发生和危害程度。再如人们的自私、愚昧和短见，或筑堤阻流，截流灌田；或阻挠修筑堤坝，甚至人为毁坏大堤，不顾全局利益，违背科学规律，从而造成水、旱灾等自然灾害更加频繁地发生。

人们在无休止的向大自然索取来满足自己不断膨胀的欲望过程中，人为地制造和加剧了灾害，这不能不引起人们对人类活动与灾害发生机制之间关系的思考。

二、国家强大是防治灾害的可靠力量

灾害尤其是重大灾害，单靠个人的力量是无法有效应对的，往往需要有组织、有领导力的团体，形成合力才能完成，国家无疑是组织人们应对灾害的最佳选择。一般认为，早期在中国黄河流域的"治水"是促生中国最早全国性政权诞生的重要动力，可以看出早期灾荒治理对一个民族、一个国家的形成和生存发展至关重要。故此中国历代统治者非常注重对灾荒的治理，在长期的治灾历史过程中形成了一整套的防灾、救灾、减灾、恢复等体系。

---

① 河北省地方志编纂委员会编：《河北省志》第 20 卷《水利志》，石家庄：河北人民出版社，1995 年，第 286 页。

② 袁森坡：《塞外承德森林历史变迁的反思》，《河北学刊》1986 年第 2 期，第 29 页。

（一）大力发展经济，提高国家和民众的抗灾能力

历史证明，当国家经济相对发达，国富民强之时，国家和民众的抗灾能力就强，反之就弱，近代河北乃至整个中国灾荒之所以倍显严重，主要还是因为连年战争及不平等条约的巨额赔款，加之内乱不断，苛政丛生，民众疲敝，国库空虚，使得政府和百姓的抗灾能力变低，灾害危害就显得十分突出。要降低灾荒的危害，唯有大力发展经济，使国富民强。如此，面对灾荒，百姓才不会束手待毙，国家才不会无能为力。

（二）正确处理好发展经济、改善人们生存条件和保护生态环境的关系

在发展经济时，应当注意正确处理好发展经济、改善人们生存条件和保护生态环境的关系。这也需要国家总体做出规划，做到未雨绸缪。改革开放以来，一些地方片面强调发展，过度攫取自然资源，导致环境无力承载趋于恶化，这些教训值得反思。我国应当追求可持续发展，注重对生态环境的保护，实现科学发展，主动防范人为灾害的发生。2015年我国的森林覆盖率达到21.63%，但据专家研究，森林的合理覆盖率应为33%以上。此外，在保护环境的前提下，也要加强对自然资源的合理开发和利用。如水可以为患一方，也可以造福一方，只有统筹全局、合理利用才能够减少水、旱灾害的发生。近年来"以农业用水过度开采为主的地下水超采行为，使华北平原地下水水位明显下降，并成为世界上面积最大的地下水漏斗区"[①]，2017年以来东北平原也出现了此类问题。[②]地下水超采已经给部分农村农业生产生活带来严重后果，这种看不见的水危机如同温水煮青蛙一样，我们不能漠然视之。

（三）灾害防治体系的有效运行需要稳定的社会环境

国家的强大和稳定的社会环境是国家政治、经济、文化等良性发展的必要条件，一个稳定的环境，才能让国家集中精力进行经济建设和生态环境保护。近代中国一直处于动乱状态，政府虽然都采取相应措施防灾、减灾，但社会动荡不安，财力物力不足，使得许多较为可行的防治灾害政策措施根本无法执行下去，导致灾害不断发生，甚至形成恶性循环。

灾荒史的研究充分证明越是国力强大、组织良好、社会稳定，灾害的危害

① 柳获、胡振通、靳乐山：《华北地下水超采区农户对休耕政策的满意度及其影响因素分析》，《干旱区资源与环境》2018年第1期，第22页。

② 唐婷：《东北地下水超采严重 专家呼吁勿蹈华北覆辙——写在"世界水日"来临之际》，《科技日报》2018年3月22日，第1版。

就越小。

三、灾荒防治既要继承又要创新

灾害的发生难以避免，因此灾害也在迫使人们不断思考自身生存和发展之道，人们在与灾害斗争中不断增强战胜各种困难的能力。从应对灾害的层面看，传统防灾、减灾、救灾经验至今仍然具有实用价值。纵观我国防灾、救灾、减灾体系及其实践，既有对传统的继承，又有新的发展。

（一）防灾救灾要有法可依

建立比较完备的防灾、救灾、减灾法律体系有利于防灾减灾管理的正当性和时效性。比较中国各个时期防灾、救灾、减灾法律体系，晚清的法律制度系统相对完备，多数情况下，各级官员和相关人员都能依照法律规定投入到救灾、减灾的行动中去，勘灾、救灾的过程有序进行，使得政府在财力、物力许可的情况下，尽力救济灾民，降低灾害的危害程度，完备的防灾救灾减灾法律体系，可谓功不可没。随着经济规模的扩大，灾害造成的经济损失呈现增长的趋势。作为世界上人口最多且长期遭受灾害威胁的国家，我国迫切需要制定专门的《救灾法》。我国现在虽然有几十个涉及救灾减灾的法律法规，如《中华人民共和国防震减灾法》《中华人民共和国消防法》《中华人民共和国气象法》《中华人民共和国防洪法》《国家自然灾害救助应急预案》《国家防汛抗旱应急预案》《国家地震应急预案》《国家突发地质灾害应急预案》等，但还没有一部专门的救灾法或灾害对策基本法，依法救灾，可以提高救灾效率、保障人民利益、减少国家损失，同时也是建设法治国家的需要。

（二）应当有专项的防灾减灾储备物资和经费

平时储备专项备荒物资和经费十分重要，古代中国早就有备荒思想和备荒措施。"《礼记·王制》曰：'国无九年之蓄，曰不足；无六年之蓄，曰急；无三年之蓄，曰国非其国也。三年耕必有一年之食，九年耕必有三年之食，以三十年之通，虽有凶旱水溢，民无菜色。'"①中国防灾减灾专项储备经费最早是在 1883 年出现的，虽仅专备顺天府（今北京市）一地，但因顺天府为京师所在之地，且经费来源取自各省，经费管理属于户部，从正项用款中剥离出来，专款专用，为后世防灾救灾提供了有益的启示。1930 年 10 月 18 日国民政府公布了中国历史上首部《救灾准备金法》，1935 年 6 月又颁行《实施救灾准备金

---

① 邓云特：《中国救荒史》，上海：上海书店，1984 年，第 252 页。

暂行办法》。①建立专项防灾减灾储备经费对于及时启动减灾系统，减轻自然灾害的危害程度至关重要。这是近代以来救灾减灾立法和实践留给我们的一笔可贵财富。

（三）要充分发挥政府在灾害治理中的积极作用

鉴于灾害的突发性、巨大的破坏性，需要一个强有力的政府直接实施灾害管理，发挥其在灾害治理中的核心决策职能和指挥协调职能，使防灾救灾减灾过程中的人力、物力、财力、信息等形成最佳的组合，全力应对已发生的灾害，减少灾害的冲击力、破坏力、影响力，使人们尽快从灾害中恢复过来。历史证明，当政府关注灾荒、重视救灾并有效救灾时，就能很大程度上减轻因灾致荒的影响，反之，则会加重灾害的危害程度。2008 年汶川地震的救灾过程，再一次印证了政府这一积极作用。

政府除了直接参与救灾减灾外，其在整合多种灾害防治主体和相关资源上的作用也日益凸显。古代中国以法律激励的方式鼓励在灾荒中有余力的个人救助乡邻或捐纳钱粮，近代则出现了有组织的民间救灾团体，如华洋义赈会、红十字会等。这就需要政府在各种应对灾荒的资源中找准自己的定位，有效整合各种灾害治理主体和救灾资源，形成官民协同的多维灾害应对机制，使灾害治理的效果更佳。

政府引导和组织灾民自救互救是十分必要的。由于灾害危机具有突发性和不确定性，所以即使是最及时的救援，也需要时间。因此，组织和引导灾民个体和团体自救就显得特别重要。根据地时期共产党政权，在灾害来临时多次组织灾民自救互救，不仅战胜了灾害，而且也赢得了民心，巩固了根据地的政权。这种宝贵的救灾经验应当继续传承。

（四）要充分发挥军队在救灾中的积极作用

军队具有服从指挥，应急机动能力、协调能力、组织能力较强的特点，在抢险救灾之中作用巨大。在灾害日益加剧的今天，世界各国军队在救灾、减灾中的能量不容忽视，中国军队的人民性使得其成为中国防治灾害最为值得信赖的力量。尤其是军队的组织性和军人的纪律性，在灾害刚发生时的黄金救助时间内具有无与伦比的优势。

（五）要关注灾害道德心理的构建

"灾害心理是一种在灾害条件下产生的心理现象。它是人们对于灾害发生之

---

① 岳宗福：《民国时期的灾荒救济立法》，《山东工商学院学报》2006 年第 3 期，第 92 页。

后的生活条件以及实际生活情形的内心感受或体验。"①为了在灾害条件下求得生存，人们不断调整着自己的心理，容易"发生了人的心理的大面积、大量的逆向变化，也会造成一种对于人在灾害条件下的生存产生消极作用的力量，严重时它本身也会成为一种灾害即精神废墟的产生"②。灾荒的每次降临，或多或少都会冲击着人们的正常心理，或痛苦、绝望，或使迷信大行其道，谣言四起，甚至做出有悖人伦道德的事情。但也能看到一些人仍在灾荒中自救，或亲戚邻里互救，甚至出现大规模的义赈。这表明在灾害来临之时，还存在着一种灾害道德心理。灾害道德心理是"指人们在遭受灾害条件下产生的有关道德方面的心理现象或状况，包括与灾害有关的道德认知、情感、情绪、气质毅力、意向等心理要素"③。这种道德心理在灾害发生和救灾减灾过程中往往起着积极的正面作用，在这种心理的激励下，人们有决心战胜灾荒，变消极被动等待救灾为积极主动投入救灾，从而释放灾民自救能力，减少灾害损失。这种灾害道德心理需要外界尤其是政府的长期关注，也是灾害研究应当关注的重要问题。

总之，建立完备的防灾减灾法律体系，建立独立的防灾减灾储备金制度，保护生态环境，保持社会稳定，促进经济的快速发展，形成良好的灾害道德心理，是减少灾害的有效途径。

四、应对灾害需要进一步推进灾荒史的研究

归纳分析历史上灾害防治的利弊得失，为今后应对灾害提供经验教训，离不开对灾害史的研究。自 20 世纪 80 年代以来，在以李文海教授为首的"近代中国灾荒研究课题组"的引领下，灾荒史的研究如火如荼，取得了丰硕的成果，但也要在拓宽研究领域、注重研究方法、加强理论研究、构建理论体系、加强资料整理和平台建设等④的基础上进一步关注一些细节问题。

（一）在拓展研究领域上应当进一步下功夫

近年来灾荒史的研究在灾害种类的研究上进一步细化为自然灾害与人为灾害、农村灾害、城市灾害与海洋灾害等，其中城市灾害研究引起更多关注，一些研究开始自觉地把城市灾害在成因、种类和防灾救灾减灾救助与其他灾害区分开来，探寻其独特之处，但目前研究深度有待推进。

---

① 王子平：《灾害社会学》，第 216 页。
② 王子平：《灾害社会学》，第 217 页。
③ 王子平：《灾害社会学》，第 253 页。
④ 池子华：《进一步推动中国灾害史研究》，《中国社会科学报》，2016 年 9 月 12 日，第 4 版；薛辉、陈亚南：《继承与创新：近 30 年来中国近代灾荒史研究概述——环境社会学的思考》，《防灾科技学院学报》2014 年第 2 期，第 84-93 页。

灾害救助方面，研究者在关注官方主导地位的同时，有不少学者开始关注各种社会力量的参与。关于官方与社会力量尤其是民间组织的关系和互动研究虽也取得了进展①，但仍有研究的空间和视角需要进一步加强的地方。

关于历史上救灾物资的存放空间和物流问题的研究也应当给予重视。

关于灾害社会影响的研究目前还更多地停留在灾害的直接影响上，没有上升到更高层次、多视角分析的高度②，如关于灾后灾民的心理变化分析只涉及一些非正常的情况，对于大多数灾民的心理状况缺乏系统调查研究，这可以说是灾后民众重新积极投入灾后重建的心理基础，研究价值极高。这就涉及防灾知识的普及和实施、各个阶层防灾减灾思想和灾民心理的研究等。

（二）研究方法和视角应当进一步拓宽

灾荒史研究应当一如既往地以史学为根基，吸收社会学、经济学、统计学、医学、灾害学、心理学等理论方法为我所用。以往研究中很少采用法学理论方法和从法学视角研究灾害或灾荒史，这不可谓不是灾荒史研究的一大缺憾。如关于灾荒法制系统分析尚少见，作为与灾害斗争几千年的中国，从古代中国到近代以来的各届政府都有相应的救灾法律体系的制定和实施，给我们留下了许多值得借鉴的经验和法律制度，但这些法律体系的具体内容如何，有何实施效果，如何演变的，还需要进一步深入研究。灾荒法律之间、灾荒法律与政治、经济、社会和其他法律等各方面的关系研究也有待学界更多的关注。因此从法学角度研究历史上的灾害及其救助还有很大的提升空间。

---

① 据不完全统计，关于救灾中官方与社会力量的互动研究主要有：孔祥成、刘芳的《从越位到补位：1931年义赈组织与国家关系论略》（上海中山学社主办：《近代中国》第23辑，上海：上海社会科学院出版社，2014年，第152-171页）；朴敬石的《南京国民政府救济水灾委员会的活动与民间义赈》（《江苏社会科学》2004年第5期，第219-226页）；朱浒的《地方社会与国家的跨地方互补——光绪十三年黄河郑州决口与晚清义赈的新发展》（《史学月刊》2007年第2期，第104-112页）；郑利民的《民国时期湖南官义两赈的相互关系分析》（《历史教学（高校版）》2008年第9期，第34-38页）；蔡勤禹的《民间组织与灾荒救治：民国华洋义赈会研究》（北京：商务印书馆，2005年）；孙语圣的《1931·救灾社会化》（合肥：安徽大学出版社，2008年）。

② 胡刚：《清代民国灾害史研究综述》，《防灾科技学院学报》2015年第4期，第97-103页。

历史灾害研究中的若干前沿问题

卜风贤

（陕西师范大学西北历史环境与经济社会发展研究院）

所谓的前沿问题，应当是对学科发展动态及可能趋势、方向的一种总体把握，所以前沿问题的论述必须建立在清理家底、对现有工作总结概括的基础上。中国灾害史方面的学术研究已然走过百年历程①，在学科界定和理论探索、研究

---

① 有关灾害史研究的综述性文章已有很多，从中可见灾害史学科发展态势及学界同仁关注的问题倾向。可参见：韦祖辉、耿庆国、徐好良等：《八十年代"明末京师奇灾"研究综述》，《中国史研究动态》1991年第1期；吴滔：《建国以来明清农业自然灾害研究综述》，《中国农史》1992年第4期；余新忠：《1980年以来国内明清社会救济史研究综述》，《中国史研究动态》1996年第9期；龚启圣：《近年来之1958—61年中国大饥荒起因研究的综述》，《二十一世纪评论》1998年第48期；韩茂莉：《历史时期黄土高原人类活动与环境关系研究的总体回顾》，《中国史研究动态》2000年第10期；阎永增、池子华：《近十年来中国近代灾荒史研究综述》，《唐山师范学院学报》2001年第1期；卜风贤：《中国农业灾害史研究综论》，《中国史研究动态》2001年第2期；余新忠：《关注生命——海峡两岸兴起疾病医疗社会史研究》，《中国社会经济史研究》2001年第3期；黄新华：《1985年以来国内唐代社会救济史研究综述》，《淮阴师范学院学报（哲学社会科学版）》2001年第4期；吴海丽、黎小龙：《近二十年来明清西南社会经济史研究综述》，《重庆师院学报（哲学社会科学版）》2002年第1期；吴海丽：《近二十年来明清西南社会经济史研究综述》，《黔东南民族师专学报》2002年第2期；赖文、李永宸、张涛等：《近50年的中国古代疫情研究》，《中华医史杂志》2002年第2期；汪汉忠：《灾难深重年代的灾害研究——民国时期的灾害研究述评》，《学海》2002年第5期；余新忠：《20世纪以来明清疾疫史研究述评》，《中国史研究动态》2002年第10期；朱浒：《二十世纪清代灾害史研究述评》，《清史研究》2003年第2期；郭文佳：《宋代官办救助机构述论》，《信阳师范学院学报（哲学社会科学版）》2003年第2期；曾桂林：《20世纪国内外中国慈善事业史研究综述》，《中国史研究动态》2003年第3期；包庆德：《清代内蒙古地区灾荒研究状况之述评》，《中央民族大学学报（哲学社会科学版）》2003年第5期；邵永忠：《二十世纪以来荒政史研究综述》，《中国史研究动态》2004年第3期；么振华：《唐代自然灾害及救灾史研究综述》，《中国史研究动态》2004年第4期；佳宏伟：《近十年来生态环境变迁史研究综述》，《史学月刊》2004年第6期；于运全：《20世纪以来中国海洋灾害史研究评述》，《中国史研究动态》2004年第12期；苏全有、李风华：《民国时期河南灾荒史研究述评》，《南华大学学报（社会科学版）》2005年第1期；苏全有、闫喜琴：《20年来近代华北灾荒史研究述评》，《南通航运职业技术学院学报》2005年第2期；苏全有、闫喜琴：《改革开放以来近代华北灾荒史研究述评》，《防灾技术高等专科学校学报》2005年第2期；范子英、孟令杰：《有关中国1959-1961年饥荒的研究综述》，《江苏社会科学》2005年第2期；赵艳萍：《中国历代蝗灾与治蝗研究述评》，《中国史研究动态》2005年第2期；彭展：《20世纪唐代蝗灾研究综述》，《防灾技术高等专科学校学报》2005年第3期；董强：《新世纪以来中国近代灾荒史研究述评》，《苏州科技学院学报（社会科学版）》2011年第3期；文姚丽：《民国灾荒史研究述评》，《社会保障研究》2012年第1期。

方法创新突破、资料积累、多学科交融的综合研究等领域都取得了长足进步，有值得肯定的成绩，也有需要反思的一系列问题。①初步梳理，这四个问题或许与当前灾害史研究动态相关：①过去做了哪些工作并取得了哪些共性认识？②哪些问题需要做进一步深入的研究？③哪些方面属于填漏补缺学术空白？④我们需要关注的热点问题是什么？

一、灾害史研究的共识性问题

目前，在地理科学的学科背景下，历史灾害研究与气候变迁、环境变化等课题研究相比既有相似之处，也有其显著的独特性。我国大部分地区处于气候复杂多变的中纬度地带，自然地理条件异常复杂，自古以来灾害频发，给正常的农业生产和社会经济活动不断带来冲击。过去 2000 年来，见诸正史《五行志》以及方志、政书、编年、杂史、载记、地理、诸子等文献之《灾异》《荒政》《食货》《邦计》《恤民》《岁时》《丰荒》《治水》《除虫》《仓储》类篇章的灾害事件记录愈来愈多，且呈现出明显的时间和空间簇集记录特征。据此不但可以对我国自然灾害发生演变的历史进程进行分析判断，也可以在当前的灾害研究和减灾工作中发挥借鉴和指导作用。因此，过去 2000 年灾害事件记录的自然灾害及其作用关系的问题是我们目前迫切需要研究的重大科学问题。

如果不是从研究内容而是学术问题的角度分析，目前中国灾害史研究在以下几个方面取得的进步尤为显著，不但关注的学者和发表的研究成果较多，而且在研究方法、学术理念、认识水平等层面渐趋一致。也许正是因为这个原因，使当前的灾害史研究出现一种范式化的趋向。这就体现出了一个两面性的问题，

---

① 学科界定和基本概念诠释方面虽有研究，但关注较少，但在灾害史研究的学理、学科发展及研究内容等宏观问题的论述方面，自 20 世纪 80 年代以来屡有讨论，且不乏颇具指导意义的研究成果。具体问题的论述有：卜风贤：《农业灾害史研究中的几个问题》，《农业考古》1999 年第 3 期；卜风贤：《中国农业灾害史料灾度等级量化方法研究》，《中国农史》1996 年第 4 期。综合性研究灾害史学科及相关问题的文章有：高建国：《灾害学概说》，《农业考古》1986 年第 1 期；高建国：《灾害学概说（续）》，《农业考古》1986 年第 2 期；李文海：《论近代中国灾荒史研究》，《中国人民大学学报》1988 年第 6 期；戴逸：《重视近代灾荒史的研究》，《光明日报》1988 年 11 月 23 日；姜观吾：《中国自然灾害史初探》，《盐城师专学报（社会科学版）》1990 年第 1 期；许厚德：《论我国灾害历史的研究》，《灾害学》1995 年第 1 期；刘仰东：《灾荒：考察近代中国社会的另一个视角》，《清史研究》1995 年第 2 期；桂慕文：《中国古代自然灾害史概说》，《农业考古》1997 年第 3 期；许靖华：《太阳、气候、饥荒与民族大迁移》，《中国科学：D 辑》1998 年第 4 期；杨鹏程：《灾荒史研究的若干问题》，《湘潭大学学报（社会科学版）》2000 年第 5 期；张建民、鲁西奇：《深化中国传统社会减灾救荒思想研究》，《新华文摘》2003 年第 4 期；夏明方：《中国灾害史研究的非人文化倾向》，《史学月刊》2004 年第 3 期；夏明方：《人无远虑，必有近忧——从灾荒史研究得来的启示》，《学习时报》2004 年 11 月 8 日；高建国：《论灾害史的三大功能》，《中国减灾》2005 年第 1 期；卜风贤：《中国古代的灾荒理念》，《史学理论研究》2005 年第 3 期；李文海：《进一步加深和拓展清代灾荒史研究》，《安徽大学学报》2005 年第 6 期；余新忠：《文化史视野下的中国灾荒研究刍议》，《史学月刊》2014 年第 4 期。

一方面我们满足于欣然发展并成果众多的灾害史研究局面，另一方面因为学术研究的模式化和趋同性使灾害史研究日渐缺乏新意，亟待创新突破。因此也就有了颇具责任感的学者接二连三地奔走呼吁，期待新的理念、新的方法、新的观点能够在我们的灾害史研究中有所显现。"范式"一词几乎是灾害史研究理论探索中不可避免的常用术语，在试图摆脱灾害史研究模式化的动力驱使下，新生代灾害史研究者企图通过研究方法和理论的介入建立新的研究范式，以此增强灾害史研究的学术生命力和学科影响力，其中呼声最高的莫过于灾害史研究中的自然科学技术手段与人文社会科学理念之间的交叉融合。

1. 灾荒个案与灾害通史研究

过去很长一段时间我们的灾害史研究更多关注于多种灾害的综合研究，或者长时段、大空间的灾害事件集合研究，以求表现历史灾害的规律性特征。早在 20 世纪 30 年代，邓云特就开展了中国灾荒史研究，撰写完成《中国救荒史》著作，论述了历史灾害的发生概貌和救荒工作。此后有关灾害与社会结构、经济发展、农业生产技术进步之间相互作用关系的研究日渐增多[①]，综合性的灾荒史研究著作相继出现[②]，灾荒文化和灾害思想的研究也勃然兴起[③]。这种思路与研究方式在近十年时间里发生了很大改变，个案性的灾害史研究日渐增多，一些重要的灾害事件被纳入学术视野，进行全方位、多角度的审察分析，如发生于文明早期的大禹治水[④]、明代崇祯时期的陕西旱灾[⑤]、清代末年的"丁戊奇荒"

---

① 陈业新：《灾害与两汉社会研究》，上海：上海人民出版社，2004 年；汪汉忠：《灾害、社会与现代化——以苏北民国时期为中心的考察》，北京：社会科学文献出版社，2005 年；卜风贤：《周秦汉晋时期农业灾害和农业减灾方略研究》，北京：中国社会科学出版社，2006 年；复旦大学历史地理研究中心主编：《自然灾害与中国社会历史结构》，上海：复旦大学出版社，2001 年；孟昭华编著：《中国灾荒史记》，北京：中国社会出版社，1999 年。

② 高文学主编：《中国自然灾害史（总论）》，北京：地震出版社，1997 年；郝治清主编：《中国古代灾害史研究》，北京：中国社会科学出版社，2007 年；袁祖亮主编：《中国灾害通史》（先秦—清代卷），郑州：郑州大学出版社，2008—2009 年；孟昭华编著：《中国灾荒史记》，北京：中国社会出版社，1999 年。

③ 卜风贤：《中国古代的灾荒理念》，《史学理论研究》2005 年第 3 期；安德明：《天人之际的非常对话：甘肃天水地区的农事禳灾研究》，北京：中国社会科学出版社，2003 年；董晓萍：《民俗灾害学——谈谈物质民俗（一）》，《文史知识》1999 年第 1 期。

④ 王晖：《大禹治水方法新探——兼议共工、鲧治水之域与战国之前不修堤防论》，《陕西师范大学学报（哲学社会科学版）》2008 年第 2 期；王清：《大禹治水的地理背景》，《中原文物》1999 年第 1 期；张华松：《大禹治水与夏族东迁》，《济南大学学报（社会科学版）》2009 年第 2 期；李亚光：《对大禹治水的再认识》，《社会科学辑刊》2008 第 4 期；王晖：《尧舜大洪水与中国早期国家的起源——兼论从"满天星斗"到黄河中游文明中心的转变》，《陕西师范大学学报（哲学社会科学版）》2005 年第 3 期；吴文祥、葛全胜：《夏朝前夕洪水发生的可能性及大禹治水真相》，《第四纪研究》2005 第 6 期；李亚光：《大禹治水是中华文明史的曙光》，《史学集刊》2003 年第 3 期。

⑤ 刘德新、马建华、许清海等：《开封市西郊地层"崇祯大旱"事件的孢粉记录》，《地理研究》2015 年第 11 期；刘志刚：《明末政府救荒能力的历史检视——以崇祯四年吴甡赈陕为例》，《北方论丛》2011 年第 2 期。

等重大灾荒事件①，均为灾荒史研究者所津津乐道，其成果之丰硕几可比肩于国外灾害史个案研究的典型代表——彼得·格雷（Peter Gray）和都柏林大学经济史学教授科尔马克·奥格拉达（Cormac Gráda）的学术贡献，他们在爱尔兰大饥荒的专门研究领域取得了令人瞩目的成就②。

2. 历史灾害时空分布研究

通过分析大量的灾害史料，可以发现灾害发生具有一定的规律性。③研究灾害发生规律主要是通过数理统计方法揭示自然灾害的时空分布特征，如时间序列分析、回归分析等。这方面研究已经达到基本一致的共识，综合来看历史自然灾害的发生具有准3年周期、5年周期、11年周期和56年周期④，历史时期各地区水、旱、蝗、风、雹等灾害发生也具有类似时间分布特征⑤。灾害发生有天文因素、地球物理因素和人类社会因素等多种影响因素。天文因素中，太阳黑子变化是一个重要方面，太阳黑子活动的11年周期与灾害发生周期相吻合⑥，

① 朱浒：《"丁戊奇荒"对江南的冲击及地方社会之反应——兼论光绪二年江南士绅苏北赈灾行动的性质》，《社会科学研究》2008年第1期；夏明方：《清季"丁戊奇荒"的赈济及善后问题初探》，《近代史研究》1993年第2期；郝平、周亚：《"丁戊奇荒"时期的山西粮价》，《史林》2008年第5期；杨剑利：《晚清社会灾荒救治功能的演变——以"丁戊奇荒"的两种赈济方式为例》，《清史研究》2000年第4期。

② 〔英〕彼得·格雷（Peter Gray）关于爱尔兰大饥荒的研究成果主要有：*The Irish Famine*, London: Thames & Hudson, 1995; *The Making of the Irish Poor Law, 1815-43*, Manchester: Manchester University Press, 2009; *Famine, Land and Politics: British Government and Irish Society, 1843-1850*, Dublin: Irish Academic Press, 1999; *British Politics and the Irish Land Question, 1843-1850*, University of Cambridge: Ph. D. Dissertation。其中《爱尔兰大饥荒》已有中文翻译版，邵明、刘宇宁译，上海：上海人民出版社，2005年。科尔马克·奥格拉达（Cormac Gráda）关于爱尔兰大饥荒的个案性研究成果有：*The Great Irish Famine*, Dublin: Gill and Macmillan Ltd., 1989; *Ireland Before and After the Famine: Explorations in Economic History, 1800-1925*, Manchester: Manchester University Press, 1993; *The Great Famine: Studies in Irish History 1845-52*, Dublin: Lilliput Press, 1994; *The Great Irish Famine*, Cambridge: Cambridge University Press, 1995; *Migration as Disaster Relief: Lessons from the Great Irish Famine*, London: CEPR, 1996; *Famine Demography: Perspectives from the Past and Present*, Oxford: Oxford University Press, 2002; *Ireland's Great Famine: Interdisciplinary Perspectives*, Dublin: University College Dublin Press, 2006; *Famine: A Short History*, Oxford: Princeton University Press, 2009.

③ Ting V K, Notes on the Records of Droughts and Floods in Shensi and the Supposed Desiccation of N. W. China, *Geografiska Annaler*, 1935, 17（Issue Supplement）：453-462.

④ 谢义炳：《清代水旱灾之周期研究》，《气象学报》1943年第21期。陈玉琼、高建国：《中国历史上死亡一万人以上的重大气候灾害的时间特征》，《大自然探索》1984年第4期。郑云飞：《中国历史上的蝗灾分析》，《中国农史》1990年第4期。

⑤ 袁林：《西北灾荒史》，兰州：甘肃人民出版社，1994年；陈家其：《太湖流域南宋以来旱涝规律及其成因初探》，《地理科学》1989年第1期；宋平安：《清代江汉平原水灾害多元化特征剖析》，《农业考古》1989年第2期；胡人朝：《长江上游历史洪水发生规律的探索》，《农业考古》1989年第2期。

⑥ 陈家其：《1991年江淮流域特大洪涝灾害的太阳活动背景》，《灾害学》1992年第1期。

因而太阳运动被视为灾害诱因之一。①气候变化是影响灾害发生的又一重要因素，并对农业生产产生直接影响。②《史记·货殖列传》中记载的"六岁穰，六岁旱，十二岁一大饥"体现了对灾害周期性的认识。但我们并没有充分利用自然史方面的研究成果，以改变历史灾害周期性规律研究方面所处的整体停滞不前的局面。

最近 20 年来学界虽然对历史灾害的发生规律也进行了多方面研究，但总体认识水平和研究理念并未突破既有藩篱。在空间分布上，可以按照胡焕庸线和秦淮线将中国划分为三个灾害域，即胡线以西的西域、秦淮线以北的北域和秦淮线以南的南域，而位于黄河下游的郑州—开封以南及长江中游洞庭湖—武汉以北的狭长地区则是中国灾害规模重心区。③按照历史灾害的空间分布格局，我国旱涝灾害基本有五种旱涝型：1 型为长江流域多雨；2 型为江南多雨、江北少雨；3 型为长江少雨、江南江北各有一个雨带；4 型为江南少雨、江北多雨；5 型为全国少雨。④另外，根据我国历史时期农区扩展的一般过程和历史自然地理基本特征将全国划分为九大灾害区，即塞北灾害区、东北灾害区、山东灾害区、山西灾害区、西北边疆灾害区、西南边疆灾害区、巴蜀灾害区、江南灾害区、岭南灾害区。⑤但是关于灾害区划分的研究仅仅解释了自然灾害的区域差异，并未从本质上揭示自然灾害的空间群发特征。因此，在历史灾害文献考订基础上对重灾区加强研究是当前灾害史研究领域迫切需要开展的一项工作。

3. 自然灾害与社会互动关系研究

国内外学术界近年来比较关注自然灾害及其对社会经济的影响研究。法国的年鉴学派就把自然灾害作为社会发展的重要结构性因素而进行了多方面的文化反思，我国灾荒史研究中也对自然灾害的社会危害性做了大量研究。其中，自然灾害与农业生产的互动作用关系是灾荒史研究的重点内容之一，也是今后亟待深入探讨的问题和需要拓展的研究领域。随着社会的发展，自然灾害对人类的威胁性也在逐渐加大，针对历史时期的自然灾害研究也越来越受到国内外学者的关注，而这些研究在历史地理学和与灾害史密切相关的环境史研究中也

① 曾治权：《太阳活动、地磁场干扰因子与我国水旱灾害受灾面积的相关分析》，《中国减灾》1996 年第 4 期；Beer J, Mende W, Stellmachen R, The Role of the Sun in Climate Forcing, *Quaternary Science Reviews*, 2000 (19)：403-415. Wang Z, Song F, Tang M, et al., A Relationship between Solar Activity and Frequency of Natural Disasters in China, *Advances in Atmospheric Science*, 2003, 20（6）:934-939.

② 翟乾祥：《清代气候波动对农业生产的影响》，《古今农业》1989 年第 1 期；陈家其：《明清时期气候变化对太湖流域农业经济的影响》，《中国农史》1991 年第 3 期；邹逸麟：《明清时期北部农牧过渡带的推移和气候寒暖变化》，《复旦学报（社会科学版）》1995 年第 1 期。

③ 王铮、张丕远、刘啸雷：《中国自然灾害的空间分布特征》，《地理学报》1995 年第 3 期。

④ 王绍武、赵宗慈：《近五百年我国旱涝史料的分析》，《地理学报》1979 年第 4 期。

⑤ 卜风贤：《周秦汉晋时期农业灾害和农业减灾方略研究》，北京：中国社会科学出版社，2006 年，第 56 页。

已有一定积淀，他们在认识历史灾害的成灾规律、分析灾害的成灾条件等方面取得了较大进展，并逐渐向灾害社会学的方向延伸。近年来，不少学者又把历史灾害的发生和影响放到一个系统科学的背景下，开始从国家与地方、政府与民间的不同层面，对历史灾害问题进行研究。复旦大学历史地理研究中心主编的《自然灾害与中国社会历史结构》一书共汇总了 18 篇近年来已发表的涉及灾害的自然演化过程、灾害与区域人口变动、灾害下的社会关系与救灾应对研究等方面的论文，可谓是历史地理学领域基于历史灾害地理研究的集大成者。但是，作为学科基础的灾害史研究近年来受多重因素制约，并未在学科广度、深度方面取得显著进展。2006 年，中国科学院也曾组织召开了关于中国历代自然灾害与对策研究的研讨会，并编撰了 6 卷本的《中国灾害通史》，此外，还有赫治清主编的《中国古代灾害史研究》，集中了近年来 50 篇左右灾害史研究论文。虽然上述论著在史料的汇集、整理、考证和对历史自然灾害演化过程的梳理上已经取得了相当大的成就，但究其研究本质而言，依然集中于较为传统的对主要自然灾害发生过程、灾害造成的严重后果、灾害的演变规律和基本特征的描述，以及对政府和民间防灾、救灾、减灾对策和经验教训的总结，灾害史的研究并没有更大的突破，这也影响了相关分支学科的进一步发展。

4. 基于西北五省区的区域灾害史研究

西北地区包括陕西省、甘肃省、宁夏回族自治区、青海省、新疆维吾尔自治区等五个省区。易雪梅、卢秀文对西北地区的概念做了详细的考证[①]，张波《西北农牧史》一书对西北地区疆域变化也有考证阐发。西北地区地域广阔，气候地貌复杂多样[②]，虽多荒漠高原，但其战略地位极为重要，故经营开发西北向来为中央政府所看重。早在原始农业时代，西北地区就开始了农耕播种和畜牧养殖，汉唐以后西北开发有声有色，关中农区、河套地区、河湟和河西地区就已成为经济发达的主要农业区。西北地区为我国古代经济开发最早的地区之一，也是我国唐宋以前经济社会最为发达繁荣的重点地区。历史文献中有关西北地区灾荒的文字记录数量多而且分布广泛，主要散布于历代正史、档案、方志、文集、经籍、碑刻等篇章字句中间。其中方志中收集保存的灾害资料颇为集中，但是利用起来难度不小，稍有不慎便会以讹传讹，弄假成真。复旦大学邹逸麟先生已经针对灾害史研究中的史料识别问题做过专门批评，地方志中的灾荒资料多抄自其他文献，二次传写过程中难免出现讹误，因此方志中灾荒资料的利用价值大打折扣，这种情况在我们以后的研究中需要引以为戒。[③]西北地区方志

---

① 易雪梅、卢秀文：《西北历史文献概述》，《图书与情报》1999 第 3 期。

② 朱士光：《西北地区历史时期生态环境变迁及其基本特征》，《中国历史地理论丛》2002 年第 3 辑；

③ 邹逸麟：《对学术必需有负责和认真的态度—评〈淮河和长江中下游旱涝灾害年表与旱涝规律研究〉》，《中国图书评论》2003 第 11 期。

数量众多，查抄引证方志资料是本项研究中必不可少的组成部分。

前贤在方志资料收集工作上极为用力，编纂完成了多种灾荒资料汇编，有助于我们今后开展项目研究。西北五省区中目前可见到的省区灾害史料整理工作以《陕西省自然灾害史料集》和袁林《西北灾荒史》中的资料部分最为完善。其他相关著作中也有很多涉及西北历史灾害的资料，如陈高佣等编的《中国历代天灾人祸表》（上海书店，1986 年）、宋正海主编的《中国古代重大自然灾害和异常年表总集》（广东教育出版社，1992 年）、张波等编的《中国农业自然灾害史料集》（陕西科技出版社，1994 年）。

西北历史时期沙尘暴的发生可以追溯到公元前 3 世纪以前[1]，元代西北地区土地沙化日趋严重，自然环境恶劣，水、旱、蝗、火、霜、地震等灾害频频发生，其中陕西省灾情尤重，为此元朝政府对西北地区赈灾给予赈贷、蠲免、补给等优惠政策，授予地方官员赈灾或安抚灾民的便宜之权。[2]

历史时期西北地区原生环境比较优越，水草丰茂，植被葱郁[3]。秦汉以后随着气候变干、变冷，西北地区农业开发活动加剧，不合理的开发对西北地区生态环境造成了无可挽回的损失。[4]森林毁坏对水旱灾害的发生能产生直接的诱发作用，在夏王朝建立至中华人民共和国成立初期的 4000 多年间，中国的森林覆盖率从 60%左右降至 10%左右。森林资源最先遭到破坏的是黄河流域，西北地区为其中的重要区域。[5]汉唐时期对楼兰地区和河西走廊地区的滥伐乱垦导致河流移徙、土地沙化等严重后果。[6]

西北地区诸种灾害中，影响最大、危害最为严重的莫过于旱灾。旱灾发生后往往导致饥荒，对西北地区社会经济造成严重影响。但因西北地区地域广阔，气候、地貌复杂多样，综合史料记载和代表性气象台站降雨量资料分析，可以发现旱灾发生也呈现出显著的区域差异，陕西之关中、陕南大部、陕北延安和铜川等地，甘肃中部和东部以及宁夏境内旱灾发生频次高，危害严重，为重旱灾区。[7]袁林对西北地区旱灾资料进行量化分析后指出，甘宁青地区历史旱灾发生存在准 3 年周期、4 年半周期、8 年周期、11 年周期、准 15 年和准 30 年周期。[8]

① 夏训诚、杨根生：《关于西北地区风沙尘暴的几个问题》，《中国科学院院刊》1994 年第 4 期。

② 陈广恩：《关于元朝赈济西北灾害的几个问题》，《宁夏社会科学》2005 年第 3 期。

③ 吴晓军：《论西北地区生态环境的历史变迁》，《甘肃社会科学》1999 年第 4 期。

④ 杨红伟：《论历史上农业开发对西北环境的破坏及其影响》，《甘肃社会科学》2005 年第 1 期；党瑜：《论历史时期西北地区农业经济的开发》，《陕西师范大学学报（哲学社会科学版）》2001 年第 2 期。

⑤ 樊宝敏、董源、张钧成等：《中国历史上森林破坏对水旱灾害的影响——试论森林的气候和水文效应》，《林业科学》2003 年第 3 期。

⑥ 党瑜：《历史上西北农业开发及对生态环境的影响——以新疆和河西走廊为例》，《西北大学学报（自然科学版）》2001 年第 3 期。

⑦ 梁旭、尚永生、张智等：《我国西北五省旱灾历史变化规律分析》，《干旱区资源与环境》1999 年第 1 期。

⑧ 袁林：《甘宁青历史旱灾发生规律研究》，《兰州大学学报（自然科学版）》1994 年第 2 期。

从历史发展来看，环境资源同农业结构之间的关系不是一成不变的；从空间来看，西北地域辽阔，农牧业结构复杂多样，其与环境资源条件的关系也具有多样性；从其与社会制度的关系看，政府和民众的农业行为对环境的影响、环境变迁对制度变革的制约等，也都极为复杂。应当说，几乎所有唐宋以来西北地区农牧业发展同环境资源条件相互作用过程中曾经存在过的复杂因素，今天基本上仍然存在。为了解释和说明这样的复杂关系，必须采取多学科的研究方法，将多种研究方法有效结合在一起，其中特别重要的是历史地理学和农业经济学的分析研究方法。具体体现为：第一，历史文献分析与实地调查相结合，使西北环境变迁与农村社会经济变迁的实态复原及原因分析既有充分的史料基础，又得到现代景观研究的支持。第二，典型个案分析与全面综合分析相结合，既充分考虑地区的差异性特点，又重视统一性规律的作用。由于西北地区地域辽阔，分区研究是必不可少的，综合运用历史地理学和现代农业区域的方法，提出西北环境变迁与农业结构变化的分区标准与依据，在此基础上进行个案与综合分析。第三，定量与定性分析相结合，即在定性的综合分析论证的同时，努力揭示环境变迁与农业结构变化之间的数量关系。第四，历史评价与现实评价相结合，对历史时期环境资源条件与农村社会经济之间的关系不仅作出历史的评价，而且在现实发展的意义上给予说明，最终达到为现实的农村社会经济发展政策提出建议的目的。

5. 灾荒文献研究

中国古代灾荒文献具有数量大、类型丰富、序列长的特点，系统全面地记录了历代自然灾害发生情况，以及灾害治理的措施方略，是古代中国人民与自然灾害斗争的智慧结晶。多年来学界在古代灾荒文献的研究整理上用力颇多，取得了令人瞩目的成果，成为现今灾害史研究最为直接、最为实用的资料依据，也为本书撰写的顺利进行提供了基本资料库。自20世纪以来，国内外研究者开始整理挖掘我国的历史灾荒文献并取得了显著成绩，主要表现在以下四个方面：

第一，多角度开展历史灾荒研究，撰著出版了一系列灾害与社会发展关系的研究著作。早在20世纪30年代，邓云特就开展了中国灾荒史的研究，撰著完成《中国救荒史》，论述了历史灾害的发生概貌和救荒工作。此后有关灾害与社会结构、经济发展、农业生产技术进步之间相互作用关系的研究日渐增多[①]，

---

① 陈业新：《灾害与两汉社会研究》，上海：上海人民出版社，2004年；汪汉忠：《灾害、社会与现代化：以苏北民国时期为中心的考察》，北京：社会科学文献出版社，2005年；复旦大学历史地理研究中心主编：《自然灾害与中国社会历史结构》，上海：复旦大学出版社，2001年；卜风贤：《周秦汉晋时期农业灾害和农业减灾方略研究》，北京：中国社会科学出版社，2006年。

综合性的灾荒史研究著作相继出现①，灾荒文化和灾害思想的研究也勃然兴起。②

　　第二，编纂出版了大量的灾荒史料集，基本可归纳为全国性、区域性和专题性的灾荒历史资料集三类。全国性灾荒史料汇编有陈高佣《中国历代天灾人祸表》、李文海等《近代中国灾荒纪年》（湖南教育出版社，1990 年）及《近代中国灾荒纪年续编》（湖南教育出版社，1993 年）、张波等《中国农业自然灾害史料集》（陕西科技出版社，1994 年）、李文波《中国传染病史料》（化学工业出版社，2004 年）、张德二《中国三千年气象记录总集》（凤凰出版社、江苏教育出版社，2004 年）等，举凡正史、政书、经书、类书、档案等文献中的灾荒资料几乎搜罗殆尽；区域性灾荒史料集有各地编纂的灾荒史料汇编，如《陕西省自然灾害史料》（陕西省气象局气象台，1976 年）、《贵州历代灾害年表》（贵州省图书馆，1963 年）、《广西自然灾害史料》（广西壮族自治区第二图书馆，1978 年）、《海河流域历代自然灾害史料》（气象出版社，1985 年）等，各大江河流域、各省级政区基本都有专门的灾荒资料集出版；专门性的灾荒资料辑录工作主要指按照灾害事件性质分门别类地编辑灾荒史料，如《中国风暴潮灾害史料集（1949—2009）》（于福江等，海洋出版社，2015 年）、《中国地震目录》（第一集、第二集）（顾功叙，科学出版社，1983 年）、《中国地震历史资料汇编》（谢毓寿等，科学出版社，1983 年）、《中国大洪水：灾害性洪水述要》（骆承政、乐嘉祥主编，中国书店，1996 年）、《三千年疫情》（张剑光，江西高校出版社，1998 年）。近年来还出版了一批大部头的灾荒史料汇编，比较重要的有《中国气象灾害大典》（温克刚主编，气象出版社，2005-2006 年）、《中国荒政书集成》（李文海、夏明方、朱浒主编，天津古籍出版社，2010 年）、《中国历代荒政史料》（赵连赏、翟清福主编，京华出版社，2010 年）、《地方志灾异资料丛刊》（第一编）（贾贵荣、骈宇骞主编，国家图书馆出版社，2010 年）、《地方志灾异资料丛刊》（第二编）（于春媚、贾贵荣主编，国家图书馆出版社，2012 年）、《中国地方志历史文献专集·灾异志》（来新夏主编，学苑出版社，2009 年）、《民国赈灾史料初编》（国家图书馆出版社，2008 年）、《民国赈灾史料续编》（殷梦霞、李强选编，国家图书馆出版社，2009 年）等。

　　西北地区各省、市、县编制的灾害史料集和具有典型区域特点的灾害史料集也相继出版。青海、宁夏、陕西等省份先后出版了本地区的灾害历史资料汇

---

①　高文学主编：《中国自然灾害史（总论）》，北京：地震出版社，1997 年；孟昭华编著：《中国灾荒史记》，北京：中国社会出版社，1999 年。

②　卜风贤：《中国古代的灾荒理念》，《史学理论研究》2005 年第 3 期；安德明：《天人之际的非常对话：甘肃天水地区的农事禳灾研究》，北京：中国社会科学出版社，2003 年；董晓萍：《民俗灾害学——谈谈物质民俗（一）》，《文史知识》1999 第 1 期。

编，这方面的主要成果有李登弟编写的《陕西历史上的水旱等灾情资料选辑》
（《中国历史教学参考》1982 年第 4 期）、李登弟和朱凯的《史籍方志中关
于陕西水旱灾情的记述》（《人文杂志》1982 年第 5 期）、陕西省气象局气
象台主编的《陕西省自然灾害史料》（陕西省气象局气象台印制，1976 年）、
袁林撰写的《西北灾荒史》时编制的《西北灾害志》（甘肃人民出版社，1994
年），目前还有学者正着手将近现代以来研究灾害史及相关问题的文献汇编
成研究综录。这些汇集大量灾害史料信息的史料集，给灾荒史研究者提供了
极大帮助。

　　第三，对历史灾荒进行量化分析，总结灾荒历史演变的规律性。搜集汇编
灾害史料的目的是研究灾害规律、探讨减灾防灾对策，只有对灾害史料进行严
格的计量分析才能进行科学的灾害史研究。因此，灾害史研究中对史料量化的
标准和方法极为重视，《中国近 500 年旱涝分布图集》（地图出版社，1981 年）
及《〈中国近五百年旱涝分布图集〉续补（1980—1992 年）》（张德二、刘传
志，《气象》1993 年第 11 期）两部代表性的历史气候和灾害史著作中提出了
评定历史旱涝灾害的标准和方法，该方法依据史料记载，采用 5 个等级表示各
地的降水情况，即 1 级—涝、2 级—偏涝、3 级—正常、4 级—偏旱、5 级—旱。
此外，还有干湿指数、冷暖指数、寒冻频率、冰冻次数序列等多种灾荒史料量
化处理方法，这些方法存在的一个共同缺陷是应用对象仅局限于水旱灾害、冷
冻灾害等灾害种类，而且灾害等级评价也缺乏灾害学理论支持。与之相反，灾
害史料灾度等级量化方法可以对各种历史灾害事件进行等级评价，是一种适用
性强的灾害史料量化方法。[①]

　　第四，编制灾害分布地图。利用灾荒信息编制灾害分布地图，是当代减灾
实践的一项重要内容。近年来，灾害史研究者编制了《广东省自然灾害地图集》
（广东省地图出版社，1995 年）、《中国自然灾害地图集》（科学出版社，1992
年）、《中国气候灾害分布图集》（海洋出版社，1997 年）、《中国自然灾害
系统地图集》（科学出版社，2003 年）、《中国重大自然灾害与社会图集》（广
东科技出版社，2004 年）等多种灾害地图。

　　6. 灾荒经济史研究

　　灾荒史研究发展迅速，在近年来灾荒史料整理的基础上，开展专题研究已
取得多方面成果，有关灾荒历史研究的理论和方法渐趋成熟。在此基础上，开
展专题性的灾荒经济史研究成为目前灾荒史研究的主要趋势之一。灾荒经济史
研究的主要内容包括灾荒的形成发展过程、灾荒的救助、灾荒与区域社会经济

---

① 张建民、宋俭：《灾害历史学》，长沙：湖南人民出版社，1998 年，第 88-102 页。

发展的关系等，我国许多学者已经对灾荒的经济属性做了初步论述。①

国外学术界对灾荒经济的研究极为重视，著名灾荒经济学家阿马蒂亚·森教授在其专著《贫困与饥荒》一书中对饥荒的经济学特征进行了分析研究，并因此获得 1998 年度诺贝尔经济学奖。世界银行经济学家 Martin Ravallion 也研究了灾荒与人口、经济贸易、国家政策等方面的关系②。这些工作为灾荒经济研究奠定了很好的理论基础。

唐代是中国传统社会经济发展的"黄金时代"，也是灾荒频繁发生的关键时期。③唐代经济社会史研究的成果之一是对灾荒经济的研究，既有灾荒救济问题研究④，也有灾荒与社会经济发展的关系研究⑤。但是唐代灾荒史研究中还有很多问题需要深入探讨，研究内容也不应局限于灾荒及其危害情况、仓储救荒、荒政和减灾思想等一些基本问题的讨论上，唐代灾荒与农业开发、灾荒与人口流动、灾荒与国家粮食安全等问题尚待进一步研究。

二、当前灾害史研究关注的热点问题

1. 灾害史研究的现实关注

我国的自然灾害史研究已经取得了多方面成果⑥，而且越来越重视对理论问题的探讨。灾害史研究具备存史、教化、资政三大功能⑦，而自然灾害的发生具有突发性、规律性、危害性等特征，因此研究灾害史不仅在理论上是必要的，也有重要的学术和现实意义⑧。目前灾害史研究中对灾害与社会的互动关系在理论上取得了比较一致的认识，认为灾害与社会之间存在双向的作用关系，而且把这种认识贯彻到灾害史研究的案例剖析和专题研究中。一方面，人类的生产生活如果漫无节制，毁坏森林、草原，破坏植被，过度开发土地，将导致生

---

① 陈玉琼：《自然灾害与人类社会的相互作用和影响》，《大自然探索》1990 年第 3 期；王国士、崔国柱：《试论自然灾害与经济社会发展的关系》，《内蒙古社会科学》1983 年第 6 期；史念海：《隋唐时期自然环境的变迁及与人为作用的关系》，《历史研究》1990 年第 1 期。

② Martin Ravallio, Famines and economics, *Journal of Economic Literature*, 1997, 35（3）：1205-1242.

③ 陈国生：《唐代自然灾害初步研究》，《湖北大学学报（哲学社会科学版）》1995 年第 1 期；刘俊文：《唐代水害史论》，《北京大学学报（哲学社会科学版）》1988 年第 2 期；刘洋：《唐及五代时期长江流域水患》，《中国水利》2005 年第 6 期；程遂营：《唐宋开封的气候和自然灾害》，《中国历史地理论丛》2002 年第 1 辑。

④ 张弓：《唐朝仓廪制度初探》，北京：中华书局，1986 年；沧清：《略谈隋唐时期的官仓制度》，《考古》1984 年第 4 期；杨希义：《略论唐代的漕运》，《中国史研究》1984 年第 2 期；胡柏翠、周良才：《论唐宋时期的社会救助及其历史影响》，《重庆职业技术学院学报》2004 年第 3 期。

⑤ 张超林：《自然灾害与唐初东突厥之衰亡》，《青海民族研究》2002 年第 4 期；庄道树：《从流民南迁看唐朝的人口政策——兼谈唐廷对江南的开发》，《石油大学学报（社会科学版）》1996 年第 1 期。

⑥ 卜风贤：《中国农业灾害史研究综论》，《中国史研究动态》2001 年第 2 期。

⑦ 高建国：《论灾害史的三大功能》，《中国减灾》2005 年第 1 期。

⑧ 许厚德：《论我国灾害历史的研究》，《灾害学》1995 年第 1 期。

态环境恶化，进而引发自然灾害。远在 19 世纪晚期，近代著名的维新思想家陈炽就从历史上森林变迁的角度对中国南北两地的灾害频度以及经济发展水平的差异进行解释[①]，近年来许多学者还对我国不同区域灾害与生态变化的关系做了历史的实证研究[②]；另一方面，灾害对社会经济的直接和间接破坏作用也日益显著，成为社会历史进程中的主要制约因素。[③]

2. 历史灾害风险与粮食安全之间的多重关系

中国是一个农业大国，也是一个人口大国。中国农业技术也曾经长期领先于世界，但同时中国又是一个灾荒频发的国度。粮食生产能否顺利进行直接关系到国家稳定和社会的发展，从古至今国家都极其重视农业生产。但在过去的几千年时间中，中国长期陷于粮食供不应求的困境，发生了数以千计的灾荒，其发生的频繁程度和危害的严重程度在世界各国中都是绝无仅有的。近年来，国外学术界在灾害研究方面也做了大量工作，风险分析和应对预案研究颇具代表性。

自然灾害是影响和制约我国农业生产发展的主要因素之一，历史时期传统农业的发展就因为自然灾害的危害而遭受惨重损失并直接威胁到国家的粮食安全。但是对于历史时期自然灾害危害性的定量分析和风险评价迄今依然处于初步探索阶段，研究方法和手段比较滞后，其主要原因在于对古代灾荒史料的量化处理存在一定难度，现代灾害学理论方法没有与历史灾荒研究工作有效结合起来。加强历史灾害风险评价标准和方法体系建设，对于系统全面地认识中国传统农业社会发展、有效评价自然灾害对古代农业生产的影响，具有重要的学术意义。

中国发生的自然灾害种类多杂，气象灾害、生物灾害、环境灾害等各种灾害都会发生。其中，水灾、旱灾和蝗灾不但影响范围广大，危害程度也高居各种灾害之首。历史时期农业减灾技术水平比较低，无法防止重大自然灾害的发生，因此大灾出现后几乎同时伴随的就是大饥荒，国家粮食安全遭受重大威胁。尽管随着科技和社会的发展，人类控制自然灾害的能力有了很大提高，但是自然灾害的风险性也日益增长，重大灾害的危害不容低估。目前我们还不能排除重大农业灾害对国家粮食安全的潜在威胁，一般年份因灾减产粮食约占国家粮

[①] 夏明方：《中国灾害史研究的非人文化倾向》，《史学月刊》2004 年第 3 期。

[②] 高寿仙：《明清时期的农业垦殖与环境恶化》，《光明日报》2003 年 2 月 25 日；吴滔：《关于明清生态环境变化和农业灾荒发生的初步研究》，《农业考古》1999 年第 3 期。

[③] 方修琦、葛全胜、郑景云：《环境演变对中华文明影响研究的进展与展望》，《古地理学报》2004 年第 1 期；满志敏、葛全胜、张丕远：《气候变化对历史上农牧过渡带影响的个例研究》，《地理研究》2000 年第 2 期；张家诚：《社会发展同人类与气候的关系》，《山东气象》1999 年第 1 期；蓝勇：《唐代气候变化与唐代历史兴衰》，《中国历史地理论丛》2001 年第 1 辑；叶瑜、方修琦、葛全胜等：《从动乱与水旱灾害的关系看清代山东气候变化的区域社会响应与适应》，《地理科学》2004 年第 6 期。

食总产量的 1%～3%，如果发生重大灾情，这一比例有可能上升到 5%～10%甚至更高。20 世纪 90 年代以来，美国人莱斯特·布朗提出"谁来养活中国"的命题后，未来中国粮食安全就成为社会各界关注的热点问题，自然灾害是历史时期粮食安全的重要影响因素，也是未来我国粮食安全的潜在影响因素之一。研究历史灾害风险及其对国家粮食安全的影响作用，对于深化灾荒史研究，应对未来粮食安全形势具有重要的现实意义。

近年来，国内外学术界在灾害研究方面开始转向灾害的风险分析和应对预案研究，研究理论和方法日臻成熟。中国灾荒史料记录具有时间序列长、连续性好等特点，研究历史灾害的风险性比其他国家和地区更具优势。历史灾害的风险性评价还可以与古代社会粮食安全问题结合起来进行。地理环境、自然灾害、耕地面积、技术水平和人口等因素的变动直接影响到粮食的供给量和需求量变化进而导致饥荒发生，其作用过程既表现出规律性特征，也存在偶然性的趋向，因此形成灾荒风险。饥荒的发生反映了一个国家或地区的食物安全出现危机，因为食物短缺才造成了民众突然的、普遍的饥饿，不管这种食物短缺是因为粮食生产不足还是粮食分配不均衡，其结果都是相同的。粮食生产量的减少和社会需求量的增加是诱发饥荒的两种基本作用力，凡是与粮食的供给和需求有关的因素都对饥荒的形成产生或大或小的作用。

灾荒风险性大小通常采用社会食物安全的易损性来评价，食物安全是指人们在任何时间都能得到足够的食物，以维持积极的、健康的生活需要。人均粮食占有量是衡量食物安全的重要指标，它表现了人口数量和粮食总产量的比例关系，也能在一定程度上反映灾荒发生的风险性大小。古代中国虽然产生了优秀发达的农耕技术体系，但是技术的进步并没有提升国家的粮食安全系数，面对自然灾害的威胁，古代中国的粮食安全状况显得极为脆弱，饥荒时常发生，大灾大荒，小灾小荒。普通民众在灾荒的打击下艰难度日，民不聊生，社会发展面临重重阻力。因此，研究中国传统社会超稳定结构时也要把灾荒问题作为主要的因素之一予以考虑。

历史灾害的风险性主要包括主要灾害和次要灾害的构成状况、主要受灾区域分布、主要受灾成灾时间、历史农业灾情状况、灾区粮食价格波动、灾民生活水平变化、重大灾害发生的可能性评价等方面。这些问题在灾害史研究中都有涉及，但研究的广度和深度具有很大局限性。因此，建立历史灾害风险评价的指标体系并对历史灾害风险和粮食安全的关系进行比较系统全面的研究已经成为当前灾害史研究中的热点和难点问题。

3. 环境史视野下的灾害问题

环境史研究的兴起是时代与社会现实的产物与要求，如今灾害史已成为环境史学家关注的重要学科领域，在环境史研究领域中占有重要地位。法国年鉴学派把自然灾害作为社会发展的重要结构性因素而进行了多方面的文化反思，继承法国年鉴学派传统的环境史学派也认为自然灾害在环境史研究中占据相当重要的地位，纷纷以环境主义的理论研究历史上人与环境的互动关系。环境的历史已不是一个边缘性的话题，而是当今历史编撰学的一个中心内容。①

环境史的研究内容集中于人与自然的关系史，特别是人类活动对自然的影响评价方面。中国气象局多年从事历史气候研究的张德二研究员也在关注西北地区历史上的环境变化与农业开发，而且还专门针对这一课题从历史气候角度进行研究，指出温度状况是我国历史上西北地区农业开发的先决条件，在西汉和隋唐时期有过大规模成功的农业开发活动，并指出历史上多次大规模的过度开垦和随后的抛荒弃耕行为，加快了土地沙化进程，是造成环境恶化的重要原因。

西方环境史学的理论和方法在中国灾害史研究中很有借鉴与启发作用。环境史学是 20 世纪 70 年代兴起的西方史学流派，与法国年鉴学派有一定的渊源关系和相似性，近年来中国史学界对环境史学的观点和方法比较重视，介绍、引进了西方环境史学的诸多成果。诸如伊懋可研究中国环境史的论著《象之退隐：中国环境史》、《积渐所至：中国环境史论文集》②。J. 唐纳德·休斯《世界环境史：人类在地球生命中的角色转变》，沃斯特的《自然的经济体系：生态思想史》等环境史学代表性专著被中国学者翻译出版③，中国学者也开始讨论年鉴学派和环境史学的理论要点、形成与发展的学术背景等问题④，环境史的研究内容集中于人与自然的关系史，特别是人类活动对自然的影响评价方面⑤。日本学者对中国环境史研究用力颇多，原宗子教授可算其中一个成绩突出的代表人物。⑥英国学者很早就重视农业生态史研究，李约瑟在其巨著《中国科学技术史》中研究中国古代农耕技术的抗旱功能，美国环境史学家唐纳德·沃斯特认为，环境史把历史编纂学中最古老和最时兴的话题结合到了一起。瘟疫和气候变化是人类生态系统中不可或缺的基本要素，人口激增和工业对资源的过

---

① 〔美〕詹姆斯·奥康纳：《自然的理由——生态学马克思主义研究》，唐正东、臧佩洪译，南京：南京大学出版社，2003 年。

② 刘翠溶、伊懋可主编：《积渐所至：中国环境史论文集》，台北："中央研究院"经济研究所，1984 年。

③ 〔美〕唐纳德·沃斯特：《自然的经济体系：生态思想史》，侯文蕙译，北京：商务印书馆，1999 年。

④ 李铁、张绪山：《法国年鉴学派产生的历史条件及其评价》，《东北师大学报（哲学社会科学版）》1995 年第 1 期；高国荣：《年鉴学派与环境史学》，《史学理论研究》2005 年第 3 期。

⑤ 景爱：《环境史：定义、内容与方法》，《史学月刊》2004 年第 3 期；侯文蕙：《环境史和环境史研究的生态学意识》，《世界历史》2004 年第 3 期；包茂宏：《环境史：历史、理论和方法》，《史学理论研究》2000 年第 4 期；侯文蕙：《征服的挽歌：美国环境意识的变迁》，北京：东方出版社，1995 年。

⑥ 原宗子：《我对华北古代环境史的研究——日本的中国古代环境史研究之一例》，《中国经济史研究》2000 年第 3 期。

度消费和掠夺，都导致了自然破坏。①对这些层出不穷的环境问题的历史探讨绝不是转瞬即逝的风尚，而是通向生态史的一个组成部分。②2005 年 7 月在澳大利亚悉尼新南威尔士大学召开的第 20 届国际历史科学大会把"自然灾害及对策"作为重要议题进行讨论，可见灾害史研究在环境史研究中占有相当重要的地位。

4. 对历史灾害信息残缺条件下的研究工作进行尝试性改进

自然灾害研究需要科学的理论和方法，更需要长时间序列的历史灾害记录。我国长时段的历史灾害记录为灾害研究奠定了良好基础，特别是过去 2000 年来灾害文献对各种灾害事件的信息存储较为完备，成为目前自然灾害研究领域极为宝贵的世界性资源。③在过去的 2000 年时间中，明清以前大约 1400 年时间的灾害记录相对较少，明清时期 540 余年的灾害记录颇为集中；在全国范围内，历代政治核心区和主要经济区的灾害记录较多，边远地区和经济落后地区的灾害记录相对较少。④这种现象虽然不影响我们对历史灾害发生演变规律的基本判断，但历史灾害资料的不平衡分布现象在本质上属于信息残缺，在解析一定时空条件下灾害频次、结构、灾情等具体问题时就可能得出不科学的结论。因此，历史灾害研究迫切需要更加充分的再研究和再论证，进一步改进其研究方法，克服现有工作中存在的困难和问题，尝试并解决历史灾害信息残缺条件下的研究方式并借此促进灾害研究进入一个新阶段。

5. 对可能的灾害群发期进行文献补充和综合研究

灾害群发期，即多种灾害事件集中于一定时间和空间范围内频繁发生、造成严重影响的时间区间。灾害群发期的研究起始于地质学家王嘉荫对中国地质史料的整理工作⑤，在此基础上形成了大禹宇宙期⑥、两汉宇宙期⑦、明清宇宙期等灾害群发期的初步认识⑧。迄今为止，历史灾害群发期的研究依然处于任振球、高建国等的范式与框架之内，未见更加充分的修正性建议。突出问题有三个：

---

① 高国荣：《年鉴学派与环境史学》，《史学理论研究》2005 年第 3 期。

② Donald Worster, Doing Environmental History, *In* Donald Worster, The Ends of the Earth: Perspectives on Modern Environmental History, Cambridge University Press, 1989, pp. 291-292.

③ 宋正海、孙关龙、艾素珍主编：《历史自然学的理论与实践——天地生人综合研究论文集》，北京：学苑出版社，1994 年，第 4-9 页；张德二：《中国历史文献中的高分辨率古气候记录》，《第四纪研究》1995 年第 1 期。

④ 卜逢（凤）贤、惠富平：《中国农业灾害历史演变趋势的初步分析》，《农业考古》1997 年第 3 期。

⑤ 王嘉荫编著：《中国地质史料》，北京：科学出版社，1963 年。

⑥ 任振球：《公元前 2000 年左右发生的一次自然灾害异常期》，《大自然探索》1984 年第 4 期。

⑦ 高建国：《两汉宇宙期的初步探讨》，高建国、宋正海主编：《历史自然学进展》，北京：海洋出版社，1988 年，第 483 页。

⑧ 徐道一、安振声、裴申：《宇宙因素与地震关系的初步探讨》，中国科学院上海天文台、陕西天文台编辑：《天体测量学术讨论会论文集》，1980 年；李树菁：《明清宇宙期宏观异常自然现象分析》，高建国、宋正海主编：《历史自然学进展》，北京：海洋出版社，1988 年。

①在过去 2000 年时间内，是否存在第三、第四，或者更多的灾害群发期？②每个灾害群发期的时间尺度是否都是几百年之久？③历史灾害集中频发的时段是否与古代王朝演替的时间区间完全重合？因此，在灾害群发期的理论基础上，对过去 2000 年来灾害群发期的数量和时间跨度应该进行一次深刻而全面的探讨，全面审视灾害群发期的时间区间以及在此区间内灾害种类、发生频次、灾害链形式和灾害后果等多方面关系，重建新的历史灾害群发期认识体系。

三、灾害史研究中需要深入讨论与反思的学术难题

1. 对灾害史料的文本解读——新文化史的介入

自然灾害并不仅仅是自然性事件，同时也是人类社会的文化现象。不但不同时空中人们对灾荒的认知（包括是否成为灾荒）、应对和解释都深深地凝聚着文化的意蕴，特定的文化和情境也无时无刻不在影响乃至左右着灾荒内外人们的行为方式及其对灾荒的记忆，而且在这种文化影响下制作的相关文本及其产生的历史记忆，也在有意无意地影响着今人对于历史上灾荒的解读和认知。

灾荒是古代社会发展中的一个重要影响因素，甚至可能是影响中国社会历史进程的关键因素之一。见于文献记载的灾荒事件构成一个庞大资料库，并被中外学者视为中国灾荒史研究的宝贵资源。有此史料基础，自 20 世纪以来的灾荒史研究呈现出多学科交融的迅猛发展态势，在中国灾荒通史、区域灾荒史、灾荒社会史、减灾救灾史、灾荒思想文化史以及灾荒文献研究等诸多方面均有成果积累。近年来，灾荒史研究的体制化建设也有显著进步，中国灾害防御协会灾害史专业委员会组织举办了多次专门研讨会，聚集人才，研究问题，促进了灾荒史学术研究的进一步发展。2015 年筹办的《灾害与历史》学术刊物，以求发声于学界。凡此种种，皆是灾荒史研究渐趋成熟的表现。

但是，我们也应该看到灾荒史研究中既有学术繁荣的一面，也有潜在的问题存在，甚至需要引入新的学术理念，激发新的学术热情，寻找新的学术热点，才可以维持并推动灾荒史研究的继续进步。近年来，灾荒史领域新文化史研究思潮的介入就具有重要学术意义。它促使我们既要重视灾荒历史过程的研究、灾荒事件的个案性研究，也要关注灾荒问题的文化动因，甚至以前未曾注意的灾荒文献也有发掘研究的学术价值。尽管这方面的研究尚处于萌发状态，研究成果也寥寥无几，但却扩大了灾荒史研究的视野，今后一段时间内这方面的研究必然蔚为大观。初步来看，余新忠阐发了灾荒史研究的基本走向，即灾荒的新文化史研究。①朱浒从灾荒文献的文本价值角度研究了唱和诗的社会文化意蕴。②

---

① 余新忠：《文化史视野下的中国灾荒研究刍议》，阿利亚·艾尼瓦尔、高建国主编：《从内地到边疆：中国灾害史研究的新探索》，乌鲁木齐：新疆人民出版社，2014 年，第 11-18 页。

② 朱浒：《灾荒中的风雅：〈海宁州劝赈唱和诗〉的社会文化情境及其意涵》，《史学月刊》2015 年第 11 期。

　　在新文化史研究的驱动下，中国灾荒史的研究进入一个新的阶段，即对以往的灾荒史研究模式予以反思、对现有的灾荒文献进行文本解读，以及探索基于灾荒史料计量分析、历史灾害时空分布、减灾救荒史等路径模式的历史灾害问题研究新思路。其中，历史记忆的研究和源自文学史领域的接受史研究在灾荒史研究中应予以特别关注。首先，历史记忆研究中所涉及的历史事件及其集体记忆两大要素在灾荒史中均有长时段的文献叙述，无论是《春秋》中的灾异记录，还是"两汉书"以后的《五行志》体系，甚至于方志中的"灾异""灾祥"部类，还是《古今图书集成·庶征典》中的灾荒汇编，无不以时间和灾种为纲目予以编排，材料予取掺杂有编著人的主观意念和灾荒认识，在灾荒史料的文本中反映了灾荒事件的集体记忆及其变化情况。其次，从《周礼》十二《荒政》中的凶札体系延续到明清时期的灾害集群，各种灾荒事件的历史记录均遵循一定的体例格式。在灾害要素方面有时间、地点、灾种、灾情、救荒、人物等事项，在灾害因子方面有水、旱、风、雨、虫、霾等类型，在灾害等级方面有三等、五等、十等的区分，也因为依赖于这样的灾荒体系才有可能将数量众多、类型繁杂的灾荒事件统一起来，或归之于"五行"，或纳之于"荒政"，而存诸文献，见载于世。最后，除了常见的五行灾异和荒政文献外，灾荒史研究中向来不受关注的艺文类灾害资料也有研究价值，除了前述新文化史视角下的灾荒唱和诗的文本价值之外，方志、艺文志中的灾异诗词歌赋、图画中的灾荒场景（其中尤以流民图为最）、文学作品中的灾害事件或者饥荒背景、与灾荒有关的曲艺弹词等，都有重新认识和挖掘的必要。近年来，文学史领域的接受史研究方法对解决这一问题具有很好的借鉴和启发作用。

　　基于这样的认识，笔者于 2015 年中国灾害史学术年会提交了《瓠子河决的历史记忆——西汉洪水事件及其两千年灾害叙述》一文，从历史灾害记忆和灾荒艺文接受两方面讨论了瓠子河决事件的两千年灾害书写情况，结果表明瓠子河决的灾害属性渐渐隐退，与其相关的地理事物成为瓠子河决事件历史记忆的主要内容，艺文内容主要有借景抒情、怀古咏史和以古喻今三种类型，并在黄河中下游地区形成典型瓠子灾害文化圈。这一工作对我们重新认识历史灾害事件具有积极意义，正因为如此，我们有必要对古代社会重大灾荒事件进行历史记忆和接受史的研究，以期了解历史灾害事件在传世文献中的书写内涵和记录形式的发展变化。

　　中国灾荒史的研究内容不应局限于灾害事件的历史过程和减灾救荒的历史成就，对灾害事件的记录和认识也是其重要组成部分。传世文献中对灾荒事件的文本记录存在明显的传承谱系，特别是对重大灾荒事件的叙述方面，早期文献记录与此后各种文本传抄之间呈现出一定的差别。何以会如此？这是我们在灾荒史研究中针对文献利用而应该思考的第一个问题。此外，灾荒文献记述中出现哪些变化也是我们要思考的另一个问题。基于此，今后应更多关注以下四个问题：①重大灾荒事件的历史记忆，如泛舟之役、瓠子河决、崇祯大旱灾、陕西华县大地震等。②重要救荒减灾工作的历史记忆，如大禹治水、三仓制度、十二荒政等。③与灾荒相关人物的历史记忆，如董仲舒、董煟、姚崇等。④灾荒文献的记录谱系，如五行灾异理论、历代《五行志》、方志《灾异》、历代救荒书等。其中关键问题有二：①对艺文类灾荒文献的再认识。以往的灾荒史研究中基于灾荒史实的考虑对这类资料关注不多，或者并未充分估计其研究价值。当我们从灾荒文本信息角度予以解读时，就需要重新审视艺文类文献中的灾荒史料，并将其置于当时当地的灾荒环境中去考察认识。②灾荒文化圈的历史解释。在历史灾害记忆研究中存在明显的灾荒文化圈现象，这也是当前由一般灾荒史研究转入灾荒文化史研究所面临且亟待解决的问题。

通过灾荒文献的文本解读，可以在以下三个方面促进灾荒史研究的深入进行：①探索灾害事件历史记忆研究的基本路径。尽管历史记忆的相关研究已有较多成果，但将这一研究视角导入灾荒史专业领域还是一个有待探索完善的工作，该研究选取典型灾荒事件、重要灾害相关人物及历史灾害书写体系等问题作为研究内容，旨在探索适应于新时期灾荒史研究的历史灾害文本解读的基本路径，提出操作性强的历史灾害文献文本信息识别方法。②反思目前灾害史研究的基本模式，拓展灾害史研究思路和研究领域。在近几十年的灾害史研究中，我们既有显著成就，也存在模式化的重复研究问题，制约了灾害史研究领域的学术进步。该研究一改以往基于灾害事件成因、过程、分布、减灾、救荒、灾害与社会互动等研究模式，转而从历史灾害的长时段过程、历史灾害的认识程度、灾害文本的社会背景等方面尝试开展全新的灾害史研究。③多学科多方法的综合研究。灾害史研究是一个学术开放的领域，目前虽有"强化灾害史研究的人文化倾向"呼声，但是自然科学中的计量分析方法以及气象学、地震学、地理学、环境学等专门化知识在灾害史研究中均有大量应用，历史学领域古代史、近现代史、专门史等分支学科参与其中，灾荒史多学科综合研究格局已然成就。基于历史记忆的灾害史研究中更加注重从灾害学、文化史、社会史、科技史、历史地理学等方面探究人类社会与自然灾害的互动关系，特别是特定人文社会环境条件下灾荒理念与灾荒事件之间的映射关系。因此，灾荒事件的历史记忆研究看似追踪个案性的灾荒事件，实则是以多学科综合方式探究历史灾害与人文社会互动关系的创新和革命。

为此，灾荒史领域应有计划地开展一些研究工作。第一，在目前灾荒史研究基础上，根据历史灾害事件的社会影响力、灾荒史料的延续分布以及灾荒信息文本的完整性和可靠性，初步筛选若干重大灾荒事件、重要救荒减灾措施、有影响力的灾荒相关人物和基本灾荒文献作为研究对象范畴并建立基本文献资源库。第二，据此开展历史文献的广泛搜集工作，建立历史灾荒事件的文本资料库，从目前所能利用的主要传世文献中进一步补充、考证、编排，按照各类灾荒事件的特点建构历史灾害信息序列。第三，对筛选厘定的灾荒事件逐一进行历史记忆的独立研究，既考察灾害事件社会影响力的历史变化，也注重分析灾荒资料的文本信息、书写格式、灾荒环境、社会认识的历史脉络，在灾荒事件的历史演进过程中探寻其特殊规律。第四，将历史灾荒事件的时间过程作为独立的文化现象予以专门考察，建构历史灾荒文化圈的概念和方法，研究灾荒事件在历史记忆过程中的空间表现。第五，在各类灾荒事件历史记忆研究基础上进行新的综合，从中概括归纳出历史灾荒记忆的一般规律和共性问题。第六，重估中国古代灾荒事件的长时段延续性特征与中国传统社会历史进程之间的互动关系，特别是灾荒因素作为特殊的社会外因对中国 2000 年来历史进程的影响力和冲击程度。

2. 历史灾害地理：基于区域灾荒史研究的又一新学科、新领域

西北地区历史农业生产的发展历程漫长而复杂，农业生产结构不断调整，形成多样化的农业生产格局和独具特色的旱作农业生产模式。历代王朝经略西北的战略和历史气候的变化对西北地区的农业发展产生了至关重要的影响，构成了历史灾害与西北地区农业生产结构调整的自然和社会背景。因此，对西北地区历史农业结构的考察主要集中于三个方面：长时段、区域性和人与灾害的互动关系。长时段和区域性的研究被史地学家葛剑雄称为"历史地理学的一项专利"，研究历史环境变迁大多循此途径。这样的考察可置于历史灾害地理学范畴予以筹划，也可作为历史灾害地理学体系构建的一种路径探索并付诸实践。

历史灾害地理作为学科概念已见诸史地学者著述[1]，华林甫《中国历史地理学理论研究的现状》中提及的李广洁《中国历史灾害地理略论》一文似可看作此领域理论研究和学科建构的拓荒之作。但若从学科渊源关系考察，历史灾害地理发端于灾害地理学和历史地理学，这两大学科中历史地理学已有相当积淀，灾害地理学也多有研究。张从宣、陈贤用《略论灾害地理之研究》和延军平《灾害地理学》等相继于 20 世纪八九十年代刊发[2]，关于自然灾害的区域分布规律的研究也成为灾害研究中的重要方向。有此良好学术基础，开展历史灾害地理研究几乎是顺理成章的事情了。可惜最为关键的灾害历史研究尚处于"加强"阶段[3]，历史灾害地理学科建设和系统研究也只能一再推延。

---

[1] 华林甫：《中国历史地理学理论研究的现状》，《中国史研究动态》2005 年第 9 期；晏昌贵：《历史地理学的统一性与方法手段的多样化——〈时期与地点：历史地理学研究方法〉评介》，《中国历史地理论丛》1996 年第 4 辑。

[2] 张从宣、陈贤用：《略论灾害地理之研究》，《中原地理研究》1984 年第 2 期。

[3] 危晁盖：《总结历史经验，加强灾害史研究》，《光明日报·理论周刊》2006 年 9 月 25 日，第 011 版。

历史地理学科具有很强的综合性特征，在长时段的自然灾害区域性特征研究方面具有显著的学科优势。最近一二十年间历史地理学界在自然灾害史、区域灾害史、灾害与社会结构和重大灾害事件的个案研究方面做了大量开创性工作，为历史灾害地理研究奠定了很好的学科基础。[①]目前，关于自然灾害时空分布规律研究基本局限于灾害史文献汇编和数理统计方法的验证阶段，间或出现少许史料引证质疑或历史灾害事件的时空信息误读等技术性批评[②]，但并未从根本上促进灾害史研究有所创新和突破性发展。因为可以利用的历史灾害文献资源基本得到开发利用，历史灾害时间规律性研究均以反复论证 3 年、6 年、11 年等时间尺度的灾害周期而立论，历史灾害空间分布研究也落入重复论证灾害区域不平衡性的既有窠臼。究其根源，在于历史灾害时空分布规律研究过分倾向于灾害的自然规律性探索，忽视了自然灾害的历史人文与社会属性。自然灾害事件的累积叠加是历史的演进过程，承灾受灾的主体与社会经济要素紧密关联，在数百年、数千年的长时间尺度上探讨历史灾害的规律性表现，单纯依靠灾害史料的信息化方式和数理分析手段很难取得理想效果。因此，在当前区域性历史灾害时空分布规律研究基础上，充分利用历史地理学科平台就可以扭转灾害史研究中的"非人文化"倾向，在区域灾荒史和历史灾害时空分布基础上促进历史灾害研究进入突破性发展的新阶段。

重灾区即灾害发生频繁并造成严重危害性后果的地域空间，受灾地区是否划归重灾区应具有空间一致性的前提条件，即一定地域范围同时受灾。相对于较为宽泛的灾害空间分布研究，重灾区研究具有更加明显的区域特征和灾害要素，它不但是历史灾害研究的重要组成部分，也是一门新的交叉学科——在灾害史与历史地理学基础上产生的历史灾害地理学的核心内容。重灾区的形成过程与灾害群发期具有一定关系，即灾害群发期内重灾区范围更大、灾情程度更加严重。灾害史研究并没有把历史灾害的时间分布推进到一个新的高度，相反地却造成了千篇一律、低水平重复的研究格局。在灾害空间分布方面，简单依据区域历史灾害资料的收集汇编，使用基本的数理分析手段即可完成相应的研究工作，仅有州府县数量和区域位置的差别。即使在近年来灾害史研究中颇受

① 龚胜生、刘杨、张涛：《先秦两汉时期疫灾地理研究》，《中国历史地理论丛》2010 年第 3 辑；陈业新：《清代皖北地区洪涝灾害初步研究——兼及历史洪涝灾害等级划分的问题》，《中国历史地理论丛》2009 年第 2 辑；高升荣：《清代淮河流域旱涝灾害的人为因素分析》，《中国历史地理论丛》2005 年第 3 辑；童圣江：《唐代地震灾害时空分布初探》，《中国历史地理论丛》2002 年第 4 辑；复旦大学历史地理研究中心主编：《自然灾害与中国社会历史结构》，上海：复旦大学出版社，2001 年；马雪芹：《明清河南自然灾害研究》，《中国历史地理论丛》1998 年第 1 辑。

② 卜风贤：《灾荒史料整理和利用中的几个问题》，《农业灾荒论》，北京：中国农业出版社，2006 年，第 91-100 页；邹逸麟：《历史灾害性气候资料考辨举例》，宋正海、孙关龙、艾素珍主编：《历史自然学的理论与实践：天地生人综合研究论文集》，北京：学苑出版社，1994 年；邹逸麟：《对学术必需有负责和认真的态度——评〈淮河和长江中下游旱涝灾害年表与旱涝规律研究〉》，《中国图书评论》2003 年第 11 期。

关注的"非人文化"浪潮中①，基于自然科学理论与方法的灾害历史问题研究也没有针对重灾区研究的突破口进行有效探索。近年来学界屡屡呼吁加强灾害史研究的人义化倾向，运用历史地理学方法研究重灾区扩展与变化就是一种新的尝试和努力。因此，该项研究具有鲜明的原创性特点并有望取得诸多突破性进展，立项研究历史重灾区问题也能促进灾害史和历史地理学等多学科的融合与发展。

我们认为，重灾区过程研究是历史灾害空间分布的学术延伸，一方面借助已有的灾害空间分布资料和研究手段进行区域灾害事件的计量分析，另一方面使用历史地理学理论方法对灾害区域层级和规模予以具体而规范的考证订正。历史地理学科体系中亦有呼声期盼开辟历史灾害地理分支方向，灾害史研究中的人文化倾向也成为学科共识，研究历史灾害地理具备了良好的学科基础。研究历史灾害地理的学术意义在于拓展历史地理学的研究范畴，把自然灾害历史演变和区域社会经济历史变迁结合起来，考察二者之间的互动关系，使灾害史研究和历史地理学研究在理论方法和研究内容上得到有机结合，通过对过去2000年灾害群发期的研究，为历史灾害地理学的诞生和发展奠定基础。在以历史地理学为基础的区域灾荒史研究基础上，采取经济史、社会史、科技史、文化史等多学科相结合的方法，从灾害与社会、灾害与城镇、灾害与环境、灾害与减灾等视角考察重灾区的历史演进过程。

2000年来西北地区历史灾害研究具备了历史灾害地理研究的基本要求，即历史演变的阶段性、历史灾害的地域性以及灾害与社会之间互动作用的内在关系。西北地区地域广阔，地貌复杂多样，气候以干旱半干旱为主要特征。在司马迁"龙门—碣石"区划方案里，农牧分界线如果再向西南方向延伸，西北地区除关中平原外均可归纳于畜牧地区。但经过秦汉两朝的苦心经营，西北农区大幅度向西、向北延伸，以武威、酒泉、张掖、敦煌四郡直至朔方一线皆转变为新的农垦区域，勾勒出了后代西北农区的基本轮廓。司马迁的农牧界线和河（西）朔（方）线之间的广大区域成为历史时期西北农业发展的主战场，农牧两大产业在历史农业发展过程中呈现出明显的拉锯式波动态势，最终演变形成与干旱半干旱地理环境相依附的"农牧过渡带"②。农牧过渡带区域范围内亦农亦牧，但以畜牧产业的农业化为主要特征；农牧过渡带两侧为传统的农业生产区和游牧经济区。西北地区历史农牧过渡带处于经常性的波动状态，时而向东南移动，时而往西北延伸，有时范围扩大，有时面积缩小。但从西北地区农业发展历史过程审查可见，西北地区农牧过渡带基本围绕三条线来回往复，第一条线是司马迁划定的"龙门—碣石"线，第二条线是战国秦长城线，第三条线是

---

① 夏明方：《中国灾害史研究的非人文化倾向》，《史学月刊》2004年第3期。

② 赵哈林、赵学勇、张铜会等：《北方农牧交错带的地理界定及其生态问题》，《地球科学进展》2002年第5期。

在汉长城线基础上历代所建设的边防线。其阶段性变化特征大致表现为：先秦时期农牧过渡带以战国秦长城为北界，南及司马迁农牧界线，实为今日西北宜农区域；秦汉时期农牧过渡带以"河朔"沿线的汉长城为北界，向南至秦长城沿线，面积极为广阔；魏晋时期农牧过渡带大幅南移，其东南端不但越过战国秦长城线，也穿越司马迁划定的农牧分界线，西北境内农耕区大多沦为草场牧地；隋唐时期农牧过渡带回迁，基本与秦汉一致；宋元时期农牧过渡带再次南移，大致位于战国秦长城和司马迁农牧界线范围内；明清时期以明长城为北界，南至战国秦长城一带。

历史时期西北地区气候变迁对农牧过渡带的推移影响很大，通过长时段的历史考察可见，冷期气候阶段游牧民族南下，农区收缩；暖期气候阶段农业民族北上，牧区回缩。[①]这种现象曾被学者视之为中国历史发展的气候背景规律，即温暖气候阶段为古代中国的盛世发展期，寒冷气候阶段为古代中国的动乱贫弱期。[②]这种学术概括尽管在一定程度上揭示了2000年来古代社会波动发展的历史特征，但对于历史波动过程中的农牧经济关系并未从农业历史学、灾害历史学和历史地理学方面做深层次的分析，而这种多学科、多角度的探讨对研究历史时期环境变迁与社会发展问题显得尤为迫切和重要。

历史时期西北地区农牧发展的动因机制颇为复杂，时代特征鲜明。周秦汉唐建都关中，扼控天下，长安城一度成为国家政治经济文化中心城市，人口聚集，如何解决粮食供应问题尤为重要。而且，为应付时局变动，中央政府所采取的社会和经济措施也需要大量的粮食支持。当此形势，依托关中农区的粮食生产很难满足西北地区粮食安全需要，自秦汉以下国家不得不逆流而上漕运谷米转运京师；河湟、河套、河西农区得到有效开发后，西北边郡谷仓丰盈，在一定程度上缓解了关中地区粮食安全压力。宋元时期，西北地区僻居一隅，经略西北只能量力而行，西北地区粮食安全由满足国家战略开发转为实现地方自给自足，再无必要拓展生存空间，西北牧业复兴。迨至明清，迫于人口压力，西北开发再度回潮，不但返牧归农大行其道，不宜农牧的山地丘陵也被夷为农地，建村立庄。

西北地区频繁发生的自然灾害对农业发展构成严重威胁，形成巨大的灾害风险。灾害风险的存在使区域粮食安全压力大增，并直接或间接威胁到国家安全。降低灾害风险也就不仅仅是单纯的技术措施，而是经济、政治和科技手段的有机结合：通过农业技术选择提升应对自然灾害的能力，建设救灾济民的荒

① 汤懋苍、汤池：《历史上气候变化对我国社会发展的影响初探》，《高原气象》2000年第2期；满志敏、葛全胜、张丕远：《气候变化对历史上农牧过渡带影响的个例研究》，《地理研究》2000年第2期。

② 陈隆文：《中国历史进程中的气候变迁》，《郑州轻工业学院学报（社会科学版）》2006年第5期；王铮、张丕远、周清波：《历史气候变化对中国社会发展的影响——兼论人地关系》，《地理学报》1996年第4期。

政体制稳定社会秩序，发展农林牧商工贸业增强农村经济实力。所以，历史时期西北地区自然灾害对农业生产不但产生了强烈的破坏作用，而且引发了传统社会多层次的减灾回应。灾害风险的作用机制普遍存在于西北地区传统农业发展过程中。

有鉴于此，开展全面的西北地区历史灾荒和灾害地理研究是必要和可行的。

第一，根据西北地区近 2000 年来自然灾害发生演变的历史特征，采用定性定量相结合的方法研究其时间节律性分布特征和历史重灾区的空间分布，这种研究有别于以往的灾害史研究之处是把历史重灾区空间分布与时代变迁和历史气候的冷暖变化结合起来进行综合考察。通过这样的研究，试图破解西北地区历史气候冷暖变化与区域自然灾害种类、结构、灾情，以及时空分布之间的密切关系。

第二，对区域灾荒史进行新的探索。灾荒史研究中迫切需要解决的自然与人文结合的问题是该项研究的重点内容之一，基于现有的灾荒史和历史地理学研究成果，我们力求在区域灾荒文化、灾后政区调整和灾荒控制的地方化方面做出新的探索，这些问题的研究有望填补本领域的学术空白，也对其他经济史、社会史、科技史和历史地理学科发展具有重要促进作用。

第三，尝试开展历史灾害地理学理论研究，探索历史灾害地理学研究的基本方向和路径。历史地理学的发展为灾害史研究开创了新的学术领域，充分利用西北地区历史灾害资源研究区域自然灾害的地理特征，既关注具体的学术问题，也考虑学科建设问题。通过对区域历史灾害研究内容、研究方法、研究体系的理论探索和实践验证，促进并推动历史灾害地理学科发育，为灾荒史和历史地理学研究构建新的学术结合点。

第四，积累资料，编订灾荒史和区域灾害史研究的基本文献目录，为进一步的学术研究奠定基础，创造便利条件。

3. 对历史灾害群发期和重灾区过程的初步考察

第一，基于太阳活动数据的历史灾害群发期比较研究。在过去 2000 年时间的灾害事件中，水灾、旱灾、蝗灾和地震灾害的记录尤为繁多，因此也被认定为古代社会主要的自然灾害类目。其中，旱灾发生不但波及范围广，也与气候、气象因素存在直接相关的线性关系。为了考察历史灾害的群发期和重灾区过程，在前期预研究阶段选取历史旱灾资料作为典型性样本进行验证分析。结果显示，在过去 2000 年时间中，历史旱灾的发生变化存在阶段性群发特征，该结论与其他学者的研究结果基本一致，即明清时期灾害频发时段特别突出，宋元以前的1000 多年时间里旱灾频次相对较少。如果简单地根据历史文献推断旱灾群发期显然存在一定缺陷。

为了检验历史旱灾群发性特征的内在关系，我们选取历史旱灾记载相对全面的明清时期作为分析样本，并将 1610—1911 年旱灾频次与太阳黑子的数据系列进行对比。结果显示，历史旱灾群发频发时段与太阳黑子数量变化之间存在显著的负相关关系。

这种关系对我们讨论历史灾害群发期具有重要的指导意义。太阳黑子是反映太阳活动强弱变化的指标之一，太阳活动强弱变化虽然不能直接标示出某一时间灾害数量的多少，但可在较长时间尺度上反映历史灾害群发期的阶段性分布规律。但是，系统而完整的太阳黑子观测记录也只有几百年的历史，16 世纪以前的太阳黑子数据主要通过推测计算而得。如果依据太阳黑子数量的推测结果去验证历史灾害的群发性规律，必将陷入另一误区。而最新公布的反映太阳活动强弱变化的另一数据指标——$\Delta^{14}C$ 因为具有 1 万多年的长时间序列特征和测算方法先进等优点被引入我们的预研究工作，选取最近 2000 年来的 $\Delta^{14}C$ 资料和历史旱灾资料，建立数据图集，结果显示如下：

（1）1600—1911 年，太阳活动的峰值期与旱灾群发期基本一致，同步性特征极为明显，在太阳活动的四个峰值阶段几乎同步出现了旱灾的群发期，即 1300—1350 年、1450—1550 年、1650—1750 年、1800—1850 年。在此期间仅出现一次例外，即 1600—1650 年太阳活动谷值数据与旱灾峰值数据同时出现，但这种关系还有待检验，因为本时期的旱灾峰值总体上处于低位状态。

（2）1250—1911 年，太阳活动的峰值数据与旱灾群发期表现出显著相关关系。这也表明历史旱灾记录的一种特征，宋元明清时期的历史旱灾记录相对全面，其样本数已经完全能够满足描述旱灾群发期的基本要求。以往灾害史研究中对宋元时期灾害记录的挖掘利用存在一定顾虑，并没有充分估计其史料价值。

（3）在公元元年至 1250 年间，出现了 10 个太阳活动的峰值时段，与此相对应的旱灾群发期并没有完全体现出来，相反表现出历史旱灾发生频次与太阳活动强弱之间异常变化的发展态势。除了 50—150 年、250—300 年和 650—750 年三个时间段的灾害群发期与太阳活动峰值数据之间表现较为一致和同步外，其余的 330—370 年、400—500 年、580—630 年、780—850 年、880—950 年、1030—1100 年、1170—1230 年等七个时间段太阳活动与旱灾频次之间呈现反向发展态势。

第二，历史重灾区的分布特征及其规律性表现。对过去 2000 年时间中明确标记地域空间的旱灾事件进行叠加统计，在当代中国政区地图上逐一标记，依据各个地区旱灾发生频次划分为五个等级。通过简单对比可见，近 2000 年来历史灾害集中频发地区以现今陕西省、湖北省、山西省、河北省、山东省、江苏省、浙江省为主，辅之以甘肃省、宁夏回族自治区、河南省、安徽省、湖南省等地区，构成了中国古代的主要灾害区，或可称之为重灾区。历史重灾区的初步结果与 2000 年来农耕地扩展过程基本一致，特别是西周秦汉时期的农耕区域几乎与历史重灾区完全吻合。何以会如此？根据农业发展的一般过程和规律，结合灾害历史进程分析判断，在过去 2000 年时间中我国重灾区灾害以农业干旱为主，传统的旱作农业在周秦两汉时期形成基本的农区规模，历史旱灾主要发生于西周秦汉农区范围内。秦汉以后农区虽有扩展，但北方地区开发的新农区均未达到旱作农业核心区的生产水平和发展程度，江南地区稻作农业生产的发展也未受到旱灾的严重制约。这一结论如果反复验证后得以成立，将对我国的灾害史、农业史和历史地理学的研究产生重要影响。

历史时期荒政成效评估的思考与探索：
以明代凤阳府的官赈为例*

陈业新

（上海交通大学科学史与科学文化研究院）

一、引言

所谓"灾害"，是指自然界的反常即变异对人类社会造成一定损害的事件。[①]就此而论，灾害与人类文明一样，具有悠久的历史。人类从诞生之日起，就为灾害所缠绕[②]：一方面，灾害对人类文明的发展和社会的进步具有一定的掣肘作用。如有论者指出，传统几大文明古国后来之所以比较落后，从自然历史的角度看，与生态环境趋劣引发的灾害破坏性影响不无关系，"因为文明在给人类带来财富和进步的同时也播下了大量阻碍社会进步的祸根，在原有纯自然灾害之上又叠加上大量的人为灾祸，从而在积聚财富和文明的过程中也同样积聚了毁灭文明自身的灾害隐患"[③]。亚欧大陆，如两河流域、希腊古代文明的衰萎即为其典型者[④]，而中国历史上的经济重心南移也和北方经济开发导致的环境渐变、水旱灾害多发具有一定的关系。另一方面，频发的灾害，严重者可致人类文明湮灭，比如，2000 年 6 月在地中海海底考古发现的古埃及米努蒂斯和希拉克柳姆两座古城的遗址，有人就认为自然灾害是致其坠于海的原因之一。[⑤]

* 本文为国家社科基金项目"历史地理视野下的芍陂水资源环境变迁与区域社会研究"（18BZS164）、上海交通大学文理交叉专项课题重点项目"明清时期淮河流域水旱灾害资料整理与研究"（12JCZ01）阶段性成果。

① 杨达源、闫国年：《自然灾害学》，北京：测绘出版社，1993 年，第 14、26 页；邹逸麟：《"灾害与社会"研究刍议》，《复旦学报（社会科学版）》2000 年第 6 期，另见复旦大学历史地理研究中心主编：《自然灾害与中国社会历史结构》，上海：复旦大学出版社，2001 年。

② 中外有关神话传说的记载，如我国的女娲补天、后羿射日、鲧禹治水等，西方的诺亚方舟等，即反映了人类早期遭罹水、旱、疾疫之灾的情形。

③ 罗祖德、徐长乐：《灾害科学》，杭州：浙江教育出版社，1998 年，第 35-36 页。

④ 〔德〕恩格斯：《自然辩证法》，于光远等译编，北京：人民出版社，1984 年，第 304-308 页。

⑤ 于毅：《寻找沉睡海底的千年古城》，《光明日报》，2000 年 6 月 9 日。

　　我国地处太平洋西岸，受东亚季风等多重自然影响、农业开发、人为原因影响，传统中国即灾害频仍，历史上诸如水潦、旱魃、疾疫等灾害极其常见①，国外学者因而称我国为"饥荒的国度"②。灾害对中国早期文明的困扰情况，历史典籍中的记载历历可见。如《荀子》有所谓的"禹十年水，汤七年旱"③之说；《孟子》则称"当尧之时，天下犹未平，洪水横流，泛滥于天下。草木畅茂，禽兽繁殖，五谷不登，禽兽逼人。兽蹄鸟迹之道，交于中国。尧独忧之，举舜而敷治焉。舜使益掌火，益烈山泽而焚之，禽兽逃匿。禹疏九河，瀹济漯，而注诸海；决汝汉，排淮泗，而注之江"④。上述记载虽有传说成分，但透过其文字，我们不难揣知早期中华大地深受灾害之难的情形。不仅如此，在中华文明绵延的历史长河中，灾荒始终梦魇般地困扰着华夏子孙。早在几十年前，经济史学家傅筑夫即明确指出，一部中华文明史在某种程度上说就是一部灾荒史：

> 　　灾荒、饥馑是毁灭人口的一种强大力量，而在科学不发达和抗灾能力不大的古代，灾荒的破坏力更是格外强烈。不幸的是一部二十四史，几无异一部灾荒史。水、旱、虫、蝗等自然灾害频频发生，历代史书中关于灾荒的记载自然就连篇累牍。⑤

　　我国历史文化的突出特征就是连续性强。传统文献对历史时期灾荒之赓续不断的"连篇累牍"式记载，为我们研究过去的灾荒提供了极大的便利。

　　中国灾害史研究滥觞于 20 世纪 20 年代，竺可桢、李泰初、吴毓昌、冯柳堂、邓云特（邓拓）、陈高佣等在此方面都做出了卓越的探讨。⑥尤其是邓拓《中国救荒史》一书，堪谓当时灾荒史研究著述中最为具体和全面者。邓著距今虽已 80 余年，且有一定的局限性，然其地位始终如初，长期被学界奉为灾害史研究圭臬，其相关研究结论屡为不少著述援用。⑦然而，民国年间对中国灾荒史研究的繁盛场景，并未随着时间的下移而得以延续。中华人民共和国成立后的几

---

　　① 研究著述可参见如邓云特《中国救荒史》（上海：商务印书馆，1937 年）等，资料汇编则参阅如陈高佣等编《中国历代天灾人祸表》（上海：上海书店，1986 年影印）等。尽管邓、陈前辈关于历史灾次的统计、相关文献的列举存在遗漏，但不妨折射传统中国灾害发生情状之大端。

　　② 〔美〕马罗立：《饥荒的中国》，吴鹏飞译，上海：民智书局，1929 年。

　　③ 梁启雄：《荀子简释》（富国篇），北京：中华书局，1983 年，第 133 页。

　　④ 《孟子·滕文公上》，（宋）朱熹：《四书章句集注》，北京：中华书局，1983 年，第 259 页。

　　⑤ 傅筑夫、王毓瑚编：《中国经济史资料》（秦汉三国编），北京：中国社会科学出版社，1982 年，第 96 页。

　　⑥ 竺可桢：《中国历史上之旱灾》，《史地学报》1925 年第 4 期；李泰初：《汉朝以来中国灾荒年表》，《新建设》1931 年第 14 期；吴毓昌：《中国灾荒之史的分析》，《中国实业杂志》1935 年第 10 期；冯柳堂：《中国历代民食政策史》，商务印书馆，1934 年；邓云特（邓拓）：《中国救荒史》，上海：商务印书馆，1937 年；陈高佣等编：《中国历代天灾人祸表》，上海：上海书店，1986 年。

　　⑦ 李文海、夏明方：《邓拓与〈中国救荒史〉》，《中国社会工作》1998 年第 4 期。

十年时间里，灾荒史的研究虽不能说偃旗息鼓，但研究者和研究成果的寥若晨星乃不争的事实。直至 20 世纪 80 年代末，由于自然灾害的屡发和国外环境史学兴起的影响和推动，在一片"史学危机"的惊呼中，中国灾荒史研究再度兴起。①一些研究单位和有关学者在此方面做了许多积极、有益的工作。迄今为止，学界在中国灾荒史研究方面所做的工作主要集中在三个方面：灾害文献的整理、灾害状况的研究，以及包括荒政在内的灾害与社会研究。②

二、荒政史研究需要考量的几个方面

何谓"荒政"？不少人常将荒政、赈恤相同一。严格地说，二者非尽一致。"荒政"一词具有两重基本含义：第一个含义是荒怠政事，如《尚书·周官》曰："怠忽荒政。"与灾荒史研究的"荒政"有所联系，只是关联不大，可以置之不理；第二个含义则为与本文主旨相切，即应对灾荒的手段，是指历史上国家灾后采取的以稳定社会、巩固政权统治为目的的相关度灾济荒之政策、法令、制度或措施等。《周礼·地官·大司徒》载云：

---

① 夏明方、朱浒：《〈中国荒政全书〉的编纂及其历史与现实意义》，《中国图书评论》2007 年第 2 期；朱浒：《李文海与中国近代灾荒史研究》，《中国社会科学报》2017 年 5 月 8 日，等。

② 相关成果主要有中央气象局气象科学研究院主编《中国近五百年旱涝分布图集》（北京：地图出版社，1981 年）、中国地震历史资料编辑委员会总编室编《中国地震历史资料汇编》（5 卷，北京：科学出版社，1983—1986 年）、中国社会科学院历史研究所资料编纂组《中国历代自然灾害及历代盛世农业政策资料》（北京：农业出版社，1988 年）、李文海、林敦奎、周源等《近代中国灾荒纪年》（长沙：湖南教育出版社，1990 年）、张水良《中国灾荒史（1927—1937）》（厦门：厦门大学出版社，1990 年）、李文海、周源《灾荒与饥馑：1840—1919 年》（北京：高等教育出版社，1991 年）、宋正海总主编《中国古代重大自然灾害和异常年表总集》（广州：广东教育出版社，1992 年）、李文海、林敦奎、程歗等《近代中国灾荒纪年续编》（长沙：湖南教育出版社，1993 年）、袁林《西北灾荒史》（兰州：甘肃人民出版社，1994 年）、李向军《清代荒政研究》（北京：中国农业出版社，1995 年）、高文学主编《中国自然灾害史（总论）》（北京：地震出版社，1997 年）、张秉伦、方兆本主编《淮河和长江中下游旱涝灾害年表与旱涝规律研究》（合肥：安徽教育出版社，1998 年）、张建民、宋俭《灾害历史学》（长沙：湖南人民出版社，1998 年）、夏明方《民国时期自然灾害与乡村社会》（北京：中华书局，2000 年）、宋正海、高建国、孙关龙等《中国古代自然灾异动态分析》（合肥：安徽教育出版社，2002 年）、宋正海、高建国、孙关龙等《中国古代自然灾异群发期》（合肥：安徽教育出版社，2002 年）、宋正海、高建国、孙关龙等《中国古代自然灾异相关性年表总汇》（合肥：安徽教育出版社，2002 年）、冯贤亮《明清江南地区的环境变动与社会控制》（上海：上海人民出版社，2002 年）、〔法〕魏丕信《18 世纪中国的官僚制度与荒政》（徐建青译，南京：江苏人民出版社，2003 年）、陈业新《灾害与两汉社会研究》（上海：上海人民出版社，2004 年）、朱浒《地方性流动及其超越：晚清义赈与近代中国的新陈代谢》（北京：中国人民大学出版社，2006 年）、张崇旺《明清时期江淮地区的自然灾害与社会经济》（福州：福建人民出版社，2006 年）、赫治清主编《中国古代灾害史研究》（北京：中国社会科学出版社，2007 年）、李文海、夏明方主编《天有凶年　清代灾荒与中国社会》（北京：生活·读书·新知三联书店，2007 年）、曹树基主编《田祖有神——明清以来的自然灾害及其社会应对机制》（上海：上海交通大学出版社，2007 年）、李文海、夏明方、朱浒主编《中国荒政书集成》（天津：天津古籍出版社，2010 年），等等。另外，尚有许多无法一一赘举的论文。具体可参见冯尔康等编著《中国社会史研究概述》（天津：天津教育出版社，1988 年）和《中国史研究动态》等学术期刊发表的有关评介文章。

以荒政十有二聚万民：一曰散利，二曰薄征，三曰缓刑，四曰弛力，五曰舍禁，六曰去几，七曰眚礼，八曰杀哀，九曰蕃乐，十曰多昏，十有一曰索鬼神，十有二曰除盗贼。①

郑玄注之曰：

荒，凶年也。郑司农云救饥之政十有二品。散利，贷种食也。薄征，轻租税也。弛力，息繇役也。去几，关市不几也。眚礼，《掌客职》所谓"凶荒，杀礼"者也。多昏，不备礼而娶昏者多也。索鬼神，求废祀而修之。《云汉》之诗所谓'靡神不举，靡爱斯牲'者也。除盗贼，急其刑以除之。饥馑则盗贼多，不可不除也。杜子春读蕃乐为藩乐，谓闭藏乐器而不作。玄谓去几，去其税耳。舍禁，若公无禁利。眚礼，谓杀吉礼也。杀哀，谓省凶礼。

《周礼》记载及郑注说明：其一，中国荒政历史极为悠久，至少在商周时期即取得了丰富的经验，故而《周礼》对之有较为系统的记载。其二，古代荒政内容十分丰富。《周礼》所列十二条荒政措施，就广泛涉及政治、经济、文化乃至伦理风俗诸多方面；其三，荒政的目的为通过"救饥"而"聚万民"。自然灾害发生后，为减轻因灾荒造成的损失和防止由灾荒引发的饥民流徙、死亡及社会动荡局面的出现，任何一个有能力的国家或政府，都会尽其所能地对灾荒予以赈恤，并尽快恢复与稳定人民正常的生活与生产秩序，从而达到维护其政治统治和保证社会安定的目的。因此，从广义上说，国家应对灾荒的"荒政"是政治的一部分。也正因为如此，"荒政"才被作为国家职能，列为古代包括大司徒在内的各级官员的重要职守之一；而许多官吏在积极从事灾荒赈恤的同时，还将其实践经验加以总结，形成系统的荒政著述亦即后世所谓的"荒政书"传之于世②，对后世的荒政实践和今天的荒政研究具有不可低估的价值。

当今学术界对历史荒政有较多的研究。笔者囿见目前史学界关于荒政史的研究，从时间方面来看，或为断代研究，或是通史式的讨论；在空间方面，或为区域微观研究，或系全国范围内的宏观考察；在具体内容上，或探讨具体荒政措施，或研究荒政制度；由于研究的视角和目的不同，诸研究的内容和形式等具有很大的差异。

总体上来说，受历史文化传统的影响，中国各朝各代的荒政不乏其共性。

---

① （汉）郑玄注、（唐）贾公彦疏：《周礼注疏》卷10《大司徒》，《十三经注疏附校勘记及识语》，杭州：浙江古籍出版社，1998年，第706页。

② 此一方面的著述甚多，具体可参阅李文海、夏明方、朱浒主编：《中国荒政书集成》第12册，天津：天津古籍出版社，2010年。夏明方对传统中国的荒政书进行过宏观、总体性的考述，详见夏明方：《救荒活民：清末民初以前中国荒政书考论》，《清史研究》2010年第2期。

譬如，荒政的制度化和法律化、荒政实施的程序化、荒政实际效果与国家财政经济状况及吏治密切相关等，或可视作大多时期荒政事业共有的基本特征。而如在荒政具体措施方面，作为历代拯救灾民的荒政手段，大概无外乎钱粮的无偿赈济和有偿赈贷、赋税的蠲免和蠲缓、仓储备荒、抚恤等。但同时，受各时期、不同区域具体条件差异的限制，每个历史阶段和地区的荒政又有别具一格的显著特征。如与其他历史阶段相比，在"经学极盛时代"的两汉时期①，其荒政就烙有极其浓郁的"经学"印记②。

就具体研究而言，荒政是一个非常复杂的维系灾区社会稳定、安全的系统，它涉及灾害频度的大小、灾情的轻重、受灾地区的广狭、承灾体（受灾地区社会和灾民）生存状况之良窳、具体荒政手段的多寡及其力度、频度等自然和社会众多因素，以及诸如灾次与荒政次数之比、灾情与赈恤力度的比较等自然因素和社会因素的对比关系等。在自然或社会因素内部，又各有其相关内容，如社会因素就事关国家、社会和个人的方方面面。仅就荒政措施来说，除中央政府外，参与主体还有地方政府及其职官、地方士绅等；而制约荒政效果的因素则更多，如国家财政经济状况、办赈官员的素质和责任心、灾区抗灾所必需的社会经济基础（如灾民经济条件）等。由于荒政研究牵涉问题繁多，故而对于一个时期的荒政行为及其效果的评骘，我们不能简单地予以定性，得出或是或非的结论。然而，仅凭一二要素对历史时期的荒政举措进行比较细致的定量分析，有时又十分困难，因为文献向我们提供的基本信息通常有限，多数不具备深入量化分析的条件。所以，历史时期的荒政研究，应该是内容十分具体的综合性考察。一般而论，荒政史研究应重点考量以下几个方面。

第一，国家荒政制度或政策与地方具体荒政实践相结合。

首先，制度是依据。表面上看，每次具体荒政行为与制度似乎并无多大的直接联系，但事实上，荒政是国家履行其统治、治理职能的具体体现，与国家政治、法律制度和社会经济结构紧密相关。因此，任何一次荒政行为的实施，都离不开一定政权组织形态下的法令、制度，换言之，就是贯彻与之相关的制度或政策的产物。比如，报灾及其时限、灾情的踏勘和灾伤级别的确定、赈灾物资的来源（筹措）、赈济及其标准等，各朝各代都有相应的制度规定或约束，而每次灾后开展的赈恤，基本上就是执行这些制度的产物。

其次，制度或政策执行得如何，最终还是看具体实践效果。荒政是一项实践性极强的工作，社会经济环境和时空条件的不同，其荒政实效也往往有较大差异。一定制度或政策毕竟还是规定，停留于规定层面上的制度不可能在赈灾恤民方面自行发挥作用。荒政的成功实施，无不依赖于具体救荒措施的采取、

① （清）皮锡瑞著，周予同注释：《经学历史》，北京：中华书局，2004年，第65-94页。
② 陈业新：《灾害与两汉社会研究》，上海：上海人民出版社，2004年，第301-304页。

资源的保障与配置、人员的动员、赈恤事务的组织和协调等各个实践性环节和因素。同时，荒政制度究竟是否合理，也最终通过历次具体赈灾实践来反映；而再完备的制度，也必须经由一个个具体荒政行为而付诸实现，否则就是海市蜃楼。

最后，荒政措施和荒政积极效果不能简单等同，荒政既受到来自制度的制约，更离不开国家政策或制度的支持，如地方和中央政府的运行效率和组织水平、国家财政状况、人事及其考选制度、法律制度等。一个高效的国家机器的积极运转，是荒政取得佳绩的前提。

第二，具体措施考察的全面性。传统中国是一个灾荒频发的国度，从上古到近古，中国荒政政策历经各代努力探索和完善，成就了措施齐全、独具一体的荒政体系。各种措施由于侧重点不同，在荒政中发挥的缓解灾情、苏解民困的作用也有一定差异比如，灾害发生后，灾民衣食无着，对急于活命疗饥的灾民来说，无偿赈济以食粮的意义无疑最为突出；当灾后衣食有了一定的保障，从长远观点看，就是帮助灾民恢复生产以自救，此时贷以种粮、农具等农业生产资料就显得尤为重要；而当灾后生产有所恢复，出于与民休息的考虑，蠲免税赋则是恢复民力的最佳选择等。一般情况下，灾荒发生后，国家通常会根据灾情轻重和财政松紧状况，实施相应的荒政手段，并力图动员地方社会参与赈灾，从而筑起一道赈恤大墙。因此，研究一个历史时期的荒政，对其措施的考察，既要具体，也要全面，若仅考察诸多措施中的一二个方面，则很难对之做出准确、接近历史实际的评判。

第三，灾害及其引起的灾荒情况和采取荒政措施后的灾区社会现象相联系。前者包括受灾区域范围大小、灾情轻重程度（受灾程度、灾民多寡、经济损失大小）等；后者为衡量荒政效果的重要指标，包括荒政后的饥荒、流民、匪盗等社会现象是否发生及其频率、规模等。考察历史时期的荒政，既要将灾情及由此决定和影响下的荒政措施纳入考察视野，同时也要把由荒政不力导致的后果，如饥荒、流民、匪患等作为重要指标，将诸因素相叠加、综合，从而反映一个时期某个地区荒政效益之大端。

总而言之，只有兼顾、综合上述几个方面，才有可能对某一时期的国家荒政事业做出具体的评断。当然，由于大多文献关于某些时期或某一灾害事件之具体灾情、救荒措施及其力度等基本要素记载语焉不详，对之做出深入、细微的探讨通常存在一定的困难。于是，不少研究者只凭文献的粗略载记，信手拈来一些诸如时间、空间等因素迥异的史料，对某个时期大区域范围内的荒政进行探讨；或单从制度层面，或仅就某一荒政措施就事论事，评头论足。凡此皆失之于妥。因为据此而作的研究，或为荒政"冰山"之一角，借此得出的结论类如管中窥豹，所见绝非荒政之全貌和实情，甚或因文献使用不当而张冠李戴，得出与事实大相径庭的结论。

三、明代荒政制度及其折射的问题

作为中国传统社会的一个重要时期，明朝的荒政制度可或多或少地折射中国荒政制度之大端。关于明代国家荒政制度，《明史》编者概括云：

> 至若赋税蠲免，有恩蠲，有灾蠲。太祖之训：凡四方水旱辄免税，……凡岁灾，尽蠲二税，且贷以米，甚者赐米布若钞。又设预备仓，令老人运钞易米以储粟。……且谕户部："自今凡岁饥，先发仓庾以贷，然后闻，著为令。"……成祖……榜谕天下，有司水旱灾伤不以闻者，罪不宥。……仁宗监国时，有以发振请者，遣人驰谕之，……宣宗时，户部请核饥民。帝曰："民饥无食，济之当如拯溺救焚，奚待勘。"盖二祖、仁、宣时，仁政亟行。预备仓之外，又时时截起运，赐内帑。被灾处无储粟者，发旁县米振之。……鬻子女者，官为收赎。且令富人蠲佃户租。大户贷贫民粟，免其杂役为息，丰年偿之。皇庄、湖泊皆弛禁，听民采取。饥民还籍，给以口粮。京、通仓米，平价出粜。兼预给佣粮以杀米价，建官舍以处流民，给粮以收弃婴。……其恤民如此。世宗、神宗于民事略矣，而灾荒疏至，必赐蠲振，不敢违祖制也。振米之法，明初，大口六斗，小口三斗，五岁以下不与。永乐以后，减其数。纳米振济赎罪者，景帝时，杂犯死罪六十石，流徒减三之一，余递减有差。捐纳事例，自宪宗始。生员纳米百石以上，入国子监；军民纳二百五十石，为正九品散官，加五十石，增二级，至正七品止。武宗时，富民纳粟振济，千石以上者表其门，九百石至二三百石者，授散官，得至从六品。世宗令义民出谷二十石者，给冠带，多者授官正七品，至五百石者，有司为立坊。振粥之法，自世宗始。报灾之法，洪武时不拘时限。弘治中，始限夏灾不得过五月终，秋灾不得过九月终。万历时，又分近地五月、七月，边地七月、九月。洪武时，勘灾既实，尽与蠲免。弘治中，始定全灾免七分，自九分灾以下递减。又止免存留，不及起运，后遂为永制云。[①]

根据上述记载，作为一种制度，我们发现明代荒政[②]的特点：

---

① （清）张廷玉等：《明史》卷78《食货志二》，北京：中华书局，1974年，第1908-1909页。

② 关于明代国家荒政层面的研究成果，主要有洪书云《明洪武年间的蠲免与赈恤》（《郑州大学学报（哲学社会科学版）》1987年第3期）、陈关龙《明代荒政简论》（《中州学刊》1990年第6期）、叶依能《明代荒政述论》（《中国农史》1996年第4期），等等。张兆裕在此方面有系列成果：《明代万历时期灾荒中的蠲免》（《中国经济史研究》1999年第3期）、《明代荒政中的报灾与匿灾》（中国社会科学院历史研究所明史研究室：《明史研究论丛》第7辑，北京：紫禁城出版社，2007年）、《明后期地方士绅与灾蠲——灾荒背景下明代社会的政策诉求》（中国社会科学院历史研究所明史研究室编：《明史研究论丛》第11辑《明代国家与社会研究专辑》，北京：故宫出版社，2013年）。

第一，荒政措施完备。明代荒政措施的完备性，可谓学界的共识。[1]从荒政物资形态的角度看，明代荒政措施可分为税赋的蠲免与折色、救灾物资的给予两大方面。税赋蠲免又包括缓征和蠲除（起运、存留、逋欠及其他税赋），折色又分折征（原额漕米折成钞银或其他非粮物品征收）和改征（漕粮粟米改为征收其他粮种）；救灾物资的给予即赈济，包括无偿赈济（钱粮和煮粥）、有偿赈济（贷以钱粮和牛、种、农具等）和抚恤（收养、医疾、募瘗）等。有明一朝，不仅荒政措施齐备，并且从报灾到救灾的开展、具体措施的实施乃至荒政后的监督等，国家都有固定的程序和制度规定。

第二，荒政物资来源多元化。除国家财政途径外，明朝还采取诸如捐纳等措施，以给予相应的待遇为条件，广泛利用社会物质财富，动员社会各界有力阶层积极参与赈恤，使之成为国家荒政事业的一部分。[2]而且，在备灾方面，从明初开始，就建立了预备仓储制度，虽然其间兴衰不定，但在明后期之前，各代无不重视预备仓储建设。在某些阶段，预备仓储在荒政中曾一度起到了积极的救灾作用。[3]

第三，荒政措施具有明显的阶段性。其一是标准多有变动，如蠲免税赋，明初、成化和弘治三个时期的标准和幅度就有较大的差异，又如赈粮之法，洪武时期大口 6 斗、小口 3 斗，永乐以后则剧减。其二是具体措施有一定差异。比如，无偿赈济，明初以赈粮为主，而正德及其之后，赈粮次数明显下降，银钞逐渐成为无偿赈济的主要内容，赈银次数高于赈粮次数。其三是荒政物资来源上，明前期以国家财政为主，而自宣德及其以后[4]，国家频繁动员社会力量参与荒政，一些地方社会捐输物资增幅甚巨，一度成为荒政主要物资来源。其四，受国家政策阶段变化影响，有明一朝国家荒政的效果也多有起伏，但除崇祯以外的各个时期都始终没有放弃对灾荒的赈恤，即使是被后世诟病的嘉、万时期，《明史·食货志》亦多有肯定，称"世宗、神宗于民事略矣，而灾荒疏至，必赐蠲振，不敢违祖制也"。

第四，从总的趋势而言，英宗正统及其以后，明代国家荒政渐显不力。荒政事业的兴衰，与国家政治、吏治、财政经济状况等关系紧密。明朝初期，社

---

① 李向军：《清代荒政研究》，北京：中国农业出版社，1995 年，第 10-11 页。

② 相关问题可参见赵克生《义民旌表：明代荒政中的奖劝之法》（《史学月刊》2005 年第 3 期）、陈业新《明代国家的劝分政策与民间捐输——以凤阳府为对象》（《学术月刊》2008 年第 8 期）、方志远《"冠带荣身"与明代国家动员——以正统至天顺年间赈灾助饷为中心》（《中国社会科学》2013 年第 12 期）等。

③ 陈关龙：《论明代的备荒仓储制度》，《求索》1991 年第 5 期；钟永宁：《明代预备仓述论》，《学术研究》1993 年第 1 期；顾颖：《明代预备仓积粮问题初探》，《史学集刊》1993 年第 1 期；段自成：《明中后期社仓探析》，《中国史研究》1998 年第 2 期；唐文基：《明代粮食仓储制度》，中国社会科学院历史研究所明史研究室编：《明史研究论丛》第 6 辑，合肥：黄山书社，2004 年；王卫平、王宏旭：《明代预备仓政的演变及特点》，《学术界》2017 年第 8 期。

④ 赵克生：《义民旌表：明代荒政中的奖劝之法》，《史学月刊》2005 年第 3 期。

会稳定，政治清明，社会经济繁荣。"明初，沿元之旧，钱法不通而用钞，又禁民间以银交易，宜若不便于民。而洪（武）、永（乐）、（洪）熙、宣（德）之际，百姓充实，府藏衍溢。盖是时，劝农务垦辟，土无莱芜，人敦本业。……上下交足，军民胥裕。"其后英宗时期，"海内富庶，朝野清晏……纲纪未弛"。①但史又载云：英宗"前后在位二十四年，威福下移，刑赏僭滥，失亦多矣"②。弘治初年的马文升也说："我朝洪武、永乐、洪熙、宣德年间，生养休息，军民富足，故虽外征北敌，内营宫殿，乐于趋事，未尝告劳。自正统十四年（1449年）以后，天下多事，民始觉困。"③由上二则记载来看，明朝似乎在正统十四年以后国运才开始呈现颓衰。实际上，早在正统时期，明代包括荒政废弛等在内的各种社会问题已十分严重。当时的夏瑄就曾指出：

> 今日之所忧者，不专于虏，而在于吾民。何以言之？今四方多事，军旅数兴，赋役加繁，转输加急，水旱之灾，虫蝗之害，民扶老携幼，就食他乡，而填死沟壑者，莫知其数。幸而存者，北为虏寇之屠，南被苗贼之害。兵火之余，家产荡尽，欲耕无牛，欲种无谷，饥荒相继，盗贼滋多，中土骚然。臣恐有意外不测之变。④

可见，正统时期不仅赋税、徭役沉重，而且水、旱、蝗灾频繁，灾民因得不到有效赈恤而多流徙、异乡就食，其中不少还沦为盗贼，社会险象环生，危机四伏。⑤后来，虽然各代恪守祖制，"灾荒疏至，必赐蠲振"，也取得了粲然可观的成效，但受国家财政和政治的影响，明代国家荒政事业每况愈下，效果欠佳，如成化元年（1465年）七月，户科给事中袁芳等言：

> 比年以来，救荒无术，一遇水旱饥荒，老弱者转死沟壑，贫穷者流徙他乡。……南北直隶、浙江、河南等处，或水或旱，夏麦绝收，秋成无望，

---

① （清）张廷玉等：《明史》卷77《食货志一》、卷12《英宗后纪》，第1877、160页。

② 《明史》卷12《英宗纪》"赞"，《景印文渊阁四库全书》第297册，台北：商务印书馆，1986年，第152页。关于英宗的评述，中华书局武英殿本、浙江古籍出版社百衲本《明史·英宗后纪》"赞"文俱载云：英宗"前后在位二十四年，无甚稗政"。但文渊阁四库全书本《明史》"赞"则曰：英宗"前后在位二十四年，威福下移，刑赏僭滥，失亦多矣，或胪举盛德，以为无甚稗政，岂为笃论哉？"与殿本、百衲本《明史》所载有所不同。具体参见《明史·英宗后纪》，第160页；《明史·英宗后纪》，百衲本《二十五史》第8册，浙江：浙江古籍出版社，1998年，第28页；《明史·英宗后纪》，《景印文渊阁四库全书》第297册，第152页。

③ 马文升：《端肃奏议》卷3《陈言振肃风纪裨益治道事》，《景印文渊阁四库全书》第427册，第735-736页。

④ 《明英宗实录》卷185，正统十四年十一月丙午，台北："中央研究院"历史语言研究所，1962年，第3707页。

⑤ 正统时期的民间起事，众所周知者有如福建邓茂七起事等。而正德年间的河北刘六、刘七起事，之所以能够纵横数省，也与正统年间灾荒背景下的社会衰弛有一定关系。

米价翔贵，人民饥窘。恐及来春，必有死亡流移之患、啸聚意外之虞。①

成化八年（1472）八月，大学士商辂亦奏云：

> 今岁旱伤之处，较之上年尤多，而山东饥馑之民，比之他处尤甚。即今秋收之际，尚闻扶老携幼弃家流移，冬、春之间不言可知。虽有巡抚等官在彼赈济，然地广人众，储积有限，兼之税粮、军需、马政、夫役等项，此催彼并，未见优容，而欲民受实惠，免于流移，不可得矣。②

因此，在朱氏建国后一百年左右，明代国家荒政事业即已疲圮。国家荒政事业的式微，随之而来的就是灾荒饥民的数量日益增大，灾民大规模四徙。

四、明代凤阳府官方赈济成效的分析

《明史·食货志》所载，是就国家荒政制度总体而言的。那么，国家荒政制度具体落实到地方荒政实践，其最终效果究竟怎样呢？兹以凤阳地区的情况为例而喻之。

明时期的凤阳府，地缩淮河中游南北，下辖寿州、凤阳、临淮、五河、盱眙、怀远、霍邱、定远、天长、太和、颍州、颍上、亳州、蒙城、宿州、灵璧和泗州17州县。金元以来，黄河南泛夺淮入海，凤阳府地当黄泛之冲。受黄泛长期影响，区域水系紊乱，水利废弛，加之以明政府治河保运策略等因素的作用③，有明一朝，凤阳地区水、旱、蝗灾频发。笔者据《明实录》、凤阳府及其所属州县方志，如成化《中都志》等文献初步统计，在明朝277年的统治时间内，若以年次统计，凤阳府有226个年头发生了水、旱、蝗等自然灾害，只有51个年度没有灾害发生的记载；而在203年次水、旱灾害中，由于黄河南泛使然，其水灾年次（149年次）较旱灾年次（115年次）又明显为多，其年次之比为1.3∶1。长期不断地发生灾害，使凤阳地区成为名闻遐迩的灾荒地。万历九年（1581）四月，辅臣张居正奏于神宗曰："今江北淮、凤及江南苏、松等府连被灾伤，民多乏食。徐、宿之间，至以树皮充饥，或相聚为盗，大有可忧。"神宗问云："淮、凤频年告灾，何也？"张居正答对曰："此地从来多荒少熟。……元末之乱，亦起于此。"④这里，张宰辅虽未正面回答神宗之凤阳等地为何"频年告灾"的问题，而只是强调灾荒的后果，但他道出了明初以来凤阳一带"多荒少熟"的基本事实。

---

① 《明宪宗实录》卷19，成化元年七月辛未，第390页。
② 《明宪宗实录》卷107，成化八年八月戊寅，第2085页。
③ 水利部淮河水利委员会《淮河水利简史》编写组：《淮河水利简史》，北京：水利电力出版社，1990年，第201-236页。
④ 《明神宗实录》卷111，万历九年四月辛亥，第2126-2127页。

为应对灾荒，明政府在凤阳地区采取了诸如税赋蠲免与折征、钱粮赈济、抚恤等一系列救荒举措，对灾区实行了相应的救济。[①]那么，这些救荒举措具体效果如何？按照上述思路，这里在对明代凤阳地区国家荒政效果进行讨论时，就将灾害年次、采取荒政年次、主要荒政手段，以及反映荒政效果的饥荒、流民和匪患等一并纳入考察视域，以期折射明代在凤阳地区展开灾荒救恤的效果（表1和图1）[②]。

表1　明时期凤阳地区荒政效果评价相关指标

时期	灾害年次	荒政年次与灾害年次之比	无偿赈济年次与灾害年次之比	饥荒年次及其分别与灾害年次、荒政年次之比	灾民流徙年次及其分别与灾害年次、荒政年次之比	匪患年次及其分别与灾害年次、荒政年次之比
洪武（1368—1398）	11	0.36∶1	0	0	0	2，0.18，0.5
建文（1399—1402）	1	0∶1	0	0	0	0
永乐（1403—1424）	15	0.73	0.27	4，0.27，0.36	0	0
洪熙（1425）	1	0	0	0	0	0
宣德（1426—1435）	9	0.78	0.44	5，0.56，0.71	0	0
正统（1436—1449）	13	1	0.54	5，0.38，0.38	2，0.15，0.15	0
景泰（1450—1456）	7	1	0.57	3，0.43，0.43	2，0.29，0.29	3，0.43，0.43
天顺（1457—1464）	4	0.5	0.25	0	0	0
成化（1465—1487）	22	1	0.36	10，0.45，0.45	3，0.14，0.14	6，0.27，0.27
弘治（1488—1505）	17	0.82	0.18	5，0.29，0.36	2，0.12，0.14	2，0.12，0.14
正德（1506—1521）	15	1	0.53	4，0.27，0.27	3，0.2，0.2	5，0.33，0.33
嘉靖（1522—1566）	40	0.78	0.25	13，0.33，0.42	10，0.25，0.32	5，0.13，0.16
隆庆（1567—1572）	6	0.5	0	2，0.33，0.67	0	1，0.17，0.33
万历（1573—1620）	44	0.5	0.36	23，0.52，1.05	6，0.14，0.27	6，0.14，0.27
天启（1621—1627）	7	0.29	0.14	1，0.14，0.5	1，0.14，0.5	1，0.14，0.5
崇祯（1628—1644）	14	0.07	0	4，0.29，4	2，0.14，2	3，0.21，3
合计或平均	226	0.68	0.24	79，0.35，0.51	31，0.14，0.2	34，0.15，0.21

[①] 水利工程的兴修，一般亦属赈灾范围之列，而以工赈最为突出。但本文所谓救荒，主要为经济或物资方面的举措，故而水利工程兴筑不在本文讨论之内。而且，除直接动员灾民参加水利建设的工赈外，水利工程对救灾度荒的影响，通常也并非立竿见影，很难对其在救荒中的直接成效进行明确的判断。明政府在凤阳府开展的赈济情况，可参见傅玉璋《明代安徽、江苏地区的水灾与赈济》（《安徽大学学报》1992年第1期）、周致元《明代的赈灾制度——以凤阳一府为例》（《安徽大学学报》2000年第4期）、周致元《明代对凤阳府的灾蠲和灾折》（《中国农史》2002年第2期），等等。

[②] 明代凤阳府的荒政措施年次、具体措施中的税赋蠲免年次和改折年次、无偿赈济钱粮年次等相关情况，详见陈业新：《明至民国时期皖北地区灾害环境与社会应对研究》，上海：上海人民出版社，2008年，第80-158页。

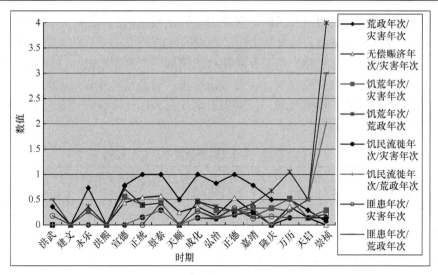

图 1　明时期凤阳地区荒政效果评价相关指标示意图

第一，各项内容的指示意义。荒政年次与灾害年次之比，是衡量荒政频度的基本指标，其比值越大（0～1），表明其灾后采取荒政措施的次数越多；无偿赈济年次与灾害年次之比，在所有临灾救济的措施中，无偿赈济由于是向灾民无偿提供相关生活、生产必需品，对于灾民渡过饥荒的意义最为突出。因此，其比值（0～1）和力度的大小，对荒政效果具有直接的影响。然而，上述两项指标虽可作为衡量荒政效果的一个参照，但不能作为根本的凭依，因为其数值可能与历次灾情轻重程度等相联系，而绝大部分灾情由于文献载记不详，我们有时很难做出准确的判断。因此，考察荒政的最终效果，还是看荒政行为实施后与灾荒相关的灾区社会状况，具体如饥荒年次、灾民流徙年次、匪患年次及其分别与灾害年次、荒政年次之比等情况。

饥荒年次与灾害年次之比，反映的是一定灾害年次条件下饥荒发生的频度，是衡量荒政举措实际效果的重要参数。一般情形下，如果荒政措施得当，虽有灾害发生，饥荒未必一定出现。因此，其比值大小（0～1），与实际荒政效果呈反比关系。饥民流徙年次与灾害年次之比、匪患年次与灾害年次之比所示，亦与此相同；而饥荒年次、饥民流徙年次、匪患年次与荒政年次间的比值大小，与荒政效果也具有反向比例关系，其值越小，说明荒政效果较好，反之亦然。

第二，明时期凤阳地区荒政阶段性效果。从表1看，相对而言，明时期灾后较多采取荒政措施者为永乐（11 年次）、宣德（7 年次）、正统（13 年次）、景泰（7 年次）、成化（22 年次）、弘治（14 年次）、正德（15 年次）和嘉靖（31 年次）等 8 个时期。其中，向灾民实施无偿赈济钱粮较多的几个时期分别是宣德（4 年次）、正统（7 年次）、景泰（4 年次）、正德（8 年次）等。由于二者不能单独作为考察荒政效果的主要凭借，因此，仅据该两项指标，我们尚无法就明代凤阳府的荒政效果得出合理的结论，还必须结合饥荒等项目的比较结果，对之做出判断。

在饥荒年次与灾荒年次比较方面，宣德、正统、景泰、成化、万历等5个时期数值较大，饥荒年次较为频繁；在饥荒年次和荒政年次之比方面，宣德、景泰、成化、隆庆、万历、天启、崇祯等7个时期比值颇大；流徙年次与灾害年次比较方面，正统、景泰、成化、正德、嘉靖、万历、天启、崇祯等8个时期比值相对较大；流徙年次与荒政年次比较方面，景泰、正德、嘉靖、万历、天启、崇祯等6个时期比值较大；在匪患年次与灾害年次比较方面，洪武、景泰、成化、正德、隆庆、崇祯等6个时期比值较大；在匪患年次与荒政年次比较方面，洪武、景泰、成化、正德、隆庆、万历、天启、崇祯等8个时期比值较高。

综合以上几个指标，我们认为：

其一，在饥荒方面，凤阳地区最早在永乐时期就已出现，但与灾害和荒政年次相比，次数较少。到了宣德时期，该地区的饥荒次数渐多，与灾荒年次、荒政年次的比值，亦无不远远高于明代其他阶段的相应数值；在灾民流徙方面，凤阳地区最早流民出现在正统时期，但还不甚严重。而到了景泰年间，其比值剧升，说明此间流民现象比较突出；在匪患方面，尽管早在洪武时期凤阳府就发生了匪盗事件，而2次匪盗之事的发生均与灾荒无关。所以，明代与灾荒相连的匪盗祸患事件首次发生于景泰时期，并且此间匪盗次数与灾荒、荒政年次的比值甚大，表明患情较重。综合上述三个方面比值情况，我们认为：明代在凤阳地区实施的荒政，早在宣德年间已呈萎衰之态；正统时期，此情进一步蔓延；到了景泰时，则日益严重，以致饥荒、流民、匪盗等事件频繁发生。

其二，与之相对应，明代在凤阳地区实施的荒政具有明显的阶段性。其中，明初洪武至宣德以前时期，国家荒政措施最为得力；而从宣德年间开始，国家荒政日显疲态；其后的景泰、成化、正德、隆庆、万历、天启和崇祯等时期，尤其是景泰、万历、天启和崇祯时期，国家荒政在救荒度饥中所发挥的作用甚不得力，以致饥荒常与灾害相伴，流民、匪盗事件不断发生。而天顺、弘治和嘉靖时期则相对略好，但嘉靖朝在控制灾民流徙方面则做得十分不够，灾民流徙普遍，以致凤阳地区灾民此间养成了逃荒的习惯，而其民间尚武风习也大体滥觞于这一时期。[①]

其三，研究表明，明代在凤阳府开展的救荒行为，从整体上讲，其积极作用和意义是毋庸置疑的。但因为凤阳地区灾害过于频繁，以致国家无法保证对

---

① 陈业新：《此方文事落后，武功特盛——明清时期皖北尚武风习初探》，程必定、吴春梅主编：《淮河文化纵论——"第四届淮河文化研讨会"论文选编》，合肥：合肥工业大学出版社，2008年。

历次灾害都能进行积极、有效的赈恤，在荒政频度和力度等方面不可避免地存在一定问题，国家荒政因此不能从根本上解决灾民的生存问题，加之该地区民间的普遍贫困，除个别时期外，地方社会的救济微不足道。因此，灾荒环境下的凤阳民生颇为艰难。由于国家不能保证灾民最基本的生存问题，于是，灾害环境下的民间便衍生出诸如四出流徙逃荒、尚武好斗等自我应对灾荒的手段。这些具有负向的民间应对手段，既是凤阳地区长期灾荒的结果，更是明政府荒政不力及其效果不佳的产物和反映。而民间自我应对灾荒的行为一经产生，即会日积月累、渐成风习，对国家统治和地方社会的稳定形成威胁和冲击。于是，国家不得不两面应战：既要应付多发的灾荒，又要面对因国家荒政不力所致的民间为应对灾荒而生发的负面应对行为。紧张的荒政环境，又在一定程度上掣肘了国家荒政的实施与效果，灾荒环境下的区域社会发展与稳定往往难免恶性循环。这种局面的形成，大大出乎统治者意料。因此，灾害发生后，如何应对自如，荒政得力，当是确保受灾地区民生及其社会稳定的关键。

五、结语

传统中国自然灾害多发。"天灾莫过于荒，天灾之可以人事救之，亦莫过于荒。"[①]为应对灾害，历朝历代都曾采取了相应的救灾举措，荒政因而成为中国传统文化资源中不可或缺的一部分。荒政之良窳功效，可以折射灾荒环境下国家社会治理的能力及其效果，同时也有助于我们全面把握灾荒影响下的区域社会变迁之动因及其情状。因此，研究传统荒政并对其成效加以实事求是的评估，有利于我们进一步认识传统中国。本文以明代国家荒政为对象，以凤阳府官赈为例，从荒政制度、区域灾害状况（年次）、灾赈举措及其年次，以及灾后流民与匪患年次及其与灾害年次、灾赈年次之比等几个方面，对明代凤阳府的国家荒政成效进行了基本的考察。尽管这一个案不能代表整个中国历史时期的荒政状况，但作为一个例子，则大体反映了中国古代国家荒政的基本情形。

不过，正如前文强调的那样，荒政因灾而起，由人而兴，广泛涉及自然、社会的各个方面，情况极其复杂，荒政效果的评价也因此具有综合性、复杂性，需谨慎待之。同时，本文提及的荒政成效评价要素，也仅为几个基本的方面，此外，尚有其他一些可以考虑的要素。其主要者如：

一是灾情的轻重。传统荒政举措及其赈济力度的大小，都和灾情紧密相连。比如，明弘治三年（1490），经朝廷议定、孝宗批准的《灾伤应免粮草事例》，即据受灾轻重对蠲免税赋做出规定："全灾者免七分，九分者免六分，八分者

---

① （清）魏禧撰，俞森辑：《救荒策》，李文海、夏明方、朱浒主编：《中国荒政书集成》第 2 册，第 929 页。

免五分，七分者免四分，六分者免三分，五分者免二分，四分者免一分。止于存留内除豁，不许将起运之数一概混免。若起运不足，通融拨补"，并成为有明一朝此后荒政税赋蠲免之"永制"。[1]因此，研究历史荒政，灾情是不可忽略的重要方面。然而，历史文献中关于水、旱等灾害的记载，基本上为文字描述性的，须按照现代灾害学研究的要求，对这些文字记载进行灾害等级量化处理。等级量化工作极其繁杂，既要全面搜求资料，又要根据现代灾害学要求，制定出合理的灾害等级量化方案，在认真梳理文献资料的基础上，将文献记载与等级量化方案相对照，逐年定出研究空间（如府等）内基本区域单元（县）的灾害等级，进而运用一定的公式，计算出该大空间范围内的年度灾害等级[2]。灾害等级即灾情轻重的划定，有益于对荒政成效的评价。

二是地方基础设施尤其是农田水利工程，也是荒政成效评估需予关注的。众所周知，农田水利是根据或利用区域降水、地形等自然条件而兴建的服务于农业经济的工程。中国历史时期的灾害，从发生次数和影响程度来看，当以水旱之灾为最。农田水利工程之于水旱之灾，其作用体现在两个主要方面，即减少水旱之灾发生的次数、减轻灾害影响的程度。二者皆有利于荒政效果的提高。而水利工程阙如或湮废严重的地区，不仅灾害发生的概率和影响程度往往甚于有水利工程保障的地区，而且同样力度的荒政，其成效也常常低于后者。

区域经济状况和士绅社会阶层参与赈济的情况，也是考量荒政成效不可忽略的因素。一个地区的荒政效果优劣，往往是国家、地方社会并同发力的结果，地方经济发展水平、仓储状况、士绅阶层数量及其参与灾荒赈济的程度等，都与国家荒政相辅相成，并对其成效产生直接或间接的影响。

总之，荒政成效评估是一项较为复杂的研究，需要考虑国家和地方、自然及人文、具体措施与社会后果诸多因素，定量分析、定性研究相结合，在从不同侧面对之加以全面、综合考察的基础上，对其成效做出合理的评判。

---

① （明）申时行等修：《明会典》卷17《户部四·灾伤》，万历朝重修本，北京：中华书局，1989年，第117页；（清）张廷玉等：《明史》卷78《食货志二》，第1909页。

② 陈业新：《清代皖北地区洪涝灾害初步研究——兼及历史洪涝灾害等级划分的问题》，《中国历史地理论丛》2009年第2辑。

农业复苏及诚信塑造：清前期官方借贷制度研究

周　琼

（云南大学西南环境史研究所）

中国传统荒政制度能对农耕社会的复兴与发展发挥积极作用，不同层面及内容的制度，社会效用往往不同。在传统农业社会中，既能发挥复苏农业又能塑造民众诚信品行作用的灾赈制度，首推借贷制度。作为清代荒政制度重要组成部分，借贷也是集中国历代制度于一体，成效与弊端毕集。清代灾荒借贷分官方及民间两类，学界对清代民间借贷进行了不同视角的研究[①]，但官方的借贷尤其制度建设及实践，迄今尚无系统研究的成果。

清代官方借贷是针对农耕进行的最能促进社会经济恢复、最具社会诚信塑造效应的官赈制度。官府在春耕夏种、青黄不接，即民间"乏食""缺种"之际，向饥民借贷籽种、钱粮、耕牛、农具等恢复农耕所需的基本物资。官方借贷制度是使灾后农业生产及传统社会的经济秩序迅速恢复并获得持续发展的基本保障，成效良好，不仅加强了民众对清政府统治的认可，稳定了地方统治，也塑造了民众的诚信行为，对清代基层社会结构的稳定起到了积极作用。本文对清前期官方借贷制度的建立、完善与社会效应进行初步探讨，以期对清代官赈制度的研究稍有裨益。

一、清前期借贷制度的起源与初建

农耕借贷是钱粮赈济进行到一定阶段，随着灾区农业生产恢复的需要、灾民垦复困难等问题的凸显而提上灾赈议事日程的，是传统农业经济秩序恢复及稳定发展的基本保障，深受灾民欢迎，社会效果良好，被认为是清代官赈中产

---

① 毕波：《清代前期民间借贷主体的法律规制》，《兰台世界》2014 年第 15 期；周翔鹤：《清代台湾民间抵押借贷研究》，《中国社会经济史研究》1993 年第 2 期；柏桦、刘立松：《清代的借贷与规制"违禁取利"研究》，《南开经济研究》2009 年第 2 期；陈志武、林展、彭凯翔：《民间借贷中的暴力冲突：清代债务命案研究》，《经济研究》2014 年第 9 期。近年也有硕士学位论文进行研究，如杨贞：《清代前期民间借贷法律研究》，河北大学硕士学位论文，2011 年；顾玉乔：《清代以来徽州乡村民间借贷研究——以〈徽州文书〉中收录的收借条为中心》，安徽大学硕士学位论文，2014 年；徐钰：《清至民国时期清水江流域民间借贷活动研究——以〈天柱文书〉为中心》，贵州大学硕士学位论文，2016 年。

生积极影响的措施。

（一）清前期农耕借贷的原因

清代灾荒中官府实施的急赈、加赈、大赈、粥赈、展赈、以工代赈等措施，使灾民及时得到官府的钱粮救济，度过饥荒。但随后灾区进入生产自救及灾后重建阶段，面临传统社会经济秩序恢复的任务，借贷就成为灾荒官赈的最后步骤，"大抵赈恤之余波，而耕耘之早计也"①，也是官民皆便的必然措施。

清代的农耕借贷别称"农借""农贷"，"借"指农本拥有者向贫乏者出借物资的行为（借方），"贷"指农本缺乏者向官方借入物资的个人负债行为（贷方）。在中国传统经济活动中，"贷"事实上具有"借"的内涵，"借"与"贷"联称，特指可以生息的经济行为，自秦汉以后，"借贷"具有了债务的内涵。在灾后的农业生产恢复中，借贷就成为物资掌握者与物资需求者间经常发生的经济行为，"灾后农民，赤手空拳，何来农本？历代论者胥以为有放贷之必要，据此则生放贷之策。放贷之种类颇多，主要者即贷种食牛具等农本，今之所谓农贷者是也"②。灾荒借贷自汉唐以来就不断被官方及民间采用，清代无疑是灾荒借贷制度建设最成熟的朝代，当时虽有不同形式的民间借贷存在，但官府给急需再生产的灾民借贷钱粮、籽种、耕牛、农具，借偿公平，有制度保障，官方借贷一般成为农耕借贷的主要来源，"丰时敛之，凶时散之，其民无者从公贷之。据公家为散，据民往取为贷"③。与其他荒政制度一样，清代灾荒借贷制度也经历了起源、发展与完善的过程。

恢复灾区经济秩序、稳定统治是农耕借贷的动因。在灾情严重、灾荒持续时间及恢复周期较长的地区，急需补耕补种，但很多灾民无力筹办籽种、牛具进行再生产，"迨生机既有延续之可能，为欲维持生计，须恢复农业生产"，"幸而残冬得度，东作方兴，若不预为之所，将来岁计，复何所望？"④"残冬已过，东作方兴，若不急令耕耘，将来困苦必倍于前者，力尽人疲故也。"⑤有的灾民或已下种、庄稼长成后又遇灾害，也陷于钱粮籽种无着、耕牛缺乏、农具不足之困境，"凡歉收之后，方春民乏籽种，贫不能耕。或旱禾初插，夏遇

---

① （清）陆曾禹：《钦定康济录》卷3下《临事之政》，李文海、夏明方主编：《中国荒政全书》第2辑第1卷，北京：北京古籍出版社，2004年，第374页。

② 邓云特：《中国救荒史》第3编《历代救荒政策之实施》，北京：商务印书馆，1993年，第396页。

③ （清）杨景仁：《筹济篇》卷12《借贷发赈》，李文海、夏明方主编：《中国荒政全书》第2辑第4卷，第187页。

④ （清）杨景仁：《筹济篇》卷12《借贷发赈》，李文海、夏明方主编：《中国荒政全书》第2辑第4卷，第193页。

⑤ （清）陆曾禹：《钦定康济录》卷3下《临事之政》，李文海、夏明方主编：《中国荒政全书》第2辑第1卷，第374页。

水旱，及既雨既霁，民贫不能耕种"①。给灾民借贷粮食、籽种或耕牛、农具钱物等，就成为维持农业生产正常进行的必要措施，"倘间有偏灾处所，或应酌量抚恤，或应借给籽种口粮，令其补种晚禾"②。灾民因而具备了恢复农业生产、顺利进行灾后重建的能力，"速命州县开常平仓或社仓，出谷贷之，俾耕种有资，以待秋熟"③。"或贷口粮，或贷籽种，或贷麦种，或贷牛具"④，这是一项促进灾后传统农业生产顺利进行、稳定灾区统治、保证地方赋税收入最重要的措施，"有可耕之民，无可耕之具，饥馑何从得食，租税何从得有也？"⑤

清代官方农耕借贷物资主要是钱粮、籽种、耕牛、农具等生存及再生产的基础需求，官府往往从仓储、府库、截漕、发帑、邻近区域调集籽种器具耕牛等基本生产资料，分别灾等及灾户的实际需要进行借贷，"以谷贷民，多取给常平、社仓，平时春贷秋还，年荒大资接济，亦有筹款借给，用银折色者"⑥。特殊情况下也动用省、府州县捐纳的钱粮借贷，康熙三十年（1691）贷给山西灾民捐米、康熙三十一年（1692）贷给陕西灾民捐银就来源于捐纳。

清代官方灾荒借贷与其他官赈最大的差别，是借贷对象不分贫次等级，"不分极、次贫民，俱补给一月口粮。俟水涸，再借给籽种补种"⑦，并据灾情分数决定借贷与否、借贷数额。只要灾情分数达到三至五分灾，在遵守按期偿还、偿付利息等规定后，就可申请借贷；也根据实际情况或是按收成决定还贷日期、是否收取利息等，"该处上年秋成虽有六七分，而无地贫民，尚或未免拮据。今东作方兴，雨泽未降，或应平粜仓谷以资接济，或应借给籽种以惠耕町"⑧。故很多"勘不成灾"范畴⑨的灾荒、不同灾等及贫级的灾民也得到官府借贷救济，"附近村庄如猝遇冰雹，例不成灾，农民有缺乏口粮籽种者，准其将谷借给"⑩。这在实质上扩大了清代官赈的范畴。

---

① 邓云特：《中国救荒史》第 3 编《历代救荒政策之实施》，第 398 页。

② 《清实录·高宗纯皇帝实录》（八）卷 615，乾隆二十五年六月下，北京：中华书局，1986 年，第 921 页。

③ 邓云特：《中国救荒史》第 3 编《历代救荒政策之实施》，第 396 页。

④ （清）杨景仁：《筹济篇》卷 12《借贷发赈》，李文海、夏明方主编：《中国荒政全书》第 2 辑第 4 卷，第 187 页。

⑤ （清）陆曾禹：《钦定康济录》卷 3 下《临事之政》，李文海、夏明方主编：《中国荒政全书》第 2 辑第 1 卷，第 377 页。

⑥ （清）杨景仁：《筹济篇》卷 12《借贷发赈》，李文海、夏明方主编：《中国荒政全书》第 2 辑第 4 卷，第 187 页。

⑦ 《清实录·高宗纯皇帝实录》（四）卷 255，乾隆十年十二月下，北京：中华书局，1985 年，第 310 页。

⑧ 《清实录·高宗纯皇帝实录》（四）卷 284，乾隆十二年二月上，第 700 页。

⑨ 周琼：《清代赈灾制度的外化研究——以乾隆朝"勘不成灾"制度为例》，《西南民族大学学报（人文社科版）》2014 年第 1 期。

⑩ 《清会典事例》第 3 册卷 193《户部》42《积储五·义仓积储》，北京：中华书局，1991 年，第 215 页。

（二）康熙朝借贷制度的起源与实践

清前期的荒政，如报灾、勘灾、以工代赈，或粥赈、大赈、蠲免等制度，大多在顺治朝就开始建设实施，但灾荒借贷制度的建设直至康熙朝中期才开始，在实践中边实施边进行制度建设，制度的发展期是在雍正朝，制度与实践同步推行。

康熙朝的借贷主要在灾后农业播种或复种、补种时进行，主要针对蠲赈后元气尚未完全恢复、灾后无粮维生、缺乏籽种耕牛的灾民，多用仓储粮食或漕粮、捐谷捐银等借贷。制度初建于康熙中期并在实践中实施，借贷制度边建设边实践的特点在康熙朝极为凸显。

康熙朝最早的确切官方借贷记录发生在康熙三十年（1691），山西发生旱蝗灾害，五台崞县将储米借给平阳府岳阳等八州县灾民，太原、大同二府属买存的捐米借给平阳府闻喜等十五县灾民，作为度荒的口粮；康熙三十一年（1692），山东省存储的二十八万九千余石捐谷借给穷民"接济春耕"，陕西省州县捐银借给西、凤二府属旱灾灾民，作为"籽种之用"；康熙三十五年（1696），直隶"宝坻等州县被水，今年钱粮业已免征，无可蠲恤，该府责成贤能地方官，确查实系穷民，借支仓米，务令均沾实惠，不致流离失所"。康熙五十九年（1720），陕西、甘肃二省夏秋旱灾，次年春耕时"拨解库银二十万两，借给籽种"；康熙六十年（1721），直隶大名府的长垣等四州县因黄沁水溢，秋禾被淹，"贫民乏食"，谕令各州县"将存仓米谷借给，如有不敷，于截留漕米内动支"，予以赈济。①

纵观康熙朝的借贷措施及制度，借贷物资多是生活及耕种所需钱粮籽种，虽然对灾区农业生产的恢复起到积极的促进作用，但很多极贫户、重灾户缺乏耕牛、农具，制约了农耕借贷的社会成效。因此，康熙朝的借贷制度及其实践，有待进一步的建设及完善。

（三）雍正朝借贷制度的发展

雍正朝继续进行制度建设，也是边实践边进行借贷制度的推进建设，首先是明确规定了当面贷给及秋后按户归还的制度，先将仓米借给饥民作为口粮。雍正八年（1730），陕西省西安府及直隶省蔚州等地发生旱雹灾害，"居民乏食"，"蔚州并动用存储晋省兵米，酌量借给"②。同时强调灾年借贷米谷于秋后征还，每石加息一斗，"出借米谷，务令各州县官按名面给，秋熟之后，按户缴还"。

其次，制定了严格的借贷腐败惩罚制度。最突出的建设成就，是与雍正朝吏治改革同步的措施，即严肃借贷吏治，惩治了借贷中出现的冒贷、匿贷等腐败行为，整顿借贷吏治，开始规范借贷、归还等制度。按规定，若出现冒贷冒

---

① 《清会典事例》第 4 册卷 276《户部》125《蠲恤一二·货粟一》，第 175-176 页。
② 《清会典事例》第 4 册卷 276《户部》125《蠲恤一二·货粟一》，第 176 页。

领、匿贷不贷、滥借滥贷的腐败行为，"胥吏蒙混捏名虚领"、诈冒领给，致追欠无着的，就依法处罚官吏，立即将冒领冒贷的胥吏"从重治罪"，逋欠之数由州县官名下追还，并论以失察之罪；若借贷灾户出现有借无还的失信行为，不按合约期限及规定偿还借贷物资，"追欠无着"者，所管官员要受到相应处分，"其所欠米谷，即于该州县官名下追还。并照失察例治罪"①。

雍正朝对借贷吏治腐败惩处及民众失信追责官员的制度，严肃了借贷吏治，规范了借贷法纪。但其借贷物资仅限于钱粮，未在物资类型及制度建设方面取得突破性进展。

康雍时期的借贷，无论是借贷次数还是钱粮数额，都远不能与乾嘉时期相比。这不仅与制度建设及发展阶段的探索及实践有关，也与当时的政治、经济状况密切相连。清王朝初建时期，传统社会经济秩序处于恢复及重建阶段，国库物资储备尚未充裕，大部分钱粮被用于清初平定天下的战争，统治者忙于巩固政权及稳定、统一疆域的战争，无暇进行与农业生产恢复相关的诸如解决耕牛农具及籽种等细节性问题，制度的建设也需要有个逐步推进的过程，灾荒中先能解决饥民的温饱、保障灾区具备恢复再生产的能力，就已彰显出了初建王朝在荒政建设上的社会成效，以及清初官赈解决饥民温饱、稳定统治、获取民心的救灾观念。

二、乾隆朝借贷制度的完善与实践

经过康雍时期的建设及积累，国力逐渐强盛，府库充裕，赈济物资富裕，借贷经验不断积累，灾荒借贷制度的建设在乾隆时期得到了进一步发展，开始了系统、全面的建设及完善，能更多地根据灾民的实际需求制定政策，但依然继续了边进行制度建设，边在实践中推行并补充、改良，使其臻于完善的制度建设特点，借贷原则及标准也在具体实践中进行微调。故清代灾荒借贷制度的确立及定型完成于乾隆朝，将中国传统灾荒借贷制度推向了新高峰。主要表现在五个方面。

（一）仓谷借贷的收息、免息制度的完善与实践

乾隆朝借贷最能体现制度公平性及特殊性互补的措施，是灾荒借贷的收息及免息制度。

首先，确立了据年岁丰歉决定收息或免息的制度，平年及丰年执行不同的收息标准。乾隆二年（1737）规定平年借贷是常规借贷，借贷仓谷须加收息谷，"各省出借仓谷，于秋后还仓时，有每石加息谷一斗之例。如地方本非歉岁，循

---

① 《清会典事例》第 4 册卷 276《户部》125《蠲恤一二·货粜一》，第 176 页。

例出陈易新，则应照例加息"①。各地收息标准可以不同，有的借贷收息，有的不收息或收部分息，丰年年结的加收利息，"福建省出借谷石，向不收息；广东省止收耗谷三升；河南、山东丰年加息……浙江常平仓谷春间出借，秋后照数收完，其社仓谷石例应加息征还；直隶常平仓谷借作籽种者不加息，余亦加一收息，各处办理不同"②。虽然各地灾赈借贷及标准不尽一致，但平年借贷收息、丰年加息的原则得到认可，被各地借贷官员及灾民接受。

其次，完善了口粮借贷制度。规定在灾后农业恢复中，灾民除了能借贷籽种外，也能借贷口粮，五分灾以下的灾民不仅享受"勘不成灾"制度的赈济，还能享受借贷免息制度的援助。这使加赈、展赈等措施停止后不能生存及进行再生产的灾民，可以依贷维生，并有了恢复农业生产的能力。乾隆七年（1742），安徽上江地区的凤、颍、泗三府属"连年被潦，民困为甚"，就对三府属"已赈贫民"给予再借一月口粮的赈济；一些在正月就停止赈济的灾区，因"去麦秋尚远"，给"最贫之民，借予口粮两月"；对五分灾以上未被济的灾民借贷口粮，"定例于春月酌借口粮，统于秋成还仓"③。

各地官员也很重视对灾民籽种的借贷，如乾隆二年（1737），山东旱灾，山东巡抚法敏就给灾民借贷籽种工本银，"民间麦收多借为种植秋禾之工本，倘得雨再迟，则秋种无资，应令地方确查实在穷民，量贷籽种工本银两，俟秋收后还项"④。乾隆三年（1738），湖南旱灾，给灾民借贷籽种，"借给籽种亩五升"⑤。乾隆八年（1743），直隶旱灾，对灾民借贷籽种，"牛具子种，灾民无力营措，均须预为筹画。臣现在动项委员采买麦种，分贮被灾州县，查明贫户畜有牛具者，按亩五升借给，如欲自买麦种，每亩借银一钱"⑥。

再次，完善并确立了灾年借贷的免息制度，即因灾借贷口粮籽种可以免除利息。乾隆朝极为重视灾赈的社会效果，即位初年就颁布了灾歉之年借贷免息的政策："今闻外省奉行不一……借常平仓谷者，遇歉收之年，仍循加息之

---

① 《清会典事例》第 4 册卷 276《户部》125《蠲恤一二·货粜一》，第 176 页；《清实录·高宗纯皇帝实录（一）》卷 44，乾隆二年六月上，第 777 页记："谕总理事务王大臣：朕闻各省出借仓谷，于秋后还项时，有每石加息谷一斗之例。朕思，借贷各有不同，如地方本非歉岁，只因春月青黄不接。民间循例借领，出陈易新，则应照例加息。若值歉收之年，其乏食贫民，国家方赈恤抚绥之不遑。所有借领仓粮之人，非平时贷谷者可比，至秋后还仓时，止应完纳正谷，不应令其加息。将此永著为例，各省一体遵行。该督抚仍当严饬有司，体恤民隐，平斛收量，毋得多取颗粒。如有浮加斛面，额外多收，及胥吏苛索等弊，着该督抚严惩治罪。"

② （清）万维翰：《荒政琐言·出借》，李文海、夏明方主编：《中国荒政全书》第 2 辑第 1 卷，第 465 页。

③ 《清会典事例》第 4 册卷 276《户部》125《蠲恤一二·货粜一》，第 177 页。

④ 《清实录·高宗纯皇帝实录》（一）卷 41，乾隆二年四月下，第 744 页。

⑤ 《清实录·高宗纯皇帝实录》（二）卷 80，乾隆三年十一月上，第 256 页。

⑥ （清）方观承：《赈纪》卷 2《核赈·院奏借民麦种牛力牧费折》，李文海、夏明方主编：《中国荒政全书》第 2 辑第 1 卷，第 506 页。

成例，似此则非朕旨之本意矣。嗣后无论常平、社仓谷石，但值歉收之岁，贫民借领者，秋后还仓，一概免其加息，俾蔀屋均沾恩泽，将此永著为例。钦此。"①

乾隆朝借贷免息制度体现了永久实施的稳定性特点，这个规定在不同形式的官方政策中出现。乾隆二年（1737）明确规定，灾荒借贷免谷息，秋收或到期后偿还借谷，并作为永久性制度确定下来，"若值歉收之年，国家方赈恤之不遑，非平时贷谷者可比？至还仓时，止应完纳正谷，不应令其加息。将此永著为例"②。在给各地官员的谕旨中还以不同方式强调，如乾隆三年（1738）二月奉上谕："乾隆元年（1736）六月内，朕曾降旨，各省出借仓谷与民者，旧有加息还仓之例。在此青黄不接之时，民间循例借领，则应如是办理；若值歉收之年，岂平时贷谷可比？至秋收后，只应照数还仓，不应令其加息。此乃兼常平、社仓而言也。"对各地不能执行灾年借贷免息制度的官员及地区，也谕旨切责，企图达到天下灾民均沾借贷实惠的灾赈目的。

免息借贷制度在实践中逐步实施，"惟歉收之岁出借贫民，各省一概免息"③。乾隆三年（1738），广东水灾民众在借社仓米谷时"概行停止加息"，将应加耗谷"一并免其交仓"，"各省出借仓谷，仍照旧例，分别年岁丰歉，收息免息。至广东福建等省向不收息者，令照旧办理"④。

灾民免息借贷是乾隆朝在借贷制度建设上的重大突破，对急需恢复农业生产的灾民给予切实有效的救济，对灾区社会经济的恢复、灾民生产能力的提高发挥了积极作用。乾隆五年（1740）还规定，夏季旱灾发生后补种较晚的灾民可无息借贷籽种口粮，"各省夏月闲或有得雨稍迟，布种较晚，必需接济者，酌借籽种口粮，秋后免息还仓"。对水灾后需要补种秋禾的地区，也免息借贷籽种口粮。比如，乾隆七年（1742）江苏省江浦、六合、山阳、阜宁、清河、桃源、安东、淮安、大河、兴化、铜山、沛、萧、邳、宿迁、睢宁、海、沭阳等十八个州县发生水、雹灾，麦苗受损，大部分地区在乾隆六年发生水灾，就用仓谷免息借贷补种所需的籽种口粮，"雨雹水溢，伤损二麦秋苗。除兴化一县外，其余各州县，皆系上年被水之后，平民补种秋禾，俱属艰难。应于常平

---

① （清）杨西明：《灾赈全书》卷2《借给贫民》，李文海、夏明方主编：《中国荒政全书》第2辑第3卷，第498-499页。

② 《清会典事例》第4册卷276《户部》125《蠲恤一二·货粟一》，第176页。《清实录·高宗纯皇帝实录（一）》卷44，乾隆二年六月上记："谕总理事务王大臣：朕闻各省出借仓谷，于秋后还项时，有每石加息谷一斗之例。朕思，借谷各有不同，如地方本非歉岁，只因春月青黄不接。民间循例借领，出陈易新，则应照例加息。若值歉收之年，其乏食贫民，国家方赈恤抚绥之不遑。所有借领仓粮之人，非平时贷者可比，至秋后还仓时，止应完纳正谷，不应令其加息。将此永著为例，各省一体遵行。该督抚仍当严饬有司，体恤民隐，平斛收量，毋得多取颗粒。如有浮加斛面，额外多收，及胥吏苛索等弊，着该督抚严惩治罪。"

③ （清）万维翰：《荒政琐言·出借》，李文海、夏明方主编：《中国荒政全书》第2辑第1卷，第465页。

④ 《清会典事例》第4册卷276《户部》125《蠲恤一二·货粟一》，第176页。

仓项下，或动米谷，或动棠价，借给籽种口粮。所借仓粮，秋成免息还仓"①。

最后，在实践中推行据灾情分数确定借贷是否免息的制度，进一步完善了借贷免息制。灾年借贷免息制度得到了灾民欢迎，达到了迅速恢复社会经济秩序的效果，但很快就出现了显而易见的弊端，即借贷时没有考虑不同灾等、借贷数量不同的情况，导致借贷制度在不同灾等地区或是无法推行，或借贷成效良莠不齐等情况。

一些微小的、局部区域的灾害，灾情一般只有一二分灾，民众大多有八九分收成，生产生活受到的影响较小。即便是"勘不成灾"的三四分灾区，灾情程度也不等同，且乾隆朝后"勘不成灾"地区也有相应赈济，这些区域的借贷免息过于宽泛。故乾隆四年（1739）对此做了补充规定：只有灾情分数达到三至五分、不能享受赈济的灾民才免收借贷利息，二分以下的微灾按旧例每石加收一斗的谷息，"议准：出借米谷，除被灾州县毋庸收息外，如收成九分、十分，及收成八分者，仍照旧每石收息谷一斗。其收成五分、六分、七分者，免其加息"②。据灾等大小调整借贷收息免息的制度，推动了清代灾荒借贷制度的建设进程。

因此，乾隆朝在借贷制度完善方面的另一个重要进步，就是确立了据收成分数决定偿还期限、是否收息的原则，即借贷以八分收成为限，以上收息、以下免息，"又议准：出借米谷，如本年收成五分者，缓至来年秋后征还；收成六分者，本年先还一半，次年征还一半；收成七分者，本年秋后，免息征还；收成八分、九分、十分者，本年秋后，加息还仓"③。

（二）借贷期限及借贷数额制度的确立与实践

乾隆朝对灾民借贷籽种口粮的归还期限及数额做了详细的规定，根据收成情况决定还贷时间。借贷偿还期限的制度主要包含四种情况。

首先，确立"春借秋还、秋借春归"的基本制度，根据灾情分数确定偿还日期。灾荒借贷一般是在大赈或钱粮蠲缓后青黄不接、春秋耕种之时，灾民或无粮食维持生计、亦无耕种之本的情况下进行的，主要是为了帮助灾民度过饥荒、按农时完成耕种任务，"其赤贫衰老之人，借给口粮；有地无力之人，借给籽种"④。有借就需有还，清代灾荒借贷的时间一般是春耕时借出贷出，秋收后连本带息一并归还，"所借籽种口粮，春贷秋偿"⑤，"准其将谷借给，每年

① 《清会典事例》第 4 册卷 276《户部》125《蠲恤一二·货粟一》，第 177 页。
② 《清会典事例》第 4 册卷 276《户部》125《蠲恤一二·货粟一》，第 176-177 页。
③ 《清会典事例》第 4 册卷 276《户部》125《蠲恤一二·货粟一》，第 177 页。
④ 《清实录·高宗纯皇帝实录》（四）卷 284，乾隆十二年二月上，第 700 页。
⑤ 《清实录·高宗纯皇帝实录》（三）卷 191，乾隆八年闰四月下，第 457 页。

春借秋还"①。

常规灾情借贷期限一般是半年，按"春借秋还、秋借春归"的原则实施，但不同灾情的借贷期限也不同。对五分及以上灾情的借贷于次年秋后或一年内归还，五分灾的借贷缓至次年秋后征还，四分灾的借贷于本年归还一半、次年归还一半，三分灾须在本年秋后全部归还，二分灾及以上的借贷于当年归还，归还时还要征收息，若出现借贷米谷不敷，照例用银折借。

若灾荒时间过长、灾情严重、地瘠民穷、灾民无力偿还的地区，一般会延期 1—2 年或分期征还，故缓征也在借贷制度实践中推行，如甘肃省"山土硗瘠，风气苦寒，民力艰难，甚于他省。一遇歉收，所有应征钱粮，往不能按期完纳"，乾隆八年（1743）将皋兰、狄道、金县、靖远，平凉府属平凉、泾州、灵台、固原、盐茶厅、镇原、静宁、华亭，庆阳府安化，宁夏府花马池，甘州府张掖等灾区"本年借贷籽种口粮"及"从前借欠籽种口粮"，"分作六年带征"②；乾隆二年（1737）直隶发生水灾，锦县、宁远等地还发生虫灾，就给此二县灾民"出借籽种谷石"，次年（1738）二县未发生虫灾的地区秋收后"照数催取还仓"，遭虫灾无力归还籽种的农户，"所借籽种谷石请缓至乾隆四年为始，分作三年带征还仓。均应如所请行，从之"③。乾隆七年（1742）安徽凤阳、临淮等州县发生水灾，谕："上江凤、颖，泗三属连年被潦，民困为甚……其正月止赈之处，去麦秋尚远，最贫之民借与口粮两月。至五分灾不赈者，定例于春日酌借口粮，统于秋成还仓。"被淹田地涸出后，灾民无力自备籽种补种，就从临近的河南省购买籽种借给灾民，待丰收后分两年还清。④乾隆二十三年（1758）谕："去岁河南卫辉等属被灾，所有官借牛具籽种银两，著加恩缓作三年带征。"⑤

部分灾区的借贷物资也因各种原因被蠲免。比如，逢皇帝巡幸，皇帝、皇太后等皇亲寿辰或其他隆重节日庆典，在全国实行恩免之际，灾民借贷的籽种、口粮、牛具等就会被列入"恩免"、豁免行列，不用归还，如乾隆三十六年（1771）东巡时，"山东齐河、禹城等四县民借籽种牛具，济南武定等府属民借常平仓谷麦本牛具，悉免征还"⑥。

夏灾及秋灾借贷的偿还期限也有明确规定。乾隆十七年（1752）规定，借贷籽种口粮的归还期限分夏、秋灾办理，夏灾借贷，秋后免息偿还；秋灾借给，于次年麦熟后免息归还；夏、秋灾都扣限一年造报，"自十七年为始，扣限造

① 《清会典事例》第 3 册卷 193《户部》42《积储五·义仓积储》，第 215 页。

② 《清实录·高宗纯皇帝实录》（三）卷 191，乾隆八年闰四月下，第 456-457 页。

③ 《清实录·高宗纯皇帝实录》（二）卷 97，乾隆四年七月下，第 477 页。

④ 《清会典事例》第 4 册卷 276《户部》125《蠲恤一二·货粟一》，第 177 页。

⑤ 《清会典事例》第 4 册卷 282《户部》131《蠲恤一七·缓征一》，第 254 页

⑥ 《清会典事例》第 4 册卷 311《礼部》22《巡幸二·东巡》，第 673 页。

报，以昭画一"①。"因灾出借籽种口粮，凡夏灾借给者，本年秋成后启征；秋灾借给者，次年麦熟后启征。均免加息，扣限一年催完。限满不完，将经征官议处，遇灾仍照例停缓，均于仓粮奏销案内造报"②，使各地籽种口粮的借贷期限逐渐统一起来，推进了乾隆朝借贷制度的建设进程。

其次，确立了灾情严重时实施全部或半数免除借贷籽种的制度。该制度明确规定，灾情严重或灾荒持续时间较长的地区，借贷无力偿还者予以部分或全部免除："各省偏灾地方，节年出借未完籽种口粮牛具等项，查明实在力不能完者，取具册结，送部保题豁免。"③该制度在实施后成效显著，乾隆五年（1740），给甘肃等地因地震及水灾发生饥荒的灾民借贷籽种，次年，"伏羌、陇西去年秋冬及今春，借过籽种口粮，请全予豁免。秦州、通渭，并恳豁免一半……从之"④。乾隆十六年（1751）浙省灾民借贷的籽本也被豁免，"则以被灾五六七分者，每亩赈给籽本谷三升；八九十分者，每亩赈给籽本谷六升，俱不取偿。此变通办法"⑤。

随着康乾盛世的到来，国家政局稳定，财力日渐宽裕，各省、府州县的仓储制度逐渐建立并完善起来，仓粮储备较为丰足，府库及储仓里有足够的粮食保障借贷所需，政府也无需通过收取利息来增加收入，就对康熙、雍正朝的借贷政策进行了调整及变通。乾隆二年（1737）谕令，将灾民借贷与一般官方借贷（即贫困借贷）区别开来，规定籽本银借贷是否收息，根据丰歉情况决定。遭受夏旱的灾民每亩借给籽本银一钱，遭遇秋灾者借给补种豆荞等籽本银五分，"于存公耗羡内动支造报"，若灾民缺乏口粮，则借粮度日、秋后免息归还，"伏秋盛暑之月，力作穷民艰于粒食，动常平仓谷酌借口粮，秋后免息还仓。籽本有借必还，惟加息、免息视乎丰歉"⑥。此后，一般情况下灾民借贷的钱粮，都是只需要还本，无需收利的。

最后，明确规定限制灾户借贷籽种的数量及田地的数额，即根据田亩数额决定借贷数额："被灾后晓谕农民及时补种，如无力穷民不能置买籽粒者，作速按亩借给米谷。俟来岁丰收，免息交还。"⑦借贷的粮食，一般按照先麦后谷、先陈后新的顺序借给，并在保结手续齐全之后当面借给，"各省常平仓谷，如遇灾歉必须接济之年，准详明上司借给。仍查明借户果系农民，取具的保，先

① 《清会典事例》第 4 册卷 311《礼部》22《巡幸二·东巡》，第 178-179 页。

② （清）杨西明：《灾赈全书》卷 2《借给贫民》，李文海、夏明方主编：《中国荒政全书》第 2 辑第 3 卷，第 498 页。

③ （清）杨西明：《灾赈全书》卷 2《借给贫民》，李文海、夏明方主编：《中国荒政全书》第 2 辑第 3 卷，第 498 页。

④ 《清实录·高宗纯皇帝实录》（二）卷 154，乾隆六年十一月上，第 1205 页。

⑤ （清）万维翰：《荒政琐言·出借》，李文海、夏明方主编：《中国荒政全书》第 2 辑第 1 卷，第 466 页。

⑥ （清）万维翰：《荒政琐言·出借》，李文海、夏明方主编：《中国荒政全书》第 2 辑第 1 卷，第 466 页。

⑦ （清）万维翰：《荒政琐言·出借》，李文海、夏明方主编：《中国荒政全书》第 2 辑第 1 卷，第 465 页。

麦后谷，先陈后新，按名平粜面给"①。

北方地区借给麦种，"查明实种麦地，按亩借种五仓升"，因民间田地不完全种麦，各地种植数也不同，"秦雍之地，种麦者十之七；直隶广平、大名等府，麦地居十之五，正定、保定、河间、天津等府，麦地居十之三；永平、宣化、遵、蓟等府州，麦地不过十之一二"；因此，按实际种麦的田地总数，按一定比例贷给籽种，"官借麦种有地百亩者，准借三十亩；地十亩者，准借三亩,乃实种之地也"。②若该地有麦种可买，每亩贷银一文。此后，这个办法成为各地籽种借贷的基本制度准则。

按照这个制度，灾后迅速查明被灾地亩数额，十亩以下借谷三斗，二十亩以下借谷五斗，三十亩以下借谷八斗。为限制大地主的投机借贷，限定了田地借贷的最高限额，受灾田地达三十亩以上甚至五六十亩的人户，"虽应量为增益，总不得过一石之数"。借贷口粮"亦仿照此例"，一户之内，一、二口人借谷二斗，三、四口人借谷四斗，五、六口人借谷六斗，七、八口及以上借谷八斗，但总数"不得逾于一石之数"。若借贷的是米，数额就减半，"务须总核应借确数，统于详借文内声明等因"③。

雹灾灾民可同时借贷籽种及口粮。乾隆十八年（1753）定州发生雹灾，就按耕种地亩数借贷籽种数额，据户口数确定出借口粮数量，"查出借籽种，原为禾苗被伤，酌筹补种之计，自应按所伤地亩之多寡，以定应借之数。而出借口粮，则为农民接助口食起见，当以户口之繁简，分别酌定借数，庶灾民受补助之益，而仓储亦不致虚縻。应请通饬各州县，嗣后出借被雹地方民人籽种，统照定州之例"④。

（三）兵丁借贷饷银、米粮缓期归还制度的确立及实践

灾荒发生后，驻防兵丁也会受到影响，驻军的稳定是地方政局稳定的基础。故清代的灾荒借贷还包括驻防各地受灾的八旗兵、绿营兵，形成了系统的兵丁借贷制度。

首先，确立了受灾兵丁从司库内借支饷银、扣饷还款的制度。乾隆七年（1742），"江南淮扬徐凤颍泗等五府一州，上年水灾甚重，兵丁食用艰难。准在司库借支一季饷银"，次年（1743）内分四季扣还饷银。乾隆十六年（1751），"浙省被旱成灾，米粮昂贵。著加恩将浙省被灾各标协营绿旗兵丁，每名借给米

---

① （清）杨西明：《灾赈全书》卷 2《借给贫民》，李文海、夏明方主编：《中国荒政全书》第 2 辑第 3 卷，第 498 页。

② （清）方观承：《赈纪》卷 2《核赈》，李文海、夏明方主编：《中国荒政全书》第 2 辑第 1 卷，第 505 页。

③ （清）吴元炜：《赈略》卷上《赈名》，李文海、夏明方主编：《中国荒政全书》第 2 辑第 1 卷，第 704 页。

④ （清）吴元炜：《赈略》卷上《雹灾酌借籽种口粮议》，李文海、夏明方主编：《中国荒政全书》第 2 辑第 1 卷，第 704 页。

二石。俟各省协济米运到，及截有漕米之日，该督抚分次借给。于十七、十八两年内，扣饷归款"。

其次，确立了兵丁借贷偿还期限为两年，分季偿还或据灾情延期偿还的制度。与民间借贷偿还期限一致，灾情严重地区兵丁借贷的粮饷，两年内分季扣还。乾隆八年（1743）江南灾荒持续，兵丁饥荒未解，"朕闻各省粮价渐增，若再扣还借项，则食用更苦。著将前借一季饷银，缓至本年秋成后散给冬饷时扣起，作四季扣还"①。灾荒持续的地区，再给兵丁借贷饷银，分季扣还，乾隆十六年（1751）谕："朕因浙省宁绍等属歉收米贵，曾降旨将被灾各标协营兵借给米粮，以资接济。念该省今年旱灾稍重，各属米粮一例昂贵。著再加恩将浙江通省兵丁每名借给一季饷银，于司库内动项借给，俟明年夏季后，分作四季扣还。"②

兵丁借贷偿还期限超过了普通灾民借粮一月或遵守春借秋还的期限，表现了兵丁借贷宽于民众借贷的特点。乾隆五十三年（1788），贷给山西省"被灾之丰镇等厅、暨左云、右玉二县贫民口粮一月"，"贷山东省得雨较少之德州等州县贫民口粮一月"③，这对军队度过灾荒危机较有成效，既保障了兵饷，又恢复了屯军农业生产秩序，最终稳固了地方统治。

（四）借贷耕牛、粮草与禁宰耕牛制度的确立与实践

在传统的农耕社会，耕牛对灾区再生产的恢复具有极为重要的作用，唐代诗人周昙《晋门愍帝》中"耕牛吃尽大田荒，二两黄金籴斗粮"之句，可反映耕牛对农业生产的重要性。清代统治者对耕牛极为重视，"有田无牛犹之有舟无楫，不能济也……买牛而给与贫民，获救荒之本"④，"民以贫而田不能多，再以田少而牛无所给，是困而益困，贫而益贫矣。岂衰多益寡之道欤?视其田之多寡，共给耕牛，当为至法"⑤。耕牛借贷是乾隆朝灾荒借贷制度中较关键的措施，这与耕牛在传统农业社会中的重要作用密不可分，"然非耕牛则农功不能兴举"⑥，"时将白露，一经得雨，即应及期种麦，全赖牛犁足用"⑦。耕牛借贷制度如下：

---

① 《清会典事例》第 4 册卷 276《户部》125《蠲恤一二·货粜一》，第 177 页。
② 《清会典事例》第 4 册卷 276《户部》125《蠲恤一二·货粜一》，第 178 页。
③ 《清会典事例》第 4 册卷 276《户部》125《蠲恤一二·货粜一》，第 181、182 页
④ （清）陆曾禹：《钦定康济录》卷 3 下《临事之政》，李文海、夏明方主编：《中国荒政全书》第 2 辑第 1 卷，第 374 页。
⑤ （清）陆曾禹：《钦定康济录》卷 3 下《临事之政》，李文海、夏明方主编：《中国荒政全书》第 2 辑第 1 卷，第 375 页。
⑥ 《清实录·高宗纯皇帝实录》（三）卷 181，乾隆七年十二月下，第 344-345 页。
⑦ （清）方观承：《赈纪》卷 2《核赈·会议办赈十四条》，李文海、夏明方主编：《中国荒政全书》第 2 辑第 1 卷，第 505 页。

首先，确立给灾民借贷耕牛及草料的制度。为保障灾民在灾荒中有能力饲养耕牛，由官府给灾户借给牛草。乾隆七年（1742）规定："江南被灾之后，著有司劝谕灾民，爱护耕牛，官借给草价以资牧养。"①清代耕牛借贷有三种：

一是官府到邻近地区采买耕牛，借给灾民耕种田地，按田地多少决定借给耕牛的数量及时间。耕牛借贷制度在实践中取得了不错的效果，乾隆十年（1745）直隶庆云县发生旱灾，就到邻近地区购买耕牛借给灾户，"直隶省庆云县地瘠民贫，被灾之后，耕牛甚少。应给银三千两，令天津府知府委官前赴张家口采买耕牛，送交庆云县，散给无力贫民。田多者每户给予一牛，田少者两三户共给一牛。俾得尽力南亩，广行播种"②。

乾隆朝给灾民借贷耕牛耕种的制度经过实践完善后逐渐确立。乾隆十一年（1746）陕西大地震，西安、榆林、葭等州县灾情较重，"每岁粜三谷内，除出借给外，其余粮米尽数出粜，交价府库，以为次年借给出口种地穷民牛具之需"。乾隆十三年（1748）山东发生水灾，就按直隶庆云县耕牛借贷办法赈灾，"山东莱州府属之高密、平度、胶、昌邑、即墨五州县，当积歉之后，本年复被水灾，民闲耕牛不敷犁种。若不豫为筹划，更恐坐误春耕。著照乾隆十年直隶庆云等县之例，于东省库贮本年赈济用剩银内，动拨购买耕牛赏给，俾小民力作有资，以示惠济穷黎之意"③。

二是借给灾民蓄养耕牛的"牧养费"。灾荒发生后，灾民"困旱乏草，有牛而不能牧养者，不免轻为卖弃"。为了让灾民有能力畜养耕牛，规定官府给灾民借贷耕牛牧养费，避免灾民因无钱无粮而卖掉耕牛，保障了灾区耕牛不会外流，"本人耕种之余，仍可出雇。计一日之牛力，可种地六七亩，约得雇值二钱。彼此相资，民所乐从"。④有牛灾户出借耕牛给无牛灾户耕田的行动，在更广泛的基础上实现了灾民之间的互助。

当然，在借贷牧养费给灾民时，先派人调查灾区耕牛的具体情况，登记耕牛的毛色及牙齿（即牛龄），若耕牛缺乏属实，才予以借贷，"应令即委各员于赴村查赈时，察视贫民小户牧养无资者，官为借给八九两月牧费，按月银五钱，验明毛齿登记"，每年八、九两月，每月借给蓄养银五钱，"所借牧费，宽期于明岁麦后还半，大秋全完"。乾隆八年（1743）直隶旱灾借贷时，就依据该制度借贷，"今贫民因旱乏草卖牛者多，来春生计所关，不得不为多方筹画"，"令各员查赈之便，验民属实，登注毛齿，于八九两月，每月借银五钱，

---

① 《清会典事例》第 4 册卷 276《户部》125《蠲恤一二·贷粜一》，第 177 页。

② 《清会典事例》第 4 册卷 276《户部》125《蠲恤一二·贷粜一》，第 178 页。

③ 《清会典事例》第 4 册卷 276《户部》125《蠲恤一二·贷粜一》，第 178 页。

④ （清）方观承：《赈纪》卷 2《核赈·院奏借民麦种牛力牧费折》，李文海、夏明方主编：《中国荒政全书》第 2 辑第 1 卷，第 506 页。

以资饲养……所借牧费雇价，俱于来年麦秋两季分限还官"①。

三是灾民雇佣耕种田，由官府借给雇资。规定"无牛贫民，谕令向牛力有余之家雇用，照详定之例，每亩代发雇值制钱二十五文，收成时还官。如地主外出，借种邻右承种。俟本户回籍，按其月日迟早，官为酌分子利。已奉奏明，应通饬灾地一体遵行。如本户不归，即听全收还种"。该制度不断被运用于实践中，乾隆八年（1743）直隶旱灾，"缺乏牛力者，谕令雇用"，官府每亩借给雇价钱二十五文，"并令牛力有余之家，将外出贫民所遗麦地代为耕种，亦按亩借种，视本人回籍月日迟早，酌量分与子利"，"本户自用耕种并附近有地无牛者雇用，官为代发雇值，收成时照数还官"。②

其次，确立了禁卖、禁宰耕牛的制度，对执行禁卖、禁宰令不严格的官员进行严惩。为保障农本，清王朝禁止贩卖、偷盗、屠宰耕牛，制定了详细处罚条例，"至于禁宰耕牛，以耕牛为农田所必需，垦田播谷，实借其力。世间可食之物甚多，何苦宰牛以妨稼事乎？"③

有明确记载的清代禁止屠宰、私卖及偷窃耕牛的制度是雍正五年（1727）制定的，对违反者照条例治罪，"嗣后宰卖偷窃耕牛，五城司坊官严行禁止。违者，严拿照例治罪"④。雍正七年（1729）再次强调禁宰耕牛的制度，"如有违禁私宰耕牛，及造为种种讹言，希图煽诱者，立即锁拿，按律尽法究治。如该管官不实力严查，致有干犯者，定行从重议处"。禁宰耕牛制取得了较好效果，"自禁宰耕牛之后，而农家向日数金难得一牛者，今已购买易而畜牧蕃矣。可见利益民生之事，亦既行之有效"⑤。因此，乾隆朝继续执行禁宰耕牛的制度。

乾隆朝还补充制定了荒歉及农耕时不得无故买卖耕牛的制度。耕牛是灾荒中最易受伤、死亡的财产，一旦发生水旱、地震灾害或疫灾，耕牛数量就会大规模减少，对农业生产造成致命打击。灾荒中耕牛饲养成本较高，很多灾民在旱灾、水灾等自然灾害中没有足够的草料饲养耕牛，常贱价卖出，"今贫民因旱乏草卖牛者多……乡民弃牛，亦出于万不得已。设法存之，俾无误种麦。八九两月，正其时也"⑥。这使灾后无牛犁田，农业恢复任务不能及时完成，阻碍灾后重建的正常进行。因而，乾隆朝明确制定灾荒时不能贱卖、宰杀耕牛，如有违反即行严惩。乾隆八年（1743），江南发生水灾，水退后急需耕牛补种，

① （清）方观承：《赈纪》卷2《核赈》，李文海、夏明方主编：《中国荒政全书》第2辑第1卷，第505、506页。

② （清）方观承：《赈纪》卷2《核赈》，李文海、夏明方主编：《中国荒政全书》第2辑第1卷，第505页。

③ 《清实录·世宗宪皇帝实录》（二）卷82，雍正七年六月，第91页

④ 《清会典事例》第11册卷1039《都察院》四二《五城九·马匹耕牛》，第426页。

⑤ 《清实录·世宗宪皇帝实录》（二）卷82，雍正七年六月，第92、91页

⑥ （清）方观承：《赈纪》卷2《核赈》，李文海、夏明方主编：《中国荒政全书》第2辑第1卷，第505页。

"江南水灾之后，幸冬间地亩涸出者多，明春耕种，刻不容缓……小民于荒歉之时，喂饲艰难，往往贱价鬻卖，甚至私宰者有之……今正当春融播种之际，著该督抚转饬有司，劝谕灾民爱护牛只。或照陈大受所奏，借给草值，以资喂养。倘有图一时之利，轻鬻耕牛者，即行惩治"，并告诫官员不得因为耕牛的买卖及屠宰是民间的小事而忽视，"毋得以为民间细事，淡漠置之"①。

雍正朝对违背耕牛保护条例者进行处罚，"此条系原例"，但与乾隆朝的处罚相比还比较宽松，对罪行的界定及处罚较为模糊，很多时候将不同的罪行等罪处理，"凡宰杀耕牛，并私开圈店，及知情贩卖牛只与宰杀者，俱问罪，枷号一月发落"；若再犯或累犯，处以在犯罪地附近充军的处罚，"再犯累犯者，免其枷号，发附近充军"；若偷盗并宰杀耕牛、将盗窃耕牛贩卖的人，不分初犯再犯，均处以枷号一月的处罚，"若盗而宰杀及货卖者，不分初犯再犯。枷号一月，照前发遣"②。显然，这条法令对罪刑的认定及处罚均较为模糊，将不同的犯罪行为同等量刑。因此，乾隆朝专门制定了对宰杀、贩卖耕牛的详细处罚制度，既包括了对宰杀、贩卖者的处罚，也包括了对知情不报者的处罚及对宰杀耕牛地区官吏的处罚，并严格按照宰杀、盗窃、买卖耕牛的数额，处以枷号、杖刑、充军、流放等刑罚。

乾隆朝对禁宰耕牛令执行不力官员的惩罚逐渐仔细、严格。除对贩卖、盗卖、宰杀、盗杀耕牛者处以惩罚外，还对该地方官以失察罪论处，乾隆十三年（1748）规定："凡失察私宰耕牛之地方官，照失察宰杀马匹例，交部分别议处；若能拿获究治者，免其处分。"③乾隆三十年（1765）规定："地方有私宰耕牛，该管官不行查拿，将该州县照失察宰杀马匹例，一二只者，罚俸三月；三四只者，罚俸六月；五只以上者，罚俸九月；十只以上者，罚俸一年。三十只以上者，降一级留任。若能拿获究治者，均免其处分。"④

再次，确立了严罚偷盗耕牛者的制度。民间禁止私宰耕牛后，出现了一些私自买卖、盗卖耕牛的不法群体，非法买卖及宰杀耕牛的现象在民间长期存在，他们设立牛圈和店铺，囤积居奇，在农忙时控制耕牛，高价售卖，很多无牛农户无法耕种田地，对农业生产造成了极大的负面影响，也不利于官府的管理及相关法律的推行。

与宰杀耕牛罪的处罚比，偷盗和贩卖耕牛者的处罚就轻了很多。雍正五年（1727），在《钦定盗牛则例》的基础上制定了据盗窃耕牛数额的不同处罚的制度，乾隆朝沿用。乾隆五年（1740）、十三年（1748）、二十一年（1756），

---

① 《清实录·高宗纯皇帝实录》（三）卷181，乾隆七年十二月下，第344-345页。
② 《清会典事例》第9册卷777《刑部》55《兵律厩牧·宰杀马牛》，第533页。
③ 《清会典事例》第9册卷777《刑部》55《兵律厩牧·宰杀马牛》，第534页。
④ 《清会典事例》第2册卷133《吏部》117《处分例五六·私宰耕牛》，第720页。

分别对其中的一些条款进行了修改、补充，按"犯罪情节不同，量刑不同"的原则，推行根据盗牛数量不同，枷号的处罚时间期限也不同的制度，同时还处以不同的杖刑。盗窃数额达到4头及其以上的，就处以不同期限的徒刑（强制服劳役）。按照此制度，盗牛一只，枷号一月，杖八十；盗牛二只，枷号三十五日，杖九十；盗牛三只，枷号四十日，杖一百；盗牛四只，枷号四十日，杖六十，徒一年；盗牛五只，枷号四十日，杖八十，徒二年；盗牛五只以上者，枷号四十日，杖一百，徒三年。[①]

乾隆朝执行据罪行不同处不同刑罚的量刑原则。据人体承受程度将杖刑最高数额确定为100杖，据罪行轻重来增加徒刑的时间期限，制定了对再犯人员的处罚，"再犯者，杖一百，流三千里"；"累犯者，发边瘴充军，仍俱照窃盗律刺字"；"十只以上，绞监候"，绞监候及死缓，是中国古代重农思想最集中的体现。对窝藏、知情不报者予以处罚，"窝家知情分赃者同罪，不分赃者杖一百；若窝窃牛之犯至三人，牛至五只者，杖一百，徒三年；若人至五人，牛至十只者，发边瘴地充军"[②]。

乾隆朝对宰杀、偷盗耕牛者包括私开牛圈店铺、贩卖兼宰杀者的处罚制度，是在雍正朝制度的基础上进行改革、细化的结果，部分处罚沿用雍正朝的制度，但处罚条款比雍正朝合理得多，量刑也能根据具体罪行来决定，"其宰杀耕牛、私开圈店，及贩卖与宰杀之人，初犯，俱枷号两月，杖一百；再犯，发附近；累犯，发边，俱充军"。但对盗杀及盗卖耕牛者的处罚较重，"盗杀及盗卖者，初犯，枷号一月，发附近；再犯，枷号一月，发边；累犯，枷号一月，发烟瘴地方，各充军"。对宰杀自家耕牛者按盗牛例来治罪；故意宰杀他人耕牛者，按律令杖七十、服一年半徒刑；宰杀数量多于盗杀者，按盗杀例治罪，"俱免刺，罪止杖一百，流三千里"[③]。

（五）完善借贷失信处罚制度及实践

乾隆朝完善灾荒借贷制度的典型表现，是对借贷腐败及不诚信行为的处罚，尤其是对有借无还、滥借滥贷等的处罚，制度极为严格。致使很多官员担心受罚或受牵连，出现"怠政""懒政"现象，即州县官员在灾荒借贷中不作为、不敢借贷，对必须借贷的灾民也"慎重筹（踌）躇，不敢轻借"，极大地影响了灾赈借贷制度的推行，"所有籽种银两，向年借数动盈数万，迫至催追，不克全完，不特徒累处分，且非慎重帑项之意"[④]。对此，乾隆朝进行了改进并制

① 《清会典事例》第9册卷777《刑部》55《兵律厩牧·宰杀马牛》，第533页。
② 《清会典事例》第9册卷777《刑部》55《兵律厩牧·宰杀马牛》，第533页。
③ 《清会典事例》第9册卷777《刑部》55《兵律厩牧·宰杀马牛》，第533页。
④ （清）杨西明：《灾赈全书》，李文海、夏明方主编：《中国荒政全书》第2辑第3卷，第566页。

定了对借贷钱粮数量及借贷不实予以处罚的制度。

首先，限定了灾民钱粮借贷的数量，规定夏灾每亩借籽本银钱，秋灾需补种豆荞等杂粮，按亩借给银钱。该制度在实践中推行，乾隆十六年（1751），浙江受灾五、六、七分的州县，每亩借籽本谷三升，受灾八分、九分、十分者，借籽本谷6升①；乾隆十八年（1753），江苏沭阳县水灾，无力购买籽种之灾户，四十亩内每亩借银二分，四十亩外者借银一分，最高限额为一顷，灾民所需购买牛草之资概不借与。②

还规定有牛具、贩册的有名之户，对有适宜种麦的受灾田地，准许"麦地一亩，借种五升；有欲自置种者，每亩借银一钱"；有地无牛之民，每亩借制钱作雇牛之费，"缺乏牛力者，每亩借雇价二十五文"，但只能是地在一顷以下、确实可种麦者方准借贷麦种5仓升。③

其次，规定借贷失信的处罚制度。清代的借贷失信不时出现，一些投机取巧的灾民借贷后，即便年成较好、有能力还贷时也拖欠不还；有些无须借贷的灾民想方设法借贷钱粮，并希冀与其他灾民一起得到豁免等行为，失信于乡民、失信于官府，对此，对乡保等官员实施连坐惩罚，"倘地非宜麦及领回不即耕种者，查出加倍罚追，乡保并坐"。④这在很大程度上限制了一些经济境况稍好，但拖延偿还、企图多贷的灾民的不良借贷行为，有利于需要小额借贷度过危机的贫困灾民，对灾后恢复再生产提供了有力保障。

同时，该制度也使雍正朝借贷处罚制度只针对官员，导致官员担心灾民失信不敢冒险借贷而影响灾赈的懒政、怠政等弊端得到了改进，使不遵守借贷制度的官、民都受到制约及处罚，完善了中国灾赈借贷的法律处罚制度。

三、清前期官方借贷制度的社会效应

灾荒借贷措施对灾民的生存及社会生产的恢复、对地方社会秩序的稳定，起到了积极的作用，这也是中国传统官方灾赈中官民同心抗灾减灾的重要实践，不仅帮助灾民进行生产自救，失信惩罚的实施在客观上培养了灾民诚信意识，换言之，该制度塑造了民众灾害自救、诚信自助的文化传统及社会心理。具体社会效应表现如下。

（一）促进灾区农业的复苏及经济秩序的恢复

清代的借贷制度是传统经济恢复最有效的保障，稳定了社会秩序，维护了

① （清）万维翰：《荒政琐言》，李文海、夏明方主编：《中国荒政全书》第2辑第1卷，第466页。
② （清）杨西明：《灾赈全书》，李文海、夏明方主编：《中国荒政全书》第2辑第3卷，第569页。
③ （清）方观承：《赈纪》，李文海、夏明方主编：《中国荒政全书》第2辑第1卷，第591-592页。
④ （清）方观承：《赈纪》，李文海、夏明方主编：《中国荒政全书》第2辑第1卷，第591-592页。

传统专制统治。

首先，灾民的再生产能力得到保障，达到了收揽民心、稳定地方统治秩序的效果。灾荒借贷制度的确立及顺利实施，使所有受灾民户，不分极贫次贫，只要三分灾以上的地区均可免息借贷，当年或次年秋后归还，保障了灾民在农业生产恢复期间的生产能力，灾民不会离乡流亡，减少了社会的不安定因素，统治者不使灾民"失所"的灾赈理想得到了一定程度的体现，保障了社会秩序的稳定及农业经济的恢复和发展，巩固了清王朝以灾赈收揽民心、巩固专制统治的政治目的。

兵丁借贷是借贷制度中对社会稳定最有效的措施之一。各地驻防兵丁是统治稳定的保障，也是社会混乱的根源。兵丁的灾荒借贷制度表现出了军队借贷偿还期限宽于地方的特点，兵丁借贷饷银、米粮数额、偿还日期据具体情况及时调整的制度，使兵丁衣食无忧，不与百姓争抢粮食，安心驻防，有利于平抑市场粮价、稳定地方社会秩序。

其次，促进灾后农业生产顺利恢复，重建社会经济秩序。灾民积极耕种复种，灾区农业生产才能恢复，"臣并饬地方官亲诣四乡，劝谕雨后广为布种，务无后期，无旷土。此时民情皆有恋土之意，外出者亦渐次归来，资以牛力，秋麦春麦接种无误，则来春生计有资，民气可望渐复"①。灾后借贷籽种、农具、钱粮是最为重要的赈济手段，"春借秋还、秋借春归"的制度在更大范围内发挥了灾赈作用，农业生产得以按农时迅速耕种，"借资毋律误春耕"的借贷效应得到了较好体现。

对借贷促进灾民进行再生产的积极作用，统治者有明确认识，认为灾后应借给"无力之民"籽种，"以助来岁春耕"②，对农业恢复有较积极作用，是最重要的救灾措施，"八九月正值普种秋麦之时，民间多种一亩，来春多收一亩，尤为补救要务"③。有了制度的保障，灾区籽种口粮的借贷有序进行。乾隆五十一年（1786），"江苏淮安、徐州、海州所属，雨泽愆期，夏秋二熟均属失收。江宁、扬州、镇江所属，秋成亦多歉薄。其七分灾以下及勘不成灾地方，所有实在乏食农民，著酌借籽种口粮。俾艰食者得资糊口，乏种者无误翻犁"④。

最后，用制度、法律的方式再次巩固了保护农业资源即是保存国本的传统观念。耕牛借贷及禁宰、禁盗制度是清代农本思想的典型表现，官府借给灾户耕牛或贷给牛具费用的制度，对农业生产及时有效进行起到了促进作用，强化

---

① （清）方观承：《赈纪》卷2《核赈·院奏借民麦种牛力牧费折》，李文海、夏明方主编：《中国荒政全书》第2辑第1卷，第506页。

② 《清实录·高宗纯皇帝实录》（一）卷30，乾隆元年十一月上，第617页。

③ （清）方观承：《赈纪》卷2《核赈·院奏借民麦种牛力牧费折》，李文海、夏明方主编：《中国荒政全书》第2辑第1卷，第506页。

④ 《清会典事例》第4册卷276《户部》125《蠲恤一二·货粟一》，第181页。

了国本观念，乾隆八年（1743）直隶发生旱灾，直隶总督高斌等官员就依照借贷规定，帮助灾民蓄养耕牛，取得了较好的赈济效果。因此，春耕秋种之际的借贷对灾民是最直接和有力的援助，籽种及时下种，不误农时，稳定了社会经济秩序。

清代把耕牛保护制度上升到刑罚的程度，盗卖、盗杀耕牛数额达 10 头的罪犯就发配边疆地区或烟瘴地区充军的制度，成为耕牛借贷顺利推行的保障，"自奉文以后，限一个月严行禁止，如仍违者，即行严拿。照此定例治罪可也"①。烟瘴充军是清代对重刑犯的处罚措施，这个用刑罚保障农耕资源的良性制度，反映了清王朝对农耕资源的高度重视，成为稳定统治的重要措施。

禁止盗卖宰杀耕牛的刑罚在较大程度上阻止了耕牛的流失，使耕牛数量能保持相对稳定，保障了官府及民间有充足的耕牛调配、协调，保障了借贷资源的充裕，使救灾物资的筹备得以有效进行，保障了灾区经济秩序的顺利进行，这也是重农思想及其政策在灾赈中的体现，也保证了官赈目标的实现。

（二）借贷免息、豁免制体现了专制统治的温情特点

清代借贷免息及豁免制度，减轻了灾民的负担，官府成为贫困灾民恢复正常生产生活的依靠，使冷酷、专制的君主政府在制度层面上表现出关心底层民众的温情。

首先，免息借贷是传统灾赈中体现专制统治温情面纱的制度。清前期免息借贷制度及措施，使不同灾等的民户都得到了救济，在文字表述层面表现出了官府没有遗漏受灾民众的制度优势，使专制政权披上了一层温情脉脉的面纱，民众更认同、接受官府的统治，缓和了官民关系，使统治者更加顺利地获取、稳定了民心，其入主中原的政权合法性得到了进一步巩固。

三分灾以上地区的无息借贷，使很多局部性、短时性灾荒也在借贷制度的覆盖范畴内。乾隆九年（1744）四川省发生水灾，冕宁县"被水不及十分之四"，属"勘不成灾"地区，"于来岁青黄不接之时，酌借仓谷，以纾民力"；西昌县水灾民众、泸宁雹灾民众"均借给仓谷，秋后免息还仓"，南江县雹灾稍重的灾户所借仓谷"俟来岁秋后免息还仓"。②免息借贷籽种的制度使灾民能迅速地补种庄稼，弥补了农业经济的损失，对灾后农业的恢复具有促进作用，是灾后重建工作中成效较大的官赈制度。

其次，因节庆、皇恩、战争等原因豁免借贷钱粮的制度，体现了传统专制统治中不规律的、人为制造的灾赈"温情"。清前期免除借贷的案例可知，连

---

① 《世宗宪皇帝谕行旗务奏议》卷 5，雍正五年闰三月十一日。
② 《清会典事例》第 4 册卷 276《户部》125《蠲恤一二·货粟一》，第 177 页。

年被灾、地瘠民贫、皇帝巡幸、普免积欠、被雹灾、战乱等是免除借贷的原因。在传统专制统治体制下，常颁布免除处罚、赦免罪犯的特赦令，以达统治者显示皇恩浩荡的"惠民"之"至意"。而免除灾民借贷的籽种、口粮和购雇牛只之资不必偿还，再次凸显了专制统治的"温情"特点。一些连年灾荒或地瘠民贫，或二者兼有的灾民，在规定期限内无力偿还者也被免除归还。乾隆三年（1738）甘肃宁夏大地震，官府给灾民借贷钱粮，但灾后灾民一直无力归还，乾隆十七年（1752）只得将灾民无力偿还的所借一万余两白银全部豁免。[①]

乾隆朝国力最强盛，乾隆帝好大喜功，因节日、庆典或其他形式的皇恩等进行恩赏类的减免借贷的措施时常推行，其制度的温情特点表现极为突出。如乾隆二十七年（1762）江苏宿迁县发生水灾，时逢乾隆帝南巡至此，便对该县破例借贷籽种；乾隆四十二年（1777）正月，乾隆帝谕令将被旱州县的常平仓谷"尽数出借"，并加恩允许其三年带征还项。[②]

减免战争地区的借贷也是赈济温情的另一种体现方式。比如，乾隆二十三年至二十四年（1758—1759）平定大小和卓叛乱时，将甘肃贫民所借籽种、口粮、牛本等共粮 168 000 石、银 33 500 两全部豁免。乾隆四十一年（1776），免除金川之役中承办兵差之直隶所属 46 州县因灾所借之谷 52 438 石、米 81 413 石、麦 11 824 石，不用归还；免除山东因灾所借谷 98 561 石、耕牛银 2500 两、籽种等借银 51 530 两，不用归还。[③]

类似豁免借贷的史料在清前期的奏章及档案里比比皆是，反映了灾赈温情的普遍性。乾隆四年（1739）因山西连年被灾，免除了自雍正十二年至乾隆二年（1734—1737）灾荒借贷但无力归还的常平仓谷 5774 石、米 5612 石；乾隆六年（1741），免除福建所属州县风灾后所借未完谷 5774 石、银 1286 两；乾隆七年（1742）二月，甘肃"连遭亢旱"，免除甘肃自雍正六年至乾隆六年（1728—1741）灾民所借之积欠粮食 1 140 000 石；乾隆八年（1743），直隶旱灾 31 州县所借麦种 2506 石、麦种牛力银 82 634 两、制钱 1 千缗 624 772 文"奉旨豁免"，"以纾民力"[④]，同年，免除直隶之武邑、庆都、静海、冀州等 4 州县灾民于雍正十二年（1734）前所欠米谷 11 900 石[⑤]；乾隆九年（1744），直隶 31 州县八年、九年连续旱灾，乾隆帝担心灾民"元气一时未复"，准许将其所借麦种、牛力、牧费、制钱等全行豁免；乾隆二十二年（1757），江苏徐州、淮安、海州等属州县"受水患有年"，灾民无力偿还，将"积年借欠籽种口粮，

① 中国科学院地震工作委员会历史组编辑：《中国地震资料年表》，北京：科学出版社，1956 年，第 507 页。
② （清）彭元瑞编：《清朝孚惠全书》卷 39，北京：北京图书馆出版社，2005 年，第 573 页。
③ （清）彭元瑞编：《清朝孚惠全书》卷 61，第 767 页。
④ （清）方观承：《赈纪》，李文海、夏明方主编：《中国荒政全书》第 2 辑第 1 卷，第 605-606 页。
⑤ （清）彭元瑞编：《清朝孚惠全书》卷 58，第 743 页。

不分新旧，概予豁免"①；乾隆二十七年（1762），山东金乡、鱼台、济宁等县连年被灾，官府免除了这些州县乾隆二十二年至二十四年（1757—1759）借贷的籽种、麦本、牛具银两，"俾积欠之区民力宽裕"，体现乾隆帝对受灾黎民的"加恩休养之至意"②。

兵丁的借贷也在恩免之列。乾隆九年（1744），官府免除了当年被灾州县，同时也免除连年被灾的甘肃灾区兵丁所借未还之银 10 911 两。③冰雹灾害对农业生产影响最大，补种补耕借贷量大，借贷也常被豁免。清人彭元瑞《孚惠全书》记载了因雹灾免除灾民借贷钱粮、籽种的诸多案例：如乾隆十一年（1746）四月，安徽、江苏 6 州县，直隶宣化等地遭受雹灾袭击，"打伤二麦秋禾"，官府对灾民"照例借出籽种口粮"，因借贷量过大，帝谕令将所借 1 个月口粮当作抚恤粮食，"免于征还"；乾隆十二年（1747）江苏沛县、铜山雹灾，帝谕令将灾民所借的 1 个月口粮作抚恤之资，"免其秋后还项"；乾隆十七年（1752）四月，浙江金华、兰溪雹灾，"麦菜被伤"，官府立即给补种的灾民"借给口粮籽种"，鉴于该地"上年被灾较重，全赖春花以资接济"，遂谕令将"所有借给口粮籽粒，即著加恩赏给，免其照例征还"。

再次，官民矛盾的暂时缓和。灾区借贷及其豁免是清代灾赈中最宽松、最显温情的制度。灾民借贷钱粮的免除，在最大程度上减轻了灾民负担，尤其连年被灾的灾民保存了再生产能力，体现了统治者"体会黎元疾苦之至意"，也在最大程度上缓解了官民关系，官府获得了民众拥戴。因借贷豁免是针对整个灾区实施的，一些灾等不一致或灾情不重的灾民都能享受借贷豁免的政策，与灾荒刚发生时须经审户后严格按灾等、贫困等级施钱粮赈济的制度相比，显示出浓厚的人性化特点，制度的温情特点更为彰显，使灾民切实地感受到官府关注民众的生存及生产生活，在灾难来临时官民共同为抗灾减灾进行的切实努力，使"来自官府的关照"成为无助中的灾民最强有力的依靠，让承平年代的灾民不会感受到被官府抛弃的危机，暂时缓解了官民矛盾及专制统治危机。

最后，官方借贷及豁免，实现了官民同心抗灾、减灾的官赈目标。官方借贷及借贷减免利息、豁免借贷物资制度在全国范围内的推行及实施，官府及民众就成为区域抗灾减灾中的两个参与主体，官府主导、推动救灾，民众努力自救，官民共同努力进行减灾活动，达到了官民同在并同心抗灾减灾的积极效果，减少了灾荒的消极影响，尤其是豁免借贷物资的制度，达到了官府急灾民所急、想灾民所想的社会效应，强化了借贷制度的温情特点。

这种对底层民众在遇到灾害打击、无力维生时的赈济及其彰显出的社会经

① （清）彭元瑞编：《清朝孚惠全书》卷59，第750-751页。
② （清）彭元瑞编：《清朝孚惠全书》卷58，第744-745页。
③ （清）彭元瑞编：《清朝孚惠全书》卷12、卷26，第57、64页。

济恢复能力，提高了官府的公信力，使"皇恩"在更大层面上被认可，专制体制的残酷被借贷豁免制度及其措施的"温情"面而掩盖，缓和了尖锐的社会矛盾，使传统社会中民众对"好皇帝""清官"群体的赞同及期待被放大、普及，在一定程度上扩大了灾赈温情化的特点，维持了专制统治的持续性及稳定性，使其统治的合法性获得了更大层面上的认可。

（三）塑造了民众的诚信行为及其互助自救的心态

中国传统灾赈中的很多赈济方式尤其无偿赈济钱粮的措施，使灾民度过危机，达到了救灾民于水火、稳定社会统治、缓解或化解社会危机的重要作用，但却让灾民养成了"等待""仰靠"皇帝、官府无偿救济的依赖心理，加重了灾荒中不积极自救的"惰性"传统，成为极易让灾民流亡或陷于危机甚至死亡绝境的糟粕文化传统。但借贷制度却发掘了灾民积极自救、互助、官民合作共渡难关的传统文化中的积极内涵，成为可与"以工代赈"相媲美的、能促进灾民自立奋发和互助自救等优良社会行为的灾赈制度。

首先，借贷偿还日期、数额等制度及相关措施的实施，塑造了民众的诚信心态及行为。借贷制度对借贷钱粮的数量、归还时间等都有明确详细规定，大部分灾民到期都能偿还，长期受灾确实无力偿还因"皇恩"等被豁免，这种制度长期执行，凝成并培养、塑造了传统社会中"有借有还"的诚信行为及文化心态，是中华民族传统文化及传统社会心理塑造及形成中较为有益、值得提倡的制度及措施。这种诚信不同于民间借贷或其他社会行为的诚信，是官方与民众双方构成的诚信整体，是处于弱势的民众对掌握国家政权的官府的负责行为，虽然期间会有个别民众因种种原因失信，但绝大多数民众都因为得到官府信任度过危机，就有了保存基本诚信的能力，能按期、按量偿还借贷物资，逐渐形成了淳朴守信的借贷原则。

因为有借贷违规惩罚及对失信者制裁的制度保障，尤其借贷失信及腐败行为的罪责都由官员承担，确立了清代借贷制度"罪责官负"的原则，如雍正朝规定灾民借贷粮食不能届期征还，官员须受追责处分，"州县每年春间借出谷石，自秋收后勒限征比，务于十月内尽数完纳，造具册收送部……逾限不完，或捏造册收，即行揭参议处，仍令欠户照数完纳。如该管上司不行揭参，照徇庇例议处"①，使官员成为失信行为的承担者，激励了官员促使民众守信的本能及责任意识，使官民在更广泛的层面上结成了诚信互动的联盟。

无论这种联盟存在何种形式的差异及区域、时代特点，但其对失信的处罚逐渐在实践中融汇到民众的自觉行动中，使"有所许诺，纤毫必偿，有所期约，时刻不易"等的诚信内涵成为中国优秀传统文化重要的组成部分，也使传统社

---

① （清）姚碧：《荒政辑要》，李文海、夏明方主编：《中国荒政全书》第2辑第1卷，第783页。

会中"民有求于官，官无不应；官有劳于民，民无不承"的官民互动有了存在及实施的基础，也使灾民的自我诚信行为、官员的责任诚信传统在实践中得到推广。因此，借贷官员负责制或问责制的顺利推行，在清代官赈制度建设中起到了积极的促进作用。

其次，借贷的"罪责官负"原则及对失信官民的惩罚，促进了官民之间相互诚信模式的建立，达到了缓解社会矛盾的积极效果。"夫国非忠不立，非信不固"，诚信对统治基础的巩固，起着积极的作用。清代灾赈借贷制度通过灾荒中官方借贷出农耕恢复所需要的基本资源、对借贷官员道德操守的制约，基本达到并塑造起了官方对民众的诚信行为，同时也达到了对借贷者诚实守信的人格塑造作用及社会整合的作用，使官民之间的关系得以建立在诚信的基础上，化解了紧张的官民关系，提高了官府的公信力，"不信不立,不诚不行"，在潜移默化中逐渐产生巨大的社会凝聚力和向心力，达到了《管子·枢言》倡导的"诚信者，天下之结也"的社会效果。

该制度的实施，还在客观上抑制和阻碍了高利贷分子趁灾荒之年向灾民发放高利贷、增加灾民负担的不法行为，使灾民增加了对官府的信赖力，更重要的是，借贷制度的持续推行及具体实践，还达到了社会道德的示范及传承等积极作用，对中国传统文化的建构与延续起到了积极的作用。

最后，塑造了灾民积极自救自助的传统行为及积极心态。官府的灾赈措施不可能解决全部问题，需要激发灾民积极进行生产自救的集体行为，才是灾赈之道，也是灾区经济恢复最根本的办法，"民无种谷，将来之口粮，何从取给？赈之固不胜其赈，而所赈之米粟并且难支，为民务本计者，肯忽然乎？"只有农业生产顺利进行，赋税才有所出，统治基础才能稳固，"有可耕之民，无可耕之具，饥馁何从得食，租税何从得有也"①。

因此，促进灾民自救是灾赈制度最合理、向上的社会目的。清前期的借贷措施无疑增强了灾民再生产的能力，给了灾民积极自救的物质基础及保障，是塑造灾民奋发自救、自强互助等传统文化心态的良性制度，值得当代防灾减灾制度建设者资鉴。

四、结语

制度建设是个来源于实践又回归实践承受检验的过程，清代的官方借贷是中国灾区传统农业社会恢复及重建过程中成效最好的官赈制度，尤其借贷利息的减免或豁免制度，进一步减轻了灾民的负担，援助了缺乏农业恢复条件的灾

---

① （清）陆曾禹：《钦定康济录》卷 3 下《临事之政》，李文海、夏明方主编：《中国荒政全书》第 2 辑第 1 卷，第 376、377 页。

民，迅速重建了灾区正常的经济秩序，稳定了区域统治秩序。有借有还的借贷实践，在客观上塑造了民众的诚信行为，激发了灾民生产自救自助的能力。灾荒借贷中的官员问责制，使借贷双方都受到制度的制约，即使官员受到监督，也约束了借贷灾民。官民间的相互监督，不仅促进了借贷制度的深入发展，也在客观上推动了官民诚信行为的养成。

但任何制度的推行都存在利弊的两面性。清代灾赈借贷制度的建设及成效，确实达到了中国传统灾赈借贷制度的巅峰，人性化的温情特点在制度实施中随处可见。但制度在执行中难逃利弊均现的桎梏，不同类型的灾赈制度及其影响层面是多维的，制度与效应不一定完全吻合。清代借贷制度不一定完全能达到统治者灾赈的初衷，也存在灾情畸轻畸重地区灾民借贷不均的状况，借贷中也存在腐败及诸多失信行为，制度在一些地区存在不能落实或是徒有虚文的情况，但良性、诚信的行为占大多数，制度在国内的大部分地区都能顺利实施，其对社会诚信道德的影响是正向的；在传统专制社会下，借贷制度的实施无疑对传统文化及社会心态、公众行为的塑造起到积极、进步的影响，

因而，社会需要相对稳定的制度，这是规范社会良性行为的基础约束力，是社会秩序正常运转及人类文明维系的基本保障，具有显而易见的多维性特点。清前期的借贷制度及其实践与社会效应，是中国传统官赈制建设与发展过程中多维性特点最凸显的制度，其间的时代及地区差异性也将成为学界孜孜探求的动力及源泉。

《灾赈日记》与晚清州县官救灾 *

赵晓华

（中国政法大学人文学院）

州县在清代地方行政中具有非常重要的作用。"天下事无不起于州县，州县理，则天下无不理"①。自然灾害来临之际，救灾当然成为州县官无可避免的重要工作，州县官的素质直接关系到整个救灾体系的成效："办理赈务，全在地方州县得人，庶不至有名无实。"②救灾效率也是考评州县官的重要指标："如实能全活数万人之命，而地土不致荒芜，户口不致耗散，真可谓循吏矣。"③然而从清代救荒书来看，州县官亲自书写的救灾经历、灾赈个案等极为鲜见。《灾赈日记》是其中非常重要的一种。关于《灾赈日记》的作者，有的文献称为邱柳堂④，王江源《晚清柳堂与〈灾赈日记〉》一文认为，《灾赈日记》署名"古桐邱柳堂"，"古桐邱"指河南扶沟，作者应为时任惠民知县的河南扶沟人柳堂。⑤学界对于柳堂本人已经有了一定的研究。⑥光绪二十四年（1898）夏，山东境内黄河决口，沿河地区受灾，时任惠民知县的柳堂在主持该县救济水灾过程中记下的《灾赈日记》，详细记述了他在水灾发生后持续半年多的时间组织救灾的经历。其史料价值弥足珍贵。

---

* 本文为中国政法大学 2018 年科研创新项目"清代官赈资料整理与研究（18JZP024）"阶段性成果。

① （清）徐栋：辑《牧令书》自序，箴书集成编纂委员会编：《官箴书集成》第 7 册，合肥：黄山书社，1997 年，第 6 页。

② 中国第一历史档案馆藏：《上谕档》第 1425 册，第 203 页。

③ 蒋伊：《救荒贵得人疏》，（清）贺长龄辑：《皇朝经世文编》卷 42，上海广百宋斋光绪十七年校印。

④ 如李德龙、俞冰主编《历代日记丛钞》（北京：学苑出版社，2006 年影印本）收录《灾赈日记》，李文海、夏明方、朱浒主编《中国荒政书集成》（天津：天津古籍出版社，2010 年）收录《灾赈日记》，作者皆称为邱柳堂。

⑤ 王江源：《晚清柳堂与〈灾赈日记〉》，《德州学院学报》2016 年第 3 期。

⑥ 相关论文主要有王亚民：《从〈宰惠纪略〉看晚清知县的乡村治理》，《东方论坛》2010 年第 2 期；翟国璋：《坎坷的科举之路——柳堂个案研究》，《江苏教育学院学报（社会科学）》2010 年第 9 期；李关勇：《异地文缘 桑梓情深——一个逊清遗老与河洛诸文士的交游郊视》，《平顶山学院学报》2014 年第 3 期；李关勇：《文人·官员·社会变革——一个晚清地方官的生命史研究》，山东大学博士学位论文，2011 年；郭金鹏、李关勇：《一个被掳者眼中的捻子——以柳堂〈蒙难追笔〉为视角》，《齐鲁学刊》2013 年第 4 期，等等。

《灾赈日记》时间起自光绪二十四年（1898）六月二十三日，迄至光绪二十五年（1899）正月十二日，约 200 天。《灾赈日记》的成书经过，自从六月二十五日桑家渡黄河决口后，柳堂"查灾放赈，在外者多，在署者少"①，其间他将经历灾区情形，每晚取纸笔记下，"一纸不尽，续纸或背面书，鸦涂几不成字形"，等到冬竣后，又与灾赈相关的卷宗核对补充，经过整理，初命名为《灾赈记略》，后又改名为《灾赈日记》。按照柳堂的说法，这本日记对"百姓之昏垫，四境之周履，历历在目"，除了记载整个赈灾的过程，也是其作为惠民知县半年来的主要工作记载："半年以来，除寻常词讼，何一非为灾赈计。"②许多记载生动直接，也可从中窥见晚清官场复杂的人际关系："可以见世态之炎凉焉，可以见民情之诈谖焉，可以见仕途之险峻焉，可以见职守之劳瘁焉。"③本文以此为中心，希望能够具象地考察晚清州县救灾内容及其实效，分析州县官在救灾模式下的实际角色及功能，同时期待从救灾这一视角，阐释清代州县制度的具体运作。

一、做官惟赈是大事：州县官与救灾

光绪二十四年（1898），黄河夏间在山东境内盛涨异常，其中，上游从南岸黑虎庙漫溢，中游从历城南岸杨史道口民埝漫溢，导致历城、惠民、章丘等 29 个州县被水成灾。④据山东巡抚张汝梅奏称："山东地处黄河下游，河身弯曲，淤垫日高，故近年以来，几于无岁无工，即无岁无赈。然水势之大，灾情之重，从未有如今岁伏汛之甚者。"此次水灾极其严重，田庐村舍多遭淹浸，灾民死伤被困者甚多："或一州一邑之内城乡村镇尽被水淹，或一村一镇之中庐舍资粮全归漂没，或灾黎未及逃避人口难免损伤，或虽已逃至高处饥困苦难生活。所最惨者，黄流陡至，或避于屋顶，或避于树巅，围困水中，欲逃不得，欲食亦不得，其望救之状与呼救之声，真令人目不忍睹，耳不忍闻。"⑤惠民县是武定府附郭首邑，"土多硗瘠，民鲜盖藏。"清政府将惠民县定为"繁、难"两字中缺之地。⑥"繁"指公务繁多，"难"指民风暴戾，易于犯罪。惠民县有 4 条河流过境。其中，黄河由西向东流经县境南缘，为县内主要灌溉水源。另外还有徒骇河、沙河、土马河等三条河流。柳堂担任惠民知县时已经 54 岁，光绪二十四年（1898）是其执掌惠民的第三个年头。六月二十五日，黄河济阳桑

① （清）邱柳堂：《灾赈日记》，李文海、夏明方、朱浒主编：《中国荒政书集成》第 11 册，天津：天津古籍出版社，2010 年，第 7402 页。

② （清）邱柳堂：《灾赈日记》，李文海、夏明方、朱浒主编：《中国荒政书集成》第 11 册，第 7402 页。

③ （清）邱柳堂：《灾赈日记》，李文海、夏明方、朱浒主编：《中国荒政书集成》第 11 册，第 7445 页。

④ 《清德宗实录》卷 423，北京：中华书局，1986 年，第 542-543 页。

⑤ 中国第一历史档案馆藏：军机处录副奏折，赈济灾情类，3/168/1370/15。

⑥ 刘子扬编著：《清代地方官制考》，北京：紫禁城出版社，1988 年，第 472 页。

家渡决口，水漫惠民境内，正在视察沙河堤工的柳堂听闻"事已不可为，一时神魂俱失，呆立久之"①。随后，黄水冲决徒骇河堤工，徒骇河南北尽成泽国。七月十五日，沙河正字约堤决，城西北成泽国，"合境儿尤干土"②。根据《灾赈日记》的记载，在接下来近半年的时间，柳堂主要从以下几个方面进行救灾工作。

1. 查放急赈

水灾属于突发性灾害，在灾情严重的情况下，需要进行急赈："灾黎甫行被灾，仓皇无定，如大水淹漫，室庐荡然，被灾最为惨烈，自应急赈。"③自六月二十五日至七月初七，柳堂随武定知府或亲自赴四乡巡查灾情，组织人力至被水乡村救护被困灾民，发放锅饼，与邻县阳信县知县会晤商修守事，同时具禀向上司报灾，将被灾村庄造花户册，"预备委员查放急赈"，疲惫至"神情惝慌，气尽力竭，不能动移"④。所到之处一片汪洋，村庄尽在泽国，灾民"人在屋顶立，甚可悯"⑤。七月初七，省城派发的作为临时救灾人员的委员来到惠民，带3000两银子进行查放急赈。随后，柳堂安排差役并亲自帮同委员急赈被水村庄。⑥至八月十五日，急赈结束，放过急赈者共132个村庄，5968户，大口21 237口，小口8176口，发放赈银4500两。

2. 勘灾查赈

在放急赈同时，进行勘灾。勘灾的目的是确定成灾分数。雍正六年（1728），议淮州县官勘灾期限以45为限。如逾限半月以内递至3个月以外者，照报灾迟延例议处。⑦勘灾过程中，柳堂发现有报灾不实的情况，如七月二十日，发现平字毛王庄、商家、二寄庄等村庄"半系济阳民，户口多浮冒"⑧。另外，杨家集并未见水，问责首事，"将笞责，数求情，宽之"。与杨家集相隔徒骇河的张、陈等庄田禾茂盛，有的地方更属丰稔，"报灾可恨"⑨。九月初，确定查灾密册和灾案禀稿，因为涉及八九百个村庄，必须谨慎小心，"有一信心不过者，即不能遽定"。统计成灾七成，应赈174村庄，较重者470多个村庄，较轻、极

---

① （清）邱柳堂：《灾赈日记》，李文海、夏明方、朱浒主编：《中国荒政书集成》第11册，第7407页。
② （清）邱柳堂：《灾赈日记》，李文海、夏明方、朱浒主编：《中国荒政书集成》第11册，第7416页。
③ （清）吴元炜：《赈略》，李文海、夏明方主编：《中国荒政全书》第2辑第1卷，北京：北京古籍出版社，2004年，第676页。
④ （清）邱柳堂：《灾赈日记》，李文海、夏明方、朱浒主编：《中国荒政书集成》第11册，第7408--7409页。
⑤ （清）邱柳堂：《灾赈日记》，李文海、夏明方、朱浒主编：《中国荒政书集成》第11册，第7410页。
⑥ （清）邱柳堂：《灾赈日记》，李文海、夏明方、朱浒主编：《中国荒政书集成》第11册，第7419页。
⑦ 《清会典事例》第4册卷288，北京：中华书局，1991年，第367页。
⑧ （清）邱柳堂：《灾赈日记》，李文海、夏明方、朱浒主编：《中国荒政书集成》第11册，第7414页。
⑨ （清）邱柳堂：《灾赈日记》，李文海、夏明方、朱浒主编：《中国荒政书集成》第11册，第7415页。

轻者 160 多个村庄。①勘灾之后，还有查赈，即划分贫户等级，核对灾民户口，为赈济做准备。九月底，"查放冬赈委员挟赈票至"，和柳堂兵分四路查赈，到十月底查竣。十一月，经省赈抚局批复，极贫灾民折实大口 6984 口，次贫灾民折实大口 23 732 口，需赈银约库平银 4000 两。②十一月二十日，收到赈银、棉衣后，便出示晓谕灾民放赈时间和地点。放赈时，放过一村，榜示一村，并用朱笔将应领银数、棉衣标示，以防弊端。十一月底，冬赈放竣。③距离县城 30 里以内者，均是柳堂自查自放。另外，十二月底，又清查极贫人口 276 口，柳堂亲自发放穷民津贴经费，称"放穷民赈"④。次年正月，查勘发放 42 个村庄津贴籽种。⑤

3. 开办粥厂

除了急赈、普赈外，还有煮赈，即开设粥厂。开设粥厂历来皆会生发不少问题，此次惠民县粥厂刚刚开设，即发现弊端重重，如有一人两签之弊，贫富混淆之弊，屯聚滋闹之弊等。柳堂因此请准设立粥厂章程十四条，对粥厂经费、地点、人员、施粥流程、灾民安置等问题予以说明。粥厂经费，除动用赈捐银外，柳堂自己捐银 300 两，盐、当各商捐银数千两。粥厂于城隍庙开厂后，"日絷穷民近二千人"⑥，"贫民得此，无不欢欣。有谓向不见米，今得米食者；有向不得饱，今得吃饱者，闻之为之一快"⑦。此外，柳堂还开设平粜局，以调节粮价，用于核定散放津贴籽种等。

从上述可见，《灾赈日记》大体描述了晚清州县官在赈济水灾过程中的基本工作流程，从中可见州县官在救灾中所起的重要作用，举凡报灾、勘灾、查赈、放赈，每个救灾程序都需亲力亲为。这一方面如前所述，救灾本身应是州县官职责所在，所谓"循吏"的标准，其中之一为"或水旱为灾而能尽心救济，全活数百万人者"⑧。赈灾过程中州县官有贪污舞弊者，法律规定予以严惩。康熙十八年（1679），议准"赈济被灾饥民以及蠲免钱粮，州县官有侵蚀肥己等弊，致民不沾实惠者，革职拿问，照侵盗钱粮例治罪"。此条乾隆五年（1740）纂为定例附入"检踏灾伤田粮"条中。⑨州县官自己也认识到，"做官惟赈是大事，一有错，便是玩视民瘼"⑩。另一方面，州县官的救灾活动也能非常具象地

---

① （清）邱柳堂：《灾赈日记》，李文海、夏明方、朱浒主编：《中国荒政书集成》第 11 册，第 7422 页。
② （清）邱柳堂：《灾赈日记》，李文海、夏明方、朱浒主编：《中国荒政书集成》第 11 册，第 7429 页。
③ （清）邱柳堂：《灾赈日记》，李文海、夏明方、朱浒主编：《中国荒政书集成》第 11 册，第 7432 页。
④ （清）邱柳堂：《灾赈日记》，李文海、夏明方、朱浒主编：《中国荒政书集成》第 11 册，第 7441 页。
⑤ （清）邱柳堂：《灾赈日记》，李文海、夏明方、朱浒主编：《中国荒政书集成》第 11 册，第 7443 页。
⑥ （清）邱柳堂：《惠民县志补遗》，五行志，光绪二十六年刻本。
⑦ （清）邱柳堂：《灾赈日记》，李文海、夏明方、朱浒主编：《中国荒政书集成》第 11 册，第 7428 页。
⑧ （清）徐栋辑：《牧令书》卷 23，官箴书集成编纂委员会编：《官箴书集成》第 7 册，第 546 页。
⑨ 田涛、郑秦点校：《大清律例》卷 9，北京：法律出版社，1999 年，第 192 页。
⑩ （清）邱柳堂：《灾赈日记》，李文海、夏明方、朱浒主编：《中国荒政书集成》第 11 册，第 7433 页。

体现其为政素质。在半年多的救灾过程中，柳堂可谓殚精竭虑："自桑家渡溃决，驾轻舟遍历乡村，或六、七日一回署，或十余日一回署，风栉雨沐，星饭水宿，夫人而知其勤民矣。"①其中还经历不少风险，如七月二十六日坐船勘灾时，遭遇暴雨，船舱进水，"一日两遭险，丁役皆惶恐失措，面几无人色"②。他轻舟简从，查灾放赈时所带饮食常常是"单饼二，以水煮之，无油盐，然有咸菜"，自己仍然认为"胜于灾民多多矣"③。他有一首《勘灾行》描述自己勘灾时的艰苦情形说："渴饮黄泉食干糇，向晚泊舟无干土，席地不堪容衾裯，蚊雷聒耳鸣不休。"④除了救灾之外，州县官还要应对其他一些日常事务，如"词讼亦州县之要，如半年不理，成何政体"，光绪二十四年（1898）六月二十三日至二十五年（1899）正月十二日，柳堂共理词讼321起。因其兢兢业业，踏实认真，在当地"官声甚好"。从京城到武定州施放义赈的户部主事刘彤光在灾区访诸父老，"皆称邑侯纯斋柳君贤"，和柳堂晤谈，描述其"朴实若学究"，"叩以乡村灾形，应声答如指掌纹，非躬历日久，恐未易至此"，与那些"高卧衙斋，日旰不起"，"若询以城外事，则呼吏以对"的官员相比，"勤求民瘼"的柳堂"真可谓惠民令"⑤。让柳堂更为欣慰的是，钦差溥良向山东巡抚张汝梅大加肯定柳堂的政绩："查过省东十五州县，当以惠民县为第一，以钱数、口数无一不符也。"⑥

二、非灾而灾：州县官救灾中的人际网络

《灾赈日记》中记载了不少和惠民水灾救济相关的各级官员形象，以致书成后，他交待看到的人要"慎密"，因为担心其"记事直笔，恐触犯当途达官忌讳"。该日记中所记载的有的官员言行颇为具体细致，透过柳堂之笔，我们可以借此生动地感受州县官救灾中纷繁复杂的人际网络，观察清代救灾行政体系的具体运作。

1. 州县官与办赈委员

为了提高救灾效率，协助和监督州县官救灾，清代地方督抚常会委派临时办赈委员前往灾区查赈、放赈。"各属地方辽阔，灾赈事务头绪纷繁，印官一身不能兼顾，故须委员协办。"⑦"州辖一州，县辖一县，或一二百里，或二三

---

① （清）邱柳堂：《灾赈日记》，李文海、夏明方、朱浒主编：《中国荒政书集成》第11册，第7445页。
② （清）邱柳堂：《灾赈日记》，李文海、夏明方、朱浒主编：《中国荒政书集成》第11册，第7416页。
③ （清）邱柳堂：《灾赈日记》，李文海、夏明方、朱浒主编：《中国荒政书集成》第11册，第7431页。
④ （清）邱柳堂：《灾赈日记》，李文海、夏明方、朱浒主编：《中国荒政书集成》第11册，第7415页。
⑤ （清）邱柳堂：《灾赈日记》，李文海、夏明方、朱浒主编：《中国荒政书集成》第11册，第7399页。
⑥ （清）邱柳堂：《灾赈日记》，李文海、夏明方、朱浒主编：《中国荒政书集成》第11册，第7444页。
⑦ （清）汪志伊：《荒政辑要》，李文海、夏明方主编：《中国荒政全书》第2辑第2卷，第570页。

百里，被偏灾者尚可料理，普灾则应办事尤多，岂能兼顾，则委员重矣。"①此次惠民水灾中，从省城派往该县查放急赈的委员有知县傅鲁生、彭晓峰、典史杜小村等。桑家渡六月二十五日决口，他们七月初携带赈银3000两来到惠民，分路查放急赈，直到八月初事毕回省。查放冬赈时，被派往惠民县的查放冬赈委员有即用知县王玉堂、候补州判宋遇滨、候补县丞王小堂，查赈时分为四路，由三位委员和柳堂各领一路。办赈委员的设立，有利于分担州县官的赈灾压力，并与州县官相互监督，提高救灾物资使用的透明度。但是，在州县官看来，办赈委员对本地情况不熟悉，尤其其素质参差不一，有时并不能起到好的作用。惠民县查灾放赈中，柳堂认为做得最符合规范的是自己"自查自放"的距城30里内的地方，若是委员负责的"三十里外，则不符者多矣"。前面提及的办理冬赈委员王玉堂，在柳堂眼里就是这样一个"于民瘼毫不关心""为谋缺计，只知见好上司"之人，王玉堂到达惠民县后，"自负有能，不问灾区之轻重，但就冬赈名册剔除口数，致灾民多有向隅"，"尤卑鄙不堪者"，"闻君至一村，有款待以酒食者，便许以赈。去岁灾案已定，增入数村，皆为此也"。②因为惠民县整体救灾成绩良好，王玉堂次年仍被委派为惠民县的春赈委员，此事令柳堂颇觉不平，专门在《灾赈日记》末附《春赈记事一则》，记载了王玉堂的行径，"以博大雅一噱云"③。

另外，在州县官看来，委员的增设会加大赈款被盘剥的风险，从知府发往州县的赈款，"在本府衙门留一半，大约幕友、丁役皆有所私之人；以一半交委员，委员亦有所私，再留一半，穷民得者寥寥矣"④。除了委员的素质堪忧外，委员的添设也会增加救灾开支，救灾经费短缺之时，如此做法并无必要。惠民水灾中，因为沙河吃紧，武定州知府拟专派委员，负责将城门堰加高，柳堂认为城里地势高于城外，并无水患之忧。而且委员无枵腹从公者，即使照守沙河支发每人每日京钱一千，每月须钱二百四十千，"加以油烛桩料，总在三百千以上，以三月计之，便须钱一千余千，何处筹此巨款乎"！柳堂因此建议责成四城门首事看管，每门由他派差役两名伺候，随时向政府通报情况，"如此则事不废而款省，又甚便于民"，将委员撤去后，"乡民皆称便"⑤。

2. 应酬之烦

救灾过程中，州县官往往要接受各级上司的监督和检查，然而，督导太过频繁，就容易对州县造成一种干扰，令州县官不堪其扰，不胜其烦。袁枚曾指

① （清）徐栋辑：《牧令书》卷13，箴书集成编纂委员会编：《官箴书集成》第7册，第263页。
② （清）邱柳堂：《灾赈日记》，李文海、夏明方、朱浒主编：《中国荒政书集成》第11册，第7444页。
③ （清）邱柳堂：《灾赈日记》，李文海、夏明方、朱浒主编：《中国荒政书集成》第11册，第7444页。
④ （清）邱柳堂：《灾赈日记》，李文海、夏明方、朱浒主编：《中国荒政书集成》第11册，第7441页。
⑤ （清）邱柳堂：《灾赈日记》，李文海、夏明方、朱浒主编：《中国荒政书集成》第11册，第7412页。

出，因捕蝗而前往灾区的各级官员如同"有知之蝗"，其给灾区带来的危害甚至超过了蝗灾本身："今督捕之官太多，一虫甫生，众官麻集，车马之所跐藉，兵役之所辐辏，委员、武弁之所驿骚，上官过往之所供应。无知之蝗食禾而已，有知之蝗先于食官而终于食民。"①作为重灾区的惠民县，自然也有中央和地方官府派来的临时救灾官员"此往彼来，络绎不绝"，其人数之多，"缕堤、大堤、徒骇堤均近百里，钦使随员、测量生、武弁、洋人几于到处布满，而食宿无定所，期会无定时，夫马酒席无定数，办差非常棘手矣"。②除了重灾区，惠民县还是武定府附郭首邑，繁难之地，时人以为，附郭首县的送往迎来之苦尤重，"长官层累，趋跄倥偬，供亿纷纭，尤有疲于奔命之苦"，清代有谚语形容首县之苦说："前生不善，今生知县。前生作恶，知县附郭，恶贯满盈，附郭省城。"③办赈中官员不乏自律者，如钦差大臣、户部右侍郎溥良"一切酒席均不受"，"随员自备饮食，不骚扰地方"④，但迎来送往之多依然让州县官不堪其扰，柳堂称之为"非灾而灾"："查河钦使随员洋人测量生，星罗棋布，到处居民不安，非灾而亦灾矣。郡守交替，往来灾区，迎送维艰，车户船户亦皆灾民，如病人负戴，穷民添客，亦非灾而灾之类也。"⑤因为送旧迎新"不下数十日"，船户受累不浅，畏惧支差，躲避逃走，迎接新来的武定知府时，由于找不到船只，柳堂"左支右吾，执雨盖立泥中，冠戴淋漓，与三班总役为难许久"，可谓狼狈不堪。⑥再如，为接待十二月来的查河钦使，从十一月初，惠民县就在徒骇河入首的夏家桥、清河镇等处预备宽大公馆，"伺候二十余日，夫数十人，马二十余匹，公馆六、七处不敢撤，一切应用俱招办"。感慨万分的柳堂专门写了《大官来》这首诗，表达其因送往迎来而不胜其烦的心情："大官来，小官去，东奔西驰知何处。小官来，大官去，东奔西驰差竟误。误差大官怒，大官不怒难自恕。"此外，应酬之烦使力、人力皆透支，这对灾区来说无异于雪上加霜："缕堤遥堤漯河堤，行辕预备十数处，夫马足用，酒席不论数。那知差来到底误，伺候月余只一顾，糜费千金向谁诉。"⑦糜费千金的各处公馆最后"来往仅见张、孙二观察"，发生在灾区的这种铺张浪费，"亦冤矣哉"⑧。

---

① （清）袁枚：《复两江制府策公问兴革事宜疏》，（清）贺长龄辑：《皇朝经世文编》卷20，上海广百宋斋光绪十七年校印。

② （清）邱柳堂：《灾赈日记》，李文海、夏明方、朱浒主编：《中国荒政书集成》第11册，第7429页。

③ 徐凌霄、徐一士：《凌霄一士随笔》，《民国笔记小说大观》第3辑，太原：山西古籍出版社，1997年，第1548-1549页。

④ （清）邱柳堂：《灾赈日记》，李文海、夏明方、朱浒主编：《中国荒政书集成》第11册，第7437页。

⑤ （清）邱柳堂：《灾赈日记》，李文海、夏明方、朱浒主编：《中国荒政书集成》第11册，第7403页。

⑥ （清）邱柳堂：《灾赈日记》，李文海、夏明方、朱浒主编：《中国荒政书集成》第11册，第7418页。

⑦ （清）邱柳堂：《灾赈日记》，李文海、夏明方、朱浒主编：《中国荒政书集成》第11册，第7433页。

⑧ （清）邱柳堂：《灾赈日记》，李文海、夏明方、朱浒主编：《中国荒政书集成》第11册，第7439页。

3. 办事之难

清代州县官被称为"治事之官"，州县之上的知府、司道、督抚等为"治官之官"，由于各级上司掌握着州县官的仕途命脉，因此，他们对州县官有着极大的支配权。如此"以官治官"的监察制度导致"一吏也，而监之者五六人，此一人之性情、语言、动作，其顺逆皆足以为利害；其左右之人，以至左史之属，其好恶皆足以为毁誉"，因为上司层次太多，使得州县官行政极易受到上司政令干扰，"力疲于趋承，心怵于功令，稍失上官之意，诃斥频加"①。救灾过程中，在负责本州县救灾的同时，州县官同样还要完成很多上司交派的任务。让柳堂觉得颇为烦扰的是代换义赈现钱运赴齐东县和协济桑家渡秸料两事:"甚矣，惠民之多事也。以灾赈之区，自顾不暇，而令协济桑工秸料，民既受累，方竣事，又令代换义赈现钱，运赴齐东，商不又受累乎！"②代换义赈现钱，指的是帮助义赈局换银一万两，其难度在于要从惠民运到齐东，当时交通不便，"水旱不通，节节阻滞"，运送巨款颇有风险。不过，让柳堂更感棘手的是被他称为"灾中灾"的协济桑家渡秸料一事。③因为桑家渡决口，惠民县被河防局告知需协济桑家渡秸料 200 万斤。④柳堂认为，桑家渡决口虽是天灾，也是人祸，如果桑家渡有秸料数十万，即不至于决口，但是当时"营委既妙手空空，无能为役；印官又深坐不出，其以害不在本境耶"⑤，负责黄河中游督办的道员丁达意不能防患未然，"不知自愧"，此时又指派作为重灾区的惠民县协济秸料，这就"犹人身染重病，日以参苓养之，犹恐自保，而乃令负重行百里，其有不速死者几希，抑亦不仁之甚矣"⑥。柳堂请求免去筹集，但未获准，他不禁慨叹"明知此事扰民，州县力不能主，奈何"⑦！更有甚者，丁达意因此向巡抚禀告其"玩视要工"，"处处与余为难"，在验收惠民县秸料时不停刁难，柳堂几赴桑家渡，与丁达意解释周旋，同时还要"好言抚慰"运送秸料而遭受刁难的首事，后经人作保，又随时向巡抚禀明相关事宜，方才完成任务。九月十七日这天，因为斡旋此事，柳堂"自辰至戌，一粟未到口，真觉心力俱瘁矣"⑧。惠民县举人李凤冈在跋中所称此日记可见"世态之炎凉"，"仕途之险巇"，应当主要指此事。

---

① 梁清标:《敬陈用人三事疏》，(清)贺长龄辑:《皇朝经世文编》，卷 17。

② (清)邱柳堂:《灾赈日记》，李文海、夏明方、朱浒主编:《中国荒政书集成》第 11 册，第 7432 页。

③ (清)邱柳堂:《灾赈日记》，李文海、夏明方、朱浒主编:《中国荒政书集成》第 11 册，第 7403 页。

④ (清)邱柳堂:《灾赈日记》，李文海、夏明方、朱浒主编:《中国荒政书集成》第 11 册，第 7415 页。

⑤ (清)邱柳堂:《灾赈日记》，李文海、夏明方、朱浒主编:《中国荒政书集成》第 11 册，第 7407 页。

⑥ (清)邱柳堂:《灾赈日记》，李文海、夏明方、朱浒主编:《中国荒政书集成》第 11 册，第 7416 页。

⑦ (清)邱柳堂:《灾赈日记》，李文海、夏明方、朱浒主编:《中国荒政书集成》第 11 册，第 7419 页。

⑧ (清)邱柳堂:《灾赈日记》，李文海、夏明方、朱浒主编:《中国荒政书集成》第 11 册，第 7424 页。

三、民岩可畏：救灾中的官民关系

"亲民之官，州县为最。"①作为亲民之官，州县官在官民关系中起着举足轻重的作用。方大湜阐释官民关系说："天下之治乱系乎民，民之治乱系乎牧令。盖牧令者亲民之官，官不能治民，则民之疾苦日甚，天下所由多事也。"②灾荒发生，容易引发各种社会矛盾。官方勘灾查赈之时，灾民"自应静候地方印委各官查勘"，但告灾闹赈现象在灾区常有发生："向有土豪地棍，倡为灾头名色，号召愚民，敛钱作会，到处联名递呈。或于委员查勘时，暗使妇女成群结队，混行哄闹。本系无灾、而强求捏报，或不应赈而硬争极、次，往往酿成大案。"③对于故意扰乱救灾秩序、或借灾渔利的普通民人，《大清律例》也规定了严厉的惩处条文。比如，如果人户将成熟田地移丘换段，冒告灾伤者，计所冒之田，一亩至五亩，笞四十，每五亩加一等，罪止杖一百。④再如，若乘地方歉收，有伙众抢夺，"扰害善良，挟制官长"，或者因赈贷稍迟，既有"抢夺村市、喧闹公堂及怀挟私愤、纠众罢市辱官者"，俱照光棍例治罪。虽然如此，告灾闹赈在救灾中仍然常有发生，告灾闹赈成为影响灾区社会秩序的重要因素，也使得救灾进程中的官民关系变得复杂敏感，这对州县官的应变能力也提出了重大挑战。如果州县官对此类事件处理不力，"营私怠玩，激成事端，及弁兵不实力缉拿，一并严参议处"⑤。

惠民水灾中，也出现了灾民闹赈现象，查放急赈时，因和字村灾情甚重，房屋倒至一半，柳堂挑出部分从急赈余款中予以散放，未想到因此一举，灾民"求者盈门，竟至舌焦唇敝，开导不去"，最后"非怒目厉声加之不可"，这让柳堂感慨"愚民无知，可恨又复可怜"，最后许以普赈才散去。⑥对于灾民闹赈，清代救荒书中指出，州县官不能只当"长厚者"或"柔懦者"，而是应该"严"字当头，既应针对此种现象"严切晓谕，加意防查"，还要对闹事的灾头"严拿详究，毋稍宽纵"，有犯即惩，毋任聚集滋事。⑦柳堂基本上也是这样做的。在李家庄放赈时，有生员王某出言不逊，饶舌不休，又指使妇女来滋闹，柳堂"怒不能平"，后"以盛气临之"⑧。聚众闹赈人数较多的一次是开办粥厂之时，因为灾民凭签领粥，所以有求签者百余人聚满街巷，以致县署大门内外拥挤不

① 乾隆《海宁州志》卷7，乾隆四十年修、道光二十八年重刊本。
② （清）方大湜：《平平言》，但湘良序，箴书集成编纂委员会编：《官箴书集成》第7册，第592页。
③ （清）汪志伊：《荒政辑要》，李文海、夏明方主编：《中国荒政全书》第2辑第2卷，第580页。
④ 田涛、郑秦点校：《大清律例》卷9，北京：法律出版社，1999年，第192页。
⑤ 薛允升：《读例存疑》卷27，刑律之三，翰茂斋光绪三十一年刻本。
⑥ （清）邱柳堂：《灾赈日记》，李文海、夏明方、朱浒主编：《中国荒政书集成》第11册，第7414页。
⑦ （清）汪志伊：《荒政辑要》，李文海、夏明方主编：《中国荒政全书》第2辑第2卷，第580-581页。
⑧ （清）邱柳堂：《灾赈日记》，李文海、夏明方、朱浒主编：《中国荒政书集成》第11册，第7416页。

通。柳堂"厉声"令"走者免究，否则重惩不贷"，之后"走者已过半"[①]。当然，有时只靠"严"字也很难解决问题。放赈之时，官民沟通颇不容易，柳堂认为"尤难在点名，所有聋聩老妇，非十问不应，即问此答彼，竭尽气力呼之，始问出姓名，而住址又多歧，以忽说娘门，忽说婆门也。其黠者即乘此冒名将票诓去"，人心之诈，"其穷使然耶，亦余之失教耶"[②]！与前述相比，赈灾过程中，灾民在上司或钦差来时拦舆呈控或屯聚闹赈者更让州县官倍感压力。虽然这种现象也是赈灾中的"常事，到处皆有梗玩不化者"，但这无疑与州县办赈成效密切相关。钦差来到惠民时，有妇女以"未得食粥"等原因集聚在钦差行辕，"驱之不去，闹更甚"，经人劝导才离开。经过暗访，闹赈者中"一荡妇无耻，不应食"，另一个实际已食月余，"殊堪痛恨"[③]，最后将此二人"掌责示惩"[④]。灾民在上司面前闹赈呈控不仅与州县官政绩相关，也是平素官民关系的体现："吏之于民，休戚利病，刻刻相关者，莫如守令。如其不廉不能，坐视其民之死而不救，一旦盗贼蜂起，民亦疾视其长上而莫肯效命，如其果贤且能，民信之既深，有所劝谕，必能乐助，有所委任，必能尽力。"[⑤]此次水灾，与惠民县相邻的阳信县灾民去钦差行辕呈控本县知县办灾不力，柳堂认为，"阳信县令有眼疾，查灾固稍差，而阳信百姓亦未免过矣"，他感慨"民岩可畏者此也"，认为"作父母官平日不可不与民联络一气也"[⑥]。

从上述可见，救灾中官民之间的关系也是一种博弈关系。惠民水灾中，报灾不实者有 100 多个村，其中有客观原因，如水一过不留，田禾无伤者，但柳堂认为，主要的原因在于"大抵小民贪恩，妄生希冀，一验不实，伊自无话说，若不勘验，便啧有烦言，刁者且上控矣"[⑦]。为了保障灾区的社会秩序，州县官对涉及赈灾的司法案件比较重视："灾案关乎民命，非寻常词讼可比。"[⑧]《灾赈日记》中记载的灾案主要有两起，一起是审理纲口李家、王平环家二庄李化林等三人控告刘喜父子因灾舞弊案，经查系捏控。[⑨]另一起是李法崑呈控首事李明兰冒赈案。此案首事李明兰将该庄不应入赈的绅士李凤冈父子名字写入赈册，李凤冈父子并不知情，得知后向李明兰追问，"明兰无以对，因痛加呵斥"，李法崑因与李明兰有"讼嫌"，借此呈控李明兰冒赈，李凤冈后督同李明兰将

① （清）邱柳堂：《灾赈日记》，李文海、夏明方、朱浒主编：《中国荒政书集成》第 11 册，第 7430 页。
② （清）邱柳堂：《灾赈日记》，李文海、夏明方、朱浒主编：《中国荒政书集成》第 11 册，第 7441 页。
③ （清）邱柳堂：《灾赈日记》，李文海、夏明方、朱浒主编：《中国荒政书集成》第 11 册，第 7437 页。
④ （清）邱柳堂：《灾赈日记》，李文海、夏明方、朱浒主编：《中国荒政书集成》第 11 册，第 7439 页。
⑤ （清）蒋伊：《救荒贵得人疏》，（清）贺长龄辑：《皇朝经世文编》，卷 42。
⑥ （清）邱柳堂：《灾赈日记》，李文海、夏明方、朱浒主编：《中国荒政书集成》第 11 册，第 7441 页。
⑦ （清）邱柳堂：《灾赈日记》，李文海、夏明方、朱浒主编：《中国荒政书集成》第 11 册，第 7435 页。
⑧ （清）邱柳堂：《灾赈日记》，李文海、夏明方、朱浒主编：《中国荒政书集成》第 11 册，第 7404 页。
⑨ （清）邱柳堂：《灾赈日记》，李文海、夏明方、朱浒主编：《中国荒政书集成》第 11 册，第 7439 页。

浮领之钱分散该庄穷民。经由此案，柳堂称赞绅士李凤冈为"端人"，从此结为知己。《灾赈日记》编成后，柳堂请李凤冈校阅，因为"记事直笔"而叮嘱其"慎密，不足为外人道也"，可见二人之交好。李凤冈为《灾赈日记》作序、跋、题词，称赞柳堂"恫瘝切肺腑""夫人而知其勤民矣"①。从柳李二人之交好，也略可看出州县官与士绅间的相互合作和支持。

四、结语

清代有"州县之权重于大吏"的说法，原因即是"一州一县得人，则一州一县治；天下州县得人，则天下治，督抚藩臬道府不过以整饬州县之治为治而已"②。所谓"救灾贵在得其人"，"天下无救荒之奇策，而有救荒之良吏"③，透过柳堂《灾赈日记》的记载，大体可以观察到晚清州县官的素质和能力在救灾过程中所起的重要作用。在清代救灾立法中，对报灾、勘灾、蠲免、缓征、平粜等救灾环节和活动中官员的失责行为，均设有详细的惩处条文，如对报灾迟延的地方官，《清会典事例》规定："如州县官迟报，逾限半月以内者罚俸六月，逾限一月以内者罚俸一年，逾限一月以外者降一级调用，逾限两月以外者降二级调用，逾限三月以外、怠缓已甚者革职。"④从《灾赈日记》看，州县救灾基本能够按照救灾程序有序开展，说明州县官的操守与救灾制度为救灾体系的有序运作提供了强大的保障。另外，《灾赈日记》也较为具体地展现了州县官在救灾实践中的心态变化，以及救灾中州县官所处的官与民的复杂的人际网络。清代除了地方各级政府外，中央和地方还派设办赈大臣和委员作为临时性的救灾人员，从体制上讲，清代救灾行政系统能够层层监督，职责明确，而且上下相通，灵活有序。然而，从其具体运作来看，层层相因的救灾体制使州县官的权力较小，但是担负的责任却较大。同治年间，曾国藩曾指出当时的州县官"多以办灾为难"："州县之不乐办灾，非尽恐免征之后办公无资，亦由赈事繁重，对百姓则易于见怨，难于见德，对上司则易于见过，难于见功耳。"⑤从州县官的救灾活动也可以看出，叠床架屋式的清代州县监察机制严重制约了州县官的施政权力，《灾赈日记》所描述的"世态之炎凉""民情之诈谖""仕途之险峻""职守之劳瘁"，或可看作是对曾国藩所言的具体例证。⑥

---

① （清）邱柳堂：《灾赈日记》，李文海、夏明方、朱浒主编：《中国荒政书集成》第 11 册，第 7445 页。

② （清）方大湜撰：《平平言》，凡例，箴书集成编纂委员会编：《官箴书集成》第 7 册，第 593 页。

③ （清）蒋伊：《救荒贵得人疏》，（清）贺长龄辑：《皇朝经世文编》，卷 42。

④ 《清会典事例》第 2 册卷 110，北京：中华书局，1991 年，第 415 页。

⑤ （清）曾国藩：《遵查畿南灾歉酌拟赈疏》，（清）盛康辑：《皇朝经世文续编》卷 45，思刊楼光绪二十三年刊版。

⑥ （清）邱柳堂：《灾赈日记》，李文海、夏明方、朱浒主编：《中国荒政书集成》第 11 册，第 7445 页。

何为与为何：试论中国近代的慈善公益事业

李喜霞

（西安文理学院）

中国近代慈善公益事业是中国社会史研究的重要内容，引起了学术界的关注。朱英提出，经元善的慈善公益事业，集中体现在兴办义赈和近代学堂，以及通过创办"劝善看报会"进行善念的扩充[①]，而张謇把慈善公益事业与晚清时期的地方自治、实业、教育等活动结合起来，是近代慈善"公益思想的一大发展"[②]。任云兰对传教士所开展的慈善公益事业进行了研究。她论证了，在西方传教士的影响下，近代慈善公益"更注重对人的主观能动性的调动和利益的导引"[③]。彭南生对上海马路商联合所举办的"办学、防疫施诊、防盗，为商铺学徒提供补习教育，弥补公共卫生之不足"等所谓的慈善公益事业进行论述。[④]

分析已有的研究成果，我们发现作为社会救济和社会福利的重要内容，学术界对近代慈善公益事业关注的重心落在所开展各项活动的具体内容上，但并未清晰展现"慈善公益"概念本身的发展，将其简单地等同于慈善家或慈善组织所进行的惠及普通大众的事业，或者将社会团体所举办的志愿性的公益事业定性为慈善公益，这与历史事实不符。而且，目前的研究更缺少对于近代慈善公益事业目标变化的仔细观察和研究。近代"慈善"与"慈善公益"之间有联系也有区别，就其各自的目标而言，存在明显差异。实际上，近代慈善公益事业的建立和发展，离不开慈善中的仁爱等价值观和信念，与社会变革交织在一起，试图寻求解决社会问题的深层次方法。如此，慈善从单纯的救助，开始朝着为社会公共生活领域服务转变，这种转变是慈善事业外延的发展。

---

① 朱英：《经元善与晚清慈善公益事业的发展》，《华中师范大学学报（人文社会科学版）》2001 年第 1 期，第 88-93 页。

② 朱英：《论张謇的慈善公益思想与活动》，《江汉论坛》2000 年第 11 期，第 59-63 页。

③ 任云兰：《传教士与中国救济理念的近代化》，《理论与现代化》2007 年第 2 期，第 121-124 页。

④ 彭南生：《行小善：近代商人与城市街区慈善公益事业——以上海马路商界联合会为讨论中心》，《史学月刊》2012 年第 7 期，第 41-49 页。

一、公益、公益慈善与慈善公益

清末民初，"公益"一词伴随着欧风美雨登陆我国，从其使用之日起，便与慈善有着密不可分的关系。公益与自利相对，简单来说就是"公众的利益"。举办公益事业，一要由"热心的人来办"，二要"铲除自私自利的心"。①公益与私利相对应而言，在注重个人自身修养的同时，强调个人与社会的关系。

近代，公益蕴含有慈善等道德意味，那么慈善实践是不是均属于公益呢？对其的理解有一个变化的过程。清末时期，有文章对慈善与公益的关系进行了理解性阐述。作者对慈善事业进行了划分，提出直接有益于他人和间接有益于他人两种慈善实践的主张。文章论述说，灾荒时仅仅通过给予穷人衣食以救济穷人的人，只能称之为善人，即其作为只能属于慈善，"拿钱去救济穷人，只是有爱众的心，不明白公益就是了"，"只能算是小事不能算是公益"。慈善中属于真正的公益是什么呢？文章举例道"他雇佣了好些个穷汉，把那些左近的二百多里的坑坑洼洼的大道，全给修理的平平坦坦，又修理了好几十里地的河堤。那些穷人，也叫他养活的，不至饿死了，那块地方的人连走道的人，没有不念他的好处的"，这才是为"大家的公益呢"②。可见，当遇到灾荒，穷人需要救济时，慈善家仅仅给予救济，那是不属于公益的，因为这种行为只是有益于穷困者本身，没有直接惠及大众。

民国建立后，对公益的理解与社会问题的解决联系在一起，直接或间接有益于他人利益的行为均归入公益。其时，公益的范围很广泛，只要共同享受之利益，不仅包括公共卫生及爱护公共之建筑及器物，同时还有"建桥敷路及义仓义塾之属"，而建立的学校，不论是针对特殊人群的孤贫学校，或涉及大众的普通学堂，也都划入公益的范畴。③在此概念之下，慈善事业中不论是直接或间接有益于他人的活动均为公益事业，因为慈善事业虽然没有直接有益于大众的利益，但间接稳定了社会秩序，其实质就是维护了他人利益。舆论指出，"穷人第一件苦事，便是吃饭，熟年米贱，勉勉强强也还过得去，碰到荒年就糟了，柔弱的人只有饿死，强横的人那（哪）里肯轻易饿死，抢劫、杀戮。义仓的举办，可以安顿饥民，其他人也能得到保障，普济院、养老所、育婴堂、安节院，男的女的老的少的，多有一个安身吃饭的处所，大众自然没事了，可以说是有利于公益的事。而感化院，不但免去顺手牵羊的罪人，也许变了一个好人，施衣施米，也可以消弭盗贼"④，也是有益于他人的。可见，民国时期，公益的范围扩展

---

① 仲：《自私与公益》，《乡民半月刊》1936年第11期，第2页。
② 佚名：《公益》，《敝帚千金》1906年第20期，第37页。
③ 子民：《尽力于公益》，《旅欧杂志》1917年第25期，第1-2页。
④ 张一鹏：《开头的几句话：公益是什么？就是大家的利益》，《公益半年刊》1928年2月，第1-2页。

及慈善中间接有益于社会他人的活动，从而整个慈善事业都囊括在公益概念中。

政府部门也认同了慈善的公益性。在苏州市政府的《公益事业表解》中，积极的公益事业包括"播种牛痘、注射防疫针，平民工厂，习艺所，贷款所，残疾工厂，感化院，教养院，平民医院"；消极的包括"殡房，公墓，养老院，育婴院，残废院，安节院，施衣施米，施粥，施药，施材，掩埋"等。其他日常的公益包括"调查粮食升降之标准，调查室内粮食积蓄之数量，注意交通事业之安全，力行个人住宅公共场所之清洁"。非常公益主要有，"注意水灾之救济，注意火灾之救济，注意兵灾之救济，注意荒歉之救济，注意时疫之救济"。①正是因为慈善在公益事业中占据绝对重要的比重，在北京、南京、广州等地的政府部门中往往又把公益事业称之为"公益慈善"②，突出了慈善在公益事业中的重要性。而 1928 年南京国民政府在加强寺庙等宗教组织开办公益慈善事业管理条例中，更明确规定了公益慈善事业的范围："一关于民众教育事业；二关于济贫救灾事项；三关于育幼养老事项；四关于公共卫生事项；五其他公益或慈善事项。"③这里的公益慈善分为两类：一类是慈善理念之下有益于他人的实践；另一类则不强调善念，只求惠及大众。与此同时，还有一个名词亦在流播，即"慈善公益"，这一词则更强调公益事业的慈善性，即其所蕴含的同情他人、顾恤他人之心。

二、顾恤同类之心

近代慈善公益事业，蕴含有仁爱、志愿等价值观和信仰，只有具备顾恤他人之心的活动才属于此类。前已述及，公益自诞生之日就与慈善紧密结合。在《说文》中，"慈"被注释为："爱也""善，从羊从言，吉也"。两字均有美好感情之意。儒家文化中所蕴含的仁爱理念是慈善建立的思想基础。儒家提倡"博施济众"与"守望互助"，即具有伦理思想的"仁"，追求的是一种人格的实现，是一种自我修养的提高与道德境界的追求。

近代慈善公益事业的开展，离不开仁爱理念的推动，女子学堂的建设便是例证。自中国传统社会时期，女子便地位低下，生存凄惨。女子身无长物，并且自由严重受限，这种低下的地位连奴隶乞丐都不及，录《苏海汇报》语，视女子"如瘤赘无用之废物"④。热心公益的慈善家经元善认为，女子学堂的兴办

---

① 佚名：《公益事业表解（十八年二月）》，《苏州市政月刊》1929 年第 1 卷第 1 期，第 113 页。

② 佚名：《北平特别市社会局已登记给照之公益慈善团体一览表》，《北平特别市市政公报》1929 年第 7 期，第 21-22 页；《京市公益慈善团体一览表（十九年六月调查）》，《京市救济院十九年年刊》1931 年 4 月，第 93-95 页；《推广慈善团体业务》，《新广州月刊》1931 年第 1 卷第 1 期，第 78 页。

③ 佚名：《寺庙兴办公益慈善事业实施办法（二十一年八月三十一日内政部公布）》，《法令周刊》1932 年第 126 期，第 1-2 页。

④ 虞和平编：《经元善集》，武汉：华中师范大学出版社，2011 年，第 161 页。

就是要"发其良心，引以大义"①。以仁爱为由的女子学堂，往往依靠善款建立。例如，经元善就曾"拟仿各善堂劝捐之法"和"拟仿筹赈之法四处劝募"，以应对开办女学堂所需的各项用款。在经元善看来，学堂建设尤其女学与义赈相通，他说："女学堂之教人以善与赈济之分人以财可同日而论。"②可见，近代女学的创办仁爱之意浓厚。朱英指出，经元善提倡兴办各类近代学堂，尤其是女子学堂的兴办，是经元善慈善公益事业中成绩"最为突出的"③。

慈善公益教育也是对根本解决近代贫民问题的有益思考。贫民问题是近代社会的一个严重问题，对于贫民的救济方法有治标和治本两种途径。其一，是纯粹慈善的救济，施粥、施衣、助金钱的善举为短期行为，长期的设立孤儿院、养老院等。其二，治本的办法。慈悲为怀的佛教居士林等宗教机构认为，慈善组织必须创办学堂，从而"普及教育以扫除文盲"④。清末民初，商人也加入慈善公益活动的行列中，包括朱其昂、陈焕章等均以恻隐之心主张兴办学校，发展教育。⑤善会、善堂也开始介入新式学堂的建设，且在建设方面新举措颇多。汕头同济善堂在光绪末年，筹资开办同文中学一所，并附设高小学校，造就人才甚多。⑥

1924年镇海基督教平民学校的设立，就是由于镇海城中人有数十万，城乡男女学校有16处，但"惜目不识丁者不知凡几"⑦，当时镇海基督教徒发起平民通俗夜校一所，附设于教堂内开学。教会创办平民学堂，反映出其对于平民教育的重视，宗教慈善思想家也从理论的角度思考平民教育的重要性，"使贫寒优秀学生不致失学，至少是创设教会学校主要政策之一"。而贫寒子弟又是"造成平民的基础"，教会学堂就是通过积极提拔社会优秀的贫寒子弟，将其改造为平民，从而达到教育平民大众的目的。⑧宗教慈善家发出倡议，希望基督徒"抱基督的博爱精神去造福平民"⑨，参与到平民教育中去。善会、善堂和佛教等宗教机构所创办的平民学堂，也逐渐注意到学堂建设在慈善事业中的重要地位。河北保定的乡村平民学校，由当时该县的慈善界人士，募集资金创立，"专

① 虞和平编：《经元善集》，第159页。

② 虞和平编：《经元善集》，第180页。

③ 朱英：《经元善与晚清慈善公益事业的发展》，《华中师范大学学报（人文社会科学版）》2001年第1期，第88-93页。

④ 程筱鹏：《世界佛教居士林义务小学恳亲会祝词（有序）》，《净业月刊》1928年第22期，第4-7页。

⑤ 兰天祥：《近代商人的慈善公益活动》，《宁夏社会科学》2006年第6期，第43-48页。

⑥ 陈立恒：《召开同济善堂董事成立会训词（前人）》，《社会季刊》1942年第1期第1卷，第53页。

⑦ 范英冠：《地方通讯：镇海基督教平民学校讯（浙江）》，《兴华》1924年第21卷第22期，第22页。

⑧ 湘帆：《编辑小言：教会学校优待贫寒学生办法》，《中华基督教教育季刊》1926年第2卷第3期，第1-3页。

⑨ 闻保埔：《通论：平民教育实施法》，《兴华》1924年第21卷第20期，第9-13页。

收失学者，不限程度、籍贯、年龄，不取分文"①。合肥佛学会主席——梦东法师，也从实行识字运动、普及教育的理念出发创设学堂。晏阳初主张平民学校要自主创办，"先从演讲入手，渐次及于劝导……第一步先要为平民作读书运动"②。舆论提出，慈善家应把施粥施衣的款项，分些出来做些平民学校的基本金，多则多设，少则少设，使一年、两年以至千百年永永不绝，让平民都可以得到读书的机会。慈善公益视野下的近代学堂③建设，它不是普通学堂的替代品，而是其有益的补充。首先，在这种理念下开设的学堂，开办人往往是忧国忧民之士，期望能够以此推进国民素质的提升，因此善人捐款是其资金的主要来源；其次，这类学校对贫民子弟多有减免学费等优惠政策以助其读书，又完全不同于普通学校；最后，学堂中不仅仅有贫病之子，普通大众也被惠及其中。

近代慈善公益事业中近代医疗机构的出现，更离不开仁慈、博爱的理念。早在清末汕头的同济善堂就本着"仁人爱物的心"，在汕头施诊赠药，"当时汕头商埠未开，民物证逐渐聚集，所有贫病老弱、无依病夫流落市面的，该堂都尽量收容，堂内最重要工作是施医赠药"④。民国初年，该堂在各慈善家捐助的情形之下，更建筑同济医院一所，规模宏伟、堂皇壮观，活人不计其数。可见，善堂建立的医院，秉持仁心爱物的观念，具有积极进行治病救人的理念。

善堂所办的医院以仁慈之念救世济人，宗教慈善机构所设立的医院也抱有这样的理念。慈悲是佛教组织创办慈善事业的重要动因，只有"把慈悲主义，宏敷大千法界，则佛教之光，无穷无尽"⑤。在佛家典籍中，也倡议以施药行医的方式解救世间苦痛，进行佛家的修炼，"菩萨学五明处，有医药明，佛号医王，大士亦有药王、药上，救治病苦，众善所尚"⑥。近代以来，仅仅依靠临时的施医给药已经不能适应救济社会贫病的需要，宗教的慈善事业，也逐渐转入到新式医院的设立上来。上海教会医院——仁济医院，是英国基督教伦敦教会在1844年创建。这些传教士认为"凡人忧思莫寂于逆旅，悲惨莫甚于病厄"，其时上海"沪浜一埠，轮轨交通，中西荟萃，人繁病重"，在此情况之下设立医院"以谋推广医药也"⑦。广济医院也由教会中人创办，该院病床，"半数以上均系为无力付给医药费之贫苦病人所设"⑧。

① 渡仙（稿）：《读者意见：闲活》，《农民》1929年第4卷第33期，第9页。
② 晏阳初：《平民教育》，《新教育》1922年第7卷第2、3期，第96-115页。
③ 这种学堂指的是，借鉴西方学堂理念，学习西方学堂模式，以培养西方自然科学及近代科学技术的人才为目的的学堂。
④ 陈立恒：《召开同济善堂董事成立会训词》，《社会季刊》1942年第1期，第53页。
⑤ 谛闲：《在宁波佛教会演说辞》（1918年），见 http://www.fjdh.com/wumin/2009/04/15145656070.html.
⑥ 太虚：《整理僧伽制度论》（1915年），见 http://read.goodweb.cn/news/news_view.asp?newsid=62561.
⑦ 庞树桑：《上海仁济医院七十年史略序》，《兴华》1916年第13卷第26期，第15-17页。
⑧ 佚名：《上海广慈医院扩充内部》，《磐石杂志》1935年第3卷第4期，第40-41页。

民国中后期所创办的慈善公益性质的医院，仁爱之心不减。济南红卍字会所办的医疗事业，"以有力者所收之医金，补助贫民之费用"①，让贫民受到实惠。专门性质慈善医院的设立，如精神病院、麻风病院等，也是社会仁爱理念的体现。民国时期，受基督教及西方医学的影响，全国各地均有麻风病院的建立，广东省多达 8 处，这些麻风病院也因此多数为基督教会的附属。这些医院的建立，也就多缘于基督教"视癞人为可怜之同类"的同情心而进行救助。②善良的意识是慈善公益事业与公益最大的区别，而着手于特殊人群，着眼于社会问题的解决又是慈善公益有别于公益慈善或者慈善事业的显著特征。

三、着眼于社会问题的解决

清末民初，西方的平等观念在中国逐渐兴起，国家和民族意识迅速蔓延，传统慈善事业受到很大冲击。在内外因的冲击之下，慈善事业逐步变得更具灵活性和社会性，转而从慈善公益的角度进行思考，这相比于传统是进步的。

1. 女子学堂与社会平等

慈善公益学堂建设从受教育者个人因素出发，目的是促进其学识的增长，从社会以及国家层面来讲，这种机构教育则还要注重社会的发展，尤其女子学堂，更涉及人种的进化和社会的平等。近代以来西方传教士在中国兴办女子学堂，中国女学才逐渐兴起。

经元善创办女学的思想来源，正是看到了西方女学的先进性。他针对西方各国的教育，指出泰西各国，"施教之道列为百分，母教自胎息始派得七十一分，友教得二十分，师教仅派九分"，因此母教对于孩童，对于社会，甚或对于国家自强之道影响深远，"人自胚胎赋形，即禀母之胎教，自孩提成立依依恃母，饭食、教诲，触处皆关学问。在昔魁奇伟彦得贤母之教，而显名于世者，史不胜书"③。在此认知之下，经元善采用中西合璧的办法，着力于中国女子学识的培养和道德的建设。在他所办的女子学堂中，学生所教受的课程按照性质，可以分为中学和西学两种。

经元善的女学教育思想，大大突破了性别的不平等，他看到了女学与社会发展的关联。经元善认为，女学为自强本原之本原，"我中国欲图自强，莫亟于广兴学校，而学校本原之本原，尤莫亟于创兴女学"④。这个观点又来自其对女子教育与物种进化重要关系的认知。女学的创办能够帮助女子通晓大义，不

---

① 吕梁建：《道慈概要》（下卷），龙口道院 1938 年刊印，第 32 页。

② 海德深：《中国麻疯史》，《麻疯季刊》1936 年第 4 期，第 25-51 页。

③ 虞和平编：《经元善集》，第 182 页。

④ 虞和平编：《经元善集》，第 182 页。

仅明是非，更能够给其后代教育带来直接的言传身教，进而促进社会进步。虞和平总结道："经元善创办女学，试图将办新学培养新式人才与改造社会结合起来"①，为性别平等带来了新的观念。总体上来说，经元善所创办的女学，以提高妇女地位为主导，以有益于国家的强盛，种族的延续，乃至疆土的保护为目的，"非深有见于致治清浊之原，非深有得于教家教国之准"②。

2. 谋中国医学发展

传统社会时期施医赠药一直是很多善会、善堂慈善理念的实践，其落后之处逐渐暴露。旧时善举多只在春夏之时，这种善行"不为长久之计，且就诊而不能住院，重病者即有施治之处，势不能就诊可知矣，即病之轻者亦不能日日奔走，并有不能奔走之病，医者不能一手施治，其不能尽心竭力亦可知焉"③，近代慈善医院的建立，同样是"西医观念、制度和医疗实践方式的全面引进"④，因此创立医院与善堂施药的善事相比，"其功德当胜如善堂万万矣"⑤。

慈善公益性质医院的建立，以"慈善性质诊治人民疾病为宗旨"⑥，更以医学昌明，国运前途为己任。广州博济医院，还以该院为基地，"本着基督博爱之精神，以研究及治疗疾病，推进卫生，表证医学教育，使利临床实习为宗旨"⑦，进行中国医药的研究，谋求中国医学的进步。江西慈惠医院系一慈善性质的医院，"凡病人无力医治者，在本院挂号后，进诊分文不收"。在该院开院之初，就明确提出以养息伤瘵为宗旨，施疗疾病为人民健康作本原，辅以做国家富强之基础，"予医学弗振不克，防虑于患外邦来袭，凭籍（借）医学为盾，宗教以图侵略，某实病之思，有以光大我医学，启迪我后人，抵御外患"。可以看出，在当时这些医院不再单纯以慈善为念，也成为开风气的窗口，在此基础之上，慈善公益性质的医疗机构更把医学的昌明与国家的命运前途结合起来，"医学昌明，不仅关系个人生命，实为康群健种之初基，故医药事业之发展与否对于国运前途良有影响"⑧。

民国中期之前，慈善公益性质的医疗事业聚焦于，一方面倡导中国医学学习西方医学，以谋求新式医疗的引进，另一方面，又探求传统医学的延续和改良，维护中国传统医学的一席之地，"不悖于古圣贤设医之宏旨，而于民族之

---

① 虞和平编：《经元善集》，第14-17页。

② 虞和平编：《经元善集》，第157页。

③ 《述客言中国宜广设医院》，《申报》，1895年12月3日，第4版。

④ 张大庆：《中国近代疾病社会史（1912—1937）》，济南：山东教育出版社，2006年，第58页。

⑤ 佚名：《医院说》，《申报》，1883年7月20日，第4版。

⑥ 佚名：《上海慈善医院简章》，《医药月刊》1921年第1期，第39-40页。

⑦ 佚名：《校务：孙逸仙医学院附属博济医院章程》，《私立岭南大学校报》1936年第6期，第11-12页。

⑧ 王宜：《附录：江西慈惠医院开院启：江西慈惠医院简章》，《医药学报》1909年第2-3期，第132-134页。

强盛，不无稍补焉"①。在慈善公益性质的医院中，已经出现采纳西方医疗组织的管理模式，进行医院组织和管理的现象。1929 年，无锡临时时疫医院，利用地方慈善机关、热心公益人士的资金创立，为了让慈善之心能更好地得到体现，该医院仿照西方医院的管理，组织热心公益者成立了监察委员会，对于募集资金的使用进行监督，"以资防范"②。当时，旧式善堂等所设的医疗机构，开始进行积极改进，效仿西方医院的管理模式，改良医院的组织，发挥了慈善医院治病救人、扶助贫病的作用，更发展了传统医学。

3. 为社会的进步

医院的建立，本是为着地方公益服务，慈善公益性质的医院更是在慈心救人之时，将地方卫生事业的开展作为其重要职务：一方面，积极提倡利用西方科学医药知识开启民风，"以谋普及科学方法促进公共卫生"③；另一方面，将医院治病疗伤的职能与地方公共事务结合起来，推动地方公益发展。安徽芜湖医院所收治的病人中，穷苦者居多，其中 17%的穷苦者被减免住院费。该院以慈善之念从事医疗事业的同时，也关注当地公益事业。该院有五大职能：一力求内外科最完美最新式之治疗；二设立护士学校，与住院医生以充分医学经验及训练，教养本院工役及临近儿童；三与政府及地方各机关合作，促进地方及乡村卫生之发达；四博得病者与地方人士赞助之同情以图永久；五与地方各教会机关合作以完全成宗教之实施。④可见，作为宗教性质的慈善公益组织，该院一方面通过医院作为传教的途径，另一方面也是期望对社会地方事务能有所建树。很多慈善医院的服务宗旨也是为整个社会服务。金华福音医院，为教会所办的医院，基于基督博爱精神建立，在将来计划中，仍然非常强调，"对于公共卫生，妇婴保健及防痨等工作，概逐渐推行，以资适应社会之需要"⑤。

精神病院与麻风病院的建设，更是谋社会之发展。晚清时期，社会上对于精神病例，开始有了正确的认识，认为这些病情尤其精神病的痛苦"实驾乞丐而上之，生死忘形，奸杀靡定，其犯罪与妨碍公众安宁之惨（残）酷，尤驾乞丐而上之"，这些疾病患者逐渐被纳入救治的范围。舆论主张对国内精神病患者进行收容治疗，如果不能治疗的病人也对其收容，"不特造福细民，有益社会，谋地方公安"⑥。对于麻风病等特殊的传染性疾病，在已往都是消极防治，如满人入关后，对于传染疾病的患病人群，一旦发现，便将之驱逐到四五十里

① 张松云：《上海慈善病院缘起》，《医药评论》1933 年第 101 期，第 84-85 页。
② 金禹范（记录）：《筹备临时时疫医院经过情形：一、筹备会议记录》，《无锡市政》1929 年第 1 期，第 189-190 页。
③ 褚民谊、钮永建：《来件：民立康群医院缘起》，《医药评论》1933 年第 106 期，第 86 页。
④ 佚名：《教讯：芜湖医院概况安徽）》，《兴华》1936 年第 8 期，第 32-33 页。
⑤ 徐君赐：《金华福音医院近况》，《普福钟》1948 年第 10 期，第 6 页。
⑥ 蔡禹门：《评论：论慈善事业宜向积极方面进行》，《新医与社会汇刊》1928 年第 1 期，第 59-60 页。

外，后来更是专门设立了查痘章京，专门实施"迁移之政令"[①]。近代时期，麻风等传染病随着人口流动的加快，在社会中的蔓延呈现加速的态势，人数在全国已经达"一百万人以上"[②]，最盛之处为两广和福建。广东大衾麻风医院，就是来华传教士李约翰看到，"恩平、鹤山、新会、台山、开平各邑，常有麻风病人出现，或单独游行，或结队来往，与无疾者伍，杂聚错处，漫无区别"，因此创建麻风医院以收容医治，目标便是扶助地方，避免麻风病的流播。[③]民国年间，思想界更是发出呼吁，要救济麻疯一方面要建立麻疯疗养院，诊疗所，留医处，以治其标；另一方面积极改善贫民生活环境，力行卫生运动，宣传防止麻疯常识，以治其本。这样做的最终目标是"救济麻疯，造福社会、国家"。[④]

慈善公益事业中有关医院设置之提议和实践，如平民施诊所、慈善医院等，均从博爱与平等观念出发，以贫民为对象，发挥扶贫济困的作用。同时，慈善医疗理念中，又含有为社会服务之意义和协助地方推进本地社会发展之目的。在慈善医疗论中，并无盈利目标，这使得在其观念之下所建立的慈善公益医院与商业性质浓厚而含有竞争买卖的商业性医院相比大相径庭。

四、结语

慈善事业发展至公益领域是历史发展的必然。传统社会时期，慈善事业的内容集中于养老、育婴、救灾、疾病救济四个方面。清末民初在对西方慈善事业的关注过程中，各大报刊中陆续出现"公益"这一新词。公益观念，究其本质而言，有着社会性、公众性等特点，正是这些特点，使得公益观念从其诞生之日起，就与慈善事业结下不解之缘。慈善事业的范畴扩展至慈善公益，是慈善近代化的显著特征。秉持仁爱理念的汕头各善堂设立的"水会"，"拥有手摇消防水车的善堂有二十间"。"水会"中的灭火员配备有比较齐备的灭火设施，如安全帽、堂服、手摇防水车灯等。潮州城内就有包括集安善堂消防队、广济善堂消防队等 12 家。这些消防队并不仅仅只是火灾发生时进行灭火，灾难之际还扮演防洪巡堤、护堤救危等角色。[⑤]很多慈善机构也参与到宣传戒烟、不缠足等慈善公益活动中。上海同仁辅元善堂，除举行施医赠药、施棺济贫外，还提倡如清洁道路、修建路灯、筑桥造路等活动，很多善堂也经常参与到地方

---

① 《癸巳存稿》卷 9，光绪十年余杭姚氏重刊本。
② 季南：《救济麻疯乃重要之慈善事业》，《麻疯季刊》1934 年第 4 期，第 40-41 页。
③ 洁庵：《大衾医院概略》，《麻疯季刊》1928 年第 3 期，第 23-24 页。
④ 邓述堃：《南昌麻疯病院概况》，《麻疯季刊》1933 年第 1 期，第 28 页。
⑤ 《潮汕善堂专辑》，《升平文史》（第 1 辑），《升平文史》杂志社出版，1996 年 3 月创刊号，第 12 页。

事务的管理中去，为地方谋公益之事情。①这些作为都显示出慈善公益事业与传统慈善迥然不同的特质。

作为谋求公共利益或公共价值的慈善公益事业，在中国社会保障史上具有重要意义。近代慈善公益事业的本质就在于，通过关爱社会个体，促成社会贫病人口的发展，从而实现社会个体的平等，推动社会的进步。此观念是国家制度无法惠及全体社会人口的有益补充。通过推动社会个体的发展，产生了社会福利的观念。并且，在慈善公益概念之下，救助不再特别针对于某些特殊人群，而着眼于社会公众的有益性。作为社会救助体系的组成部分——慈善公益事业的开展——成为社会关系的联结纽带。近代慈善公益事业与慈善事业相比较，在救助弱势群体或特殊人群之外，通过教育和医疗的普及，实现被救助者平等身份的认同，使多数之民众的国民教育程度不断提高，在更大范围上培育了有智识的国民，缓解了社会矛盾，培育了道德风尚，互助、友爱的理念被广为接受。慈善公益事业，有救济、救灾等救助事业，更重要的是在善念之下，从社会协调发展着眼，着力于教育、医疗、卫生等的发展和改善，多层面、多渠道地推动社会发展。慈善公益事业在近代的出现，表明慈善事业在更高层面和阶段的发展，对近代社会发展发挥着重要的作用。

---

① 简再：《上海慈善面：善团、善堂、善会、善社》，《台湾新社会》1948 年第 7 期，第 42-45 页。

江淮流域的灾害与社会变迁

史前黄河在淮河流域的泛滥

徐海亮

（中国灾害防御协会灾害史专业委员会）

史前黄河对于淮域灾患的影响，若多学科分析，可从古地理和第四纪、全新世地貌、黄河冲积扇及水系演化视角进行认识。黄河下游冲积扇的发育趋势，趋向北东方向，也趋向北东东方向，有东向，也有东南方向趋势，后面的三类黄河水沙及其冲积扇推进，均到达了淮河流域。这是史前灾害，也是自然变迁地貌过程的体现。①根据大量的钻孔资料分析，得出了河南省 8 幅各期第四纪岩相古地理图。后来各种研究报告和专著有关附图，都一再沿用这一系列岩相古地理图及其描述的基本格局。这些岩相古地理图表现了黄河冲积扇在华北平原发育中的主要古泛道带的基本位置和走向。在现行黄河以南（含河道本身），大致有：①济水泛道，自郑州，行濮阳、菏泽间，到济南，与现行黄河河道大体接近。②汳河泛道，行郑州、开封、商丘、徐州，走古汳水河线。③颍水泛道，行郑州、周口，下走古颍河。④瓠子河泛道，自濮阳南，东南行菏泽北，或北入古巨野泽，或东南流入泗水。这一基本态势，从中更新世早期河流冲积相特别发育时即已奠定，当时在豫北地区，以沿太行山东麓的新乡—滑县—内黄和长垣—范县的两条古泛道带为主；而郑州—长垣—范县—济南古泛道带为现今豫北、豫东地区的界线，黄河也几度选择济水泛道，走济阳坳陷。到中更新世晚期，冲积扇扇体的前缘古河道发育，黄河水沙已大量进入淮河流域，如郑州—开封—民权—曹县的古河道带，郑州—尉氏—商丘西的古河道带，郑州—长葛—西华—鹿邑的古河道带，是史前造成淮北地区一系列黄泛灾害事件的主要通道。

晚更新世和全新世黄河下游有一半的泛道带位于淮河流域，引发淮河流域的洪涝灾害，痕迹甚至遗存于地表。全新世各个时期，特别是晚期（历史时期）淮河流域的黄河泛滥，则是早前系列活动的继续和重现。②

---

① 河南省地质矿产局水文地质一队、地质矿产部水文地质工程地质研究所编：《河南平原第四纪地质研究报告》，1982-1986 年。

② 石建省、刘长礼主编：《黄河中下游主要环境地质问题研究》，北京：中国大地出版社，2007 年，第 164、165 页。

在晚更新世早期，黄河冲积扇古河道极为发育，在以上走向的基础上，古泛道带向北东、东、南东方向延伸，嵩箕山地区的水系也汇于扇体南缘，沿许昌、周口向东南阜阳方向延伸，直接关系着黄淮平原南部的发育。到晚更新世的晚期，处于濮阳南部的冲积扇扇体，向南东发育，与现行黄河一线两侧沉积体连通，以滑县、濮阳和兰考为顶点的次一级冲积扇形成，龙山时期和历史时期的瓠子河泛道，处于该次级冲积扇上。这一时期，濮阳—聊城—德州方向，广阔的河道带业已连通。在濮阳南，长垣—范县方向有开阔的河流相沉积，东南连贯直通兰考、曹县和商丘地区。这是史前黄河泛滥黄淮平原北部最易被忽视的一个亚冲积扇。邵时雄、王明德主编的《中国黄淮海平原地貌图》（地质出版社，1989 年）中的"黄河冲积扇发育简图"，就专门标示出全新世中期 H^2_3 这一冲积扇，即没有被晚全新世 H^3_3 覆盖，出露于地表的部分，包含鲁西南地区，开封北到长垣、濮阳、范县、台前以南的沿黄地区，以及开封东到商丘南、亳州、淮北市以南区域。全新世黄河下游冲积扇发育——黄河南泛淮河流域的大局，早在晚更新世已经大体奠定。而全新世中期黄河水沙充填的鲁西南地区，恰好是传统的豫北"汉志河"（谭其骧考证）泛道与豫东泲河泛道带夹角——"死角"中的低洼地区——其中行经已久的济水。济水于郑州、原阳枝分自黄河，并纳入郑州西南山水，水沙有限，不足以淀平低洼得多的鲁西南地区。真正淤平鲁西南的则是历史时期的黄河南泛与 1855 年改道了。

之所以一再强调泛道，乃至泛道带（非单一条河流），因春秋以前的黄河是"地下河"，对于淮河流域而言，史前黄泛和大家熟知的历史时期的黄泛很不一样，史前没有人工大堤约束及其决溢决口造成的泛滥，而是黄河径流或翻越天然堤，或通过原来天然河道和众多泛道，进入淮河流域淮北地区低洼的河湖水网，造成洪涝灾害。所以，历史时期的黄泛基本是河道枝津及地面径流过程，是水沙冲淤导致的灾害。本文谈的史前灾害基本是泛区的河湖并涨，不一定都有地表径流过程，而主要是水位上涨引起的区域土地淹没或沼泽化。

一、以郑州和武陟为冲积扇顶部的汳河泛道泛滥

黄河南泛进入淮河流域，第一泛滥点就在郑州东部的开封坳陷区。郑州市的东北部，东西走向的郑汴断裂、郑州—兰考断裂与穿越黄河的武陟断层、老鸦陈断层、花园口断层、原阳东断层，控制着沿黄河南岸到广武山前、全新世中期豫北黄河古道以南、原阳—中牟赵口—中牟以西大片古黄河背河洼地的低洼区域的沉降；这里孕育了晚更新世的前"汳河与颍河"泛道带，孕育了跨越现今黄河河道、先秦文献记载中的荥泽，从更新世到全新世，这里始终是持续沉降区，是黄河南下的最佳点。黄河在郑州邙岭东头的主要继承性泛道（晚更新世和全新世），沿花园口断层走向，而以荥泽与圃田泽为中心的湖沼群，又

凭借一些东南而下的条形洼槽连缀，这些地质时期形成的洼槽—河流，连接了荥泽与圃田泽，也是鸿沟人工开挖前黄、淮流域的天然通道。在先秦连接黄河与淮河水系的众多天然水道，如荥渎、宿须水、济隧、阴沟水、十字沟等，均有可能是地质时期黄河南泛流经过的遗存水道。因为它们大多是史前黄河的天然减水河，减水河均与郑—汴地区淮河水系的湖泽、洼地水系相通。淮河流域的郑州—商丘一线南北区域，恰好类似汳河泛道北侧的鲁西南地区，也是承受大量黄河水沙的湖沼、低洼地区。全新世黄水通过晚更新世业已形成的诸多黄河的减水河——颍水、丹水（汳水）、涡河、惠济河、浍水、沱河下泄豫皖苏地区。笔者将他们均视为汳河泛道带分出的减水河（有的经人工整治）。

根据黄河下游工程地质资料[1]，在现行黄河郑州花园口横剖面上，晚更新世末为厚达 15～30 米的中、粗砂层，含砾石，为黄河下游冲积扇上部河流相沉积层。到早、中全新世，有厚达 10 余米的细砂、粉细砂河流相沉积层。中全新世，剖面的南部地区有 2～10 余米厚的土壤层，北部仍系粉砂、细砂层，显示当时剖面的北部（靠左岸）行河。到晚全新世，剖面的中、北部系黏土沉积，厚 10～15 米。而南部（靠右岸）粉细砂沉积厚达 10～15 米，南部行黄。全新世的大多数时期，黄河是经由豫北地区，从河北平原入海，但花园口剖面说明，至少自晚更新世末起，黄河有一泛道，行经现今黄河河床位置，历来称之为"汳河泛道"，顺现今黄河走向，进入淮河流域。黄河工程地质开封柳园口剖面，显示该河段的中泓，从晚更新世以来一直是行河的；下到常门口剖面，全新世以来的 T6、T5 层，也基本上为河流相。到兰考的东坝头，晚更新世末基本上是黏土、壤土沉积，但是全新世早期曾为粉砂、壤土、砂土间积，特别是全新世中期在整个（现今）河道剖面，均为粉细砂贯通沉积，也有黏质的河中沙洲、心滩。表明现行黄河兰考至濮阳东明一段，早在 1855 年之前，甚至早在龙山时期前后，就有过行黄的历史。

《中国黄淮海平原地貌图》的"武陟—萧县"和"罗山—汶上"剖面，显示商丘以北的明清故道行水方向和部位，全新世以来一直有河流相亚砂土沉积，且自郑州北—开封北—商丘北，从晚更新世开始，黄河河流相砂层沉积，上下基本上是贯通的。所以明清黄河也好，现今黄河也好，都处于史前黄河泛道带行经范围中，可以视其为地质时期黄泛的重现。

在郑州地区的钻探研究表明，晚更新世末、早中全新世，黄河自汳、颍泛道曾大规模入侵郑州东部，主要经岗李—柳林—祭城—白沙北。郑州全新世早中期岩相古地理分析图[2]显示，该泛道系桃花峪冲积扇体的南翼主脊，其沉积厚

---

① 水利部、黄河水利委员会勘测规划设计研究院编：《黄河下游现行河道工程地质研究图集》，1996 年。

② 河南省地质矿产局水文地质一队、地质矿产部水文地质工程地质研究所编：《河南平原第四纪地质研究报告》，1986 年。

度最大可达 15 米以上，泛道主流透镜体宽度可达 4～8 公里。郑州花园口、大河村、杓袁、沙门到原森林公园地下，多有中细砂沉积，史前多次长期行黄。森林公园钻孔和东风渠霍庄地震规划钻孔中检测了其河流相沉积年代，前者深黄色中细砂层为 11.20 ± 0.95 千 a B. P.，浅黄色细砂层为 4.62 ± 0.39 千 a B. P.，而距今 3000 年的土层系沙质亚黏土，应为湖沼相沉积物（河流中止）；后者的粉砂层距今 4.70 千 a B. P.。[①] 显示了该泛道形成的大致年代。郑州大河村与圃田钻孔，显示出湖泊沉积层的上覆、下伏层，分别有距今 7.96～6.04 千年及 12.03～9.72 千年洪积层、9.72～8.98 千年与 5.43～4.74 千年的河漫滩沉积[②]，郑州黄河泛流，晚更新世末、全新世初就大规模发育，在颍河、汊泛道之间择取不同流路，河流相与湖沼相迭次出现，显示了沉积环境变异及沉积规律。

综上所述，汊河泛道带自晚更新世末到全新世中期，绝大多数时期以冲洪积的河流沉积为主，顶点在郑州地区；兰考曾作为一个亚冲积扇顶点存在，黄泛时间大致在全新世中期。

二、以滑县濮阳为亚冲积扇顶点的瓠子河泛道泛滥

瓠子河冲积扇顶点在豫北的滑县、濮阳间，古瓠子河之源在河南滑县。《通典》云白马有瓠子堤，顾炎武云"瓠子之源在魏郡白马"[③]。黄河下游工程地质资料[④]，清晰地披露了河南濮阳上下一段现行河道的纵剖面地质状况，最典型地显示了晚更新世末、全新世区域黄河状况。通常认识，这一段似乎是在 1855 年黄河铜瓦厢改道后才在当时大清河河道方向上形成的。但是，从长垣县瓦屋寨到台前县孙口以上，在晚更新世曾存在较为连续的（大河）粉砂、细砂，甚至粗砂的沉积层，而濮阳的坝头集以下河段，可能有过黄河行水历史，在晚更新世末，又覆以黏土、沙壤土，转换为湖沼沉积，以致成陆。水利部黄河水利委员会在今东平湖（古大野泽部位）钻孔检测，孔深 7.8 米处地层 [14]C 测年距今 2250 ± 80 年，为秦汉巨野泽黄泛沉积；孔深 10 米处地层 [14]C 测年距今 4500～5000 年，疑似龙山时期黄河泛滥大野泽之沉积。[⑤] 观察注意到：瓦屋寨钻孔、坝头集钻孔、邢庙钻孔、赵庄钻孔、旧城险工钻孔显示的附近地带的全新统底板，均系河流相；彭楼闸、王黑闸的上更新统顶板，均系河流相。说明全新世前夕和全新世初，该处不同时段均为大河所经。全新世中期以后，自瓦屋寨以

---

① 徐海亮：《晚更新世以来黄河在郑州地区的变迁及泛道流路辨析》，《郑州古代地理环境与文化探析》，北京：科学出版社，2015 年，第 21-22 页。

② 于革等著，郑州市文物考古研究院编：《郑州地区湖泊水系沉积与环境演化研究》，北京：科学出版社，2016 年，第 61 页。

③ （清）顾炎武撰，谭其骧、王文楚、朱惠荣等点校：《肇域志》，上海：上海古籍出版社，2004 年。

④ 黄河水利委员会勘测规划设计研究院编：《黄河下游现行河道工程地质研究图集》，1996 年。

⑤ 李金都、周志芳：《黄河下游近代河床变迁地质研究》，郑州：黄河水利出版社，2009 年，第 40、77 页。

下，细砂连贯到王黑、赵庄，厚达8米，上覆壤土、沙壤土。可见到全新世中期（涵盖龙山文化时段）这一地段延续了晚更新世末、全新世初大河泛滥的大势，到历史时期才一度转换为河漫滩、河间洼地。泛道自滑县、濮阳，西北东南而下。其中濮阳坝头集上下，有宽20多千米、最深达8米左右的粉砂剖面，实际上就是汉、宋"瓠子决口"泛道的沉积剖面，说明与现行黄河河道走向斜交的泛道"穿越"到鲁西南的地区，泛及鄄城、东明和郓城、菏泽。在王黑横剖面左岸大堤之下，全新世初即行河，且为河道的中泓，间有壤土，全新世中后期一直为细砂沉积，系河流相。在赵庄剖面，晚更新世即为黄河河床，全新世早中期即为细砂的河流相，此状况延续到现代黄河。说明从濮阳上下（到范县），东南到菏泽地区，晚更新世末以来，一直有黄河向东泛滥于淮河流域。

　　瓠子河泛道冲积扇顶点在滑、濮间；晚更新世到全新世早、中期，连续性或间断性行黄，上部濮阳地区的冲积扇左右翼的沉积物质来回变化，部分河段晚更新世为主河流经，另有部分河段早、中全新世为主流。但中期，相对于龙山时期，该冲积扇的河道基本行黄。到历史时期，河决溢剧减，冲积扇萎缩，泛道向上移，集中在瓠子口以下的部位，即濮阳西南。

　　史前自滑县、濮阳东南而下的瓠子河泛道，淹没的主要是鲁西南地区，历史时期瓠子河泛道的多次泛滥，只不过是史前黄泛的再现而已。不同的是，史前黄泛并不一定与历史时期一样水沙非得遍及鲁西南平原地表，而是循原有的河湖水系，进入众多的湖泊沼泽，持续抬高了原有水位，淤塞了系列湖沼，旱区大量被水域侵占，先民生存环境遭到极度地破坏。对于鲁西南地区来说，无疑是一场旷日持久的洪涝灾害。水位的抬升和保持有一个较长的过程，到历史时期，有了地上河，有了系统的大堤，黄河决口迅疾泛滥成灾的形式很不一样。

　　需要说明，济水泛道在全新世早中期一直是行水的，在龙山时期大河大部分水沙南下时，分黄的济水无疑也加大了径流，济水是鲁西南河湖水系的主要水源，自然是龙山洪涝灾害链中重要的一环。只不过其水量相对于黄河主流较为弱小，但直接加重了鲁西南的河湖径流压力。同时，黄河偶尔也自汳河泛道带向其左翼东明、曹县地区泛滥。鲁西南低洼地区遂因黄河下游两大泛道带挟持、泛滥而被灾。但汳河泛滥总趋势是流向东南。

　　诚然，本文只强调了黄河变迁形成的径流的区域变异的灾害，实际上，也还有以往研究强调较多的气候环境变异导致的区域性洪涝，两者有时是同期、耦合发生的，不再赘述。

　　不过，是否全新世中期该泛道的黄河水砂业已通过汶水、泗水进入淮域？从对南四湖的研究看，还不一定如此。有一种认识是："2400 aBP以前南四湖地区的独山湖一带湖泊尚未形成，推测当时为泗河、城河冲积扇前缘的缓坡地，在空间上远离黄河决口冲积扇的前缘。2400 aBP 左右湖泊开始出现，与黄河泛滥开始影响研究区有关。"①按此认识，之前黄河泛滥主要波及鲁西南的西部湖泽洼地区域，尚未大规模进入泗水。

总的看来，特定时期的史前黄河对于淮河流域的泛滥灾害，在于淮北平原的鲁西南和豫皖苏地区，主要通过瓠子河、汳河泛道带（含支分的减水河）水系，持续抬升了淮北地区以大野（巨野）泽、菏泽、雷夏泽及孟诸泽为代表的第二湖沼带众多湖沼的水位，从而淹没湖畔土地，致使广大土地沼泽化，给相关地区造成了长时间（数次、数百年之久）的洪涝积水灾害，恶化了先民的生存环境、破坏了农业生产的地理环境。

三、史前黄河南泛的其他论述及典型的龙山时期泛滥遗存

疑者云：史前如有黄河南泛，为何没有沉积物证据，也没有在黄海发现早期沉积物？查有关论及皖北、苏北平原沉积地貌的文章，确实在已披露的钻孔中述及史前黄泛地层非常稀缺。但实际情况不是这样简单。

笔者在 20 世纪 80 年代初探索明清黄泛对淮北平原的影响时，就是针对的颍河泛道的豫东地区。在河南沈丘县，明清黄泛对颍南地貌的影响很大。颍南的故项县城，深埋在 2～4 米甚至是 6 米深的黄土之下，这数米黄土系明清黄泛所为。1959 年和 1969 年两次在故项城旧址旁兴建沙颍河枢纽工程，在闸基开挖中，都发掘出大量的券顶、穹窿顶砖室汉墓，以及少量的战国椁外积蚌墓，这些墓葬，大多位于海拔 34～35 米以下的高程，而现今地面高在 41 米左右。从工程地质资料看，自 38～41 米，大致为晚近黄泛沉积的黄褐色轻粉壤土层；而 36～38 米以下，大致为红褐色的重粉壤土层，土质致密，当地人称为"老土"，有说是更新世黄泛沉积物，或为史前黄泛在颍河南的沉积。两土层的物理指标相差很大，前者疏松，后者致密；两土层的界面，成片出土大量的碎砖瓦砾、青花瓷片，大致可判定此界面就是故项县废圮时的老地面，而上层 2～4 米土层则系明清黄泛淤积。②

豫皖两省地质研究曾专门描述过史前黄河泛滥于淮域问题。《安徽省区域地质志》描述："第四纪岩相古地理概况……（中更新世）此时形成的古淮河和古黄河分别穿过蚌埠和砀山一带，往东流经苏北平原入黄海。"③河南、安徽及地学界对这一问题有全面的研讨和描述。刘书丹等根据河南东部钻探资料论

---

① 张振克、王苏民、沈吉等：《黄河下游南四湖地区黄河河道变迁的湖泊沉积响应》，《湖泊科学》1999年第 3 期。

② 徐海亮：《明清淮河上游黄泛南界》，中国水利学会水利史研究会编：《黄河水利论丛》，西安：陕西科学技术出版社，1987 年；徐海亮：《从黄河到珠江：水利与环境的历史回顾文选》，北京：中国水利水电出版社，2007 年。

③ 安徽省地质矿产局：《安徽省区域地质志》，北京：地质出版社，1987 年，第 255 页。

述："从对河南东部平原数千眼钻孔资料和大量微观测试资料分析而得知，黄河进入河南东部平原乃是中更新世早期（距今约73万年）……在晚更新世初期（15万年左右），才流经山东、安徽、江苏等省……（河南境）冲积扇的南缘已达太康、睢县，并有几条河道带分别于商丘、永城、鹿邑等处流入皖北平原和苏北平原。"①

原地质矿产部正定水环所邵时雄等在编绘《中国黄淮海平原地貌图》时，综合了有关省区地质界研究成果，综合且动态地表现了黄淮海平原更新世各期以来的地貌过程、叠加现象。在晚更新世晚期，"（黄河冲积扇）南翼前缘达安徽淮南、蚌埠；北翼超过河南内黄、清丰，山东聊城、鄄城、东明；冲积扇主体前缘东至山东曹县、定陶附近。在此期间扇顶进一步东移，陆续达坡头、孟津、沁河入黄口、铜瓦厢等地……而到了晚更新世晚期，黄河冲积扇（属第Ⅲ期）范围最大，除了河南汜水、郑州、尉氏一带有出露者以外，南达永城、安徽亳州以南，并于淮北平原的相当广大范围，均可见其南翼出露地表"②。笔者认为这是近40年来对华北平原地貌过程阐述较为贴切的。以上问题，本来是古地理理所当然需要解释的，但学科之外，似乎一些议论忽视了古地理早已有的研究成果。如："晚更新世时期的淮河已受黄河水量的补给或汇合成主流，从阜宁、滨海以北入海，在阜宁、涟水一带形成河口砂坝。"③这一概括认为地质时期的黄泛对淮河的影响，有类同明清黄泛之处，而这是一些论述没有认同的问题。新世纪其再组织撰写出版的《中国古地理》在相关部分引用了邵时雄的成果，指出："中更新世晚期黄河水系贯通之后，淮河水系发育受黄河冲积扇向东南推进的影响，淮河迅速向下游伸延。至晚更新世，豫皖苏平原低洼部分已被黄河堆积物填平。原从苏皖流向西北的河流，逐渐改变流向东南，淮北平原与苏北平原构成一体……"④20世纪晚期和新世纪的晚近地貌、古地理系统研究对史前黄河南泛的阐述是完全一致的。

工程地质、地貌学、古地理研究成果均证实了晚更新世的黄河，已泛滥于淮河流域，史前黄泛灾害的研讨，不妨上溯到全新世中早期和晚更新世。

从淮北土壤黄河泛滥遗存看，研究认为全新世初，"淮北平原上河流发育，形成了冲积的紫色黏土和粉砂层，现今涡蒙等地尚可见其残丘"；全新世中期，"淮北平原上普遍堆积了一层青黄杂色、棕黄色亚粘（黏）土和粉砂、亚砂土的

① 刘书丹、李广坤、李玉信等：《从河南东部平原第四纪沉积物特征探讨黄河的形成与演变》，《河南地质》1988年第2期，第20-23页。

② 邵时雄、王明德主编：《中国黄淮海平原地貌图1：1 000 000》说明书，北京：地质出版社，1989年，第16页。

③ 中国科学院《中国自然地理》编辑委员会：《中国自然地理·古地理》（上册），北京：科学出版社，1984年，第199页。

④ 张兰生主编：《中国古地理：中国自然环境的形成》，北京：科学出版社，2012年，第326页。

沉积，是河漫滩相和泛滥带相的沉积物"①。

历史地理界的研究，实际上已从全新世环境的角度，论述了黄淮海平原第二湖沼带问题，阐述了全新世早、中期黄河冲积扇前缘的问题和黄泛所及的湖沼地区，即本文关注的地区："第二湖沼带，在今濮阳、菏泽、商丘一线以东地区。这里最著名的湖沼有大野（巨野）泽、菏泽、雷夏泽以及孟诸泽。第二湖沼带所处的地貌单元，大致在早全新世黄河冲积扇前缘与中全新世黄河冲积扇前缘之间。早全新世时期，黄河冲积扇迅速向东北、东、东南三个方向推进，前缘已达今东明至宁陵一线，此线以东不少地方分布着代表湖沼环境的灰黑色淤泥质粘（黏）土层，如曹县、成武、单县、定陶、巨野等地。……大量泥沙虽然掩埋了早全新世的部分古湖，但由于中全新世气候温湿多雨，我国东部沿海普遍发生海侵，黄河冲积扇的前缘地带，湖沼随之迅速扩展，当时的湖相地层分布广泛而且具有连续性。先秦时期第二湖沼带上的大部分湖沼，便是在古黄河冲积扇前缘湖沼带洼地的基础上发育形成的，当时黄河通过其分流济水和濮水等，为这一带湖沼提供大部分水源。"②至中全新世前期，黄河冲积扇前缘已经延伸至鄄城县左荣—巨野县柳林—单县李丰庄一线，到其中期，冲积扇前缘到达济南洛口附近。③

其实，海洋地质和古地理研究都曾描述了晚更新世黄河进入南黄海的状况。如："晚更新世末期低海面时期古黄河在渤、黄海陆架区分布的基本轮廓。这一时期的古黄河水系大致可分南北两支，但其先后发育过程因目前尚无测年资料难以论证，然而它们都曾汇集于该黄河三角洲区。北支由渤海经北黄海进入南黄海，南支由苏北废黄河口附近向东伸入本区。北支的古黄河能够较好的和华北地区发现的浅埋古河道对应，如吴忱等在豫北、鲁北、冀中南部平原都发现了浅埋古黄河，并指出，末次冰期之主冰期的古黄河在山东禹城一带，张祖陆等在鲁北平原发现的一期埋藏古河道，其 ^{14}C 年代为 24400 ± 1100 aBP～ 25130 ± 470 aBP，南支则可与丰、沛县一带晚更新世黄河古河道相连。由此华北和苏北平原陆上的浅埋古河道和渤、黄海陆架区埋藏古河道和古三角洲联成一体，形成晚更新世末期古黄河水系的统一体。南黄海埋藏古三角洲的发现说明了在 2.7×10^4 aBP～2.8×10^4 aBP，当时的黄河入海口在南黄海中部陆架深水区。"④若确实如此，该古大河必须通过苏、皖北部平原。另有研究认为："古三角洲平原，分布在南黄海西南部，沿江苏省沿岸呈扇形展开，它是由古黄河、

① 安徽省水利局勘测设计院、中国科学院南京土壤研究所编著：《安徽淮北平原土壤》，上海：上海人民出版社，1976年，第6-7页。
② 邹逸麟主编：《黄淮海平原历史地理》，合肥：安徽教育出版社，1997年，第163页。
③ 山东省农业区划委员会办公室、山东师范大学地理系：《山东省地貌区划》，山东师范大学，1983年。
④ 李凡、张秀荣、李永植等：《南黄海埋藏古三角洲》，《地理学报》1998年第3期。

长江的新、老三角洲叠置而成，地形自西向东缓缓倾斜。"①目前学界有人认为没有如明清黄河那样在河口外发现水下三角洲，一个原因可能是工作还不够到位，另一个原因可能是史前黄河来沙量远远小于历史时期，没有系统堤防，不足以如堤防系统极为发达的明清时期一样将来沙都尽可能输送到出海口外。涉及地质时期和考古时期，我们需要撇开既有的历史文献和明清黄河的定型思维模式。史前黄河南泛，泥沙首先是填平了豫鲁皖苏之际的湖沼低洼区域，况且晚更新世、全新世早中期没有如明清时期那样的大规模堤防工程，水流与泥沙难以被人为约束——集中推向黄海，而是耗散在黄淮平原上了，其河口海岸形态与历史时期不好同日而语。

地质界对黄河三角洲形成的研究则认为："晚更新世末期至全新世初期，黄河下游平原新构造运动又较强烈，其性质主要表现为不均匀沉降并伴随着新地层的拱曲、断裂和岩浆活动。由于西部山区的再度隆起和下游平原的不断沉降，致使郑州以下到山东鲁西南京杭大运河之间的广大区域又堆积了近代黄河冲积物，形成了故黄河三角洲。经 ^{14}C 测定，其年代为 8000—10000 年。"②显然在全新世早期淮河流域也有黄河水沙进入。

海洋科学和河口冲积扇的研究，认为河北平原和苏北平原确实存在与黄河主流改道交替形成、关系密切的多道贝壳堤③，如"渤一"贝壳堤（距今 4000—4700 年），"渤二"贝壳堤（距今 3000—3800 年）、"渤三"贝壳堤（距今 1100—2500 年）、"渤四"贝壳堤（距今 100—800 年），全新世中期四道贝壳堤形成，相应地可能是（有的完全就是）黄河南泛之时，黄河下泄渤海海域的水砂相对较少，阶段海洋动力作用相对强劲，塑造了稳定的贝壳堤。海洋部门有分析研究认为渤海"4740±40 aBP 发生了一次海进"④，从有关研究分析对比，有可能本文所探讨的龙山早期发生的黄河主流南下与此事件在时间和机理有某种对应关联。

考古文化学者张新斌等通过河济地区的古地理和考古文化分析，发现华北大平原上河北和江苏存在两大古文化遗址明显缺环和不发达区，"尤其是仰韶文化阶段，似乎更为明显，山东与河南在仰韶—大汶口的时代里，尤其是大汶口文化的大幅度的西扩，反映了文化的扩展没有受到地域的阻隔……有可能反映了黄河在这一地区的特定态势（按：指黄河北流）。而在大汶口之后的东方势力的明显的衰退，尤其是苏北地区的文化的散漫性，不成体系，支离破碎，

① 王开发、王永吉、徐家声等：《黄海沉积孢粉藻类组合》，北京：海洋出版社，1987 年，第 1 页。

② 石长青、董玉良、韩书华：《关于黄河三角洲形成问题的初步探讨》，《地质论评》1985 年第 6 期。

③ 大港油田地质研究所、海洋石油勘探局研究院、同济大学海洋地质研究所：《滦河冲积扇—三角洲沉积体系》，北京：地质出版社，1985 年。

④ 刘世昊、丰爱平、李平：《黄河三角洲滨浅海 50m 以浅埋藏古河道浅析》，《海岸工程》2013 年第 4 期。

均应反映黄河南下河道的强大的力量……"①

以上诸多研究成果，均确认在晚更新世到全新世早、中期，黄河冲积扇的发育导致黄河水砂入侵近代黄淮大平原，也遗留下来众多的地学证据。相信今后的研究，如沉积学与年代学、海洋学的探索，能够继续证实史前黄河泛滥于淮北平原等更多问题。

龙山时期的黄河大部分水砂，离开原河北平原泛道，主要经由鲁豫苏皖平原南下（但河北旧道并未断流）：①郑州东为泛决口的颍河、汳河泛道，②濮阳附近为泛决口的瓠子河泛道。龙山晚期南泛结束后，这些泛道在人为干预下逐渐演化成为先秦的颍水、丹水（汳水）、济水、瓠子河水道。这里的①系列泛道为花园口、原阳东、新乡—商丘系列构造断裂控制；第二系列泛道为东濮断裂、济阳断裂及长垣断流系的五星集断裂等系列构造断裂控制，他们的走向决定着诸泛流取向，断裂的活动烈度与变动时间甚至决定着泛流变化出现的时空。历史上元、明、清时期，发生在新乡、原阳、郑州、中牟、开封等地系列重大决溢和改徙事件，是史前黄河决溢南泛的再现。而鲁西南处于龙山时期前的业已高仰的豫北泛道带和豫东汳河泛道带夹角内低洼区域（临清坳陷和菏泽—成武坳陷区），极易成为豫北泛道改徙东南而下的水沙接纳区。此即瓠子河泛道带形成的基本趋势。历史时期元光三年（前132）、熙宁十年（1077）决口泛滥走的就是瓠子河泛道（历史上在此部位还有多次泛决），下冲东平湖、南四湖与徐、泗地区，南走菏泽、济宁。关键是历史时期的南北主要泛道，基本都还是地质时期、史前黄河的继承性泛道。地质构造与活动在黄河下游演化变迁中发挥着重大的潜移默化的作用。

要研讨龙山时期黄河下游洪水问题和传说中"大禹治水"的区域问题，必须在这些泛道泛滥区域着眼。此即典籍中所说的古兖州和禹州地区，而上述的河湖并涨的洪涝灾害过程，也确实映照了《尚书·尧典》中描述的龙山时期大洪水："……汤汤洪水方割，荡荡怀山襄陵，浩浩滔天"的景观，类似文献与说法广为人知，本文就不再对记载的尧舜"洪荒时代"一一引述，也不就考古文化对于史前黄泛的旁证予以解释了。

四、结语

（1）晚更新世和全新世黄淮平原岩相古地理和黄河冲积扇发育基本模式，显示了地质时期黄河泛滥的基本格局和泛道走向，为认识史前黄泛及被灾区域的基础。

（2）通过浅层工程地质分析，证实晚更新世和全新世早、中期通过汳河泛

---

① 张新斌等：《济水与河济文明》，郑州：河南人民出版社，2007年，第56页。

道带和瓠子河泛道带，古黄河对淮北豫东皖苏地区和鲁西南地区的泛滥，给出典型钻孔剖面及沉积形态。

（3）史前时期淮北平原黄泛灾害事实，从地质、古地理、地貌、沉积学、历史地理以及海洋科学的研究得到较广泛的支持。

（4）史前黄淮灾害，有典型启发性研究价值的是龙山时期的南泛，得到较多的先秦典籍文献和考古文化研讨的支持。

民间信仰与元明以降淮河流域自然灾害[*]

梁家贵

（阜阳师范大学继续教育学院）

淮河流域民间信仰历史悠久、范围广、影响大，学术界多是就民间信仰而论民间信仰，较少从民间信仰与该区域自然灾害的内在联系进行专题论述的。笔者不揣浅陋，拟对民间信仰与元明以降淮河流域自然灾害的内在联系做一分析，以期为该区域自然灾害的研究尝试一个新的研究视角，也从一个侧面分析民间信仰产生、存在及发展的内在原因。

一、淮河流域民间信仰产生、存在、发展的原因

淮河流域是中国自然灾害多发地区之一，尤以元明以降最为严重。有学者曾对 14 世纪初至 19 世纪中叶淮河中下游流域内的旱涝灾害频次以 50 年为时段进行统计分析，认为该流域自 1301—1850 年有案可稽、规模较大的旱涝灾害达到 124 次。^①这还不包括蝗灾和各类疫病，实际上这几类灾害并不亚于旱灾、水灾，它不仅涉及平原地区，同时还波及山丘地带，甚至范围更广、时间更长。

中国历代王朝多对民间信仰采取宽容的政策，但为了加强社会控制，一般将其分为"正祀"（即国家信仰）、"私祀"、"杂祀"以及"淫祀"（不合礼制的祭祀，不当祭的祭祀）。对于"正祀"的对象，自然是得到了王朝统治者的认可并被允许不断传播的；对于"私祀""杂祀"的对象，只要有利于王朝统治，往往被纳入到"正祀"的系统。^②不难理解，对于不利于甚至危及王朝

---

* 本文是教育部人文社会科学研究规划基金"元明以降淮北地区社会变迁研究"（14YJA770008）阶段性成果。

① 张秉伦、方兆本主编：《淮河和长江中下游旱涝灾害年表与旱涝规律研究》，合肥：安徽教育出版社，1998 年，第 13 页。

② 有学者认为，自宋代以来，国家往往通过赐额或赐号的方式，把某些比较流行的民间信仰纳入国家信仰即正祀的系统，这反映了国家与民间社会在文化资源上的互动和共享：一方面，特定地区的士绅通过请求朝廷将地方神纳入国家神统而抬高本地区的地位，有利于维护本地区的利益；另一方面，国家通过赐额或赐号把地方神连同其信众一起"收编"，有利于进行社会控制。参见赵世瑜：《国家正祀与民间信仰的互动——以明清京师的"顶"与东岳庙为个案》，《北京师范大学学报（社会科学版）》1998 年第 6 期，第 18-26 页。

统治的民间信仰，则被宣布为"淫祀"，惨遭禁止、取缔的命运。"洪武元年，命中书省下郡县，访求应祀神祇。名山大川、圣帝明王、忠臣烈士，凡有功于国家及惠爱在民者，著于祀典，令有司岁时致祭。二年，又诏天下神祇，常有功德于民、事迹昭著者，虽不致祭，禁人毁撤祠宇。三年定诸神封号，凡后世溢美之称皆革去。天下神祠不应祀典者，即淫祠也，有司毋得致祭。"①朱元璋只是让"有司毋得致祭"，对"淫祠"还算是怀柔政策，统治者更多的则是采取"禁毁"政策。例如，康熙二十五年（1686）"五月丁亥，诏毁天下淫祠"②；而史载"昔狄梁公奏毁淫祠千七百所，独留夏禹、泰伯、季札、伍员四祠"。③

地方统治者对待"淫祠"，还采用拆除后用作他途的做法。例如，明代颍州通判吕景蒙，"惧忠义之风愈久而泯也，相城东数百步外，旧有淫祠不知其所祀，乃谋诸郡守莆阳黄公九霄，撤而新之"。在此基础上，他修建三忠祠、重建西湖书院，"其木石之属，则易诸地直，撤诸淫祠。其工食之资，则又得取于妖巫之积"④。然而，统治者的高压并未让民众尤其是底层民众放弃"淫祠"。民国时期的颍上县民众，"信仰宗教之趣味向不浓厚"⑤，但"又大多数县人皆有迷信，因迷信遂生禁忌"⑥。统治者曾对此做了较为深刻地分析："盖我国向崇奉多神，故设庙或坛以享之，其旨在崇德祈福。……尝见愚夫愚妇，每不畏国法而畏神谴，是心灵上之制裁远胜于肉体上之制裁，以故递世设置，庙遂缘之而多。……清季充庙产兴学，庙之废者愈多。然实亡，名犹存也。"⑦上述分析是有一定道理的：民众对官方宗教不感兴趣而重民间信仰，是因为后者具有本土性，更贴近民众的精神需求；"不畏国法而畏神谴"，是因为"国法"不可恃，而民间信仰却能带给民众精神慰藉。这种精神需求、精神慰藉背后则是民众所时常应对的各种灾难，正所谓"有多少的苦难就有多少反映苦难的宗教；有多少愚昧，就有多少粗俗的信仰；有多少荒蛮，就有多少荒诞怪异的膜拜"⑧。

---

① （清）张廷玉等：《明史》卷50《志》第26"诸神祠"，长春：吉林人民出版社，2005年，第846页。

② （民国）赵尔巽等：《清史稿》卷7《本纪》第7"圣祖二"，长春：吉林人民出版社，1998年，第142页。

③ （清）吴汝为：《重建太公祠记》，山东省沾化县地方史志编纂委员会编：《沾化县志》附录文献，济南：齐鲁书社，1995年，第572页。

④ （明）吕景蒙：《重建西湖书院记》，（清）王敛福纂辑：《颍州府志》，安徽阜阳市地方志办公室整理，第935页。

⑤ 张星桥主编：（民国）《颍上县志》，《民族书》第4"宗教"，颍上县地方志办公室整理，合肥：黄山书社，2009年，第68页。

⑥ 张星桥主编：（民国）《颍上县志》，《民族书》第4"风俗习惯"，颍上县地方志办公室整理，第76页。

⑦ 张星桥主编：（民国）《颍上县志》，《舆地书》下《坛庙》第11，颍上县地方志办公室整理，第219页。

⑧ 马西沙、韩秉方：《中国民间宗教史·序言》，上海：上海人民出版社，1992年，第10-11页。

二、淮河流域民间信仰的崇拜对象

民间信仰的崇拜对象可分为祖先崇拜、自然神崇拜、宗教神仙崇拜和历史人物崇拜等。通过对元明以降淮河流域民间信仰崇拜对象的梳理、分析，可以梳理出这些崇拜对象与该区域各类自然灾害的内在联系。

（一）祖先崇拜

祖先崇拜，或称"敬祖"，是我国历史悠久也是很普遍的民间信仰。中国民众认为，死去的祖先灵魂将仍然存在，对后人的生存状态仍有很大的影响。淮河流域民众祖先崇拜的方式主要是为逝去的先人修建祠堂，又称宗祠、宗庙、祠室、祠庙等，族人定期共祭。

元以降淮河流域战乱、灾荒频发，居民以移民为主①，但尽管如此，宗祠仍极为普遍，正所谓"聚族而居，族必有祠"②。应该指出的是，官修方志一般不会记录民众的宗祠，有关资料只能从后人的调查中获取。例如，有学者统计，阜阳较大规模的宗祠至少有 25 座，若按坐落位置来说，可划分为五类，即北城 9 座、中城 6 座、东西大街 5 座、南城 4 座，还有一座位置不明。除此之外，尚有一些确实存在但不知道具体所在的祠堂。③历史上，淮安古城牌坊祠堂多。明清时期，古城内外遍布大小祠堂。淮安的祠堂一般分为历史名人专祠、姓氏祠堂两大类，尤以姓氏祠堂占比较大。④

（二）河神、雨神崇拜

河神、雨神可统称为水神，属于自然神崇拜。水灾、旱灾是淮河流域两大主要自然灾害，相应地是凸显了河神、雨神的地位和影响。

元代以降，黄河泛淮成为淮河流域水灾的主要成因。⑤因此，控制黄河及淮河北部支流的泛滥便成为元明清时期统治者治淮的主要途径。统治者在兴修水利的同时，也祈求河神的保佑。乾隆二十六年（1761），"谕据刘统勋、兆惠等奏：……请建立河神专祠以昭灵贶等语……允宜上答神佑，永卫民生，著照

---

① 梁家贵、孟祥红：《历史时期人口迁移与淮北地区社会变迁》，《平顶山学院学报》2014 年第 3 期，第32-36 页；梁家贵：《宗族与晚清民国时期皖北地区社会变迁》，《阜阳师范学院学报（社会科学版）》2012 年第 6 期，第10-18 页。

② （清）李绂：《穆堂初稿》卷 24《别籍异财议》，乾隆五年（1740）刻本。

③ 张卫钧：《阜阳城内的 25 座宗祠》，《颍州晚报》，2015 年 7 月 11 日，第 A12 版

④ 徐爱明、孙权：《淮安的祠堂文化》，文史淮安，http://www.wshuaian.org/show.asp?id=245，2014 年 6 月 1 日。

⑤ 梁家贵：《生态环境、社会环境与元明以降淮河流域社会变迁》，《淮阴师范学院学报（哲学社会科学版）》2015 年第 2 期，第194-201 页。

所请，即于工所建立河神专祠岁时祭享"①。最高统治者尚且如此，地方官和广大民众更是对河神的神力深信不疑。乾隆二十四年（1759）兼兵部侍郎、协办南河河务高晋曾撰写《重建相山神祠碑记》载："考去乘宿之西北九十里相山，即《商颂》称'相土烈烈'者是也，其神实可司山川风雨之事……故相山之神有以效其灵而布其职也……侍郎裘曰修阅工经相山备览舆情，为请朝蒙御书'惠我南黎'匾额颂挂神庙，以昭崇敬之典。"②据民国《太和县志》记载："城西西沙河岸有金龙四大王庙。"据《徐广绶记》载："道光癸卯秋，河决中牟，余波灌入沙河，滥泛成巨灾。邑侯雷君莅任，为民请命，于神有验，凡决口之塞，历二年而后合。"因此，地方官雷时夏"首捐廉奉倡修神宇，邑之感神之惠与感侯等，莫不乐从"③。也正因为如此，淮河流域河神庙林立，祭河之风盛行。

淮河流域还时常发生旱灾，雨神便成为民众信仰的另一个重要对象。龙王，淮河流域又称"龙公""大王"等，是民间主要雨神之一，《山海经·大荒北经》载"应龙蓄水"。据嘉庆《怀远县志》记载："龙神之祀当以本境山川……今时俗相沿，惟祠金龙四大王，此乃商贾舟辑资其护佑者，与致雨救旱之功无舆也。"④

地方志对祈雨的记载很多。例如，明时颍上县县令屠隆曾向龙王求雨："隆以旱祷于王故祠，不崇朝而雨，再登王祠，则又大雨，灵气於昭呼烈哉！"⑤清朝乾隆十五年（1750），颍州不雨，苦旱，知府王敛福向龙王两次求雨，结果都应验。王敛福大喜，于是作文《龙井碑记》写道："颍人每乐言张龙公征应事，苏子瞻守颍，祈雨则为文以迎，得雨则为文以送，安知今日之旱而祷，祷而雨，不与昔有同符耶？故为之记，以见井之所以为用者，显晦自有时焉。"⑥

（三）宗教神仙崇拜

淮河流域有关这一部分民间信仰与道教基本是重合的，从中也可以看出民间信仰与道教之间相互交织、千丝万缕的关系。

---

① 《清实录·高宗纯皇帝实录》（九）卷648，乾隆二十六年（1761）十一月巳亥，北京：中华书局，1986年，第250-251页。

② （清）苏元璐修：（道光）《宿州志》卷38《艺文志》"碑表"，道光五年（1825）刻本。

③ 丁炳烺主修，吴承志纂修，邓建设点校：（民国）《太和县志》卷1《舆地志》上《坛庙》，合肥：黄山书社，2013年，第96页。

④ （清）孙让等纂修：（嘉庆）《怀远县志》卷4《祠祭志》，嘉庆二十四年（1819）刻本。

⑤ 张星桥主编：（民国）《颍上县志》，颍上县地方志办公室整理，第247页。

⑥ （清）王敛福：《龙井碑记》，（清）李复庆纂修，阜阳市地方志办公室整理：（道光）《阜阳县志》，合肥：黄山书社，2004年，第734-735页。

1. 刘猛将军信仰

刘猛将军庙，是供奉驱蝗神仙刘猛将军的场所。关于刘猛将军的传说，原型有南宋刘锜，元末刘成忠、刘承忠、刘秉忠等多种说法。淮河流域的刘猛将军一般指刘锜。同治《六安州志》曾记载，刘猛将军为南宋人，因于理宗朝驱蝗有功，敕封扬威侯天曹猛将之神。清统治者崇信刘猛将军，"饬各直省建刘猛将军庙"[①]。在沿淮各地方志中都有刘猛将军庙的记载，如民国《定陶县志》、光绪《凤阳县志》、嘉庆《怀远县志》、光绪《亳州志》、民国《太和县志》、乾隆《灵璧县志略》、光绪《宿州志》、光绪《凤台县志》等。

2. 天妃信仰

天妃又称天后，即妈祖，本为海神，天后宫由"他省仕商"的福建籍同乡所建，"即福建会馆，在新盛街"[②]。天后成为保漕护航的神灵。沿淮各地方志对天妃有大量的记载，如济宁天后宫位于"天井闸河北，乾隆三十一年（1766）总河李清时建，三十二年奏请御题'灵昭恬顺'额"[③]；沛县"有天妃行宫十，一在县东关护城堤内……"[④]山阳县天后宫在"城西南隅，宋嘉定间安抚使贾涉建，国朝康熙中，漕督施世纶重修，又一庙在察院西，一在新城大门内"[⑤]；高邮"天妃庙凡四处，皆高邮卫因海运修建，其三久废，止存东营一庙"[⑥]；"淮安府清河县、祠临大堤，中祀天后……其神福河济运，孚应若响"[⑦]。再如曹县，据光绪《曹县志》载："天妃庙，一名娘娘庙，在杨晋口，见陈策志。按，天妃，海神；河达于海，是时政谧俗醇，故无杂祀，而祭者犹本先河后海之义云。"[⑧]

（四）历史人物崇拜

历史人物崇拜实质上就是民众对那些为当地做出了重大贡献的历史人物的崇拜，这些历史人物的事迹不仅被广为传颂，其本人还被赋予无边的法力，受

---

① （清）昆冈等修：《钦定大清会典事例》（十四）卷445，转引自岁有生：《清代州县经费研究》，郑州：大象出版社，2013年，第66页。

② （清）李德溥续修：（同治）《宿迁县志》卷11《祠祀志》，同治十三年（1874）刻本。

③ （清）胡德琳修，蓝应桂续修，周永年、盛百二纂：（乾隆）《济宁直隶州志》卷10《建置四》"坛庙"，乾隆四十三年（1778）刻本。

④ （清）李棠修，田实发纂：（乾隆）《沛县志》卷4《秩祀志》，（清）乾隆五年（1740）刻本。

⑤ （清）何绍基、丁晏总纂，吴昆田等分纂：（同治）《重修山阳县志》卷2《建置》，同治十二年（1873）刻本。

⑥ （清）杨宜仑修，夏之蓉等纂，冯馨增修：（嘉庆）《高邮州志》卷6《仪制》，道光二十五年（1845）重校刊本。

⑦ （清）高晋等纂：《钦定南巡盛典》卷84《名胜图》，《景印文渊阁四库全书》，台北：商务印书馆，1986年，第5页。

⑧ （清）陈嗣良修，孟广来、贾迺延纂：（光绪）《曹县志》卷6《祠祀志·祠庙》，光绪十年（1884）刻本。

到供奉或祭祀，主要分为名医、名宦及重要的历史人物崇拜。

1. 名医崇拜

例如华佗庙，很多地区又称为"华祖庵""华祖庙"。华佗（约 145—208 年），东汉末医学家，字元化，沛国谯（今安徽亳州）人，精通内、妇、儿、针灸各科，行医足迹遍及安徽、河南、山东、江苏等地，受到后人的爱戴。因此，祭祀他的庙祠遍及全国，尤其是沿淮地区。地方志对此多有记载，如（民国）《颍上县志》载："华佗庙，在韩家渡北，系刘王两姓合建之庙"①；再如（民国）《太和县志》载："民间有建庙，凡疾病者多祈祷焉"；该县有两座华佗庙：一座在城隍庙（县城南）西，另一座在玄墙集（县城东北），分别为明万历、嘉靖年间建。②

2. 名宦及重要历史人物崇拜

所谓名宦就是那些为官一任、造福一方的官员。对名宦及重要历史人物崇拜，既来自民众的爱戴，更得到了官方的认可，主要有两种形式。

一是作为圣贤受到官方和民间的祭祀。这类名宦较多。清代王敛福纂辑的《颍州府志》就辑录了由东汉至乾隆前期的治颍名宦 400 余人，他们或因品格魅力入祠，或因武德文行入祠，或因廉法廉平入祠。例如，颍州城区主要有二程祠（祀程颢、程颐）、四贤祠（祀晏殊、吕公著、欧阳修、苏轼）、三忠祠（祀李黼、李冕、李秉昭）。

此外，明清时期统治者对于治河有功的官员也允许设祠享祭。例如，淮安府清河县北的四河臣合祠。据载，乾隆四年（1739）十一月，"前任河臣靳辅、齐苏勒俱建有祠宇，永享烟祀。稽曾筠劳绩，可媲美两人，着照靳辅、齐苏勒之例一体祠祀，以示优奖，以慰舆情"③；乾隆二十二年（1757）二月丁卯日，"原任大学士、内大臣高斌前任河道总督时，颇著劳绩……在本朝河臣中，即不能如靳辅，而较齐苏勒、稽曾筠，朕以为有过之无不及也"，因而特谕令可与以上三河臣一同祠祀，"以昭国家念旧酬功之典，且亦使后之司河务者知所激劝"④。

二是彻底神化受到官方和民间的祭祀。具有代表性的重要历史人物是禹，他因治水有功自然成为民众的祈祭护灵。明清时期的统治者曾多次修缮沿淮各地的禹庙。据方志记载，涂山脚下的禹会村建有禹帝行祠，该祠始建于宋代，

① （民国）张星桥主编：《颍上县志》，《舆地书》下《坛庙》第11，颍上县地方志办公室整理，第251页。

② （民国）丁炳烺主修，吴承志纂修，邓建设点校：《太和县志》卷1《舆地志》上《坛庙》，第109页。

③ 《稽曾筠列传》，吴忠匡总校订，褚德新副校订：《满汉名臣传》，哈尔滨：黑龙江人民出版社，1991年，第2148页。

④ 《高斌列传》，吴忠匡总校订，褚德新副校订：《满汉名臣传》，第1388页。

"自明迄今迭有修葺"①，此后康熙六十年（1721）、乾隆三十二年（1767）和嘉庆元年（1796）数次重修。

被神化的官员以黄大王、朱大王为代表。清初期民间流传黄大王堵塞决堤、祈晴祷雨之事迹，至乾隆三年（1738）三月，"礼部遵旨议准河东河道总督白钟山疏称陈留县庙祀河神，考诸志载神姓黄名守才，河南偃师人，灵显昭著，宜加封号。从之，寻锡号曰：灵佑襄济之神"②。乾隆四十五年（1780）河南开封开始建有黄大王庙。不仅如此，黄大王还恩荫后人："阿桂等奏：豫省河神最灵验者为灵佑襄济大王……从前已受敕封，拟为修坟种树并请于其子孙中赏给奉祀生一人。"③朱大王原型为顺治年间总河朱之锡，在任期间，疏浚堤渠、惠政于民，卒于任上，被民众称为朱大王。乾隆四十五年（1780）二月，阿桂称其"功著南豫二省，没为河神，屡著灵应……康熙中，徐、兖、淮、杨间盛传公死为河神"④。后来，"乾隆四十五年仪封大工（功）告成，有默佑之功，大学士公阿桂奏请褒封助顺永宁侯，豫河两岸先后立庙，奏敕建，赐名嘉应观、惠安观、庆顺观，每年春秋上戊照龙神庙仪致祭"⑤。

三、结语

综上所述，可以得出，元明以降淮河流域民间信仰与该区域的自然灾害有着极为密切的内在联系。可以说，每一种崇拜均与某一种灾害相对应，如河神、雨神对应涝灾、旱灾，刘猛将军崇拜对应蝗灾，而名医崇拜则对应各类疾病。对于名宦以及重要历史人物的崇拜，可能要复杂一些，其中既有统治者对民间信仰的引导和控制，更反映了民众对那些亲民勤政、救民于水火的官员的期盼，也从一个侧面反映了民众对那些庸官贪官的声讨。

由此也可以得出，只要自然灾害时常发生，只要灾害不能及时得到预防和救助，民间信仰就会产生、存在甚至迅猛发展；民众所需要的是生活稳定、社会稳定，同时拥有充实、健康的精神生活。

---

① （清）王锡蕃：《重修夏禹主庙碑记》，（清）苏元璐修：（道光）《宿州志》卷18《艺文志》"碑志"，道光五年（1825）刻本。

② 《清实录·高宗纯皇帝实录》（二）卷65，乾隆三年（1738年）三月乙卯，北京：中华书局，1985年，第51页。

③ 《清实录·高宗纯皇帝实录》（一四）卷11-1，乾隆四十五年（1780）二月壬申，第738页。

④ 《清实录·高宗纯皇帝实录》（一四）卷11-1，乾隆四十五年（1780）二月壬申，第739页。

⑤ （清）卢朝安纂修：（咸丰）《济宁直隶州续志》卷52《秩祀志》，咸丰九年（1859）刻本。

清代前期合肥地区的自然灾害与灾荒救济 *

张 绪

（安徽大学徽学研究中心）

在明清时期，位于江淮过渡地带的合肥地区为安徽境内一个重要的农业生产区，尤以盛产稻米而著称。就其地理空间而言，该地区基本上为旧时庐州府所辖之属地，大致包括现今的合肥、巢湖、庐江等地区。该地坐拥江淮，位于安徽省中部、长江下游北岸，属巢湖流域；其地貌类型多样，有丘陵、台地、平原等多种地貌单元。从地形上看，庐州府所属各县存在着一定差异，大体而言，合肥县地势岗冲起伏，陇阪相间，地形西北高、东南低，由西北向东南倾斜；巢县西濒巢湖，东通大江，北部、南部皆多山，地势由高向低倾向巢湖；庐江县西部、南部和中部山丘广布，东部、北部为平原圩区；舒城县地形斜长，西南多山，地势西高东低；无为县"山环西北，水骤东南"，低山丘陵自北部县界延伸至西南，东部为低圩平原。①这地区河湖港汊众多，不仅有肥水、派河、襄河、青帘河、七里河、界河、柘皋河等主要河流贯穿其间，作为中国五大淡水湖之一的巢湖亦镶嵌其中。境内水道情况是："入江之水曰西河，上承庐江之黄陂湖、白湖、后湖诸水，东流为青帘河，入无为境为西河，至襄安镇受永安河水，又东北流，北分支过马口，合襄水，入黄雒河。正流分绕圩堤，由灰河、土桥、泥汊、栅港、神塘诸口入江。襄河出无为州西北诸山，东南流绕州城，东南合西河，分支水为运河，又东北流入黄雒河。巢湖居府境之中，跨合、庐、巢三县界。舒城之七里河、界河诸水出县西南诸山，会于三河东流注之。合肥之派河出周公、大蜀诸山，东南流注之。肥水出将军岭，东南流合店埠河，至施口注之。柘皋河出西黄山，经柘皋镇南流注之。其余合、庐、巢三县诸山水皆入于湖。东流经巢县城南为天河，东南流入无为州境（与和州以河为界）。为黄雒河（即濡须河）。合运河水转东流至和州之裕溪口入江。其南分支由奥龙、马龙诸河入江者，今皆淤浅。余如合肥北境之滁水，则出黄泥段东流受石塘桥水，又东流北受小马厂水，又东入滁州境。西北之西肥水，则出将军岭，

---

* 本文是教育部人文社科重点研究基地课题"明清社会结构与社会变迁研究"（16JJD770036）阶段性成果。

① 无为县地方志编纂委员会编：《无为县志》，北京：社会科学文献出版社，1993年，第83-84页。

西北合吴家桥水，西北流合铁索涧，入凤阳府境。"①在气候类型上，该地区属亚热带湿润季风气候区，季风明显、四季分明、气候温和、雨量充沛、光照充足，并表现出明显的南北过渡性特征。土壤类型有水稻土、黄棕壤、紫色土、石灰土、潮土、草甸土、棕壤等。

在清代前期，这一地区也是自然灾害频发之地。本文主要利用地方志资料，对该时期这一地区所发生的主要自然灾害类型及灾荒救济措施进行分析，不当之处，祈请方家指正。

一、清代前期合肥地区主要自然灾害类型

在清代前期，合肥地区的自然灾害发生比较频繁。从自然灾害的类型上看，主要有水灾、旱灾、蝗灾、地震、大风、疫灾等。其中，对当地农业生产影响最大、最为常见的两种自然灾害主要是旱灾和水灾，正如乾隆《江南通志》所言，庐州府"南阻大江，北带淮肥，内拥巢湖，夏秋暴涨，动成泽国，而平原旷野，又以旱干为病"②。另外，从水、旱灾害的发生次数上，也能看出这两类灾害对合肥地区的影响程度。表1是对顺治朝至乾隆朝（1644—1795年）合肥地区所属各县主要自然灾害发生次数所做的一个统计，表中数据显示，在这几种主要自然灾害类型当中，首先是水、旱两类自然灾害发生得最为频繁，其次是地震与蝗灾，其他如大风、疾疫、冰雹等灾害也偶有发生。

表1　顺治—乾隆时期合肥县、庐江县、巢县主要自然灾害发生次数统计（单位：次）

县份	主要自然灾害类型						
	水	旱	蝗	震	风	疫	雹
合肥县	6	9	5	4	2	2	1
庐江县	9	15	2	4	—	2	—
巢县	13	7	4	8	2	1	2

资料来源：（清）舒梦龄纂：嘉庆《合肥县志》卷13《祥异志》，《中国地方志集成·安徽府县志辑》，南京：江苏古籍出版社，1998年，第5册，第128-129页；（清）魏绍源、储嘉珩纂修：嘉庆《庐江县志》卷2《疆域·祥异附》，清同治七年木活字本，安徽省图书馆藏；道光《巢县志》卷17《杂志一·祥异》，《中国地方志集成·安徽府县志辑》，第6册，第461-462页。

合肥地区地处丘陵、台地区，境内除了一小部分地区地势低洼外，其余很多地区地势较高，灌溉不便，比较容易发生干旱，这是造成当地旱灾频发的自

①（清）冯煦主修，（清）陈师礼纂：《皖政辑要》卷98《邮传科·水道》，合肥：黄山书社，2005年，第900页。

②（清）黄之隽等编纂，（清）赵弘恩监修：乾隆《江南通志》卷2《舆地志·图说》，扬州：广陵书社，2010年，第1册，第120页。

然原因。以合肥县为例，据康熙《合肥县志》记载："合肥前奠平陆，凡百里，左湖右山，而后亦广野。圩少岗多，虽塘陂大小杂然相望，稍旱即不足灌溉，大率其田视诸邑较瘠云。"[①]这说明，在当时，合肥县是一个容易发生旱灾的地区，由于该县地势较高，农田多为岗田，其农业生产所面临的一个主要问题就是灌溉比较困难。有关清代前期合肥地区的旱灾，也史不绝书。如顺治九年（1652），合肥地区普遍遭遇大旱，而且灾情严重。在巢县，"河流涸，圩田坼深数尺，禾苗尽槁"[②]。庐江县也因"百日不雨，禾苗尽槁"[③]。顺治十年（1653），合肥地区又发生大旱，由于受到旱灾影响，合肥县"大饥"[④]。同年正月，庐江县"地震有声，赤旱"[⑤]。连年的旱灾给当地百姓的生产和生活带来了很大影响，这引起了刑部侍郎龚鼎孳的密切关注，他在得知家乡灾情之后，心急如焚，随即上书，希望朝廷能尽快给予赈济，以便安抚。他在奏折中提到："以臣郡庐州论，连岁旱魃为虐，赤地千里，飞蝗蔽于中野，湖泽涸而生尘。自去年二月至今年六月，雨雪全无，禾苗尽槁。牛乏可饮之水，贱鬻以供庖厨，人当垂绝之时，吞声而啖糠秕，甚至贷呼无路，阖户自经，创见骇闻，伤心惨目。……臣不揣愚昧，叩恳圣慈，敕下该部，从长商酌。仿九年改折漕粮之法，特布旷恩，将庐、凤、淮、扬、江、安等处被灾地方，本年起运钱粮及应征漕米，颁定蠲免分数，析为三等：灾荒最重者，或准全蠲，或蠲几分；稍次者，准蠲几分；再次者，准蠲几分。立行江南督抚，就近察实分派，一面晓示州县，一面造册报闻。其无灾地方，不得借端混冒。如本年分钱粮，小民已畏比全完，即于十一年应征起运正项及漕米内扣除抵算，务令人沾实惠，事杜稽延。官胥毋许侵渔，里排毋许干没。"[⑥]龚鼎孳是合肥县人氏，他虽然长年在外为官，但是"于桑梓疾苦，尤为留意，请蠲请赈，前后奏牍甚多"[⑦]。从他的这份奏折中，一方面，可以感受到其浓浓的桑梓之情；另一方面，也可以想象出当时合肥地区旱灾的严重程度。像这种大面积的旱灾，在清代前期的合肥地区，其实并不

---

①　（清）贾晖修，王方岐纂：康熙《合肥县志》卷4《水利》，《天津图书馆孤本秘籍丛书》，北京：中华全国图书馆文献缩微复制中心，1999年，第6册，第51页。

②　（清）陆龙腾、于觉世、李恩绶纂辑，巢湖市居巢区地方志办公室点校：康熙《巢县志》卷4《祥异志》，合肥：黄山书社，2007年，第45页。

③　（清）吴宾彦修，王方岐纂，吴少勋、高天信点校：康熙《庐江县志》卷2《星野·祥异附》，合肥：黄山书社，2008年，第30页。

④　光绪《续修庐州府志（三）》卷93《祥异志》，《中国地方志集成·安徽府县志辑》，南京：江苏古籍出版社，1998年，第4册，第473页。

⑤　（清）吴宾彦修，王方岐纂，吴少勋、高天信点校：康熙《庐江县志》卷2《星野·祥异附》，第30页。

⑥　（清）龚鼎孳：《请行蠲恤以拯残黎疏》，（清）贾晖修，王方岐纂：康熙《合肥县志》卷17《艺文》，《天津图书馆孤本秘籍丛书》，第6册，第235-236页。

⑦　（清）贾晖修，王方岐纂：康熙《合肥县志》卷9《人物一·乡贤》，《天津图书馆孤本秘籍丛书》，第6册，第128-129页。

少见，如乾隆五十年（1785），庐州"郡属俱大旱，道殣相望"①，显然，这又是一次比较严重的旱灾。

除了旱灾以外，水灾也是严重影响合肥地区农业生产发展的一种自然灾害类型。从气候上来讲，由于这一地区处在江淮丘陵地带，气候类型上属于亚热带湿润季风气候，冷暖气流经常在此交汇，极易产生强降水。同时，由于当地土质黏性较强，降水多停留于地表，不易下渗，所以每当遇到持续的强降雨天气，就极易发生洪涝灾害。在清代前期，这类自然灾害在合肥地区也是频繁发生。如顺治六年（1649）六月十六日，淮扬巡按张濩在描写所见江淮各地水灾情形时写道，庐州五月十五日开始"淫雨连绵，昼夜不止，至六月初一日方晴"，"道路之水，有深二三尺者、三四尺者。大路之上，水且如此，田野之间，遥望益甚。幸而庐属地势高下不等，田畴不无淹没，庐舍未尽倾颓"。②再如，康熙四十一年（1702）五月，"合肥县大水，圩田尽淹"③。时隔不久，在康熙四十三年（1704），合肥县再次发生大水，"平地水深三尺，圩田尽淹"④。康熙五十八年（1719）五月，"合肥洪水入城，一日夜始退，倾颓民房无数。无为州大水发蛟，圩田多没。庐江大水，坏民居，舟行城市"⑤。雍正五年（1727），"庐江、舒城水，无为大雨，圩田尽破，饥民食草根、树皮殆尽。是年，巢县水湖多产菱，民采以为食"⑥。

蝗灾是江淮地区比较常见的一种虫类灾害。在清代前期，合肥地区的蝗灾也是此起彼伏，成为影响当地农业生产的一个不利因素。如康熙六年（1667），"合肥、无为、巢县蝗"⑦。在巢县，"山圩田中，稻食几尽。自七月至九月，从北向东南而去，连续不绝"⑧。这次蝗灾的泛滥和肆虐也使合肥县"禾麦尽空"⑨。在合肥地区，蝗灾与旱灾并发的现象也比较常见。如康熙十年（1671），巢县"旱，蝗至，生子遍地。岁大饥"⑩。同年夏天，在庐江县境内，旱灾与蝗灾也是一并

---

① （清）黄玄修：光绪《续修庐州府志（三）》卷93《祥异志》，《中国地方志集成·安徽府县志辑》，第4册，第475页。

② 方裕谨编选：《顺治六年江北水灾题本》，《历史档案》1988年第4期，第4页，转引自张崇旺：《明清时期江淮地区的自然灾害与社会经济》，福州：福建人民出版社，2006年，第150页。

③ 嘉庆《合肥县志》卷13《祥异志》，第129页。

④ 嘉庆《合肥县志》卷13《祥异志》，第129页。

⑤ 光绪《续修庐州府志（三）》卷93《祥异志》，《中国地方志集成·安徽府县志辑》，第4册，第474页。

⑥ 光绪《续修庐州府志（三）》卷93《祥异志》，《中国地方志集成·安徽府县志辑》，第4册，第475页。

⑦ 光绪《续修庐州府志（三）》卷93《祥异志》，《中国地方志集成·安徽府县志辑》，第4册，第473页。

⑧ （清）陆龙腾、于觉世、李恩绶纂辑，巢湖市居巢区地方志办公室点校：康熙《巢县志》卷4《祥异志》，第46页。

⑨ 嘉庆《合肥县志》卷13《祥异志》，第128页。

⑩ （清）陆龙腾、于觉世、李恩绶纂辑，巢湖市居巢区地方志办公室点校：康熙《巢县志》卷4《祥异志》，第46页。

发生。①再如，康熙五十年（1711），庐州"郡属旱，蝗"。雍正元年（1723），"无为、巢县大旱，蝗"②。类似的记载还有很多，这两类灾害的并发大大加重了当地民众的受灾程度。

此外，在合肥地区，地震、冰雹等其他自然灾害也时有发生。如顺治十一年（1654）正月初一，庐江县发生地震，"初五日，复震"③。康熙七年（1668）六月十七日戌时，巢县境内发生地震，这次地震给当地造成了很大破坏，"城墙崩倾者百余丈，民居墙屋倾覆者甚多，河南岸下水倒倾而上，入人家"④。在清代前期，合肥地区还有一些冰雹灾害，如康熙十六年（1677），"巢县雨雹"⑤。康熙二十六年（1687）四月二十日，巢县再次发生雨雹。⑥

二、清代前期合肥地区的灾荒救济

以上这些自然灾害的发生，给当地人民的生产和生活带来了不利影响。为了降低灾害破坏程度，尽力安抚灾民，官府通常会组织力量，进行赈灾。如在康熙九年（1670）、十年（1671）两年，巢县境内相继发生了蝗灾和旱灾，为了救济灾民，地方官府"自二十日起，设处捐赈，至四月终止"。在此期间，该县知县于觉世也主动"捐俸买米"，在捐赈过 500 余石米粮之后，"仍劝属员绅衿量力捐助，赈活饥民男妇五千八百余名口"⑦。和于知县一样，亲力亲为，参与赈灾的地方官员还有吴允昇，在其担任庐郡太守期间，当地遭遇连岁大旱，他"设法赈贷，全活甚众"⑧。

作为官府经常实施的一种救灾手段，在灾荒发生时，蠲赈也是常有之事。如康熙二十九年（1690），"无为、舒城、巢县大旱，冬奇寒，河冰数尺，竹木冻死；庐江大旱，蠲赈"⑨。康熙五十年（1711），"以六安、合肥、舒城、霍山、寿州、霍邱六州县并庐州、凤阳右二卫秋灾，蠲免地丁银二万八千五百

---

① 嘉庆《庐江县志》卷2《疆域·祥异附》，清同治七年木活字本，安徽省图书馆藏。

② 光绪《续修庐州府志（三）》卷93《祥异志》，《中国地方志集成·安徽府县志辑》，第4册，第474页。

③ （清）吴宾彦修，王方岐纂，吴少勋、高天信点校：康熙《庐江县志》卷2《星野·祥异附》，第30页。

④ （清）陆龙腾、于觉世、李恩绶纂辑，巢湖市居巢区地方志办公室点校：康熙《巢县志》卷4《祥异志》，第46页。

⑤ 道光《巢县志》卷17《杂志一·祥异》，第461页。

⑥ 道光《巢县志》卷17《杂志一·祥异》，第461页。

⑦ （清）陆龙腾、于觉世、李恩绶纂辑，巢湖市居巢区地方志办公室点校：康熙《巢县志》卷10《职官志·守令》，第129页。

⑧ （清）贾晖修，王方岐纂：康熙《合肥县志》卷8《名宦》，《天津图书馆孤本秘籍丛书》，第6册，第109页。

⑨ 光绪《续修庐州府志（三）》卷93《祥异志》，《中国地方志集成·安徽府县志辑》，第4册，第473页。

四十三两有奇，米麦九十二石有奇"，并赈济饥民。[1]康熙五十三年（1714），
庐江县"大旱，蠲赈"[2]。雍正元年（1723）四月，蠲免合肥、舒城等18州县卫
被灾地丁银48 460余两，米麦豆4300余石。同时，还动用积谷赈济灾民。[3]乾隆
四年（1739），无为、合肥等四州县"秋被旱灾"，清政府下令将这些地区"所
有地亩并屯折、学田等项应征银、米麦，一例蠲免"。[4]这样的事例还有很多，
这说明，在清代前期的合肥地区，官府因灾蠲赈已经是一种比较普遍的现象。

　　在灾荒发生之后，为了保障蠲赈政策能够得到有效施行，报勘是一个必不
可少的环节。对于报勘制度，康熙《庐江县志》有过记述，里面写道："凡夏
秋有水旱灾伤，县即白于府，委官踏勘后，白于巡抚，委官复勘，分计各乡灾
伤之数，合计一县分数，具疏驰奏，下之户部，八分以下者，斟酌减免，以上
者全免。"[5]也就是说，在朝廷下令蠲赈之前，一般先要委派官员，对受灾地区
的灾情进行仔细核实，以确定其受灾程度，将受灾民户按极贫、次贫等不同等
级进行划定，然后再分别予以蠲免和赈济。例如，在乾隆三十四年（1769），
合肥地区发生灾荒，官府在赈灾时，就依据当地的受灾程度，分别制定了不同
的赈济标准，"将合肥等十州县，被灾十分之极次贫、九分之极贫，各加赈两
月；其被灾九分之次贫、八分之极贫，各加赈一月。庐州等五卫，并照屯坐州
县，一体查办"[6]。如果发现地方所报灾情不实，或者灾情描述比较模糊，朝廷
也会责令地方官员重新报勘。如"谕军机大臣等：据纳敏奏称，安徽省合肥等
二十二州县，俱报被水等语。折内并未将如何被水、现在田禾有无淹浸、人民有
无伤损、于收成大局有无妨碍之处，详悉具奏，甚属糊涂。著将原折抄发卫哲治，
令其逐一查明。如有实被水灾处所贫民，应行抚恤者，一面遴委干员妥协速办，
一面具折奏闻"[7]。这种报勘制度的实施，能在一定程度上防止冒赈情况的发生。

　　另外，钱粮缓期带征也是一种比较常见的救荒措施。一般来说，在灾荒发
生之后，朝廷会派出官员进行实地勘察，以确认是否成灾。经过报勘，如不成
灾，朝廷通常会根据实际情况，多以缓期带征的方式进行救济，而不会对应征

　　① 光绪《续修庐州府志（一）》卷15《恤政志》，《中国地方志集成·安徽府县志辑》，第2册，第
226页。
　　② 光绪《庐江县志》卷16《杂类·祥异》，《中国地方志集成·安徽府县志辑》，第9册，第602页。
　　③ 光绪《续修庐州府志（一）》卷15《恤政志》，《中国地方志集成·安徽府县志辑》，第4册，第
226页。
　　④ 光绪《续修庐州府志（一）》卷15《恤政志》，《中国地方志集成·安徽府县志辑》，第4册，第
226页。
　　⑤ 康熙《庐江县志》卷5《蠲赈》，第74页。
　　⑥ 光绪《续修庐州府志（一）》卷15《恤政志》，《中国地方志集成·安徽府县志辑》，第4册，第
226页。
　　⑦ 《清实录·高宗纯皇帝实录》卷344，乾隆十四年七月己酉，北京：中华书局，1986年，第13册，
第12948页。

钱粮予以蠲免。如乾隆五十三年（1788），巢县"秋禾被水"，后"勘不成灾，缓征丁地银两"。①乾隆五十四年（1789），清廷又下令，"所有本年秋收成熟之怀宁、无为、庐江、巢县、定远、寿州、凤台七州县积欠地丁、随漕及借给籽种、口粮等项应征银米，著加恩，自五十四年起，分限四年带征"②。在康熙十年（1671），凤阳、庐州两府发生严重旱荒，清政府曾以正赋银四万两分拨赈济。至康熙十一年（1672），这两府仍处于"极灾极困"的境地，由于担心难以完成当年额征赋税，贻误国课，同时考虑到灾民元气未复，生活艰难，于是，安徽巡抚靳辅奏请朝廷，希望能将"二属上年被灾各州县卫所内，除稍堪输纳之州县……其余如……庐属六、合、舒、庐四州县，并凤阳府左、右、中、前、后、怀、长、寿、泗、洪、庐、六十三卫所，本年赋税，今岁酌征五分，仅其支给本地兵饷以及河漕、驿站等项，傥支解不敷，仍于别府州属，拨足补苴。其余五分，酌于康熙十二、十三两年带征"③。在灾荒之年，实行钱粮缓期带征，对于减轻受灾百姓疾苦，尽快恢复民力，也具有一定的积极作用。

需要指出的是，在灾荒年份，除了依靠官方力量进行救济外，还有一些以士绅为主体的民间力量，他们也是参与赈灾救荒的一个重要群体。在合肥地区，就不乏这样乐于捐资助赈的好义之士，每当有灾荒发生，他们通常会出钱出力，积极参与救灾。如康熙庚寅年（1710），庐江县发生饥荒，贡生金之兰赈谷 500石；康熙甲午年（1714）春，金之兰又赈谷 500 石，"乡人义之"④。乾隆五十年（1785），庐江县发生大旱，饥荒严重，出现了"人相食"的悲惨场景。为了救济灾民，庐江县士绅纷纷捐资助赈，如贡生项仕才"捐银一百两，在城给散，钱二百七十千，分惠乡邻"。贡生程朝瑷亦"捐银助赈"。州同候选江国祥"捐银一百六十两，其子贡生鹏，复出私囊购米一百石，散给"。布政司理问丁茂纯"同兄茂织慨捐赈银四百两，散给饥民"。太学生许麟"捐谷助赈"。太学生凌厚积亦赈济邻里，"按口日给米三石，合家廪匮，又称贷益之，历半载，至麦熟止……"有此义举的士绅还有很多。最终，在此次赈灾活动中，庐江"城乡绅士倡捐银钱米谷，共折银三万一千三百余两，在城给散，其四乡之随地募赈者，不与焉"⑤。合肥县的士绅也多有好义之举，如康熙年间，合肥县发生旱灾，庠生傅国佐"出谷数百石助赈"⑥。乾隆年间，合肥县"岁歉"，贡生赵炯"捐米数百石

---

① 道光《巢县志》卷 6《食货一·蠲赈附》，《中国地方志集成·安徽府县志辑》，第 6 册，第 277 页。
② 光绪《续修庐州府志（一）》卷 15《恤政志》，《中国地方志集成·安徽府县志辑》，第 4 册，第 227 页。
③ 光绪《续修庐州府志（一）》卷 15《恤政志》，《中国地方志集成·安徽府县志辑》，第 4 册，第 225 页。
④ 光绪《庐江县志》卷 8《人物·义行》，《中国地方志集成·安徽府县志辑》，第 9 册，第 265 页。
⑤ 嘉庆《庐江县志》卷 7《田赋·蠲免附》，清同治七年（1868）木活字本，安徽省图书馆藏。
⑥ 光绪《合肥县志》（不分卷）《人物志·义行》，清光绪年间抄本，安徽省图书馆缩微胶卷阅览室藏。

助赈"①。巢县亦有这样的乐善之士，如沈汝兰，"辛卯贡"，曾任泰州训导，后"休致归里，值岁荒恤邻，赈米为邑首倡"②。在合肥地区，参与捐灾、赈灾的好义之民还有很多，具体如表2所示。该表列举了清代前期合肥、庐江、巢县等地士绅参与助赈救灾的一些事例，它们也反映了合肥地区士绅乐善好义的品质特点。

值得提及的是，在清代前期，合肥地区还不乏一些因捐资助赈而致家道中落的好义之士。如在乾隆五十年（1785）合肥地区的旱灾救济中，合肥县人士吴世发"倾资赈抚，里人多赖全活。有鬻妻者，与之金，令完聚。先是家计颇丰，因此致中落，不悔也，里人称为孝义之门"③。同样参与此次赈灾活动的，还有该县另一位士绅王邦珍，他也是极尽一己之力，全力助赈，先是"捐麦八百石，银二百两，按户口分给。来春，复供籽粮百石。家由此落，终无怨言"④。为了救济灾民，庐江人士姚业发亦"出重赀，助官赈，复私贷数千金，赈济流亡，全活甚夥，因是家渐落，乡人义之"⑤。

由此可以看出，在清代前期，捐资助赈、救济灾民是合肥地区很多士绅的一个普遍行为，他们的善举一方面有助于安抚灾民，维护社会秩序稳定；另一方面也体现了儒家文化敦仁崇义的价值理念。

表 2　清代前期合肥地区士绅捐灾及赈灾情况一览

地区	捐赈者	身份	捐赈情况	资料来源
合肥县	魏振趾	廪生	顺治九年，岁大饥，捐赀赈济，全活甚众	康熙《合肥县志》卷11《人物三·孝义》，《天津图书馆孤本秘籍丛书》，第6册，第148页
	李琪	武举	康熙十四年，旱蝗，富人出谷，市利十倍，李独不取偿，有司榜其名，为众劝	光绪《续修庐州府志》卷53《义行传二》，《中国地方志集成·安徽府县志辑》，第3册，第221、223、222页
	蔡天泰		（乾隆）戊子，岁旱，赈饥撮城镇，人日给米半升。有田邻数十家，忍饥待毙，天泰量其家口，各给钱三五千，邻无饥死者	
	方大山	贡生	乾隆乙巳，岁旱，人以麦花、树皮为食，昆季伤之，倾仓谷以赈，自十一月起至次年正月方止，全活者千余人，更假麦数百石以济春荒	
	赵观乙		岁饥，鬻田得米二百石助赈。阖邑疫，施药济之，多所全活	雍正《合肥县志》卷16《孝义》，清雍正八年刻本，安徽省图书馆藏

---

① 光绪《合肥县志》（不分卷）《人物志·义行》，清光绪年间抄本，安徽省图书馆缩微胶卷阅览室藏。

② （清）陆龙腾、于觉世、李恩绶纂辑，巢湖市居巢区地方志办公室点校：康熙《巢县志》卷15《人物志·宦业》，第237页。

③ 嘉庆《合肥县志》卷24《人物传第四》，《中国地方志集成·安徽府县志辑》，第5册，第258页。

④ 光绪《合肥县志》（不分卷）《人物志·义行》，清光绪年间抄本，安徽省图书馆缩微胶卷阅览室藏。

⑤ 光绪《庐江县志》卷8《人物·义行》，《中国地方志集成·安徽府县志辑》，第4册，第268页。

续表

地区	捐赈者	身份	捐赈情况	资料来源
合肥县	杨公进		乾隆戊午，岁大饥。公进计里中贫乏者，捐谷赈济，无失所者。知府高闻其事，亲诣其家，赠额曰："保介堪资"	嘉庆《合肥县志》卷24《人物传第四》，《中国地方志集成·安徽府县志辑》，第5册，第253、254、258、258、258、258、258、262、263、264页
	魏国欐	贡生	乾隆十三年，岁旱，出米四百石助赈，巡抚某给额曰："任恤可风"	
	白廷俊	贡生	（乾隆）乙巳、丙午，大饥，道殣相望，赈银二千两，全活甚众	
	王邦珍	国子生	乾隆乙巳、丙午，大荒，疫，珍亦卧病，族戚无告者，号泣盈门。邦珍扶病至三河，尽以己产典谷麦、银两分给之。又为谋子种百石，分令播种，一方赖不失所	
	李耿忠	城工	乾隆五十年，大旱，出谷千斛，赈乡里	
	李鼎	国子生	乾隆乙巳、丙午，大荒，疫。鼎捐谷赈饥，瘗埋积骸，亲董其役。亲族就食者数十人。乡里逋欠，悉焚其券	
	刘启富	国子生	乾隆乙未，岁饥，慨以家资之半赈贫者，亲族邻里赖以不饥。家有积券，悉焚焉	
	王履纬	县学生	康熙四十九、康熙五十三两年，大水、旱，出米赈其乡，全活甚众。雍正五年，水，复赈如前	
	沙峻	贡生	（乾隆）五十年大饥，各出白金千两	
	汪韬	国子生	（乾隆）丙午，岁祲，命子海尽鬻产以赈	
庐江县	宋儒醇	廪生	顺治壬辰，岁祲，赈谷千余石	嘉庆《庐江县志》卷10上《人物志·笃行》，清同治七年木活字本，安徽省图书馆藏
	方君佑	乡民	康熙己未，春，大饥，捐稻六百石以赈，抚军某褒之	
	高克谨	国学生	值岁旱，谨鬻产籴谷，赈恤穷乏，量食，一方赖以举火者百余家	
	李之干	州同	康熙甲戌，春荒，捐谷千六百斛，为邑人倡，饥民赖以不困	
	许祝年	廪贡生	邑遭水旱，首捐谷数百石，倡赈济	
	卢云英	太学生	癸酉、甲午，连岁祲，捐谷助赈，人德其惠焉	
	金之兰	贡生	康熙庚寅，岁饥，赈谷五百石；甲午春，又赈谷五百石，乡人义之	
	黄文焕	郡庠生	乾隆二十一年，春荒，捐谷倡赈，活邻里；复捐谷，普给族中贫人。举家食麦，而以米赈族人，闻者咸感喟	
	朱光照	太学生	乾隆二十一年，邑大饥，捐制钱二百余千给散乡里，邑令李公、郡守赵公咸扁表其门	
	项仕金	州同	乾隆戊戌，旱，尽捐佃人租，不足者，仍周给之	
	项仕才	贡生	乾隆戊戌，旱，荒，捐钱百五十余千，为里人倡。乙巳，大饥，复捐银一百两，在城给散，钱二百七十千，分惠乡邻。次年春，米价腾跃，以五百余金市米粜卖，收其半值，复罄其入，以赈贫民	

续表

地区	捐赈者	身份	捐赈情况	资料来源
庐江县	江国祥	候选州同	乾隆戊戌年，荒，赈米八十石；乙巳年，大旱，又捐银一百六十两。子，贡生鹏，复出私囊，购米一百石，散给	嘉庆《庐江县志》卷10上《人物志·笃行》，清同治七年木活字本，安徽省图书馆藏
	程朝瑷	贡生	乾隆乙巳，奇旱，捐银助赈	
	许嶙	太学生	乾隆乙巳，旱，饥，捐谷助赈	光绪《庐江县志》卷8《人物·义行》，第268、268页
	高龙占	业农	次年（乾隆五十年），大旱，蝗食苗殆尽，龙占田独无恙，遂将所收谷分给邻里，以作谷种，人咸义之	
巢县	刘征	国学生	（顺治）甲午，岁饥，输粟赈赡，多所全活	道光《巢县志》卷13《人物三·笃行》，《中国地方志集成·安徽府县志辑》，第6册，第337、337、337、338页
	刘昌远		康熙十八年，大旱，捐粟助赈，安抚上于朝，给额曰："乐善好施。"	
	唐廷禅		雍正己酉，岁大饥，取积谷数百石尽散之	
	刘永福		乾隆五十年，大饥，明年大疫，福施谷掩暴露，邑人颂之	

由以上论述可以看出，在清代前期，合肥地区深受自然灾害频发之苦，其自然灾害类型有水灾、旱灾、蝗灾、地震、大风、疫灾等。其中，对当地农业生产影响最大、最为常见的两种自然灾害类型为旱灾和水灾。为了赈济灾荒、救济灾民，地方官府通常会以蠲赈、钱粮缓期带征等方式来减轻灾害影响、安抚民心。在灾荒年份，除了依靠官方力量进行救济外，一些以士绅为主体的民间力量也会出钱出力，积极作为，尽力介入，他们成为参与赈灾救荒的一股重要力量，体现出官府与士绅在处理和应对灾荒等地方社会事务上所呈现出的一种良性互动关系。

晚清（1861—1911）社会应对皖淮
流域灾荒问题探究

张祥稳

（安庆师范大学人文与社会学院）

皖淮流域自南宋建炎年间黄河改道后，即由物阜民安之区渐为地瘠民贫之区；晚清五十年间（1861—1911），该域进入了史无前例的灾异频仍期，被灾总州县次至少达 1217 个，且多地还"迭遇奇灾"[1]和"灾情奇重"[2]，加之直隶、河南、山西和山东等省灾异及其引发的流民问题等殃及该区，使该域成为全国重灾区，无数灾民生产和生活"生机悉绝"[3]，并引发了灾民偷盗劫夺甚至暴乱行为此起彼伏、官民普遍地对灾荒的极度恐怖或焦虑心理、钱粮价暴涨等一系列严重社会问题，广大灾民屡经"九死一生"[4]的劫难。

晚清皖淮灾荒问题逐渐引起了海内外社会的关注，并采取了诸多应对举措。但时至今日，学界对晚清该域灾荒应对问题仅注重部分相关史实之罗列，缺乏对其全面、系统和深入梳理，故本文试着对此予以初探。

一、海内外社会对皖淮灾荒的关注

关注皖淮灾荒的行为主体包括中国和外洋官民等，主要涉及五个方面，从而为皖淮灾荒的社会救助活动做了灾情展示、舆论动员、应对思路和政策导向等方面的准备。

1. 调查和鼓吹灾区危情

此行为主体可分为五类群体：部分御史和江督，皖省巡抚、道府州县官、咨议局议员和皖淮灾区武官等，外省以皖籍为主的督抚等官员，上海等多地义

---

① 冯廷韶、卞孝萱、祁龙威：《冯廷韶家书》，《安徽史学通讯》1958 年第 5 期，第 46 页。

② 《度支部亦顾念皖北灾黎耶》，《申报》，宣统二年庚戌十二月十六日，第一张后幅第二版。

③ 《九月二十四日前署山东巡抚袁大化奏》，水利电力部水管司、水利水电科学研究院编：《清代淮河流域洪涝档案史料》，北京：中华书局，1988 年，第 1054 页。

④ 《皖北亳州友人告灾书》，《申报》，光绪廿五年二月十七日。

绅等绅商士民、洋人律师和传教士等，且其人数及来源地数量呈与日俱增之势。其中，皖省或皖籍官商士民等人数最多且作用最大。调查的重点是水灾及其引发的社会问题，并将其结果向海内外作广泛宣传，从而有利于海内外了解灾情，增强官民灾荒救助的紧迫感，唤起各界部分人士对灾民的同情和主动承担救助的责任感和使命感，从而为灾荒救助营造了有利的社会氛围。

2. 吁请海内外社会救助灾荒

其行为主体主要有三：一是官员。其主体为御史等"京卿"、江督、皖省众官、外省督抚司道等，其中"京卿"对中央政府的皖淮救荒态度和决策等影响最大，江督和皖省官员为数最多。二是民人。其主要有上海等地义绅、灾区绅士及皖省其他绅商等个人和团体。三是美国领事及教士柯德臣和罗炳生等洋人个人和团体。吁请的对象包括中外多国政府、官绅兵民、义赈机构和善堂等，目的是赈济灾民和缓征灾区应征钱粮等。吁请也引起和提高了海内外社会对皖淮灾荒救助的重视，特别是对直接赈救、水利兴修和以工代赈等事宜，起到了较大的促成作用。

3. 提出灾荒的应对之策

其既有着眼于灾荒临时救助的治标思路，也有放眼长远的治本构想，或二者兼而有之。其大致分四类：一是建设性和生产性兼顾的应对之策，即灾区水利建设、供给生产资料、垦荒种粮、兴办实业吸纳灾民等；二是生产性应对之策，即向灾民提供基本生产资料和劳动场所等，以恢复灾区生产、增加粮产和流民就业岗位等；三是筹措救灾钱粮物之策，即借助赈捐、增铸钱币、调拨兵费和赔款磅余、截留漕粮、设立筹赈机构、派遣筹赈大臣和求助于义绅等；四是拯灾救荒的一揽子建议，即"徙被灾之民""广筹捐之道"、平粜、修葺房屋、补贴麦种、借贷耕牛、兴工赈修水利、捐募、向银行借款和救灾商品粮免厘等。①

4. 媒体舆论对灾荒问题的关注

在皖淮灾荒应对中，逐渐出现了一个新的现象，即中外官民报刊等媒体舆论积极主动参与其中，并发挥了强大和有效的舆论作用，逐渐成为其他任何手段或方式所无法比拟的最重要的信息平台，从而打造了中国救荒媒体舆论环境新时代。其代表性媒体有《申报》《东方杂志》《神州日报》《中外日报》《京报》等，其中以《申报》功勋最著，它们将皖淮作为向全国宣传灾情和呼吁赈救的重点区域，迅捷地向社会传播皖淮灾荒信息：灾民劫盗和暴乱，官民勘灾和审户，募赈图册、告灾书和求振文，捐款来源、细数、筹措机构和致谢信，

---

① 《补救之策》，《申报》，光绪十四年四月二十七日。

政府褒奖名单和名目，各类办赈机构及其职责，捕蝗买蝻，采买、平粜、免厘、遏籴、缓征、蠲免、垦荒、截漕和放赈，救灾弊端，军事防务等，从而立体式地展示灾区危局。

5. 清中央政府对皖淮灾荒问题的关注和政策导向

总体上来看，清中央政府对皖淮灾荒问题一直较为关注，"朝廷轸念灾区"并不完全是虚妄之语，其对皖淮灾民困苦并非恝然于心，而是主观上有着救民于困厄的意愿，希望官方查明灾情和实施救助，对于官民等提出的应对建议和意见也多有认可并希望加以落实等，"毋任灾黎失所"①和"毋使流而为匪"是其"至要"②的灾荒应对基本目标。这对于皖淮灾荒问题为社会所普遍和高度关注起到了促进作用，也为灾荒应对明确了官方政策导向。

二、海内外社会对皖淮灾荒的救助

社会各界在关注皖淮灾荒的同时，也开展了多方位的救助活动，救助的行为主体包括国内官民以及海外洋人政府、社会团体、个人、华侨华商和大清使节等，且皖淮最终成为全国各灾区灾荒救助中海内外社会最为重视、投入人财物力最多、救助手段和形式最为多样化、应对事宜最为错综复杂的区域之一。

1. 蠲缓灾区地丁钱粮、漕粮漕项、杂税和灾民欠项等

其纯为政府行为。以凤、颖、泗三府州为重点区域，将灾歉民卫应征地丁钱粮、漕粮及杂税等予以豁除或暂缓征收，这是缓解灾厄的头等大事，因为它自古以来就是缓解灾区乏食问题最简便、直接、惠及面最大和惠及人口最多的政府救灾手段。

灾蠲钱粮种类主要有：被灾民卫历年旧欠和被灾当年应纳之地丁钱粮、漕粮漕项、杂税和往日借贷钱粮等。其中，地丁钱粮、杂税和借贷钱粮蠲免的州县次共约 187 个，漕粮漕项蠲免的州县次共约 129 个。灾缓款项大体包括被灾各地当年应征或历年所欠的"歉收田地应完民卫新旧丁漕驿站南屯米麦豆折杂办等款、本色兵屯漕南等米、马学囷糈等租、鱼芦等课"③等。其中，缓征地丁钱粮和杂税的州县次约为 642 个，漕粮漕项缓征的总州县次约为 622 个。由此可见，政府在灾区钱粮缓征问题上要比蠲免宽仁。蠲缓的主要作用是部分地实

---

① 中国第一历史档案馆编：《光绪宣统两朝上谕档》第 14 册、第 23 册，桂林：广西师范大学出版社，1996 年，第 260、240 页。

② （清）冯煦主修，（清）陈师礼纂：《皖政辑要》，合肥：黄山书社，2005 年，第 430 页。

③ 中国第一历史档案馆编：《咸丰同治两朝上谕档》第 19 册，桂林：广西师范大学出版社，1998 年，第 348 页。

现了中央政府"苏民困"和"纾民力"的灾荒救助意图，也体现出清廷一丝爱民和"轸念灾区至意"①，且最终也使凤、颖、泗三府州成为朝廷蠲缓钱粮最为频繁的区域之一。

2. 筹措救灾钱粮衣药等赈救灾民

对于筹措钱粮衣药等救助皖淮灾荒事宜，部分江督、皖抚和皖省域外的皖籍官绅士商等扮演着筹措主导者的角色并身体力行和"竭力筹画"②，他们倡率海内外众官绅、商富、士民、兵弁、洋人等参与，试图广泛集社会之力。其筹措渠道大体有九：

一是中央直接调拨。慈禧太后及宣统朝执政者曾谕允将一些部库银、内帑银、苏皖漕粮漕项、皖省地丁钱粮、漕钱价平余银及厘金、关税银、善后防军费和路款等救助皖淮。

二是江督于苏省调拨。曾国荃和刘坤一等常设法调拨苏省救灾款和赈捐等项钱粮物救济皖淮灾区，或派员携款直接施赈，且刘坤一应是其时拨款赈救皖淮数额最大的江督。

三是皖抚调拨。即将藩库和皖北道府州县库的正款银粮、皖省应起运的漕折地丁和丁漕钱价平余银、凤阳关税、沿江工赈余款、皖省铜圆余利银和赈捐银等拨付救灾。

四是皖淮地方道府州县等调拨。其主要是祈请上游调拨，偶尔也直接调拨手中钱粮，但此举并不多见，调拨数额也是寥寥无几。

五是海内外官民捐款助赈。主要来源有赈捐、国内外官方和个人捐献、慈善组织资助，其中以由官方主导的赈捐为捐款主体，义绅所集之钱粮数额亦为不菲。

六是外省官民协赈。其方式主要有垫款和赠送钱粮等，行为主体包括官方和民间，以前者为主，涉及直隶等近 20 个省份的督抚司道及京卿等，其中以李鸿章和盛宣怀等功勋最著。

七是官方利用市场调剂和补充灾区食粮。其形式主要有：以皖抚为主导和政府为行为主体，赴皖淮以外采购粮食；个人采买；官方对进入和流出灾区食粮分别予以免厘和遏籴。

八是官方试图整顿和充实仓储。其手段有直接增加社仓等仓储和垦荒生产食粮，但前者少见且收效甚微，后者仅有光绪三十三年（1907）"候选训导黄厚裕前往皖北调查垦务"③但无果。

九是奏请皖省增铸大清铜币。晚清安徽铸造大清铜币有铸造数额和时长之

---

① 此类措辞在有关皖淮灾荒问题的上谕中俯拾即是，故恕不一一注明出处。
② 中国第一历史档案馆编：《光绪朝朱批奏折》第 31 辑，北京：中华书局，1995 年，第 819 页。
③ 《委查皖北垦务》，《申报》，光绪三十四年二月初七日，第二张第四版。

限制，对此，皖抚等奏请"宽限铸造，以资赈济"①皖北水灾，即获得更多货币和"铜圆余利"②救灾皖淮。

3. 对皖北灾民的直接救助

其主要是向灾民有偿或无偿提供一些基本生活资料和生产资料等，行为主体有政府、以义绅为主体的民间人士和洋人等，此事以政府为主导。其具体包括以下五类举措：

一是赈给基本生活资料，即将食粮、席棚、寒衣、绳索和药品等赐予灾民，其主要有官赈、官民联手赈济、以义赈为主体的民赈和晚清末期出现的洋赈四种类型。其中，赈济基本生活资料是对皖淮灾民予以直接赈济的重点，救灾所耗之钱粮物主体正是为此。

二是赈给基本生产资料。其行为主体仅为官方，主要是针对灾民"屠耕牛，典农具"行为导致的"春耕之际，即无耕具，复无籽种。春熟既难丰收，秋获愈无把握"③的情况，直接或间接赈给灾民耕牛、刍草和籽种等生产资料。但总的看来，此举并非常有。

三是借贷和平粜灾区。借贷除了给予灾民养牛费用外，还有口粮借贷，其仅由官方偶尔举办。邓华熙等皖抚认为"平粜为便益次贫之善举"④，减价平粜包括：官方平粜，其是灾区平粜食粮行为主体，偶尔也平粜籽种。民间平粜行为寥若晨星、数额微不足道。

四是防疫治病。同光年间，参与皖淮灾区防疫治病的行为主体主要是官方，民间力量只是间或参与；宣统二三年间，华洋义赈会和大清红十字会中洋力量联手创设"救疫医队"⑤，"选派西法华医备带药料及看护人等前往"⑥皖淮疫区应对"热病"，收效明显。

4. 以工代赈

其主要有两个实施行为主体：一是官方。晚清官方多次在皖北灾区"招集丁壮灾黎，以工代赈"⑦。工赈工程主体是水利设施，偶尔涉及道路等，且第一次工赈时间并不是今人所说的"清末，于皖北行'以工代赈'政策应始于光绪

---

① （清）冯煦主修，（清）陈师礼纂：《皖政辑要》，第 376 页。

② 《再请拨款助赈》，《申报》，光绪三十三年三月廿五日，第十版。

③ （清）张廷骧：《江皖沈灾》，《不远复斋见闻杂志》卷 10（二），中华民国四年乙卯正月铅印本。

④ 《光绪朝朱批奏折》第 32 辑，第 15 页。

⑤ 《救疫医队定期出发》，《申报》，宣统三年辛亥六月初一日，第 2 张第 2 版。

⑥ （清）陆润庠拟，夏明方点校：《江皖筹振新捐奏稿》，李文海、夏明方、朱浒主编：《中国荒政书集成》第 11 册，天津：天津古籍出版社，2011 年，第 8011 页。

⑦ 《光绪朝朱批奏折》第 31 辑，第 258 页。

十四年"①，而是在光绪九年（1883）的宿州兴办。二是义绅。其仅仅是参与工赈的筹划和管理而没有出资。

5. 防治蝗蝻

官方是蝗蝻防治的唯一主导者，参与者包括：皖淮官员和省府派员，灾区乡长、董保、农夫和当地驻军等，其中以农夫为主力。防治手段主要是临时扑捕搜挖与事先防范相结合；官方采用行政命令和"给价收买"②等方式激劝民众参与，部分地区实现"除萌孽而免蔓延"③的防治蝗蝻目标，同时也使灾民"借此可以得食，抚恤亦寓乎其间"④，具有工赈性质。

6. 修桥和设立义地

修桥是为灾民提供交通和就食便利，设立义地是为外来死难流民提供殡埋场所，其皆仅由极少数民人为实施者，如光绪三年（1877）凤阳庠生刁余佩捐资修东大桥；光绪五年（1879），大批"晋直豫"灾民涌入颍州之际，当地绅富程壮勤"于东关外石板桥左偏捐地数亩，作流亡义地"。⑤

另外，在灾荒应对中，为了"使民实惠均沾"⑥，官民采取允许举报"州县报灾不实"⑦、防范赈救弊端和查处官吏、董保等救灾"办理不善之员"⑧等诸手段，防止救灾之弊。

三、社会应对皖淮灾荒取得的正面实效及存在的问题

尽管晚清社会深陷天灾和人祸、内忧和外患等多重困境，但令人欣慰的是，社会应对皖淮灾荒事宜仍取得了一定的积极效果，虽然同时也存在诸多问题。其积极效果主要有三：

1. 部分地缓解了灾区危情

客观地说，对于皖淮灾荒，社会并不是完全被动地消极应付或听之任之，而是试图救民于水火。其应对的方法和手段，总体上是以继承传统为主，没有多少突破，但不可否认的是，赈救多少取得了一些成效，特别是对缓解灾区面

---

① 李发根：《异变与糊裱——晚清时期皖北匪患的成因与应对》，《合肥工业大学学报（社会科学版）》，2015 年第 1 期，第 123 页。

② 《捕蝗纪文》，《申报》，光绪十八年五月廿五日。

③ 李文海、林敦奎等：《近代中国灾荒纪年》，范宝俊主编：《灾害管理文库》第 2 卷《中国自然灾害史与救灾史》（3），北京：当代中国出版社，1999 年，第 683 页。

④ 《光绪朝朱批奏折》第 31 辑，第 442 页。

⑤ 吕萌南总纂，阜阳市地方志办公室整理：民国《阜阳县志续编》卷 13《灾异》（一），合肥：黄山书社，2008 年，第 427 页。

⑥ 《光绪朝朱批奏折》第 31 辑，第 258 页。

⑦ 《光绪宣统两朝上谕档》第 24 册，第 134 页。

⑧ 《光绪朝朱批奏折》第 31 辑，第 746 页。

临的最严峻的社会问题——民生困苦、水利废弛、生产凋敝、流民遍地、社会动荡以及建立有效的社会应对灾荒体制和机制等，无疑产生了一定的积极作用。尤为值得一提的是，时至清末，部分洋人和团体等在皖淮灾荒救助中表现出了较高的主动性和较大的热情并身体力行地实施救助，特别是在疫病防控理念和方法手段等方面具有开创之功。

2. 将海内外各方力量整合成一定的有效救助合力

在为皖淮灾荒救助筹措钱粮物过程中，相关人士皆逐渐达成了这样的共识：必须集海内外社会各界之力开展救助，如"不通力合作，恐难补救"①，且最终形成了一股救助合力，这主要归功于赈救事宜的主导者——官方的态度、政策措施和义绅等的奔走呼号。

从各级政府来看，其在投入一定的人财物力救灾的同时，能适时主动地向社会各界甚至洋人等"驰书告籴，仿效义赈办法"②，祈求后者救助皖淮灾民，对海内外各方救助力量给予礼遇，并逐步形成一种常态，特别是对于义赈，表示"多盼望其来"③，从而极大地吸引和鼓舞了义赈力量积极主动地投入救助，并将皖淮作为其救灾恤患的重点区域之一，义赈也成为民间救助力量的主体，对官赈起到了有益的辅助和补充作用，最终形成了"官赈、义赈同时并举，办理不遗余力"④的局面；一批义绅为皖淮赈救建莫大之功，而并不只是今人靳怀宇所说的仅是"严作霖、施善昌、陈煦元、施则敬等人对安徽义赈有功"⑤。除此之外，官方将一定的精力用于社会其他救灾资源的整合上，其主要就是通过鼓舞各界捐献等手段，吸纳各界社会力量投入救灾，使不论是各省的赈捐还是协赈，皆"一视同仁，决不稍分畛域"⑥地筹措钱粮，试图救助皖淮灾民；对于其他社会零散赈救力量，官方也持积极的整合之态和采取相应措施，并取得了一定的实效。

3. 在提升灾荒救助的时效性上有所作为

对于救灾的时效性，明代荒政专家林希元有言："救荒如救焚，惟速乃济。"⑦对此，在皖淮赈救中，官民在主观上时常遵循江督曾国荃等所倡导的"救灾总贵迅速"⑧原则，目的是"必使赈需早到灾区"⑨，并为此做了多方努力。

---

① 《度支部亦顾念皖北灾黎耶》，《申报》，宣统二年庚戌十二月十六日，第一张后幅第二版。

② 《筹赈通论》，虞和平编：《经元善集》，武汉：华中师范大学出版社，1988年，第118页。

③ 《光绪朝朱批奏折》第32辑，第15页。

④ 《光绪朝朱批奏折》第31辑，第746页。

⑤ 靳环宇：《晚清义赈组织研究》，长沙：湖南人民出版社，2008年，第283页。

⑥ 《安徽乞赈函》，《申报》，光绪三十二年十二月二十日，第十八版。

⑦ （明）林希元撰，（清）俞森辑，夏明方等点校：《荒政丛言》6《三戒》，李文海、夏明方、朱浒主编：《中国荒政书集成》第1册，天津：天津古籍出版社，2010年，第100页。

⑧ 《光绪朝朱批奏折》第31辑，第82页。

⑨ 中国第一历史档案馆编：《光绪朝上谕档》第25册，第174页。

　　第一，官方成立专门机构处理赈务。它包括适时成立豁免局等多个处理赈务机构和增设"腰站"等，"以期便捷"赈救事宜。① 其结果与以往的政府相关部门兼行赈救职能的情况相比，多少提高了救荒工作效率特别是赈救事宜处置速度，有助于尽快将赈救钱粮物发放给灾民，这对于受赈对象的作用，正如晚清和州知州姚锡光所言："早一日早活一日之命。"②

　　第二，选派专员处理赈务。其除了专门救荒机构中配备的专办赈务之员外，还包括江督特别是皖抚亲赴或派遣省府专员或道员等前往灾区查赈和督赈，且皖省的这类行为主要是针对皖淮救灾才有的，即使在皖省粮食和赋税主要来源区的沿江圩区也并不多见，皖南等山区更是罕见，江督所派之救灾专员几乎从未涉足过其时皖淮以南的安徽灾区。结果，这一行为使皖淮赈救事宜有专人组织、管理和督促，有利于提高灾赈事宜的办理速度。

　　第三，官民以垫款方式"移缓救急"③ 尽快救助皖淮灾区。尽管其时借垫款项赈救皖淮存在有借无还的风险，但中央政府、江督、漕运总督、外省督抚、筹赈大臣和民间善士等，还是基于赈救的速效考虑而多有此举。如：中央政府曾将绝不轻易借拨的芜湖关和凤阳关等关税允借皖淮赈救；在官方协赈中，光绪十三年（1887），当中央政府允诺将来截漕若干救助皖淮后，江督主动将此项钱粮先由江苏藩库垫付；光绪十四年（1888），陕甘总督谭钟麟考虑到皖淮"赈务孔殷"，等待赈捐需时过长，即"拟于陕甘两省筹借银"④ 若干给安徽；光绪二十五年（1899），江督刘坤一"于江苏徐海春赈项下，先后提拨银十万两"⑤ 借给安徽；光绪二十三年（1897），"京卿"孙家鼐和胡燏棻等在赈捐皖淮奏请获准后主动垫款，"由京筹集电汇至皖银一万两"⑥ 以上；宣统二年（1910），办赈大臣盛宣怀"由度支部预垫捐款银"和"邮传部暂借路款银"⑦ 救助皖淮等。同时，皖抚等皖省大员也屡屡垫款赈救皖淮，甚至为该区"赈务，司库一再挪垫，罗掘几穷"⑧。

　　第四，注重主要灾赈手段实施的先后顺序。皖淮灾荒救助的主要手段为直接赈济和工赈并举，但官方在主导这一过程中，始终遵循"在放赈完竣后"⑨ 接续进行工赈的原则，这正是为了讲求灾荒救助时效性，因为首先必须缓解灾民

　　① 中国第一历史档案馆编：《皖政辑要》，第 177 页。

　　② （清）姚锡光：《吏皖存牍》，官箴书集成编纂委员会编：《官箴书集成》第 9 册，合肥：黄山书社，1997 年，第 724 页。

　　③ 《光绪朝朱批奏折》第 32 辑，第 9 页。

　　④ 《光绪朝朱批奏折》第 31 辑，第 125 页。

　　⑤ 《光绪朝朱批奏折》第 32 辑，第 9 页。

　　⑥ 《光绪朝朱批奏折》第 31 辑，第 746 页。

　　⑦ 《江皖筹振新捐奏稿》，李文海、夏明方、朱浒主编：《中国荒政书集成》第 11 册，第 8011 页。

　　⑧ 《光绪朝朱批奏折》第 31 辑，第 819 页。

　　⑨ 《光绪朝朱批奏折》第 32 辑，第 61 页。

的极度乏食问题，这是后续进行的工赈等其他各项救灾举措的前提，否则，灾民势必以流亡乞食、劫夺偷盗甚至暴动等行为应对饥馑；唯有灾赈为先，才能使恢复生产生活和工赈存在可能性，也才有可能进行建设性救灾和建立灾害抗救的长效机制等。

4. 灾荒救助中存在的主要问题

尽管社会应对晚清皖淮灾荒取得了一些绩效，但存在的问题也不胜枚举，且其主要由官方担责，如：皖省各级官员谎言连篇，救助中的违法行为比比皆是，救助的临事周章和滞后现象较为普遍，重拯灾救荒的治标而少进行治本，各类赈救投入杯水车薪，平粜或举措难得一见或数量甚微，对各类赈救之弊多听之任之，对灾异引发的社会稳定问题认识和处置失当，赈救钱粮物来源上过于依赖赈捐，与江苏等省相比，社会对皖淮灾区赈救的厚此薄彼等。当然，其中的一些问题与其他社会群体甚至洋人等亦有关联。正是这些问题的存在，使得皖淮无数灾民道尽途殚，社会局势险象环生，特别是庞大的"无衣无食，且无家可归，状至惨酷"①的"三无"社会群体的存在，严重地威胁着域内稳定甚至清廷的统治，也使得有识之士油然而生皖淮乱象"不可收拾"②的担忧和"默观时局，大厦将倾"③的绝望情绪。

综上所述并结合其他史料分析可见，晚清皖淮为中国灾荒问题最为突出的区域之一，其也引起了海内外社会日益广泛的关注，一大批国内官民和洋人躬身调查和宣传皖淮灾区危局，竭力吁请社会各界救助，提出应对灾荒的建议和对策，营造了较为有利的应对皖淮灾荒之社会环境。在应对过程中，总体上看，社会各界能破除畛域之见，发慈悲之心，向皖淮灾民伸出援手，整合成了一定的应对灾荒合力。其中，官方是应对灾荒事宜的主导者、决策者以及筹措钱粮物、赈救行为主体之主体；义赈为民赈的主体，竭其所能地聚集民间善士力量赈救皖淮；时至清末，洋赈也适时地参与赈救，特别是对近代疫情防治工作可谓有开创之功；与此同时，涌现出一大批关心民瘼、心系灾民、不畏艰辛甚至不顾个人安危而试图救民于水火的中外"见义勇为"④者。应对之策取得了些许成效，部分地缓解了灾区危情、赢得了社会的赞许和肯定，但由于诸多致命之不利因素的存在及其制约，皖淮灾荒应对并没有达到"解斯民倒悬之厄"⑤和"定人心而全民命"⑥的基本目标。

---

① 《安徽灾荒之一班》，《东方杂志》1910年第7卷第11期《记载第三·中国时事汇录》。
② 《度支部亦顾念皖北灾黎耶》，《申报》，宣统二年庚戌十二月十六日，第一张后幅第二版。
③ 冯廷韶、卞孝萱、祁龙威：《冯廷韶家书》，《安徽史学通讯》1958年第5期，第53页。
④ 《光绪十五年八月二十三日京报全录》，《申报》，光绪十五年九月初二日《附张》。
⑤ 《上海陈家木桥电报总局内豫皖赈捐处会同高易丝业文报兴昌四公所补解下游第七批赈银并于下旬起解第八批上下游赈款公启》，《申报》，光绪十三年十一月十一日。
⑥ 《光绪朝朱批奏折》第32辑，第9页。

清中叶至民国时期苏北里运河东堤归海坝
纠纷及其解决 *

张崇旺

（安徽大学淮河流域环境与经济社会发展研究中心）

为保运堤安全和漕运畅通，明代开始在苏北里运河东堤修建了众多减水闸坝，经多次修建和改建，至清中叶形成了"归海五坝"，即高邮的南关坝、新坝、中坝、车逻坝以及江都邵伯镇北的昭关坝。对于归海坝的开与保之争，在晚清及民国历史上留下了很多记载，但目前学界对此问题还没有更多的关注，仅见的成果①或偏重史实的简单梳理，或只是在研究治水政治、江淮水灾等问题时稍有论及。鉴于此，下面主要依据旧志、水利书、民国报刊资料，从归海坝纠纷的类型、成因以及预防和解决等方面，对数百年悬而未决的归海坝开与保争执问题进行系统地考察。

一、归海坝纠纷的类型

围绕归海坝启放问题，官府保漕堤安全的国家利益和上、下河民众保卫自己生命财产安全的地方利益产生了激烈的冲突，国家和地方社会之间、上河与下河地方社会之间的开坝和保坝之争显得相当激烈。

---

* 本文为国家社科基金项目"建国以来淮河流域水资源环境变迁与水事纠纷问题研究"（14BZS071）、教育部人文社会科学重点研究基地重大项目"徽州文化与淮河文化比较研究"（05JJDZH219）阶段性成果。

① 高鸣：《归海坝"史话"》，《水利天地》1993 年第 6 期；高鸣：《乾隆南巡与归海坝》，《治淮》1996 年第 4 期；廖高明：《归海五坝的变迁》，《江苏水利》1999 年第 8 期；孔祥成、刘芳：《民国救灾与环境治理中的政府角色分析——以 1931 年江淮大水救治为例》，《长江论坛》2007 年第 5 期；曹志敏：《清代黄淮运减水闸坝的建立及其对苏北地区的消极影响》，《农业考古》2011 年第 1 期；马俊亚：《治水政治与淮河下游地区的社会冲突（1579—1949）》，《淮阴师范学院学报（哲学社会科学版）》2011 年第 5 期；等等。

（一）围绕运堤出险是否即时开坝问题，国家与下河地方社会之间、上河与下河地方社会之间发生的开坝与保坝之争

在国家和地方社会之间，国家从保运堤安全出发，运河异涨之时，往往会下令迅速启放各坝；而下河民众（包括下河地方官）从"卫我田庐"角度出发，则反对开坝甚烈。如道光六年（1826）春奉令启放昭关坝，"数万众日夜卧坝上，不能施畚锸"①。道光十一年（1831）六月中旬，"洪湖、扬河水势异涨，飞饬启放高邮四坝。农民数千人，哄至阻扰"②。道光二十八年（1848），由于车逻、昭关坝的启放，下河地区成为一片泽国。当开坝之时，有数千人躺卧坝上，河卒竟然以火铳相击。清人厉同勋的《栖尘集·湖河异涨行》一诗云："河臣仓皇四坝开，下游百姓其鱼哉！黄云万顷惊转眼，化为海市之楼台；更怜村民痴贾祸，不死于水死于火！"③

上河地区地处下河上游，上承山盱各坝下泄的洪泽湖水，潴于运西而连成浩瀚的高宝湖区。一旦高堰之东五坝开，淮水异涨，运河中饱，运西湖区便湖河一片，上河民众要求启放归海各坝的愿望十分强烈，而下河民众则反对开坝。如此，运河泄洪问题的背后除了开坝保运的国家意志和下河人们防洪保坝以护卫民田的地方意识之间的矛盾之外，还交杂有上河与下河之间的民众围绕泄水与堵水问题所展开的水事冲突，"盖上河苦淮，则无麦；下河苦淮，则无禾"，"上河主排淮，欲放之，使纳诸下河；下河主摈淮，欲扼之，使潴于上河。而以开放归海五坝，为上下河必争之点"，结果"上下河交受其病"。④如乾隆七年（1742）七月，据德沛奏，扬州府通判刘永钥等禀称，"高邮邵伯一带湖河水势加长，已将芒稻闸、董家沟开放，以资利导。乃有湖西乡民数十人，赴邵伯工次，求开奉旨永闭之昭关坝，以保田禾。永钥等谕令散去，讵刁民于次日五鼓持械聚众，擅敢将漕堤挖动，下河乡民抢护，两相争执，各有数人受伤"⑤。

时至民国时期，里运河漕运功能虽然基本丧失，但依然是苏北交通、灌溉的大动脉，开坝保运的国家意志虽然淡化乃至退场，但上、下河地方社会之间开坝泄洪和保坝堵水的矛盾不但没有消除，反而因里运河地区河道湖沼淤浅、运堤闸坝工程年久失修、导淮工程进展迟缓等因素所导致的里运河地区水患变

① （清）包世臣：《中衢一勺》卷6附录三《闸河日记》，李星点校：《包世臣全集·艺舟双楫·中衢一勺》，合肥：黄山书社，1993年，第159页。

② 《江苏水利全书》卷18，转引自《京杭运河（江苏）史料选编》第2册，北京：人民交通出版社，1997年，第666页。

③ 转引自朱偰编：《中国运河史料选辑》，北京：中华书局，1962年，第176页。

④ 民国《阜宁县新志》卷9《水工志·淮水》，《中国方志丛书》（166），台北：成文出版社有限公司，1975年，第744页。

⑤ 《清实录·高宗纯皇帝实录》（一一）卷171，乾隆七年（1742）壬戌七月癸酉条，《大清高宗纯（乾隆）皇帝实录》（四），台北：台湾华文书局股份有限公司，1970年再版，第2515页。

得更为严重而更加尖锐化。1921 年 7 月开始,"秋水大涨,各坝岌岌可危,高、宝两邑以开坝为利"①。上河各县要求开昭关坝,世居邵伯镇的省议会参议员丁文莹电约兴化、东台、盐城、阜宁等县人士据理力争,开昭关坝之事"遂中止,保全实大"②。8 月 12 日,泰县"地方人士聚议,由商会长陈悬洽电省保坝","凌木生等亦电省,请准保坝"。③旅沪扬州同乡陈国栋等 21 人亦于 9 月电阻开昭关坝,指出:"今高、宝两县以邻为壑,竟主张开放此百年封禁人人谓危之昭关坝,殊属忍心害理。日来天气放晴,水势渐退,更无冒险开放之必要,务乞督办调查县志,道光四年放坝之惨祸,可作殷鉴。"④1931 年 7 月 11 日,江淮普降大雨,"江、淮、沂、泗并涨,运水骤增。甫交伏,高邮御码头志椿已达一丈七尺六寸",下河的兴化县党部暨各民众团体、各机关代表、民众数千,"麇集坝上,舍死忘生,情势迫切,力保堤防"。8 月 5 日,"时淮阴人请开昭关坝,泰、东、兴、盐、阜五县各推代表驻邵力保"⑤。8 月 8 日,有人在省政府倡议启放昭关大坝,省同乡会发电告知阜宁县,该县政府于午夜召集会议,"群情愤激,拍电力争"⑥。同日,"运河上游水势又大涨,淮阴头二闸水已漫过马陵山,覆成马陵岛,军民请开昭关坝"⑦。至 8 月中旬,据江都陈县长报告督署称,昭关坝骤来上游民众 2000 余人,拟偷开昭光坝,"并闻与下游民众,发生冲突"⑧。1938 年,国民党政府决开河南花园口黄河大堤,引河南泛,所经之处,庐舍为墟。7 月下旬末,高邮、宝应运堤告急,里下河地区农民群集高邮保堤,每日达数千人。距立秋前十余日,省政府会议决定在高邮御马头设水位志桩,超过规定时,可循例开坝,并责成沈抱真会同高邮县陈县长立即做好开坝准备工作。然而,里下河各县都反对开坝,以兴化县长金宗华反对尤烈。8 月下旬,立秋已过十余日,省政府专电里下河各县催促抢割稻谷,转移低洼地区百姓的财物,做好开坝准备。当时老百姓主动聚集数千人上坝防守,阻止开坝,使运工局沈代局长和高邮县陈县长无法执行命令。省府又派徐谟嘉星夜赶赴高邮县负责开坝工作。徐谟嘉一面派保安队士兵通知保坝者到体育场集合,听取省直委员报告,一面命令保安队士兵挖开三坝中最南端的车逻坝,随即过水,

---

① 民国《泰县志稿》卷 1《大事记》,《中国地方志集成·江苏府县志辑》(68),南京:江苏古籍出版社,1991 年,第 10 页。

② 民国《江都县新志》卷 7《人物传第七》,《中国地方志集成·江苏府县志辑》(67),第 865 页。

③ 民国《泰县志稿》卷 1《大事记》,《中国地方志集成·江苏府县志辑》(68),第 10 页。

④《旅沪扬州同乡电阻开昭关水坝》,《申报》,1921 年 9 月 26 日,《申报》第 173 册,上海:上海书店,1984 年,第 502 页。

⑤ 民国《续修兴化县志》卷 7《自治志·保坝》,1943 年。

⑥ 民国《阜宁县新志》卷首《大事记》,《中国地方志集成·江苏府县志辑》(60),第 12 页。

⑦《运河上游大涨》,《申报》,1931 年 8 月 9 日,《申报》第 285 册,第 216 页。

⑧《上游民众偷开昭关坝起冲突》,《申报》,1931 年 8 月 16 日,《申报》第 285 册,第 423 页。

接着又挖开新坝,水势渐趋稳定。①

(二)围绕开坝时间问题,国家与下河地方社会之间、上河与下河地方社会之间所产生的早开和缓开之争

清嘉庆、道光年间,大水为患,经常因秋后水涨而启放归海坝,下河民众因之改种一季并在秋前成熟的早禾。即便如此,"值伏秋盛涨,河督为避险计,往往先时启泄",民田还是深受其害。②道光六年(1826)夏,洪泽湖水涨,河臣惧堤工不保,遂启五坝过水。当时下河早稻成熟在即,若推迟数日放坝便可收割完毕。但是,官府根本不顾下河地区的民生,仍先行启放。清人曹楙坚于此年就见下河百姓因过早放坝在淹没的稻田中抢捞稻子的悲惨情景:"低田水没项,高田水没腰,半熟不熟割稻苗,水中捞摸十去九,镰刀伤人血满手。生稻不成米,熟稻一把无。官说今年不要租,难得稻头一两寸,留作粆儿粥几顿。愿天活民水早退,茫茫不辨东西界,抢得稻米无处晒。"③

下河民众原本指望收获一季早稻,以供全年生活。如果在秋前启放归海坝,早稻肯定收获无望,所以下河民众强烈反对秋前开坝。即使秋后必须开坝保运堤,也是希望能迟开一日是一日,以便早稻都能颗粒归仓。《保坝谣》诗云:"长淮千里来自西,官民扰扰争一堤。保堤坝必启,保坝堤又危。官耶民耶各据所见言恒歧,官言堤决祸最大,官固革除民亦害,不如启坝留堤在。民则曰不然青青之稻方满田,留坝一日增获千,忍使未秋先弃捐?"④清人黄钧宰亦曰:"历届大汛时,远近农民扶老携幼,枕藉坝上,求缓一二日,以待收割。哀号之声,彻于霄汉。"⑤

(三)围绕开坝后如何快速泄水归海问题,下河地区各行政区、区域利益共同体之间发生的阻水和决水之争

道光七年(1827),高邮县武生刘镰禀称,"五总九里四角墩总河向北通各荡入海,系坝水下注要道,近被附近居民从中筑坝阻遏,经知州李勘明出示押开永禁在案。案运河由各坝闸洞注荡注海,均以一律通畅为得。近年河荡归海去路,诚有奸民筑坝河心,遇水小则筑于下口以专利,而下游旱;遇水大则

① 参见徐谟嘉:《抗日战争初期苏北治水片段》,《高邮文史资料》第8辑,1988年,第155-157页。

② 光绪《清河县志》卷17《仕绩》,《中国方志丛书》(465),台北:成文出版社有限公司,1983年,第167页。

③ (清)曹楙坚:《抢稻行》,潘慎、马思周等:《古代农民生活诗选注》,合肥:安徽文艺出版社,1986年,第211页。

④ 民国《三续高邮州志》卷7《保坝谣》,《中国方志丛书》(402),第1178-1179页。

⑤ (清)黄钧宰:《金壶浪墨》卷1《神保湖堤》,《清代笔记丛刊》(4),济南:齐鲁书社,2001年,第2887页。

筑于上口以免害，而上游潦，以致懦弱为强慑，少为众欺，讼狱每滋，胥吏操纵，甚至逞忿私争"①。盐城县黄沙港上段有横跨港身之黄沙堤，"周约百里，每值水患，堤内居民堵塞港口，荷枪固守，堤外水深数尺，累月不退"②。光绪十年（1884），放车、南二坝，阜宁县境大水。八月初五日大雨，"淮溢，王家浦九巨大堤被外滩居民盗挖，决口甚巨"。阜宁仁和十巨海南三汛旧有民间私挖码头缺口 20 余丈，因一直没有及时堵上，导致光绪二十年（1894）八月大风雨时，"淮涨，由缺口直入，平地积水数尺"③。

1931 年江淮流域大水，次第开车逻坝、南关坝、新坝，下河顿成泽国。下河地区行政区之间、个人和集体、集体与集体之间的防洪排水纠纷因此愈演愈烈。在江苏兴化县，据兴东农人云：大丰公司圩堤阻遏，西来之水不能畅泄入海，不得不誓死力争，不达开口下水之目的不止。而据区内居民，则以开圩下水诚恐圩堤冲破，不能不死守不开，情词各执。④东台县第九区 19 乡乡长上联名控告书，认为"讵大丰、裕华两公司建筑私圩，妨碍水道"，"不意今年阴雨连月，西水下注，该公司竟将公有私浚之卯酉河擅自筑坝堵塞，上游之水无从宣泄，以致平地数尺，汪洋一片，田园丘墓，尽成泽国"，因此要求大丰、裕华公司立即开坝泄水，并负责赔偿损失，"以救垂毙之灾黎"。⑤大丰公司在答复东台县第九区民众并敬告三县十场各界人士宣言中对此进行了辩驳，大丰公司与地方之间的水事冲突因此日益白热化，处于胶着状态。一时间，"垦区大堤内外，聚集着双方几千名农民，剑拔弩张，一触即发"⑥。

二、归海坝纠纷的成因

归海坝纠纷的产生，虽然有气候变迁、黄河夺淮及上下河悬殊、下河地势低洼呈釜底形状而易内涝等自然因素的原因，但主要还是明清官府护堤保运政策以及下河民众围垦阻水等人为因素所致。

（一）开坝归海人为造成下河水灾

明清官府严格规定：若遇运河水涨溢到一定程度，则启放减水闸和次第启

---

① 道光《续增高邮州志》第 2 册《河渠志·下河》，《中国方志丛书》（154），台北：成文出版社有限公司，1974 年，第 205 页。

② 民国《续修盐城县志》卷 2《水利》，《中国地方志集成·江苏府县志辑》（59），南京：江苏古籍出版社，1991 年，第 390 页。

③ 民国《阜宁县新志》卷 9《水工志·淮水》，《中国方志丛书》（166），第 787 页。

④ 参见高鹤年：《兴化辛未水灾临时救命团日记》，摘自《辛未水灾征信录》，《大丰县文史资料》第 10 辑，1992 年，第 57-58 页。

⑤ 参见仓显：《大丰公司防治洪水概况》，《大丰县文史资料》第 10 辑，第 282-283 页。

⑥ 参见童斌、仓显：《辛未（1931 年）洪灾与高鹤年居士》，《大丰县文史资料》第 10 辑，第 99-100 页。

放归海五坝，若是大水迅速上涨，则诸坝齐开。咸丰五年（1855）黄河北徙前，五坝常同时启放。黄河北迁后，大水之年，依然常开车逻坝、南关坝和新坝。因下河地区地势低洼，东高西低，兴化、泰州一带犹如釜底，原本就无直接泄水入海的大型河道，所谓开坝归海实际上就是泄水归田，只要减水闸和归海坝一启，下河地区顿成泽国。如乾隆七年（1742），"河大决古沟，高宝诸城几坏，不得已急开高邮三滚坝泄之，乃至漂没田庐民畜无算"①。嘉庆十年（1805），运河上的昭关坝开，下河被灾甚重，邹熊《大水行》（嘉庆乙丑事）书其灾情道："……东南地高水不深，惊蛇入床虾蟆登。西北地卑水弥弥，少壮流亡老弱死。七日水退人束腹，灶有泾薪釜无粟，千家万家同一哭。"②嘉庆十一年（1806）五月下旬，开车逻、南关两坝，六月因下河坝水为灾，"男妇任抢，来扬觅食；而当事莫以安集为意，唯饬门管闭门下键，有如戒严。其先入城者，数已盈万，围守盐、典两商，奴呼填塞，几至罢市。文武乃督率兵隶，纵横驱逐；老幼奔突，民情汹惧"③，坝水之灾引起的社会动荡，可见一斑。道光六年（1826）夏，洪泽湖水涨，"当事惧堤工不保，遂启五坝过水。扬郡七州县当下游者，田庐尽没，较嘉庆丙寅（十一年，1806）决荷花塘害尤剧"，清人曹楙坚为此作《开坝行》云："今年稻好尚未收，洪湖水长日夜流。治河使者计无奈，五坝不开堤要坏。车逻开尚可，昭光坝开淹杀我。昨日文书来，六月三十申时开。一尺二尺水头缩，千家万家父老哭。"④道光二十八年（1848），淮扬水灾，据兴化知县梁园棣禀稿云：车逻、中、新、南关大坝四坝齐开，西、南、北三乡"高田受水四五尺，低田受水五六七尺不等，禾皆淹没，无从抢割"。再看四乡被水处所，距城五六十里内，均已田河一片，不见积水，屋宇俱在水中，灾民呼号之声，惨不忍闻。城外及各村镇不论贫民富户，皆架木而居，悬釜而炊，"甚且鱼游室内，尸置树巅，情尤可悯"⑤。

　　1921年秋大水，启高邮车逻、南关新坝，盐城县境"堤圩多破"⑥；兴化县僻处下游，"上游车逻坝、五里及新坝先后开放，城中水深数尺，低下民房多半漂没，流尸惨目，无可挽救，米草骤涨，价逾十倍，痛苦不可言状"⑦。1931年秋，江淮大水，"苏省自运河水涨，车逻、南关、新坝相继开放后，盐、阜、

①　（清）黄垣：《盐城县水利志》，乾隆《盐城县志》卷15《艺文》，1960年。
②　道光《泰州志》卷33《艺文》，道光七年（1827）刻本。
③　（清）包世臣著，王毓瑚点校：《郡县农政》卷2《杂著·致伊扬州书》，北京：农业出版社，1962年，第65页。
④　潘慎、马思周等：《古代农民生活诗选注》，第211页。
⑤　咸丰《重修兴化县志》卷3《食货志·蠲赈》，《中国方志丛书》（28），第395-396页。
⑥　民国《续修盐城县志》卷14《杂类志·纪事》，《中国地方志集成·江苏府县志辑》（59），第463页。
⑦　民国《续修兴化县志》卷14《艺文志·诗类四》，1943年。

泰、东、兴各县，一片汪洋，尽成泽国"①。如江都县在"高邮三坝开后，艾陵、荇丝、渌洋、青荡各湖，同时并涨，滨湖各圩，十沉四五"，邵伯镇大堤于8月26日溃决后，下游附近村镇，刘庄、马庄、小街等处，尽行冲毁。戚墅庙、杨家庄、真武庙、丁沟、永安、乔墅、陈家甸、丁家伙、高桥各镇，尽沉水中，附近各圩田，如护堤圩、戚墅圩、广丰圩、合丰圩、谈家套圩、杨家庄圩、真武庙东圩、张士良圩，概遭灭顶，而无圩高田，水西乡、周墅乡、邵仙女乡、延寿乡、黄花叶乡，"深者稻尖尽没，浅者稻穗微露水外，合共淹没田亩在二十万以上，灾民约十余万"②。高邮县"自归海三坝启放后，毙人畜甚夥"③。兴化县"及至秋前七月，车、南、新三坝，又相继启放，水势骤增四尺，城垣半没水中，居户尽应灭顶，东门街市，夙称繁盛，现非舟不行"，"城外则一片汪洋，洪波万顷，县境数百里，水天相接，与太湖无异"。④盐城，在启高邮车逻、南关、新坝后，"未几，运堤决二十余处，长八百丈，平地水深数尺，县境堤圩悉破"⑤。坝水到达阜宁县后，阜宁境内"大部棉田及杂谷，完全绝望，至西南乡一部稻田，与盐城情形相同"⑥。泰县在归海三坝开放后，"下河各区，斜堤圩外之田，水深六七尺不等，甫经两日，演圩决口，圩内水量，亦与圩外相等，匪特晚禾淹没，日久均遭腐烂，即各庄房屋，亦大半倒塌，无家可归者不止十万人"⑦。东台县"忽闻运坝开放，其鱼之叹，益觉凛凛，乡村民众，全年辛苦，完全绝望"⑧。

（二）下河地区水生态环境的恶化助推坝水之灾

归海坝初设时，"按旧制，山盱上五坝口门共三百三十余丈，运河下五坝口门共二百七十余丈，当日较准尺寸，故五坝尽开，无论异涨若何，足敷宣泄"⑨。同时，归海坝也和范公堤上出海闸坝相应，所以"昔人创法诚为尽善，但当日河深堤高，兼有湖荡可以容贮，故从前放坝，犹未为甚害"⑩。但至清末民初时期，范公堤"自丁溪至阜宁，计闸只十有八座，金门不过七十余丈，不

　　① 《苏运河三坝开放后的灾情》，《申报》，1931年8月12日，《申报》第285册，第307页。

　　② 《江北各县受灾惨状》，《申报》，1931年9月12日，《申报》第286册，第327页。

　　③ 《高邮数百年来未有之水灾》，《申报》，1931年8月12日，《申报》第285册，第308页。

　　④ 《伤心惨目之兴化灾情》，《申报》，1931年8月24日，《申报》第285册，第648页。

　　⑤ 民国《续修盐城县志》卷14《杂类志·纪事》，《中国地方志集成·江苏府县志辑》(59)，第464页。

　　⑥ 《苏运河三坝开放后的灾情》，《申报》，1931年8月12日，《申报》第285册，第307页。

　　⑦ 《江北各县受灾惨状》，《申报》，1931年9月12日，《申报》第286册，第327页。

　　⑧ 《苏运河三坝开放后的灾情》，《申报》，1931年8月12日，《申报》第285册，第307页。

　　⑨ 民国《三续高邮州志》卷1《河渠志·坝制·启坝》，《中国方志丛书》(402)，第126页。

　　⑩ (清)冯道立：《淮扬水利图说》卷1《漕堤放坝水不归海汪洋一片图》，清光绪二年(1876)淮南书局刻本。

足泄漕堤一坝之水。即照往例，将范堤开挖，而来急去迟，数十万顷之田已成巨浸"，"景象迥非昔比，诸坝一启，如履平地，田园淹尽，方到海门，所以西水下注，周围千里，汪洋一片，数月不退。每遇西风一起，巨浪拍天，野处之家，波高于屋，即或乡村高埠，勉构巢居，而无食无衣，惟有泣对洪波，束手待毙而已"。①

下河泄水不畅，还由于垦田日广。大面积的私垦和放垦，一方面使得下河大量湖荡消失，导致坝水无处滞纳，横冲直撞。如盐城"县西湖荡逐年淤垫，日就湮狭，附近居民围田艺稻，岁增月进"，至民国初年"宋作宾等创筑庆西堤，郭树人等创筑九陇堤，其间垦艺益广"②。另一方面，垦田同时筑堤筑圩以御水，以致阻塞了河水归海之路，坝水下注，数月难以达海。如本来兴化、泰州一体被灾，"然兴化自隆庆年间筑有长堤一道，隔住泰州之水，使不得急泄。每岁邵伯湖决及减闸诸水，泰州屯宿独先而宣泄独后，故连年泰州受害，视兴化尤惨"③。谈人格在《筑圩叹和杨甥雨溪并序》中说："郑州决口经春未塞，大吏虑伏秋汛发，下河地难容受，议疏海口，速其归。而臬使张躬至淮南相度水道，命民多筑土圩御之，于是邮邑以东一律兴筑。不知五坝开闭，向视上游水势以定缓急，缓则固守以卫稼，急则启坝以保堤，若于坝下筑圩，节节横阻，虽五坝全开，盛涨亦难遽落，运堤崩决之虞，将有不堪设想者。"④在淮南盐区，随着清末盐垦公司的纷纷建立，修圩筑堤蔚然成风，结果导致排水不畅。如阜宁县的腰港港口被圩阻塞，大陆港在小陆港东南三里入口，西南行，阻于土圩。⑤在兴化县有大丰盐垦股份有限公司，该圩周约200里，面积百余万亩，划分四五十区。横亘于南北者，东西子午两堤。贯穿于东西者，为卯酉河五道。其地未垦以前，无子午高堤之阻，凡遇西水下注于斗龙港漫滩而过，入于黄海。"今年之水，不能畅流归海，非开放卯酉河不足以救此百万亿之生灵也。"⑥在泰州，"泄水入海以斗龙港、新洋港为最畅，王家港距斗龙港二百余里，中间为草荡，向来坝水下注，泛滥平铺入海"，也是由于大丰盐垦股份有限公司将场荡收为垦地，又将东洋河塞圈入，以致水被垦部高堤阻塞，不得由草荡平铺

---

① （清）冯道立：《淮扬水利图说》卷1《漕堤放坝水不归海汪洋一片图》，清光绪二年（1876）淮南书局刻本。

② 民国《续修盐城县志》卷4《农垦》，《中国地方志集成·江苏府县志辑》（59），第408页。

③ 崇祯《泰州志》卷9，万历二十四年四月《本州均粮申文》，《四库全书存目丛书》（史210），济南：齐鲁书社，1996年，第210页。

④ 民国《三续高邮州志》卷7《艺文》，《中国方志丛书》（402），第1176-1177页。

⑤ 民国《阜宁县新志》卷2《地理志·水系·河流》，《中国地方志集成·江苏府县志辑》（60），第23页。

⑥ 参见高鹤年：《兴化辛未水灾临时救命团日记》，摘自《辛未水灾征信录》，《大丰县文史资料》第10辑，1992年，第57-58页。

入海，反绕垦部外西子午河下注斗龙港。①

围垦湖荡，圩堤阻水，造成下河地区水道淤塞、排水不畅，水生态环境恶化，水患灾情加剧。道光《续增高邮州志》云："案自来言高邮下河水利，专赖疏浚淤塞。而淤塞情形，今昔不同。昔则水过沙停，积久渐室；今则圩多河窄，无地可容，而支河僻港又多闭塞，甚有规占场荡以为私田者。每遇启坝之年，昔时但惧不得达海，今后将忧不得达荡。且荡既成田，田复筑圩，是自受淤多，而又添阻塞之病"，"近年有坝开数十日，甚或百余日，而水不泄者。上由圩埝太多，下因盐河淡水之禁，达海各闸不许骤开，故大半多坐阻塞"。②

里下河地区本来"沟洫通利"，但"惟遇开坝则一片汪洋，沉垫屡月，盖享水利大者，受水害亦大也"。③所以，下河人们很忧惧这种"坝水"，于是下河民众保坝卫田与官府为开坝保漕、上河民众为开坝保田之间矛盾激烈，冲突不断。

三、归海坝纠纷的解决

归海坝是否启放取决于淮水异涨之年淮水能否及时而有效地宣泄入江以及运堤是否安全稳固。当运堤水位持续异涨，东运堤万分危险时，启放归海坝就成了必然。然而坝水下泄，河道纡曲，归海路程遥远，中间还有圩、堤、坝之类的水利设施横亘阻水，这都增加了水事纠纷发生的概率。因此，归海坝启放纠纷的调处，不能仅局限于归海坝的启放与否，而要从上、下河全局出发，构建起一个较为系统地预防和解决机制。

（一）纠纷的预防

扩大淮水入江流量，减轻运河饱涨压力。明代隆庆、万历以后，"河势南趋逼淮，淮失故道，挟洪泽而东趋，不得不以运河为壑"。乾隆四十二年（1777），河臣奏称，"运口至瓜洲高十四丈有奇，此南北之势相悬绝"。嘉庆年间，"分黄助清，而高堰不守，又借黄济运而运口抉翻，于是运河三百里，黄流漫漫，南自崇家湾、荷花塘，北至平桥汛、状元墩，以及清江浦之云昙口、余家坝、千根旗杆等处，在在溃决频仍，此全河之极变，尤运河之极变也"④。面对淮扬运河区域水生态环境的变化，既不能让山盱各坝水不来，又不能轻易开启贻下河之患的归海各坝，所以治理归江各坝，扩大淮水入江流量就成为治理启坝纠纷的关键。不少有识之士认为淮水南赴长江为正道，势由顺导，建议"每年春

---

① 民国《续纂泰州志》卷2《水利》，《中国地方志集成·江苏府县志辑》（50），第548-549页。
② 道光《续增高邮州志》第2册《河渠志·下河》，《中国方志丛书》（154），第203-204页。
③ 民国《三续高邮州志》卷1《实业志·营业状况》，《中国方志丛书》（402），第249页。
④ 咸丰《重修兴化县志》卷2《河渠二·运河》，《中国方志丛书》（28），第280、281页。

夏之交，湖水报闻少长，恳乞宪恩飞札咨会河宪，一面即赐通饬管理拦江坝、褚家山、凤凰桥、壁虎桥、金湾坝及出江诸闸口各官弁，一律星速畅开，勿令少有稽延，小留壅塞，著为定章，奏明勒石"，如此就能起到"早防邮湖不致受洪湖饱灌之危，下河州县自不致受邮湖倒冲之害"的良好功效。[①]1921 年淮扬大水，运河东堤吃紧。为减轻运堤的压力，江都农业研究会上书江苏运河工程局"报请电核，立饬启放壁虎坝，泄水入江，以舒民困"[②]。

适时启放运东诸闸，以减运河异涨。运河东堤原有官办和民办的涵洞、闸洞，一方面为减运河异涨之用，另一方面则为民田灌溉而设。不过，在洪水之年，必须在水位不是很高的情况下预先启运东诸闸洞，才能起到减涨之作用。如果运河已经饱涨，启闸洞泄水则相当危险。一是因为闸洞多为灌溉而设，下无泄水引河，有的只是引水灌溉的沟洫，与泄水入海各港并无必然连接，一旦开闸泄水，洪水倾泻而下，下河民田损失更重；二是运堤闸洞工程设施比归海坝简陋，如果运河饱涨之时启放，则容易造成运堤多处决口，乃至造成全运河整个下河地区的灾难。所以，启放运东诸闸，必须准确预知淮河、运河水情，否则难以实施。由于水情预报技术的落后，河官通常不敢轻易启放，多是在运河异涨的时候将运东诸闸堵闭。这样一来，只能护堤保坝，最后迫不得已只能开启归海坝以防运堤溃决。道光二十九年（1849）六月，兴化县令魏源就反对在运河盛涨时将运堤东岸 24 闸全闭，主张在开坝之前命厅营速启，以预筹宣泄运河盛涨之水。制军陆大司马札云：运堤东诸闸皆分泄高宝湖盛涨之处，应全启放，以资分路畅泄，若查出启闸员弁希图蓄水增涨，达到开坝目的，当从重治罪。[③]

加固运河西堤工程，防止浪涌运东大堤出险。"查每年开坝，急不能待者，皆由扬河厅之永安汛一带，及江运厅之荷花塘一带，湖河一片，东堤危险之故"；而运河东堤是否稳固，则与运河西堤有很大的关系，"惟西堤实东堤之保障，且两面皆水，以水抵水，远胜东堤之一面空虚，故凡有西堤之处，其东堤则安若金城，即水已涨过西堤，而水中但有脊影草痕者，其东堤即不吃重。自道光十余年，钦差朱、敬二公奏办西堤碎石工以来，麟、潘二河帅十载中止有二年灾潦，较之黎襄勤任内，年年夏汛开坝，以下河为壑者，已大有悬绝"。[④]基于此，道光二十九年（1849）署兴化知县的魏源，在运河异涨之时，一方面主张推迟开坝，以抢收下河早稻，另一方面"又请大吏培筑运河西堤，甃以石工"[⑤]。后

---

① 民国《续修兴化县志》卷 2《河渠志·河渠二·运堤坝座》，1943 年。

② 《扬州请开虎坝闸》，《申报》，1921 年 7 月 17 日，《申报》第 171 册，第 329 页。

③ 咸丰《重修兴化县志》卷 2《河渠二·运堤闸洞》，《中国方志丛书》（28），第 303-305 页。

④ （清）魏源：《上陆制府论下河水利书》，《魏源集》上册，北京：中华书局，1976 年，第 384 页。

⑤ 民国《续修兴化县志》卷 11《秩官志·宦绩》，1943 年。

来，魏源担任了海州分司运判，但依然不忘岁修运河西堤问题。在查获盐枭私盐 30 余万引之后，还从中筹银 20 余万两作本金，以本金的利息作为运河西堤的维修费用，使岁修西堤得到了保障。①

齐心协力防护运东大堤，以防开坝之前运堤溃决。运河异涨之年，运东大堤时时出险，若坝未开而运堤全面溃决，将是整个淮扬地区更大的灾难。所以，每逢淮水异涨，官民、上下河皆须齐心协力护堤。如 1921 年淮扬大水，"据泰、东、江、兴、盐五县公函，各认集夫百二十名，沿河防守，遇有险工，电话传知，随时集合。设天变有西风，各县仍可继续加夫"，"今过秋分已四日，为保高邮险工计，各县已派夫六百名到工，协同防护"。②官府在护堤方面也起了很大的作用，如清末成立的河工总局护堤守坝甚勤，减少了运堤出险和大水开坝的概率。据光绪《再续高邮州志》记载，"近年邮邑湖河安澜，全赖设立河工总局，督办官员力洗河营旧习，增筑东西两堤，普添碎石，较往昔国币多而实工少者，其认真数倍"；光绪九年（1883），"湖水一丈六尺余，来源又旺，又派徐文达、黄祖络两观察驻工防守，酌启车逻、南关二坝，至月余，水始渐落，险工迭出，而东堤得以抢护无虞，此皆特设河工总局之力也"。③

立定启坝水志和期限，避免了启放归海坝的随意性。关于归海五坝的启放，明清以来的官府都十分重视订立启放的水志以及开坝的期限。乾隆十九年（1754），清政府规定运河水位高过车逻坝坝脊 3 尺，开启车逻坝；3 尺以上，再将南关等坝次第开放。乾隆二十二年（1757）增订为：若车逻、南关二坝过水 3 尺 5 寸，开启中坝；若超过 5 尺，开新坝。④道光八年（1828），清政府改订水则，1 丈 2 尺 8 寸放车逻坝，1 丈 3 尺 2 寸放南关大坝，1 丈 3 尺 6 寸放五里中坝，1 丈 4 尺放南关新坝。惟昭关坝，嘉庆十二年（1807）原定 1 丈 6 尺 7 寸开放，道光六年（1826）移建后奏定不准轻启。道光二十九年（1849），"陆大司马奏修西堤以后，奏明五坝不必拘丈尺，请于立秋后始放车逻一坝，处暑后始放中坝，奉旨允准"⑤。同治六年（1867），"两江总督曾批淮扬道刘禀高邮车、南、中、新等坝启放定制，请在高邮工次照案勒石，出示晓谕，并恳附奏缘由、奉批启坝章程。业经奏明，奉旨允准，自可勒石晓谕，俾资遵守，免致绅民禀阻，贻误事机，仍候漕河部堂附奏立案"⑥。宣统元年（1909），"江督张人骏奏请照旧制略为变通，秋前秋后各坝须逾同治中定制一尺，乃酌量启

① 《京杭运河志（苏北段）》，上海：上海社会科学出版社，1998 年，第 703-704 页。
② 民国《续修兴化县志》卷 2《河渠志·河渠二·运堤坝座》，1943 年。
③ 光绪《再续高邮州志》卷 2《河渠志·运堤东西堤》，《中国方志丛书》（155），第 225、226 页。
④ 参见廖高明：《高邮御码头"水则"》，《高邮文史资料》第 9 辑，1989 年，第 91 页。
⑤ 咸丰《重修兴化县志》卷 2《河渠二·运堤五坝》，《中国方志丛书》（28），第 286 页。
⑥ 光绪《再续高邮州志》卷 2《河渠志·酌定开坝定志附》，《中国方志丛书》（155），第 236 页。

放"①。官府根据实际情况适时改订开坝水志和开坝期限，使得归海坝的开启有了基本遵循。

开阻水坝圩，以接通坝水归海之路。譬如，1921年后，大丰公司西边由东洋港起，沿斗龙港东岸，向北至金墩止，筑有大堤一段，严重阻碍了坝水下泄归海。1931年，江淮大水，启放车逻坝、南关坝、新坝，坝水下泄。为了使坝水更快地畅泄入海，江苏省政府派委何海樵偕建设厅技正徐骥、绥靖督办公署参议张瑞堂、东台县长黄次山、兴化代表赵华衮、顾隆宾前往大丰、裕华公司，讨论泄水实施办法。最后议决：中卯酉河大中集西土坝、子午堤坝、海堤坝，南卯酉河土坝，三卯酉河新丰集西土坝、头二、三、四道闸土坝，四卯酉河西段土坝，裕丰公司东子午河土坝，及前中段、北段各土坝，均由兴化与东台民伕启放，并由军队督同施行。且在西水未退尽以前，凡卯酉河及子午河各坝，非先呈县核准不得堵闭。江苏济生会孙黉麻勘得大丰公司未垦之区，有横排长圩堤6道，每道长15里，阻碍排泄，议开810个平决，每20丈开10丈出海水量，增宽度1350丈，水高海滩3尺，平铺入海，当由水灾义振会拨款办理。兴化县党部代表赵宝森、县政府派员吴楚会同孙黉麻前往开挖圩堤96口，流量甚畅。②

疏浚入海河港，以畅坝水下泄之道。启放归海坝后，因河港淤塞而排泄不畅所导致的水事纠纷迭发。为此，必须疏浚入海河港以彻底解决运东泄水问题，否则"将来水量稍加，即成大患，不待三坝全开，或运堤决后，而始成灾患也"③。如1931年，"运堤决口，西水下注"，入海水道不畅。所以兴化县党部、县长及各公团电呈导淮委员会，"条举疏通下游入海水道"。④江苏省政府建设厅乃派员疏浚中卯酉河东端800丈引河附拟排水工程：一是浚深王、竹两港海口及引河。二是斗龙港裁弯取直。三是疏浚大丰、裕华公司各卯酉河下段。四是增辟南五场入海港口。1938年，"西水下注，水久不退"，江苏省政府又组织疏浚，里下河入海工程委员会疏通各港口，排除积水。⑤

（二）纠纷的调处

归海坝纠纷属于国家和地方社会、地方社会之间多目标利益矛盾激化的产物。因此，在万不得已必须开坝以维护国家和区域最大利益的前提下，归海坝纠纷是否得到成功调处，关键在于作为纠纷调处的主体是否能够兼顾国家和地

---

① 民国《三续高邮州志》卷1《河渠志·坝制·定志》，《中国方志丛书》（402），第124页。
② 民国《续修兴化县志》卷7《自治志·泄水归海》，1943年。
③ 《淮安郝绍斌运东泄水建议书》，民国《续修兴化县志》卷7《自治志·泄水归海》，1943年。
④ 民国《续修兴化县志》卷2《河渠志·河渠三·斗龙港海口》，1943年。
⑤ 民国《续修兴化县志》卷2《河渠志·河渠三·斗龙港海口》，1943年。

方民众的利益,做到"两害相权取其轻,两利相权取其重"。

在保运以保漕和保坝以救下河民田的问题上,担负漕运安全职责的河官与保一方安宁的地方官虽然都是官府的代表,都代表了国家利益,不过地方官却不同于河官,河官只管河运安全,地方官却不能只顾漕运安全,还要顾及地方百姓的民生利益,于是在开坝与保坝的天平上,地方官向下河士绅、一般民众倾斜,多主张推迟开坝,以让下河民众多收割早稻。历史上,不少地方官都担当起了开坝与保坝纠纷调节者的角色,统筹兼顾双方利益,既使漕运安全得以保证,又使下河民众损失得以减轻。如道光七年(1827),"湖水盛涨,河员议开高邮各坝",知州李宗颖坚持暂不启放,"山、盐、阜、高、宝、兴、东七邑赖以有收"①。道光八年(1828),洪湖水再次大涨,李宗颖又与河员力争如前,"虽卒开放,而借以迟延二十日,七邑得以抢收大半,成灾不甚"②。道光二十九年(1849),在包世臣劝说下,当地守臣迁延至秋后三日,方启高邮各坝,"下河赶收,竟及七成。北则袁浦,南则苏杭,米客纷沓赴下河采买,至今不绝"③。同年,兴化知县魏源也亲临运河大堤,一方面督促民工与差役昼夜筑护大堤,以防大堤渗漏、溃决;另一方面与河员们相持,要求暂勿开坝,"士民从者十余万"。为防止河员妄议开坝,魏员特上书朝廷,于坝首刻石为令:湖涨,但事筑防,不得辄议宣泄,必须节逾处暑之后,秋稼登场,始可开坝。自此动辄开坝的行为得到遏制,秋收得到保证,灾荒大为减少。④

道光以后,漕运衰落,河官纷纷裁撤,而上河、下河同属于江苏省,且"江北出米,里下河独多,其丰歉关全省元气,堤工失险,将颗粒俱付波涛"⑤。于是,地方大员多先力主保坝,如此秋前启坝的概率越来越小。光绪四年(1878),两江总督沈葆桢奏修准扬运河东西两堤,曰"本年盛涨,淮扬海道庞际云驻工抢险,坚持十数昼夜,俾里下河农民将半熟之早稻抢割,乃次第开坝,西风不起,赖以保全,此天幸其何可恃也"⑥。光绪十二年(1886)知兴化县的刘德澍,见淮水泛滥,乃"趋高邮保坝,以下河民命力争,虽涨至一丈六尺有奇,秋前从未启放"⑦。光绪二十七年(1901)知兴化县的刘重堪,见"漕督命开车逻坝泄水,连日阴雨,堤工人员汹汹思启",竟湿衣奔巡坝上,"竭力争不可,叠电两江总督刘坤一求拯。总督与刘同里,且文字交,各员惮弗敢较,迟至九月

①、② 民国《三续高邮州志》卷7《轶事》,《中国方志丛书》(402),第1309页。

③ (清)包世臣:《中衢一勺》卷7下《附录四下·复陈大司寇书》,李星点校:《包世臣全集·艺舟双楫·中衢一勺》,第219-220页。

④ 《京杭运河志(苏北段)》,第703-704页。

⑤ 光绪《再续高邮州志》卷2《河渠志·运河东西堤》,《中国方志丛书》(155),第219。

⑥ 光绪《再续高邮州志》卷2《河渠志·运河东西堤》,《中国方志丛书》(155),第217-219页。

⑦ 民国《续修兴化县志》卷11《秩官志·宦绩》,1943年。

始启一坝，田禾全获"，人谓与魏源保坝功如出一辙。①1921 年 8 月 12 日，运河水涨，志逾 1 丈 6 尺，时淮扬道尹胡翔林请示启放归海坝，兴化县人顾咏葵、王景尧等以本年下河各县田禾能刈割，关系民食，"咏葵仍驻邮力保，景尧迳赴宁谒省长王瑚，请求缓启，奉准电令道尹得保且保。缓至八日后，风雨交作，省长与景尧磋商，势难再缓，乃放车逻一坝（下河在此迟放期间抢割，多数民食赖以不匮），续启南、新二坝"。②

"启坝迟早，下河与上河时有争执"③。由于官民之间、上下河之间时常出现开坝与保坝的争执，所以通常情况下，启放归海坝都远超既定的水志和期限。正如民国《续纂泰州志》作者所说："里运闸坝问题为下河必举之要点，旧制：水椿秋前一丈五尺，秋后一丈四尺，然历届成案，必逾定制。"④经常性的超过既定水志和期限开坝，在清末民国时期多数情况都没有大碍，既保住了运堤安全，同时也让下河民众有更多的时间抢收早稻。不少地方官正是坚持保坝，至少是坚持推迟几天开坝，而被下河州县载入志册的。多数情况没大碍，并不等于永远没事。从历史上看，这种超过既定水志和期限的开坝，也带来了严重的负面影响。

一是坝不轻易开使下河民众贪图小利的思想滋长，一旦出现特大水灾而开坝时往往灾情巨大，纠纷也最为激烈。本来下河因时常秋后开坝而多种早稻，基本不种晚稻，但归海坝不常启放，昭关坝更是数十年未启，所以下河民众又开始种上了晚稻。1921 年，张謇在致东台淮南垦务局吕总办吕道像函中指出："三坝虽开，水仍续涨。昭关自道光二十八年开后，至今已七十余年。下坝之人，狃于天幸之可以长邀，率种晚稻，此其所蔽也。"⑤可以说，民国时期下河民众因早稻产量低而普遍种上晚稻，是导致 1921 年、1931 年大水时在启放昭关坝问题上争执得十分激烈的一个重要原因。

二是容易导致纠纷各方以及作为纠纷解决主体的政府拘泥于既定的水志和期限乃至历史形成的开坝成案，在应对灾情和调处开坝纠纷时总是一味地偏重保坝，结果失去了开坝的最佳时机，到万不得已开坝时已难以挽回运堤溃决、灾祸扩大的局面。关于这一点，曾国藩就有很深的认识，认为"水势长落，每年迟早不同，若必待立秋以后，且限立志椿一丈六尺，始放车逻坝，万一盛涨溃决，则运河之启坝稍迟，下河之受灾更大"，且里下河之居民以运河之两堤为命脉，"以为堤工加一分，则里下河受一分之益。若徒争开坝之尺寸，较时

---

① 民国《续修兴化县志》卷 11《秩官志·宦绩》，1943 年。
② 民国《续修兴化县志》卷 7《自治志·保坝》，1943 年。
③ 民国《续修兴化县志》卷 2《河渠志·河渠二·运堤坝座》，1943 年。
④ 民国《续纂泰州志》卷 2《水利》，《中国地方志集成·江苏府县志辑》（50），第 548 页。
⑤ 《致吕道像函》，1921 年 9 月 19 日，杨立强、沈渭滨等编：《张謇存稿》，上海：上海人民出版社，1987 年，第 317 页。

日之早迟，则放坝之际，浩瀚奔注，立成泽国。虽比诸溃决之祸稍轻，而其伤于农田则一也"。①这种"争开坝之尺寸，较时日之早迟"的习惯，一定程度上制约了政府的自由果断的科学决策。苏北运河督办张謇在呈大总统徐世昌文中说："迨至湖河涨满，全恃运河一线土堤，为下河七县之保障，高宝一带城居堤下，水出堤上，防御稍疏，欲不溃决得乎？决则堤东数百万生命、数千万财产尽付洪流，不决则滨湖各县民田先遭淹没，沿运县城有朝不保暮之忧，东堤归海各坝彼时各县请保请开，互以利害切肤，演成剧争焦点。旧制开坝本有一定丈尺，然水大之年，堤东各县地势低洼，多已一片汪洋，岂堪再加巨量之水，是以对于保坝呼吁尤切，遂使官厅全部节宣计划不能自由，此江北运河历来受病及现时受害之情形也。"②

　　这种情况在晚清时代对于官府决策影响不大，因为保运第一，无论是河官还是地方官都不敢冒运河溃决的危险，所以官府在解决归海坝启放纠纷时处于强势地位，"年年淮水撞堤急，远近纷纷来堤上，毕竟官尊民弗胜，枉对旌旄号且泣。号泣声正悲，官指堤上碑，水高丈六坝则启，勒石久矣畴能违？"③但是，民国时期随着运道衰微，河官退场，各种民间社会组织的发展，开坝与保坝就单纯成了上、下河民众之间的争执，对于江苏省政府这个纠纷解决主体来说，上、下河如同手心手背都是肉，所以决策时难免左右摇摆不定，从而酿成更大的灾祸。1921年9月，开三坝之后，水志2丈，"高邮人请放昭关坝"，但"运河督办张謇以下河灾重，力却之"④，最后未启放昭关坝。这次保住昭关坝没有启放，也成了1931年上下河昭关坝争执援引的成案。据《申报》报道："查昭关坝不启，已八十余年，坝下引河亦颇湮废，民十大水，争持多时，终未轻启。"⑤但1931年是全流域大水，毕竟不同于1921年大水，因拘泥于1921年昭关坝保坝成功的成案，1931年江苏省政府在是否开坝问题上迟疑不决，不得已开车逻坝时竟作出了先开半坝之荒唐决定⑥，继则在开三坝后运河水位仍继续上涨时，还一直强调保堤保昭关坝，最后导致运堤全面溃决。据《运工专刊》所载，江北运河东西堤残决地点约略统计，里运河西堤计决口25处，东堤决口26处，里下河兴、盐各县，一片汪洋，兴化最高水位达1丈3尺8寸，人民的生命财产遭到惨重损失，1320万亩农田颗粒无收，倒塌房屋213万间，受灾58万户，约350万人，有140万人逃荒外流，77 000多人死亡，其中被淹死的有

---

① 光绪《再续高邮州志》卷2《河渠志·酌定开坝定志附》，《中国方志丛书》(155)，第234-235页。
② 民国《续修兴化县志》卷2《河渠志·河渠二·运河》，1943年。
③ 民国《三续高邮州志》卷7《保坝谣》，《中国方志丛书》(402)，第1178-1179页。
④ 民国《阜宁县新志》卷9《水工志·淮水》，《中国方志丛书》(166)，第788页。
⑤ 《运河上游水势暴涨》，《申报》，1931年8月10日，《申报》第285册，第253页。
⑥ 《运河堤溃决多处》，《申报》，1931年8月28日，《申报》第285册，第748页。

19 300 多人。①可谓"运河决堤，惨祸亘古未有"②。

综上所述，归海坝开与保的争执，根本原因在于黄河长期夺淮，淮被黄占，官府为保漕运，大筑高堰，蓄清刷黄，淮被黄逼，南下高宝湖入运入江。而归江十坝，泄水不及，则有以减异涨的归海各坝之设，于是官民之间、上下河之间的开坝与保坝之争由之而起。咸丰五年（1855），黄河北徙，但淮河尾闾被黄淤高，淮不复回归故道，淮水入江入海不畅问题仍未根本解决。清末民初，导淮之议起，南京国民政府还成立了导淮委员会，但战乱年代导淮工作多被掣肘，进展不大，"下河各州县仍有淮水之害"，于是"每遇运河饱涨，邮坝御码头志椿达一丈五尺，地方士绅赴邮保坝"。③

为了减轻下河水患尤其是开坝带来的严重水灾，明清以来官府在运河区域修建了许多分泄减涨闸坝，并立定闸坝开启的水则，同时，通过采取加固运西、运东大堤，开挖下河阻水横堤圩坝，疏浚下河水道等工程措施，对运河区域水生态环境进行了较为系统的综合整治。同时，不少地方官以调停者的身份，力主尽量不开或者缓开归海各坝，达到既保漕河安全又救下河民田的双重目的。这些综合手段和措施，初步构建起了归海坝启放纠纷的预防和解决机制，在某种程度上减少了开坝的概率和下河水灾发生的频率。不过，以保运通漕、开坝归海为名实则以邻为壑进而牺牲下河民众民生的纠纷预防和解决机制，并没有根本解决好淮水入江入海出路问题，所以每遇淮水异涨之年，下河水患依然严重，开坝与保坝的纷争依旧发生，甚至愈演愈烈。只有到中华人民共和国成立后，中央和地方政府不断组织群众，加固运河东堤，并在西堤筑块石护坡，开挖苏北灌溉总渠，使淮水有了入海的通道，扩大了入江出路，增加了排洪量，最后废除了归海坝，里下河屡遭洪水漫溢的历史才从此结束，纷扬数百年的归海坝纠纷及调处困境问题最终得以解决。

---

① 参见水利局编志组：《1931 年里运河特大水灾追记》，《高邮文史资料》第 9 辑，1989 年，第 70 页。

② 《旅京苏同乡对于运堤溃决成灾函质省府》，《申报》，1931 年 9 月 17 日，《申报》第 286 册，第 470 页。

③ 民国《续修兴化县志》卷 7《自治志·保坝》，1943 年。

近代淮北粮食短缺与强势群体的社会控制 *

马俊亚

（南京大学历史学院）

　　20 世纪二三十年代，中外学者均发现了淮北①大土地所有者的特殊性。卜凯指出："北江苏宿迁那些居留的地主，使我们想起欧洲诸国古代的封建主。"②这种情形并不限于宿迁，整个淮北差堪相似。陈翰笙指出他们多是军政官员的变体。③洪瑞坚写道："皖北多大地主，时有欺诈剥削农民情事，业佃之间，壁垒森严，尚不脱封建社会下农奴之地位。"④广濑库太郎等认为，淮北"地主大抵为当方之豪绅阶级，掌有农村经济之支配权"⑤。这些学者所说的大土地所有者，往往占地千亩（本文的"亩"均系标准亩）至数十万亩，并集乡村政治、军事、经济、宗教、司法等诸种权力于一身。⑥他们即是本文"强势群体"的主要构成部分。

　　学界一般把缺粮与灾荒联系在一起。20 世纪 20 年代，马罗立对淮北灾荒与缺粮做过客观的描述。⑦邓云特在 1937 年系统研究了中国历史上的灾荒，把缺粮视为灾荒的结果。⑧但本文所述的缺粮，是指正常年景粮食不敷人食，涉及乡村生产方式、社会结构和不同利益群之间的博弈，范围比较广泛。黄宗智阐

　　* 本文为国家社会科学基金重大招标项目"大运河与中国古代社会研究"（17ZDA184）、国家社会科学基金重点项目"近代中国社会环境历史变迁研究"（16AZS013）阶段性成果。

　　① 本文所说的"淮北"共 30 县，指苏属铜山、灌云、涟水、东海、泗阳、邳县、宿迁、萧县、沭阳、淮阴、睢宁、赣榆、沛县、丰县、砀山 15 县（文中称"苏北 15 县"），以及皖属阜阳、颍上、涡阳、蒙城、凤台、太和、亳县、寿县、霍邱、宿县、灵璧、凤阳、泗县、怀远、五河 15 县（下文称"皖北 15 县"）。

　　② 吴寿彭：《逗留于农村经济时代的徐海各属》，《东方杂志》1930 年第 6 期，第 73-74 页。

　　③ 汪熙、杨小佛主编：《陈翰笙文集》，上海：复旦大学出版社，1985 年，第 61 页。

　　④ 洪瑞坚：《安徽之租佃制度》，《地政月刊》1936 年第 6 期，第 2-3 页。

　　⑤ 陈高荛：《中国地主之两型》，《新闻月报》1945 年第 3 期，第 45 页。

　　⑥ 马俊亚：《近代淮北地主的势力与影响——以徐淮海圩寨为中心的考察》，《历史研究》2010 年第 1 期。

　　⑦ Mallory W H, *China: Land of Famine*, New York: American Geographical Society, 1926.

　　⑧ 邓云特：《中国救荒史》，上海：商务印书馆，1937 年。

述的中国农民经济"内卷化"①，赵冈所述的地主边缘化②，小山正明主张的佃户越来越脱离地主的控制③，森正夫对"田主赈佃户论"的研究④，北村敬直将地主的土地所有制理解为从"中世封建的社会构成"向"近代资本主义的社会构成"⑤，俄国学者所述的清末民国私人地产的占有情况⑥，均是本文讨论的基础。李明珠提出的"国家与社会结构是如何影响饥荒的"⑦，亦为本文的核心问题。

一、淮北缺粮概况

中国历史上农村最突出的问题是民食的匮乏，近代淮北的民食问题尤其严重。据实业部 1932 年调查，作为唐代以前的鱼米之乡，苏北淮阴、宿迁、沭阳、铜山、砀山、沛县、泗阳、睢宁、萧县、丰县、邳县、涟水 12 县的稻产总量仅为 7100 石，相当于苏南江阴一县产量的 0.15%。⑧而这一年是苏北的丰年。⑨

明代至民国时期，淮北的粮产主要为麦类、玉米、高粱、豆类等。1932 年，苏北 15 县三麦产量 13 291 219 石、豆类 4 802 172 石、玉米 3 654 000 石、高粱 5 238 200 石。⑩皖北 15 县小麦 1 621 665 千斤、籼稻 828 767 千斤、大豆 945 927 千斤、大麦 352 003 千斤、高粱 645 898 千斤。⑪淮北 30 县共产稻类 897 251 千斤、麦类 3 568 614 千斤、豆类 1 522 188 千斤、高粱 1 274 482 千斤、玉米 438 480

① 〔美〕黄宗智：《华北的小农经济与社会变迁》，北京：中华书局，2000 年；黄宗智：《长江三角洲的小农家庭与乡村发展》，北京：中华书局，1992 年。

② Chao K, New Data on Land Ownership Patterns in Ming-Ch'ing China-A Research Note, *The Journal of Asian Studies*, Vol.12, No.4（1981）：719-734；赵冈：《试论地主的主导力》，《中国社会经济史研究》2003 年第 2 期，第 1-6 页。

③ 〔日〕小山正明：《明末清初の大土地所有》、《明代の大土地所有と奴僕》；〔日〕小山正明：《明清社会经济史研究》，东京：东京大学出版会，1992 年，第 255-314、315-364 页。

④ 〔日〕森正夫：《十六至十八世纪にぉける荒政と地主佃户関係》，《东洋史研究》1969 年第 4 期，第 69-111 页。

⑤ 〔日〕北村敬直：《明末·清初にぉける地主について》，《历史学研究》1949 年第 140 期，第 13-25 页。

⑥ A Mugruzin, *Аграрные отношения в Китае в 20-40 годах XX века*, Moscow: Наука; Глав. ред. восточной лит-ры, 1970, p. 36.

⑦ Li L M, Introduction: Food, Famine, and the Chinese State, *The Journal of Asian Studies*, Vol.41, No.4（1982）：688.

⑧ 实业部国际贸易局：《中国实业志（江苏省）》第 5 编，上海：民光印刷公司，1933 年，第 14-15 页。

⑨ 主要粮产见甲 1800 部队、兴亚院华北连络部：《昭和 16 年度第 2 次北支農産物収穫高豫想調査報告》，昭和十七年，第 5-6 页；大东亚省：《蘇北地區綜合調査報告》，铅印本，昭和十八年，第 179-188 页等。

⑩ 分见实业部国际贸易局编：《中国实业志（江苏省）》第 5 编，第 56-57、93、107-108、113 页。

⑪《作物平常年之面积及产量分表·安徽》，《统计月报》1932 年第 1-2 期，第 39 页。

千斤，总重量 770 102 万斤。①相当于 1 185 504 657.1 万大卡热量。②

同时代淮北 30 县男 8 486 561 人、女 6 998 847 人、总人口 15 485 408 人。③据此，该年度淮北每人日均拥有粮食 1.36 斤、折合 2097 大卡的热量。

这些粮食或热量与以不同标准所计算的淮北所需的民食比较如表 1 所示。

表 1　1932 年淮北 30 县粮食总量相当于民食所需的比重

每人每日消费粮食或热量	调查者	采样及地区	粮食总产与民食所需之比/%	资料来源
3517 大卡	卜凯	定远	60	卜凯：《中国农家经济》下册，上海：商务印书馆，1936 年，第 488 页
2 斤	怀远商会	怀远	68	吴德麟：《怀远县地方概况》，国民经济研究所编：《安徽省地方概况报告》，1936 年打印本，本文第 2 页
2 斤	吴德麟	涡阳	68	吴德麟：《涡阳县地方概况》，《安徽省地方概况报告》，1936 年打印本，本文第 4 页
2362 大卡*	张心一	江苏	89	张心一：《中国粮食问题》，南京：中国太平洋国际学会丛书，1932 年，第 22 页
男 3200 大卡，女 2600 大卡，童 1600 大卡**	李庆麐	中国	84	李庆麐：《中国粮食与土地问题》，《土地月刊》1936 年第 4 卷第 4、5 期合刊，第 16 页。
2600 大卡***		日本	81	田克勤编著：《食品营养与卫生》，大连：东北财经大学出版社，2007 年，第 11-111 页

注：*据张心一详细调查，农村男、女人均每日需米量分别为 23.31 两和 20.38 两（16 两=1 斤）。以此估计男女每日平均相当于消耗热量 2362 大卡。

**以卜凯标准，每 1 单位总人口消费的粮食数，折算为 0.78 单位的成年男子消费的数量（卜凯：《中国农家经济》下册，上海：商务印书馆，1936 年，第 490 页）。

***此为现代日本人热量消耗标准，日本人消耗的食物热量是公认较低的。

据表 1，淮北 30 县所产的全部粮食仅敷当地人食需求的 60%～89%。不论以当时还是现代的标准，不考虑任何种粮成本（包括缴纳公粮、商品性销售、各种损耗和酿造、动物消费，甚至必留的种子等），全部粮食均不够食用。

1935 年，安徽省建设厅以远低于其他地区农民的食用标准来估计皖北的粮食需求，即使如此，皖北各县无不缺粮，临泉缺粮 22 498 石、泗县 2066 石、

---

① 皖北 15 县粮产据《作物平常年之面积及产量分表·安徽》，《统计月报》1932 年第 1-2 期，第 39 页计算；苏北 15 县粮产分见实业部国际贸易局编：《中国实业志（江苏省）》第 5 编，第 14-15、56-57、93、107-108、113 页数据计算。

② 每 100 克米的热量按 346 大卡、高粱按 351 大卡、玉米按 106 大卡、麦类按 312 大卡（小麦 317 大卡、大麦 307 大卡）、豆类按黄豆 359 大卡计算（粮食热量资料据杨月欣、王光亚、潘兴昌主编：《中国食物成分表 2002》，北京：北京大学医学出版社，2002 年，第 24-31 页）。

③ 皖北 15 县人口据毕士林：《安徽省人口统计及其分析》，《内政统计季刊》第 2 期，1937 年 1 月，第 34 页计算；苏北 15 县人口见实业部国际贸易局编：《中国实业志（江苏省）》第 1 编，第 14-16 页。

寿县 467 400 石、亳县 527 523 石。[1]这些数字显然远低于真实的缺粮数据。

卜凯正确地指出："半自耕农和佃农的地主，对于田场的主要支出，为种子、地税和肥料。"[2]实际上，在淮北农家支出中，除了地税是所有家庭必须承担的支出外，其他所有支出均非每个家庭所共有，如怀远一般村庄用现金购买肥料的农家仅占农家总数的 8.1%，而商业中心符离集购买肥料的农家也仅为 20.6%。[3]作为农家必须支出的项目而言，本文不考虑用于肥料的现金支出。

民国年间，中国曾进口不少外国小麦，这些小麦及其制成的面粉基本上不会销售到淮北乡村。相反，由于苏南粉厂集中，面粉大量出口。如 1920 和 1921 年，上海出口的面粉分别占全国面粉出口量的 83.71% 和 70.32%。[4]严重缺粮的淮北小麦大量被销售到上海等大都市。如铜山、淮阴、沛县销往上海的小麦占外销总数的 50%～55%。[5]淮北地区成了常规性的粮食输出区。上海交易所自成立后至抗日战争前，几乎每日均有怀远、颍上等地的小麦、大豆牌价。1936 年以前，阜阳每年输出小麦 12 万石、高粱 17 万石、黄豆 1000 石。[6]亳县每年运往蚌埠的黄豆和芝麻分别为 3 万石和 1 万石。[7]每年经寿县正阳关输出的颍上黄豆、各地小麦、六安和霍邱的米达 45 万石，另输出颍上蚕豆 3 万石、六安和霍邱豌豆 5 万石。[8]霍邱县年输往蚌埠、南京的小麦为 10 万石。[9]泗县"民船多数以运麦、豆、高粱、瓜子、芝麻至临淮、盱眙"。蒙城"仅以贩卖杂货、粮食及洋纱业者较多"[10]。泗县粮行计 72 家，县城内、青阳镇、双沟镇三处，为杂粮出口之要地，每年粮食售价约 200 万元，"堪为各业之冠"[11]。

在淮北，粮食是农家换取现金的主要物资，但小麦、黄豆、籼稻主要销往

① 安徽省建设厅估计（安徽省建设厅：《安徽一年来之农村救济及调查》，1936 年 2 月印，第 24-25 页），1935 年皖北临泉、泗县、寿县、亳县各需粮 1 728 680、1 707 966、1 319 000、1 386 865 石；据毕士林：《安徽省人口统计及其分析》（《内政统计季刊》1937 年第 2 期，第 33-34 页）和刘焕东编：《临泉县志》（民国二十五年石印本）第 4 页上的人口数计算，前述各县年人均需粮分别为 329、341、232、322 斤，远低于同样资料计算的南陵（622 斤）、太湖（641 斤）、泾县（596 斤）、歙县（557 斤）的人均食用数量。

② 卜凯：《中国农家经济》上册，上海：商务印书馆，1936 年，第 95 页。

③ 卜凯：《中国农家经济》上册，第 108 页。

④ 上海市粮食局、上海市工商行政管理局、上海社会科学院经济研究所经济史研究室编：《中国近代面粉工业史》，北京：中华书局，1987 年，第 119 页。

⑤ 实业部国际贸易局编：《中国实业志（江苏省）》第 1 编，第 66-67 页。

⑥ 吴德麟：《安徽省阜阳县地方概况》，国民经济研究所编：《安徽省地方概况报告》，1936 年打印本，第 5 页。

⑦ 吴德麟：《安徽省亳县地方概况》，国民经济研究所编：《安徽省地方概况报告》，第 2 页。

⑧ 吴德麟：《安徽省寿县地方概况》，国民经济研究所编：《安徽省地方概况报告》，第 2 页。

⑨ 《安徽各县物产调查》，《工商半月刊》1934 年第 15 期，第 90 页。

⑩ 龚光朗、曹觉生：《安徽各县工商概况》，《安徽建设月刊》1931 年第 27 期，第 23、26、28 页。

⑪ 鲁佩璋修：《泗县志略》"经济"，民国二十五年铅印本，第 213 页下。

上海、南京、无锡等淮北以外的区域，而高粱、玉米、大麦、黍等则以在淮北区域内销售为主。因此，本文仅统计销出淮北以外的粮食。根据详尽的调查资料计算，1932年，苏北15县等销往淮北以外的小麦为6 589 386石（约790 726千斤）[①]，大豆1 525 330石（约183 040千斤）[②]。另据对怀远124户、宿县286户农家统计，两县农家每年出售的粮食占收获量的比重分别为：小麦22.9%和31.3%，稻29.1%和53.8%，大豆55.8%和30.4%。[③]取两县的中间数，推算皖北15县粮产中，农家出售到淮北以外的籼稻达343 524千斤、小麦439 471千斤、大豆407 695千斤。

同年，苏北15县麦田20 424千亩、稻田616千亩、豆田8345千亩、高粱5490千亩、玉米2189千亩。[④]皖北15县小麦21 264千亩、籼稻3230千亩、大豆6953千亩、大麦2581千亩、高粱4587千亩。[⑤]按当时的播种需要，小麦每亩需种子9升（每升3斤），稻用种11~14升，黄豆6~11升，大麦9~14升，蜀黍（高粱）6~9升，玉蜀黍（玉米）1.5~6升。[⑥]取每亩用种的中间数，则苏北15县每年需小麦种551 448千斤、稻种23 100千斤、豆种212 798千斤、高粱123 525千斤、玉米24 626千斤。皖北15县每年需小麦种574 128千斤、籼稻种121 125千斤、大豆种177 302千斤、大麦种89045千斤、高粱105 960千斤。

淮北30县粮食总产中，仅除去销售到淮北以外的麦、稻、豆及每年所需的种子，尚余小麦1 212 841千斤、籼稻409 502千斤、豆类541 353千斤、高粱104 997千斤、玉米413 854千斤，计2 682 547千斤，合376 327 987.2万大卡热量。淮北人均每日0.47斤，折合666大卡。仅及表1中张心一所估计的需粮标准的28%，卜凯估计标准的19%。

淮北一度被视为雇佣劳动极其发达的地区[⑦]，但这种雇佣劳动与江南的工资收入者不可同日而语。即使是上海等城市备受资本主义苛责的低工资，也为淮北人求之不得。由于工商业极其稀缺，成年男子经常通过出卖劳动力获取饭食。如徐州农民做工，"只吃饭不拿钱"[⑧]。丰县"年年挑浚之费，照例田主给食，佃户出力"[⑨]。淮阴、涟水、沭阳、灌云等地的窑户，"对来帮忙的人只管饭，不给钱"[⑩]。而皖

---

① 实业部国际贸易局编：《中国实业志（江苏省）》第1编，第56-57、66-67页。
② 实业部国际贸易局编：《中国实业志（江苏省）》第1编，第93-94、101页。
③ 卜凯：《中国农家经济》上册，第276页。
④ 实业部国际贸易局编：《中国实业志（江苏省）》第5编，第49-50、12、90、113-114、107-108页。
⑤ 《作物平常年之面积及产量分表（安徽）》，《统计月报》1932年第1-2期，第39页。
⑥ 如芳：《植物种子》，《申报》，1917年11月1日，第14版。
⑦ 汪疑今：《江苏的小农及其副业》，《中国经济》1936年第6期，第77页。
⑧ 冯和法编：《中国农村经济资料续编》，上海：黎明书局，1935年，第6页。
⑨ 姚鸿杰纂修：《丰县志》卷12，光绪二十年（1894）刊本，第7页下。
⑩ 江苏省地方志编纂委员会编：《江苏省志·民俗志》：南京：江苏人民出版社，2002年，第102页。

北的雇工，"到了冬天的时候，不要工钱换口饭吃都没有人要"①。

淮北经济作物的收入所占比重极低。20 世纪 30 年代前期，皖北商业中心怀远，"工业以竹木、泥石、纺织、麻绳为多"，手工土布约年产万匹，"其他无从统计"，手工业者约占全县人口的 3%。五河全县工人约占总人口 30%，但"以雇工及苦力为最多"。长期作为府城的阜阳，"全县工人，不过万余人，占全县人口百分之一，以木泥工为最多"。涡阳"全县有工人五千五百名，占全县人口百分之一"，主要为理发业、木业等。霍邱"工人占百分之一，以泥水工匠为最多"②。

应该说，近代淮北不是苦于资本主义的剥削，而是苦于没有资本主义的进入。显然，在缺乏资本主义劳动关系的地方，必然充斥着封建的剥削关系。而平民由于没有太多的机会获取货币报酬，粮食成了主要的货币置换物。平常年景淮北从区域外部进口的粮食极少。而当灾年从外部较多地进口粮食之时，平民往往需要卖地来购买。

学者指出，中国农民所需要的热量 90% 以上来自粮食，其他瓜果肉类几微不足道。③即使淮北弱势平民④可挖食野菜，乏食问题也非常严重。明清至民国，皖北"十年倒有九年荒"，灾年民食之匮乏显然更为严重。长期以来，皖属淮北的缺粮问题一直是中央政府的难题之一，人们常责备皖北人习于乞讨。清代署两江总督赵弘恩奏："凤阳府属人民游惰成性，不勤耕织。每于交冬之际，多有携妇女，离乡背井，出外赶唱谋食。"⑤民国年间，张謇指出，安徽的凤、寿、怀、宿、灵、五、泗，江苏的邳、桃、宿、沭、清、安、海 14 县，"一遇灾褪，流离载道，就食而南者，辄数十万口"⑥。实际上，仅考察淮北存粮与人食需要之间的差额，概可明了外出就食的必然性。

1911 年，有人目睹了宿县饥民抢饼的情形：

> 有一个乡下农民，卖了一挑柴，买了几块饼，因被饥民夺走，便直追不舍，由于彼此均以饥寒无力原故，跑起来非常缓慢，最后夺饼的饥民竟跑到厕所里，用人粪涂抹在饼上，希望能终于获得这几块饼，可是这个追

① 也夫：《皖北的农民生活》，《人言》1934 年第 22 期，第 445 页。

② 龚光朗、曹觉生：《安徽各县工商概况》，《安徽建设月刊》1931 年第 3 期，第 23-28 页。

③ George B Cressey, Agricultural Regions of Asia, Part VI-China, *Economic Geography*, Vol.10, No.2（Apr. 1934），p. 115.

④ 本文的"弱势平民"主要指相对于"强势群体"的普遍民众，包括自耕农、佃农、雇农和其他无特权群体。

⑤ 台湾故宫博物院清代宫中档与军机处折件（以下简称"折件"）：《江南总督赵弘恩奏折（雍正十二年十月十二日）》，箱号 75，文献编号 402010580。

⑥ 台湾"中央研究院"近代史研究所档案馆藏档案（简称"中研院"档案）：《张謇上书陈关于水利意见（1914 年 2-3 月）》，馆藏号：09-21-00，宗号 0008-05，第 13 页。

逐的农民，他并不因饼已涂上人粪而放弃不要。相反地（的）是将夺回之饼用水冲洗一下放在怀里带走（这件事是我当时亲眼看到的）。①

淮北匪犯中，主要犯罪动机是抢粮，有人所抢的粮食甚至微不足道。1913年8月至1914年6月，被安武将军行署判处死刑的淮北匪犯中，36岁王光和，"同王小周等抢小康家，分一斗多小麦"②。23岁赵希仲，"勾匪抢孙姓，分五升粮食"。38岁李永哲，"跟李洪青等抢卞庄，拉一车粮食"。33岁张孟宾，"跟周通明等抢侯家楼，分粮食二斗"。36岁李开凤，"跟李伯宣等抢堰根，分二斗粮食"③。41岁张守举，"同王开德等抢尹家楼张姓，分三斗粮食"。24岁路小生，"同厉为馨等抢朱家庄，分一斗黄豆"。28岁赵树培，"抢王姓八家，分一斗多粮食"④。类似情形不胜枚举。这些"匪犯"均为青壮年，他们不惜生命以获取些许粮食，亦可想见民食之匮乏。

清代"盛世"时，政府对淮北予以较多的救济，理所应当。有人认为这是因为富省"比穷省更需要救济"⑤，以及"救灾模式背后可能存在的特殊利益、地区性偏向"⑥等。显然把苏皖南北两类差异极端的地区混为一谈了。

讨论中国农村经济时，学者们多认为华北非常贫困。⑦但研究表明，近代华北的鲁北、豫北通常好于淮北。⑧日本学者调查，20世纪二三十年代，华北、东北人均年消费粮食528斤。⑨

20世纪初，比较常见的情形是，"江苏北部地区，数百万百姓在忍受饥饿

---

① 江善夫：《我的回忆》，政协宿县文史资料征集委员会：《宿县文史资料》第1辑，1985年，第12页。

② 南京中国第二历史档案馆藏中华民国北京政府陆军部军法司档案："安武将军行署谨将民国二年八月起至三年六月止依军法办理各案罪犯姓名年龄籍贯职业案由罪名刑名判决地点行监禁日期造具清册"（民国四年三月八日），全宗号1011，卷号2572，第40页。

③ "安武将军行署谨将民国二年八月起至三年六月止依军法办理各案罪犯姓名年龄籍贯职业案由罪名刑名判决地点行监禁日期造具清册"，第48-49页。

④ "安武将军行署谨将民国二年八月起至三年六月止依军法办理各案罪犯姓名年龄籍贯职业案由罪名刑名判决地点行监禁日期造具清册"，第146-147页。

⑤ Wang Yeh-chien, *Land Taxation in Imperial China, 1750-1911*, Cambridge, MA: Harvard University Press 1973, p. 18.

⑥ Carol H Shiue, Local Granaries and Central Government Disaster Relief, *The Journal of Economic History*, Vol.64, No.1（Mar. 2004），p. 111.

⑦ Walter H Mallory, Famines in China, *Annals of the American Academy of Political and Social Science*, Vol.152, China（Nov. 1930），p. 91.

⑧ 详见 Kenneth Pomeranz, *The Making of a Hinterland: State, Society, and Economy in Inland North China, 1853-1937*, Cambridge: California University Press, 1993; Xin Zhang, *Social Transformation in Modern China: The State and Local Elites in Henan, 1900-1937*. Cambridge: Cambridge University Press, 2000, passim.

⑨ 兴亚院华北连络部编：《华北劳働问题概说》，北京：新民印书馆，1940年，第68页。

之苦，而安徽和山东地区的饥荒程度更为严重"[1]。国民党员吴寿彭1930年对淮北的调查称："实际只有数担的粮食成全年全家的支持，这样无怪江北是到处的民有菜色了"[2]。居住在淮阴农校附近相对富裕的农家，正常情况下仅日食一餐。[3]20世纪40年代后期，据国民党地方政府报告，徐州"四乡贫农日不得一饱，多掘麦苗为食……日有死亡"[4]。涟水"其贫穷程度，无以复加，故出卖亲生儿女之事，到处可见可闻"[5]。泗阳"十室九空，到处饥馑"[6]。

据重庆国民政府振济委员会的调查数据，1943年皖北阜阳、颍上、涡阳、蒙城、凤台、太和、亳县、寿县、霍邱9县有稻965 364石，麦3 977 697石。但中央政府仍征购征实373 500石小麦、127 000石稻，县政府征收小麦118 380石、稻48 660石，抢购小麦24 000石。当年重庆国民政府为皖北9县"所定人均每日消费量"，仅为0.59斤。即使这样，各县存粮也不敷这一标准。[7]同年，安徽省临时参议会称："查皖西北各县……迩来中小农家，卖妻鬻子，举室流亡之情形，早已触目皆是。"[8]

美国政府贫困问题专家奥沙斯基写道："贫困就像美丽似的只存在于关注者的眼中。"[9]淮北的粮食危机表明，贫困实在无法与美丽相比，贫困可以客观计量，绝非部分人的主观感受。

二、土地占有和土地权利的不平等

马罗立认为，不考虑其他负担，中国一个五口之家需4.7英亩（约28.5亩）的农田才能糊口。[10]清末，浙江、福建、江西等地户均耕种面积仅有16亩。[11]20

① O Nepomnin, Непомнин О, *Социально-экономическая история Китая, 1894-1914*, Moscow: Наука; Глав. ред. восточной лит-ры, 1980, p. 118.

② 吴寿彭：《逗留于农村经济时代的徐海各属》（续），《东方杂志》1930年第7期，第61页。

③ 张理文：《到农村去》，《淮农月刊》1934年第3期，第3-4页。

④ 江苏省档案馆藏南京国民政府江苏省社会处档案：《徐州市长骆东藩致江苏省政府主席电报》，全宗号1009，卷号乙-1917。

⑤ 江苏省档案馆藏南京国民政府江苏省社会处档案：《报告淮、涟、泗三县灾情及监放春荒将救济款情形》，全宗号1009，卷号乙-1918。

⑥ 江苏省档案馆藏南京国民政府江苏省社会处档案：《报告淮、涟、泗三县灾情及监放春荒将救济款情形》，全宗号1009，卷号乙-1918。

⑦ 南京中国第二历史档案馆藏振济委员会档案："安徽省各县受灾概况及配征军公粮数量表"（1943年），全宗号116，卷号448，无页码，文件原始分类号5-2-2-3，卷号77。

⑧ 中国第二历史档案馆藏重庆国民政府振济委员会档案：《安徽省临时参议会等代电报该省灾况（1943年）》，全宗号116，卷号448。

⑨ Mollie Orshansky, How poverty is measured, *Monthly Labor Review*, Vol.92, No.2（Feb. 1969），p, 37.

⑩ Mallory W H, *China: Land of Famine*, p. 13.

⑪ O Nepomnin, Непомнин О, *Социально-экономическая история Китая 1894-1914*, p. 118.

世纪 30 年代中国人均占地 3.3 亩[①]，均没有达到马罗立的糊口标准。

明清以来，江南得到了较大程度地开发，"小民狃于目前之利，尺寸之土，在所必争"[②]。这很符合"勤劳耐苦"的中国农民形象[③]，也打破了马罗立设立的糊口标准。苏南正常年景耕田 10 亩可使八口之家达到温饱[④]，与淮北形成了鲜明对比。

皖北官员写道：凤阳"地最广，人最稀，荒芜最多。"怀远额田 300 万亩，户均额田一度达 370 余亩，但荒芜者过半，"治田者务多，徒以广种薄收为得计"[⑤]。民国年间，据卜凯、马伦等分别调查，宿县、怀远等地，人均占地均在 10 亩以上。[⑥]1932 年，安徽农民户均占地不足 20 亩，但皖北许多县份农民户均占地达 50 亩，颍上、盱眙农民户均占地分别为 85 亩和 88.5 亩。[⑦]苏北 15 县人均占地 6.37 亩[⑧]，但即使户均占地 60 亩的淮北平民"生活仍很困难"[⑨]。因而，淮北的粮食危机并不是人地比例失调的结果。

1928 年，贝克认为中国农田耕种的问题根源在于缺乏机器动力。[⑩]事实上，淮北许多农田并不适合机器耕作。由于长期作为黄河泛水的蓄洪和行洪区，淮北地区土壤沙化严重，"这里农民的旧经验是：浅耕、少耕，在防止返盐和改进地力上反有较好效果"[⑪]。民国年间，苏北某地区用拖拉机耕地，把土壤深层中的卤质翻到表层，"以致颗粒无收"[⑫]。

诚然，机器精耕在有些地区可提高生产力，但整个淮北更需要细作。淮北方志载一农夫，仅细作 2 亩，"其援萌而培之，长而导之，燥而灌之，湿而利之，除虫蚁，驱鸟雀"[⑬]，收获物超过了常人的 10 亩。令人深感悖谬的是，长期以来，淮北许多地区，"耕多卤莽，粪弃于野，民务多种而薄收"[⑭]。尽管粮食严重匮乏，但这里并没有普遍走向细作，没有吸引农村劳动力大量投入到田

① Chi-ming Chiao, A Study of the Chinese Population, *The Milbank Memorial Fund Quarterly*, Vol.12, No.3（July 1934），p. 277.

② 折件：《江南道监察御史李鹏奏折（道光七年七月二十六日）》，箱号 2747，文献编号 060992。

③ George B Cressey, Agricultural Regions of Asia, Part VI-China, *Economic Geography*, Vol.10, No.2（April 1934），p. 115.

④ 强汝询：《求益斋文集》卷 4，光绪二十四年（1898）刻本，第 15 页下-16 页上。

⑤ 《怀远县志》卷 2，嘉庆二十四年（1819）刻本，第 5 页下。

⑥ 毕士林：《安徽省人口统计及其分析》，《内政统计季刊》1937 年第 2 期，第 24-25 页。

⑦ 《各省总户数农户田地表·安徽》，《统计月报》1932 年第 1-2 期，第 14 页。

⑧ 张森：《江苏田赋概况》，《地政月刊》1933 年第 7 期，第 933 页。

⑨ 行政院农村复兴委员会编：《江苏省农村调查》，上海：商务印书馆，1934 年，第 67 页。

⑩ O E Baker, Agriculture and the Future of China, *Foreign Affairs*, Vol.6, No.3（Apr. 1928），pp. 492-494.

⑪ 孙家山：《苏北盐垦史初稿》，北京：农业出版社，1984 年，第 104 页。

⑫ 严学熙：《张謇与淮南盐垦公司》，《历史研究》1988 年第 3 期，第 96-97 页。

⑬ 《凤台县志》卷 4，光绪十八年（1892）刻本，第 4 页下。

⑭ （清）唐仲冕等修纂：《海州直隶州志》卷 10，嘉庆十六年（1811）刻本，第 26 页上。

场中，从而形成普遍的"内卷化"。简言之，淮北不是苦于内卷化，而是苦于无法内卷化。

这种结果的形成并不是土地本身过于贫瘠，而是细作在淮北属于高风险投资。明清中央政府长期从这里泄洪，淮北成为名副其实的"洪水走廊"。官府控制的洪水泄放，多想方设法保全强势群体的田亩，否则，相关官员会受到严厉的报复。道光年间，高家堰溃决，南河总督张文浩被责"厥咎尤重"，因为查办他的大学士汪廷珍"祖茔亦被水漫，故衔之尤甚，殆欲置之死地"①。官府统制力所及之处，弱势平民不得不承受官场潜规则之苦，遭受淹没竟为寻常；官府鞭长莫及之处，平民更无法与强势群体博弈。1918 年，皖泗大户尹元汉擅决安河东岸，"视成子河滩民之财产性命于鸿毛绝不计"②。此类事件在淮北随处可见。

粮田一旦被水，常颗粒无收，还得赔上种子、肥料、人力等工本，因而淮北许多平民的农田不具备细作的社会条件。宿迁因经常被淹，"禾黍粱菽，皆不常得。甚者并麦不得种，或既种而复潦，并失其种。所谓有地不得耕也"③。靳辅指出，淮安、徐州、凤阳一带百姓，"全不用人力于农工，而惟望天地之代为长养。其禾麻菽麦，多杂艺于蒿芦之中，不事耕耘，罔知粪溉，甚有并禾麻菽麦亦不树艺，而惟刈草资生者，比比皆然也"④。粗放地听任某些农田长草，比种粮有保障。清中后期，草田每亩每年可产草 400 斤至 1000 余斤，每千斤草运到城市值银五六钱，除去运价外，一般得银 2 钱余。民国年间，地税加重，靠卖草已得不偿税。沭阳"西北、东北多有荒废之黑土，止能长草，田主但于秋后卖草，每亩得价不敷纳粮之用，鬻卖无主"⑤。

清代海州沭阳许多地区的草场地（或芦苇地、芦苇小粮田）数量超过了大粮田。如滥泥洪、石湫和龙苴大粮田与芦苇小粮田的顷数之比分别为 5.5∶48；8.5∶28；76∶122。⑥韩山、兴隆和高家沟原额大粮田与草场地的顷数之比分别为 220∶267；170.5∶291；114∶122。黄军营、桑墟和华冲原额大粮田和芦苇地的顷数之比分别为 96∶109；100∶174；22∶100。⑦直到 1935 年，江苏省第六区调查，沭阳的荒地为耕地的 2.5 倍。⑧

① （清）欧阳兆熊、（清）金安清：《水窗春呓》卷下，北京：中华书局，1984 年，第 50 页。
② （清）张相文等总纂：《泗阳县志》卷 7，1926 年，第 16 页上。
③ （清）李德溥修：《宿迁县志》卷 9，同治十三年（1874）刻本，第 7 页下。
④ 靳辅：《文襄奏疏》卷 7《生财裕饷第一疏（开水田）》，《影印文渊阁四库全书》"史部六"，台北：商务印书馆，1986 年，第 41 页下。
⑤ 《重修沭阳县志》卷 16，民国钞本，第 67 页上。
⑥ （清）唐仲冕等修纂：《海州直隶州志》卷 15，第 16 页上至下。
⑦ （清）唐仲冕等修纂：《海州直隶州志》卷 15，第 27 页上至 30 页上。
⑧ 海光：《沭阳土地概况调查》，《淮海》1935 年第 4 期，第 52 页。

　　甚至合法拥有土地的平民，因无力对抗不合理的政策而被迫弃粮。宿迁"十亩不一二种，十种不一二收……虽有力之家，亦不敢多种，多种则虞其以隐漏为罪"①。

　　乾隆年间，江苏巡抚陈弘谋指出："淮徐海境内，地土非尽瘠薄，可以种植。地土一望无际，只因河流未通，一遇天雨，是处弥漫。或广种而薄收，或有种而无收，一年妄费工本，次年遂弃而不种。"②近 2 个世纪后竟无实质性的变化。1933 年国民党江苏省中央执行委员会常务委员蓝渭滨在对徐海 12 县数百个庄考察后写道："此间农村之经营，实是万分粗放，农民之生活，实是万分痛苦。"③

　　在述及中国，尤其是淮北的灾荒时，马罗立认为："中国生育率和死亡率都是惊人地高，这证实了马尔萨斯的理论……只能通过饥荒、疾病和战争来控制。"④这一论点获得不少学者的支持。⑤实际上，淮北的饥荒和兵燹均极为频繁，黑热病等各种疾病非常流行。出身于东海县名医之家的笔者的外祖母，生有 6 个儿女，仅有家母一人存活下来。淮阴籍作家司马中原描绘的"鬼滩"⑥，几乎是淮北每个村庄均有的弃尸之地。但淮北粮食危机并没有得到丝毫缓解，就其本质，淮北因粮食短缺所造成的社会危机，更符合"行政权力统治社会"的危害性，作为军政权力变体的强势群体的高度垄断，造成社会的全面崩溃。

　　在"有土斯有财"的中国传统社会，守法民众有着充分的期盼和动力通过自身的努力由小田主变成大田主，实现对更富裕的生活的追求。因此，小农如果"对赵公元帅礼拜最勤"，至少说明他们拥有通过自己的劳动改变贫穷命运的些许机会和社会条件。

　　在淮北，弱势平民连细作的环境都常常被破坏，更不具备积累土地的社会条件。即使平民通过勤俭积蓄扩大对土地的占有，土地不但不会成为财富的象征，反而成为被合法权力和非法暴力侵剥的对象。

　　在皖北，许多平民把土地卖给权势较大的官员，官员却无须承担这些土地上的税负，原来的捐税仍然由失地的平民承担。史载："欲鬻地之急者，则以官作民，以有粮为无粮。故产既尽，而税犹存。"⑦

　　造成这种现象的深层原因是强势阶层的独大。这一群体的形成或可追溯到明代。作为明开国君主及其大量勋臣戚属的故土，皖北这些依靠枪杆子、刀把

---

① （清）李德溥修：《宿迁县志》卷 9，同治十三年（1874）刊本，第 7 页下。

② （清）姚鸿杰纂修：《丰县志》卷 12，光绪二十年（1894）刊本，第 8 页下。

③ 蓝渭滨：《江苏徐海之农业与农民生活》，《农村经济》1934 年第 9 期，第 10 页。

④ Mallory W H, *China: Land of Famine*, p. 17.

⑤ 如 Lillian M Li, Introduction: Food, Famine, and the Chinese State, *The Journal of Asian Studies*, Vol.41, No.4（Aug.1982），p. 687.

⑥ 司马中原：《司马中原自选集》，台北：黎明文化事业股份有限公司，1975 年，第 1 页。

⑦ （明）余鈇等修：《宿州志》卷 1，嘉靖刻本，第 13 页下至 14 页上。

子起家的强绅势豪，迥异于读书耕织传家的江南绅士。学者指出，中国古代官员免除徭役的范围极为有限，外官没有优免特权。[①]但淮北地方政府却制定了专门维护强势群体的免粮法规。除明代作为中都的凤阳各色人等享有优免特权外，明清时代，蒙城享受优免的"士大夫生员等职"的额田达 98 548 亩，约占全县额田总数的 10%。[②]睢宁曾有定例，"每乡官准免十五顷，生员准免九顷"[③]。仅此可见淮北强势群体的占地数量及所受之优惠。

寺田浩明认为，民国以前，地主对土地的占有，并非依据法律，而是依据"惯行"。[④]但淮北豪绅对土地的占有主要依靠的是权势。作为国家长期有意设定的行洪和蓄洪区，淮北"新涨"地亩动辄以数十万亩计，这些土地均是强势群体的囊中之物。[⑤]雍正时，仅桃源、睢宁、宿迁三县"淤出"田地就达 130 多万亩，"新淤一带地方，多有侵占蒙隐之弊"[⑥]。江南河库道康弘勋在萧县大肆置办庄房田地。[⑦]咸丰七年（1857），河督庚长勘出微山湖周边淤涨土地 20 多万亩进行招垦，上等土地定价每亩 300 文，或年租金每亩 80 文。铜山刁团获地 5800 余亩，睢团获 7500 余亩，于团近 3 万亩，王团 61 800 多亩，举人杨忠良 2000 余亩；沛县北赵团 12 500 多亩，唐团 82 300 多亩；拔贡生王孚 20 581 亩，举人李凌霄 4 万余亩。[⑧]

苏北还有人占田达 40 万亩，而占田在 4 万～7 万亩的地主竟有很多户。[⑨]清代山东巡抚指出，鲁西南"有田自耕之民十止二三，其余皆绅衿人等，招佃耕作，或数十顷、数百顷，以至千顷上下者"[⑩]。唐守中霸种铜山、沛县、滕县、鱼台等处民田达数百万亩。[⑪]民国年间，阜宁、灌云等县均有占田五六万亩以上的地主。[⑫]灌云谢应恭有田数十万亩。[⑬]"东海、宿迁、邳县、泗州等处，则地主土地，有二十万亩以上、十万亩以上的，几千亩以上的非常之多"[⑭]。1933 年，

　　① 〔日〕滨岛敦俊：《"民望"から"乡绅"へ——十六·七世纪の江南士大夫》，《大阪大学大学院文学研究科纪要》2001 年第 41 号，第 33-34 页。

　　② （清）汪篪修：《重修蒙城县志书》卷 4，1915 年刻本，第 3 页上。

　　③ （清）丁显纂：《睢宁县志稿》卷 12，光绪十二年（1886）刻本，第 4 页上。

　　④ 〔日〕寺田浩明：《清代土地法秩序にぉける"惯行"の构造》，《东洋史研究》1989 年第 2 号，第 130-157 页。

　　⑤ 靳辅：《文襄奏疏》卷 6《分添县治疏》，《景印文渊阁四库全书》"史部"，第 59 页上至下。

　　⑥ 折件：《署理江南江西总督范时绎奏折（雍正五年六月初五日）》，箱号 75，文献编号 402018214。

　　⑦ 折件：《苏州布政使高斌奏折（雍正八年十一月二十八日）》，箱号 79，文献编号 402009954。

　　⑧ （清）吴世熊等修：《徐州府志》卷 12，同治十三年（1874）刻本，第 37 页下-38 页下。

　　⑨ *Journal of the China Branch of the Royal Asiatic Society*, Vol.23, 1889, pp.79-117，转引自李文治编：《中国近代农业史资料》第 1 辑，北京：生活·读书·新知三联书店，1957 年，第 193 页。

　　⑩ 折件：《王士俊奏折（雍正十一年二月初六日）》，箱号 78，文献编号 402017801。

　　⑪ 贾桢等监修：《大清文宗显皇帝实录》卷 222，东京：大藏出版株式会社，第 14 页上。

　　⑫ 行政院农村复兴委员会编：《江苏省农村调查》，第 3 页。

　　⑬ 胡焕庸：《两淮水利盐垦实录》，第 17 页。

　　⑭ 中共萧县党史办公室，萧县档案局（馆）编：《萧县党史资料》第 1 辑，1985 年，第 117 页。

蓝渭滨调查后发现："徐海有一百顷至数百顷之大地主，确是不少。"①

这些土地的获得，是地方势豪与行政权力相勾结的产物。像唐守中的唐团的实际占地，"长二百里，宽三四十里不等"。唐守中一方面"约众数千"，"明目张胆，自为十团盟主，创立巢穴"；另一方面交结官府，官员"贪其财贿"，"袒护多方"。②为了争地，唐守中一次即杀死沛县刘寨30余人，伤50余人。③

民国时期，淮阴老子山一带，"有刘某曾总洪湖水巡，一时周迴三百余里，山泽之利，悉归私用"④。皖北，"豪强兼并，恣意妄为，田连阡陌，数达千顷，而贫者地无立锥，沦为佃农、雇农者不可胜计"⑤。

清初实行摊丁入亩后，淮北也并非像政策设计者预想的那样：百姓的赋税负担会与占地面积成正比。一成不变的是，这里的税负轻重始终取决于权势。怀远"豪强兼并，以致有粮无地，地少粮多"⑥。灵璧"或田多而粮少，或田去而粮存"⑦。海州"豪富之粮常少，而贫穷之粮独多；瘠土之粮独多，而沃土之粮常少"⑧。

清末苏北淤涨滩地的租银一直难以征收。大学士彭蕴章等奏，自道光二十八年（1848）至咸丰十年（1860），淮、扬、徐、海四属数千万亩湖河滩地，并未收得分文官租。⑨1930年，吴寿彭指出，拥有一二百顷土地的地主，"威权高出于一切"⑩。具有军政官吏身份的地主占江苏北部地主总数的57.28%。⑪可见，强势群体享受的恩泽，虽朝代更易也常固如磐石；而弱势平民分沾的利益，多似朝菌不知晦朔。

因此，淮北平民的土地并不是财富的象征，只有免于苛捐杂税的权贵的土地才是真正意义上的财富。蓝渭滨指出，一方面，徐海地区"荒地面积激增"；另一方面，土地兼并严重。⑫

正因为强势群体的隐占，政府税收通常征不足数。南京国民政府官员刘支藩指出："萧县每年秋勘，无论如何，其应征田亩，多仅及原额册载田亩之半……

① 蓝渭滨：《江苏徐海之农业与农民生活》，《农村经济》第 1 卷第 9 期，1934 年，第 13 页。

② 折件：《徐州贡生张其浦等呈文》，箱号 2742，文献编号 100686。

③ 折件：《徐州童生刘际昌等呈文（同治三年十一月三日全庆折件）》，箱号 2742，文献编号 100343。

④ 张煦侯：《淮阴风土记》上册，1936 年，第 138 页。

⑤ 李汉信：《皖北见闻录》，《农业周报》1935 年第 20 期，第 685 页。

⑥ （清）孙让修：《怀远县志》卷 26，嘉庆二十四年（1819）刻本，第 10 页上。

⑦ （清）贡震纂修：《灵璧县志》卷 1，乾隆二十五年（1760）刻本，第 29 页下。

⑧ （清）唐仲冕等修纂：《海州直隶州志》卷 15，第 8 页上。

⑨ 折件：《大学士管理工部事务彭蕴章等奏（咸丰十年四月初二日）》，箱号 2714，文献编号 406012288。

⑩ 吴寿彭：《逗留于农村经济时代的徐海各属》，《东方杂志》1930 年第 6 号，第 78 页。

⑪ 汪熙、杨小佛主编：《陈翰笙文集》，上海：复旦大学出版社，1985 年，第 61 页。

⑫ 蓝渭滨：《江苏徐海之农业与农民生活（续）》，《农村经济》1934 年第 10 期，第 20 页。

徐海各县，多属如此。"①由于被隐占的土地多属强势群体，这部分土地出产的粮食对解决平民的粮食危机帮助不大。

综上所述，淮北土地资源虽多，却无法为社会各阶层公平、合理地获得和使用。缺失公正的制度保障和社会环境，使淮北民众凭借个人能力、潜心劳作、勤俭积累、合理理财等权势以外的合法手段致富的条件受到了极大地制约。在江南，佃农以劳作致富不乏其人，但在淮北却闻所未闻。弱势平民看似非理性的行为，实际上是适应淮北现实社会的较为合理的生活方式。

三、平民应对粮食危机的局限性

淮北弱势平民应对粮食危机的常见做法为粜精籴粗、觅食野菜、拾荒、外出佣工，直至铤而走险等。

卜凯、托尼、黄宗智等学者均认为粜精籴粗系中国贫困农民应对乏粮的有效举措。②事实上，粜精籴粗在某种程度上加剧了弱势平民的物质损失，更加剧了强势群体对社会的控制。

不过，即使单纯从食粮的热量来计算，粜精籴粗也并非总对平民有利。现将 1932 年苏北 15 县夏季平均粮价计算如下：大麦 4.2 元/石，小麦最高价格 6.6 元/石（已高于米价），玉米 3.5 元/石、高粱 3.6 元/石。③1935 年 9 月，淮北小麦平均价格为 5.11 元/担，玉米 3.13 元/担。④

按 1932 年夏季粮价，以 1 石小麦热量为 100，则可换回各种粗粮热量比率为：大麦 153.2，玉米 63.1，高粱 203.0。按 1935 年 9 月的粮价，出卖 1 石小麦，换回的玉米热量仅及小麦热量的 54.6%。

不考虑捐税、运费、损耗、时间成本、市集管理费及集主的盘剥和欺诈，出卖小麦换取大麦和高粱，获得的食物热量确实增加了；但如果卖小麦换回玉米，食物热量则明显降低。据日人调查，淮阴农家的粮食消费中，玉米的比重最高。⑤赣榆最通常的交易是出售麦、豆以交换玉米等。⑥苏北许多地区，农民"以玉蜀黍为重要食品之一，与大麦山芋，俱宝之如性命。小麦虽土产珍品，然其价值巨，恒储以待售……玉蜀黍虽系食粮，然常苦不足，入春犹仰于邻邑"⑦。

① 刘支藩：《江苏田赋问题》，《江苏研究》1935 年第 4 期，第 5 页。

② 如卜凯：《中国农家经济》下册，第 498 页；R H Tawney, *Land and Labor in China*, London: George Allen & Ltd, 1932, p. 55；黄宗智：《华北的小农经济与社会变迁》，第 113 页。

③ 实业部国际贸易局编：《中国实业志（江苏省）》第 5 编，1933 年，第 74、109、115-116 页。

④ 《九月份粮价统计》，《国际贸易情报》1936 年第 34 期，第 60-62 页。

⑤ 大东亚省：《苏北地区综合调查报告》，1943 年第 191 页。

⑥ 《赣榆县续志》卷 1，民国十三年刻本，第 2 页下。

⑦ 张煦侯：《淮阴风土记》下册，1937 年，第 150 页。

在集市过程中，首先，官府要收取一定的捐税，"市集交易营业，亦莫不各抽捐税"①。各省农产品"贩自东市，既已纳课，货于西市，又复重征。至于乡村僻远之地……或差胥役征收，或令牙行总缴，其交官者甚微，不过饱奸民猾吏之私橐，而细民已重受其扰矣"②。

其次，淮北"贸易多居寨圩"③，作为集主的强势群体要征收各种费用。清代巡抚雅尔图奏称："各省乡镇村落，贸易集场，每有集主名色"，索取各种陋规。④清末徐州，豪绅对赶集乡民"纠众要路拦截，诈得钱文，始行放去。否则关锁各庙内，冻饿难堪"⑤。宿迁地方官员称，"征收之章程，今反倍苛于昔，不独肩挑负取，责报无遗，即其货物尚未运行，存粮并非取卖，竟亦登门稽索"⑥。

最后，集主等可控制衡量工具而肆意盘剥。据汶上县令粟仕可《市集论》，集市上对平民进行盘剥的至少有三种人：奸商、市魁和胥吏。仅作为市魁的强势群体（豪滑），就能在市集交易中剥夺交易物 1/10 的价值："豪滑托名给帖，受权量，而私易置之。朴野之民，持物而贸者，阴夺其十一，犹假公租以横索焉。"⑦20 世纪 30 年代前期，淮安粮行籴粮时把斛、斗压得很实，粜粮时则装得疏松。仅此一法，每斗（16 斤）的出入"就能有一件衬衫的体积"。粮店人员用手糍粮均有专业手法，糍下不足半升的粮食均归粮店所有。平时粮行使用暗语，对其手法实行保密。⑧丰县张五楼集"行人"胡振华（1914 年生）回忆说："每集成交各种粮食，多达十余石（1 石小麦 550 斤、大豆 600 斤），不算佣金，落地粮能收二三百斤。"⑨宿州粮行的斗把子，可把每斗 33 斤的粮食量成 30 斤或 35 斤。⑩有人回忆：

> 赶集主要是买卖糟食，每个集日，粮食销售额约二至三万斤。粮食种类主要是高粱、大豆，其次是玉米、三麦，至于大米多是从山东杨集运来，数量极少。粮价的浮动，名为以质论价，实际上全凭掌斗人的一句话，坑害了多少贫苦农民。⑪

① （清）张相文纂：《泗阳县志》卷 15，第 1 页下。
② （清）允裪等奉敕撰：《乾隆朝大清会典则例》卷 18，四库全书本，第 36 页下至 37 页上。
③ （清）于书云纂修：《沛县志》第 3，1920 年刻本，第 5 页上。
④ 《大清高宗纯皇帝实录》卷 256，清内府钞本，第 33 页上。
⑤ （清）李德溥修：《宿迁县志》卷 14，同治十三年（1874）刻本，第 7 页下至 8 页上。
⑥ 严型总修：《宿迁县志》卷 6，1935 年刻本，第 21 页上。
⑦ （清）徐宗幹修：《济宁直隶州志》卷 3，咸丰九年刻本，第 16 页下。
⑧ 毛鼎来：《抗战前的淮安南门粮业》，《淮安文史资料》第 5 辑，1987 年，第 201-202 页。
⑨ 《张五楼乡·张五楼集》，《丰县文史资料》第 11 辑，1993 年，第 99 页。
⑩ 刘铁：《民国时期宿城粮油贸易概况》，《宿州市文史资料》第 2 辑，1992 年，第 76 页。
⑪ 靳小田：《二十年代前后新安镇回忆片断》，《新沂文史资料》第 3 辑，1988 年，第 63 页。

淮北粮行对各种利益分配规则为："粮行行人与集主分利为里一半外一半，即集主一半，行人们共分一半。"[①]

正因为有厚利可图，丰县的集主动用家丁殴打到别处赶集的农民。[②]因此，粜精籴粗的最大受益者是强势群体。山根幸夫指出："当地地主（包括绅士、生员）不仅通过封建土地所有制掠夺农民，亦在乡村市场上控制商品流通，从中获取巨大的经济利益。"[③]

沛县四大家之一的张家的势力及对粮食的控制具有代表性。张家拥有田地112顷，并拥有振昌糟坊和新沛官钱局。张家在沛县担任的职务包括县商会会长、官钱局经理、县农场场长、沛县师范校长、县教育会长、小学校长，并有人担任工兵司令、师长、将军、专员等职。[④]"张家所以发财，其主要方式是当粮食新入仓时买粮、春天粮贵时再卖；荒年卖粮买地。"[⑤]张延绅每年青黄不接时，借给贫民粮食，按市场最高价算钱，农民还粮时则按最低价折算。仅1914—1924年，张家利用与县政府的关系，增加土地近40顷。[⑥]邳县官僚世家窦氏与之相似。窦氏在邳县、郯城等地占有良田400余顷，且在涝沟、官湖、窑湾、台儿庄等地拥有百万资金的商业网点，同时，还印发地方流通货币。[⑦]这些条件对粮食的控制具有举足轻重的作用。

李明珠研究华北粮食市场时，认为其内部整合度低的主要原因是陆路交通问题。[⑧]但淮北粮食市场的主要问题显然是人为操纵。需要特别强调的是，不是与世界市场的融合或商业资本的入侵造成了淮北粮食交易的不公平，而是权力不受约束的"大户"与备受人为约束的封闭性市场引发了巨大的交易危害。

如前所述，1932年苏北15县小麦在夏季上市时平均价格每石6.6元，再看表2中秋季小麦的价格。

表2　苏南与淮北乡村、市镇的上等小麦价格比较（1929年10月）

地区	县	村	乡村价格/（石/元）	市镇价格/（石/元）
苏南地区	句容	土桥	8	8.8
	高淳	永丰	8.2	8.5

① 《沙庄乡·沙庄集》，《丰县文史资料》第11辑，1993年，第153页。

② 《宋楼镇·宋楼集》，《丰县文史资料》第11辑，1993年，第11页。

③ 〔日〕山根幸夫：《明及清初华北的市集与绅士豪民》，刘俊文主编：《日本学者研究中国史论著选译》第6卷，北京：中华书局，1993年，第363页。

④ 秦伯鸢：《"沛县四大家"之一的张家概况》，《沛县文史资料》第5辑，1987年，第36-37页。

⑤ 秦伯鸢：《"沛县四大家"之一的张家概况》，《沛县文史资料》第5辑，第37页。

⑥ 化洪春等：《张延绅记略》，《沛县文史资料》第5辑，第41页。

⑦ 陈俊才：《窦氏家庭及窦鸿年》，《郯县文史资料》第7辑，1989年，第100页。

⑧ Lillian M Li, Integration and Disintegration in North China's Grain Market, 1738-1911, *Journal of Economic History*, Vol.60, No.3（Sept. 2000），pp. 665-699.

地区	县	村	乡村价格/（石/元）	市镇价格/（石/元）
苏南地区	江浦	石碛	7	7.5
	平均		7.7	8.3
淮北地区	砀山	七神庙	55	60
	丰县	大吴庄	22	23
	邳县	城区	17.5	21
	沛县	西平	35	37
	赣榆	城东	13	15
	峄县	山阴	50	55
	平均		32.1	35.2

资料来源：据张心一：《今年粮食问题的一种研究》，《统计月报》1929年第1卷第9期，第7-8页整理。

据表 2，即使不考虑运输费用，淮北各县 10 月份乡村小麦的平均价格为 32.1 元/石，高出夏季麦价的 4.9 倍。这一差价，与当地人的记忆吻合："以小麦为例，新麦上市每斤不过制钱 100 文，到来年青黄不接时节就涨到 300 至 400 文。地主及有钱人家掌给〔握〕了这一规律，每届新粮上市就大量收购，囤积居奇，到粮价上涨到顶峰时高价出售，只几个月的时间就可获得几倍的利息。"[1]

与之相比，苏南小麦的价格仅有 7.7 元/石，比夏季麦价仅高出 1.17 倍。

尤为重要的是，淮北不但拥有运河、淮河等良好的水运，属于国外学者认为整合最好的江苏市场体系，[2]且享有津浦和陇海铁路的便利。这里的平均麦价竟比察哈尔、绥远、吉林、辽宁、山西、河北各省的最高麦价都要高。[3]

表面上看，小麦的高价对小农有利，其实不然。淮北是贫富截然分立的社会，在小麦上市时，因还贷、纳税等用款急切，小农卖新谷在麦收一结束时即已进行，"五月粜新谷"的现象非常普遍。

每年农历五六月，淮北小麦上市，价格极易被压低。道光年间，六安"大贾某姓者，每际岁歉，屯米谷……深为贫民病"[4]。1932 年国民党江苏省执行委员会在邳县调查发现："农民苦于奸商与地主之设计剥削，粮食贱时则大量收买，春荒时抬价出卖。"[5]1935 年夏，学者在苏北调查称："今年徐淮海属各县虽云丰收，但农民因积欠债务及缴纳赋税之故，米麦价格，反见低落。"[6]铜山

---

① 余辉：《解放前沛县农村的剥削形式》，《沛县文史资料》第 4 辑，1987 年，第 88 页。

② Carol H Shiue, Local Granaries and Central Government Disaster Relief, pp. 113-114.

③ 张心一：《今年粮食问题的一种研究》，《统计月报》1929 年第 1 卷第 9 期，第 7-8 页。

④ （清）李蔚等修：《六安州志》卷 27，光绪三十年（1904）刻本，第 22 页上。

⑤ 《邳县农村经济调查》，《苏声月刊》1933 年第 2 期，第 157 页。

⑥ 《苏北各县农村破产》，《农学》1935 年第 1 期，第 113 页。

农村新谷登场后，"农民往往尽其所有，完全卖光，六月间农家大都家无粒粮"①。次年对皖北的调查，"自频年水旱以来，即陷于谷贱伤农之景象，而谷贱之原因，以农民负债，新谷登场，不得不急售以偿还，实非粮食过剩"。但到秋末冬初，小户人家的小麦大多所剩无几时，储粮较多的豪绅大户就会拉抬粮价。一份11月份的皖北调查称："今岁午秋两季大熟，仓廪丰足，食粮虽不过剩，亦不缺乏，讵近月粮价步步飞涨，一般贫穷农民，莫不大受痛苦。"②若到战时，小麦被视为战争资源，价格就更没有保障了。③

因此，表2中10月份的淮北麦价，绝非大部分嗷嗷待食的小农所能沾泽，基本为大田主专享。是以传统的统治者特别强调："设有甚贵贱而君不理，则豪商富室，操其赢货，因民之不给，以牟百倍之利。乐岁则乘急贱收，凶年则固闭不出，斯民反复受弊，亡有已时。"④

借贷利息也反映出强势群体对粮价的操纵，据实业部1932年调查，在粮价相对平稳的苏南青浦、松江、上海、嘉定、昆山、太仓、无锡、江阴、宝山、高淳、崇明等地，借贷月息最高为1.8～2分。而淮阴、睢宁、东海、灌云、涟水的借贷月息则高达10分。⑤有淮东第一家之称的刘鼎来，"借放高利贷的机会做他的买低卖高的粮食'生意'"。如稻头在冬天价格最高，他在冬天借出时就折成钱计算，到秋天稻头价格下跌，收债时再把钱折成稻头。"由于他掌握行情，却能稳操胜券，加上当时粮价的升降幅度很大，几个翻身，原来的一石就变成了三石，甚至是四石。"⑥沛县农村麦收前借小麦，麦收后偿还的利息是借一还三。⑦

淮北高得离谱的小麦价格，使各种领主般的豪绅有足够的动机去阻止外地小麦的进入。在鲁西南地区，"滕俗每逢水旱辄闭籴……本地谋升斗者，往往坐困"⑧。因此，粜精籴粗的平民极易被强势群体所控制和盘剥。从日本学者的研究中，我们看到浙西官府对粮食流通的控制，很好地平衡了当地的粮价。⑨尽管淮北某些地方官府对粮食市场的整治，几与战争无异："县官往往于秋谷登场之后，禁运出境，禁商囤积。布侦卒于要津。"⑩但为了垄断市场、控制粮价，强势群体可以无视并击垮各级官府的强力介入。怀远、凤台、颍上等县，"格

① 李惠风：《江苏铜山县的农民生活》，《中国农村》1935年创刊号，第78页。
② 《皖境亢旱粮价飞涨·蚌埠粮价飞涨不已》，《农学》1936年第1期，第124页。
③ 江苏省档案馆藏江苏省田粮处档案：《抢购绥靖区小麦卷》，全宗号1011，目录乙，案卷号4。
④ （明）解缙等编：《永乐大典》卷7507，北京：北京图书馆出版社，2009年，第35页上。
⑤ 实业部国际贸易局编：《中国实业志（江苏省）》第3编，1933年，第55-58页。
⑥ 侍问樵：《淮东乡地主刘鼎来》，《淮安文史资料》第4辑，1986年，第76-77页。
⑦ 余辉：《解放前沛县农村的剥削形式》，《沛县文史资料》第4辑，1987年，第89页。
⑧ （清）王政修：《滕县志》卷9，道光二十六年（1846）刻本，第32页下。
⑨ 〔日〕则松彰文：《清代中期の浙西にぉける食粮问题》，《东洋史研究》49卷2号，第48-69页。
⑩ 吴应庚纂：《续修盐城县志稿》卷4，1936年刻本，第13页下-14页上。

于强练降勇,其牧令不过伴食。一切征收、厘卡、听断、生杀之权,不能过问"①。宿迁"不独肩挑负贩责报无遗,即其货物尚未运行,存粮并非贩卖,竟亦登门稽索。稍不遂欲,转以抗征漏税诬告诸官,甚至饥民买食豆饼,因有油粮名目,出入圩卡,索诈随之。乡曲愚民,孰敢相为计较?即行商坐贾,亦惟饮恨吞声,听其诈扰,从此誓不再经斯土耳"②。

在淮北最乏食时,更有官员为了蝇头之利,有意无意地阻止外区域的粮食进入淮北。1906 年,淮北发生了"近四十年未有之奇灾"③,官员不但不积极救灾,反而"狃于成例,先不报灾,仍索赋税"④。外地绅商运输赈粜杂粮,经过徐、海、淮、扬一带,"厘卡留难索捐,淮关有扣船月余始放者"。因为饥民食购豆饼极多,此项商品一向不抽捐,此时厘卡委员竟每斗加抽 2 文,"以致商贩裹足"⑤。可以想见,外地粮食无法进入,本地豪绅的囤粮势必飞涨。

在强势群体严密垄断之下,平民通过粜粜所能获取的利益,实在令人怀疑。

在应对粮食短缺时,农家另一个常见的应对措施是挖食野菜。在淮北,到富人田中挖食野菜和拾荒类似,均被视为富人向穷人的施恩。清律特别规定:"止在旷野白日摘取苜蓿、野菜等类,不得滥引夜无故入人家律。"⑥

即使在清"盛世"时,挖食野菜也被官府作为两个月的口粮计入农民的食物预算中。康熙四十三年(1704)春,丰县"民乏食,剥榆皮、掘蒈根,杂穅秕而食"⑦。雍正八年(1730),政府泄放洪泽湖等蓄水,淮安、徐州、邳州、海州等地"民间在田之禾稼被淹,而屋中囤集之旧粮搬运不及,亦多漂流"。中央政府认为,从正月至麦熟,尽管有 100 多天,但只要救济农民 40 天的口粮即可,因为农民有"三月、四月内之野菜",造成灾民大量饿毙。⑧乾隆七年(1742),苏抚陈大受奏:"查沛县饥民,采食野蒿草根,多致死亡……其灾重未赈次贫之铜山、宿迁、清河、安东、桃源等处,有似此者。"⑨每届冬春,蒈子也是稀缺资源,常会引发械斗。乾隆五十一年(1786),"泗州灾黎挖掘蒈根,经该县周兆兰及知州郑交泰在彼弹压"⑩。1949 年,苏北饥荒,"灾民搜集野菜等代

①　(清)唐训方:《旌别道守牧令淑慝折》:《唐中丞遗集》"奏稿"卷 2,光绪十七年刻本,第 13 页 b。

②　严型总修:《宿迁县志》卷 6,1935 年铅印本,第 20 页上-下。

③　镇江关税务司义理迩:《光绪三十二年镇江口华洋贸易情形论略》,《光绪三十二年通商各关华洋贸易论略》(英译汉第 48 本)下卷,光绪三十三年(1907)八月印,第 41 页上。

④　中国水利水电科学研究院水利史研究室编校:《再续行水金鉴(淮河卷)》,武汉:湖北人民出版社,2004 年,第 469 页。

⑤　中国水利水电科学研究院水利史研究室编校:《再续行水金鉴(淮河卷)》,第 470 页。

⑥　(清)朱轼:《大清律集解附例》卷 18 "刑律",雍正三年(1725)内府刻本,第 68 页下。

⑦　(清)姚鸿杰纂修:《丰县志》卷 16,第 17 页下。

⑧　折件:《两江总督高其倬奏折(雍正九年二月初六日)》,箱号 79,文献编号 402006286。

⑨　《大清高宗纯皇帝实录》卷 161,第 31 页下。

⑩　《大清高宗纯皇帝实录》卷 1252,第 828 页下。

食品，仅淮阴区即达三百万斤"①。

收获之后，拾荒成为平民生活的重要内容。在沛县，"往者麦秋至，富者是刈是获，贫者群逐群拾，而又荷杖操刃以收余秸"②。在淮阴，"湖田阡陌绵长，地主恒树红旗为界。红旗不倒，拾麦者不得阑入。既倒之后，谓之'放门'，此处即可拾麦。然主家又旋树新界，渐收渐小，以至于无。斯时男女奔仆其中，如山如潮"③。

因此，淮北的糊口式雇用和拾荒约束，均加剧了强势群体对普通民众的控制。第一，淮北强势群体多视佃雇农如农奴，佃雇农与之说话、为之服役等，均有严厉的规矩。④而拾荒时，在兵丁护卫下的强势群体，通过徙旗立信，令行禁止，事实上强化了统制力。第二，挖食野菜和拾荒的时间成本巨大，基本耗费了农村妇孺、老人的业余时间，使其无法像江南那样，从事收入较高的家庭纺织业。⑤平民在缴纳苛捐杂税及获得衣物、食盐等生活必需品时，只有出卖粮食一途⑥，使普通民众的经济命脉极易被强势群体把持操纵。第三，尤为重要的是，从事糊口式雇用和拾荒的"剩余"劳动力本可以投入到兴修水利等活动，更加合理地解决或应对粮食危机。而从淮北每县数以百计的圩寨修筑、动辄策动成千上万民众反叛等动员实效来看，淮北强势群体的动员能力远远超过了江南士绅。但他们却没有像江南士绅那样，运用巨大的动员能量来发展生产，而是放任淮北乡村"剩余"劳动力从事极其低效的谋生事务。

面对严重的粮食危机，淮北弱势平民无法耕种大片的荒田，因为他们一旦垦种，"逃户之田粮差俱负……则征输百役，追令代办"。这种不合理的体制，极大地束缚了平民的生产积极性，"夫淮北九县二州钱粮之累，大约相同，地半荒而赋如故，民愈逃则敛愈急"⑦。即使"盛世"时期，淮北不少地方逃亡人丁几占原额的90%。⑧据1935年对苏北的调查："淮阴、涟水、宿迁、沭阳、泗阳、东海各县边境，多已田园荒芜，庐舍丘墟矣。"⑨弱势平民逃亡，于强势群体极为有利。逃户之田，未逃平民不敢垦种，但"有豪强之徒知其无主，节年占耕而不纳粮者。又有指湖荡荒田为逃户产业，以相影射者。又有里递，将

① 江苏省档案馆藏档案：《苏北一年来生产救灾工作的初步总结》，全宗号301，案卷号9。
② 于书云修：《沛县志》卷10，第36页上。
③ 张煦侯：《淮阴风土记》下册，第25页。
④ 〔日〕田边胜正：《支那土地制度研究》，东北：日本评论社，昭和十八年，第386页。
⑤ Ma Junya, Tim Wright, Industrialization and handicraft cloth: The transformation of modern Jiangsu peasant economy, *Modern Asian Studies*, Vol.44, No.5（2010），pp.1337-1372.
⑥ （清）贡震纂修：《灵璧县志》卷4，第1页上-下。
⑦ （清）唐仲冕等纂修：《海州直隶州志》卷15，第9页上。
⑧ 马俊亚：《近代淮北地主的势力及其影响》，《历史研究》2010年第1期。
⑨ 《苏北各县农村破产》，《农学》第1卷第1期，第113页。

逃亡田土私典与人，分收子粒，指称虚粮者"①。

　　即使无法生存的底层民众铤而走险，也难撼动强势群体的利益，反而强化了后者的社会控制。

　　雍正时，署两江总督赵弘恩奏："上江之颖州、亳州、寿州、宿州及灵璧、凤台二县，素称盗薮。"②传教士写道："徐州府的土匪太多，实在太多。很少有没有土匪的村庄。"③匪患兴起，受害最深的是弱势平民。"乡村民众，虽在隆冬盛暑，每须夜宿野外，以避匪祸，情形之惨，令人痛心。"④1933 年 7 月，学者描写邳县谭墩 6 年前所受的匪患影响时写道："谭墩原来很富庶，十六年为匪陷落，烧杀过半，断墙残屋，历历犹在！农民多居草棚，冷清清的如入死境。"⑤

　　清亡后，政治体制有了较大改变，但淮北的乡村权力结构并没有质的变化。不论是北京政府时期，还是南京国民政府时期，淮北均是中央政府失控的边缘地区。为抵御捻军所修建的圩寨，又成为防御匪患的主要设施。圩寨寨主往往身兼大地主、保安团长、区长或乡长之类的职位，集行政、经济、政治、军事权力于一身。他们以地方自治、维护地方权益之名，肆意剥夺平民利益，聚敛巨额资产。他们在淮北的榨取极为苛刻。⑥

　　因此，淮北的匪患，极利于强势群体扩权。据统计，1807—1920 年，铜山、沛县、睢宁、丰县、柘城、项城 6 县共兴修 604 个圩寨。⑦另据统计，丰县、睢宁、宿迁、铜山、沛县、邳县、沭阳、太和等 8 县在民国前期有 1003 个圩寨。⑧丰县一个名叫石盘的下庄子，典型地反映了圩寨中的社会结构。石盘由蒋谦光购买，"为防止土匪骚扰，筑了寨围子。蒋念熙是蒋谦光的第六代孙，清光绪末年至宣统年间，曾先后做过河南省宜阳、内乡、固始、夏邑四县的县令。他的儿子蒋天赐是丰县城西有名的大财主，他独家的寨围子就占地 330 亩，围子内有两百多户人家，一千余人为蒋家耕种土地。从清朝到民国十六年前后，蒋老寨主主宰着寨内一切和寨周围 48 个村庄"⑨。

　　无论如何，这些军事设施和军事装备的费用，绝大部分由淮北的普通百姓承担。皖北方志称："自捻匪横行，前抚臣仿坚壁清野法，使民筑土为圩，修

　　① （清）唐仲冕等纂修：《海州直隶州志》卷 15，第 8 页下。

　　② 折件：《署江南总督赵弘恩奏折（雍正十二年四月十六日）》，箱号 78，文献编号 402018589。

　　③ Lépold Gain, Les brigands du Siu-tcheou-fou. *Relations de Chine 2*，（Oct. 1909），p. 413.

　　④ 王德溥：《江苏省淮阴区剿匪工作总报告》（续），《淮海》第 4 期，1935 年 9 月 1 日，第 24 页。

　　⑤ 行政院农村复兴委员会编：《江苏省农村调查》，第 67 页。

　　⑥ Elizabeth J Perry, Collective Violence in China, 1880-1980, *Theory and Society*, Vol.13, No.3, Special Issue on China （May 1984），pp. 434, 440.

　　⑦ Elizabeth J Perry, *Rebels and Revolutionaries in North China, 1845-1945*, Stanford: Stanford University Press, 1980, p. 91.

　　⑧ 马俊亚：《近代淮北地主的势力及其影响》，《历史研究》2010 年第 1 期。

　　⑨ 《单楼乡》，《丰县文史资料》第 11 辑，1993 年，第 220 页。

兵器以自卫……各处圩主抗钱粮，擅生杀，州县官禁令不行。"①据安徽省政府秘书处统计，1933 年，皖北颍上、蒙城、凤台、太和、亳县、寿县、霍邱 7 县仅壮丁队拥有步枪 12273 支、马枪 223 支、手枪 792 支、土枪 11345 支、土炮 779 门。②苏北与之类似，"圩董、庄长奉谕拿匪，拒捕格杀勿论"③。据 1934 年宿迁县民王炳金等报告，该县两户农家每年负担保卫团费用约 300 元。④

据卜凯的研究团队调查，1925 年前后，怀远 124 户农家每公顷所纳地税为 0.61 元（亩均 0.041 元）；宿县 286 户农家，每公顷所纳地税为 0.83 元（亩均 0.055 元）。⑤

1928 年以后，划分中央与地方税，造成中央对淮北更加失控，淮北强势集团的剥夺变本加厉。据江苏省政府审查地方预算委员会统计，1931 年苏北 15 县田赋正附税实征数为 7 727 899 元。⑥1933 年皖北 15 县的田赋正附税为 2 218 264 元。⑦另据安徽省财政厅官员姜启炎实地调查与精确计算，安徽农民负担相当于政府征收额的 4 倍。⑧皖北 15 县农民的实际负担应为 8 873 056 元。1931 年，苏北 15 县额田总数 21 276 697 亩⑨，亩均税负 0.36 元。1933 年皖北 15 县额田 14 725 308 亩⑩，亩均税负 0.60 元。1925—1933 年，淮北农民的税负增加了 10 倍左右。

除地税外，由乡村强势群体策划或执行的摊派基本上漫无范围。越是落后地区，摊派越猖獗。据调查，"江北边境各县（即本文所指的苏北——引者注）除田赋附加税外，有时还有奇重的临时摊派"。摊派数额通常每村数百元，每年摊派 6～8 次，战争时期则没有限制，"完全是一种封建领主对农奴的办法"。由强势群体支配的自治费在钱粮项下附带征收，宿迁某村 4 家乡民每年应纳 7 元，但区公所加派至 180 元。1930 年，宿迁第九区长墩乡强行摊派 1100 元，区长率领流氓将该村各家衣物、粮食、种籽一并抢去。⑪

面对各种榨取，大地主不但避税的优势极为明显⑫，大户还经常从苛捐杂税

---

①　鍾泰等：《亳州志》卷 8，光绪二十年（1894）刻本，第 34 页上。

②　据《安徽省各县壮丁队枪械弹药统计表》和《安徽省各县地方保卫费统计表》（《安徽政务月刊》，1935 年第 3 期，手绘表，第 237-238 页）两表统计。

③　（清）丁显纂：《睢宁县志稿》卷 13，第 24 页下。

④　孙晓村：《苛捐杂税报告》，《农村复兴委员会会报》1934 年第 12 期，第 61 页。

⑤　卜凯：《中国农家经济》上册，第 106 页。

⑥　江苏省政府审查地方预算委员会：《江苏省田赋正附税统计表》，南京，1933 年印，第 103-138 页。

⑦　姜启炎：《安徽人民之田赋负担》，《政衡》1934 年第 3 期，第 55-56 页。

⑧　姜启炎：《安徽人民之田赋负担》，《政衡》1934 年第 3 期，第 59-60 页。

⑨　张森：《江苏田赋概况》，《地政月刊》1933 年第 7 期，第 933-934 页。

⑩　安徽省政府秘书处编：《安徽省概况统计（民国二十二年份）》，安庆：安徽省政府秘书处印，1934 年，第 11-12 页。

⑪　孙晓村：《苛捐杂税报告》，《农村复兴委员会会报》第 12 期，第 27、13、61 页。

⑫　Leonard T K Wu, Rural Bankruptcy in China, Far Eastern Survey, Vol.5, No.20（Oct. 1936），pp. 215-216.

中获利①。甘布尔、黄宗智、杜赞奇等学者均认为，华北许多村庄的头面人物不愿充当村长。②日本学者也有类似观点。③在淮北，平民"大户"自然逃不出被敲诈勒索的命运，但有权势的"大户"命运则相反。乡长、保长等人物，"非赚钱，即贴钱，无洁身中立之余地"④。

综上所述，淮北强势群体的绝对优势地位，从平民到官府都无法对其权势进行约束，使其对社会资源进行竭泽而渔式的巧取豪夺。弱势平民应对危机的举措，多无法逃脱强势群体敲骨吸髓般的盘剥，并极大地增加了强势群体的经济聚敛机会和社会控制能力。

四、强势群体的利己性

在淮北，饥荒固然是政体的产物，同时也是强势群体赤裸裸的控制和剥夺造成的。

作为军政官员变体的淮北强势群体，既有远胜传统士绅的威势，又有超越近代基层合法政府的权力；但他们既缺乏传统士绅"修齐治平"的社会责任感，又没有近代意义的行政管理能力和社会服务意识。

明清以来，江南乡绅创办了大量的义田、义庄、义学等公益机构，这类士绅在淮北却如凤毛麟角。淮北强势群体多不愿承担公益性建设和社会改良。沭阳人诗称："穷人苦饥富人否，家藏粟贯都红朽……亦知思患预为防，延请拳师门户守。缮墙葺宇弥缝周，私谓安居可长久。"⑤睢宁，"富厚之家，必较锱铢，而不知义方教子。吝于善事，肆于不善事，以把持衙门为能。钳制异己，则不惜巨金，倚势力，废礼义，蔑法纪，富民之行也"⑥。民国前期，淮阴关门程，均为大土地所有者，"曾组'富户会'，专以拒绝贫民借贷，而以包办收买田地为宗旨，贫民无以自存"⑦。

就学校言，苏南"差不多每个行政村都有一所小学"⑧。其中绝大多数学校为乡绅所创办。在华北，常有几个村子共同负担一所学校费用的情况。⑨然而，

① 参见〔日〕天野元之助：《中國農業の地域的展開》，东京：龙溪书舍，1979年，第278-279页。

② 详见 Kenneth Pomeranz, *The Making of a Hinterland: State, Society, and Economy in Inland North China, 1853-1937*, p. 107.

③ 如〔日〕谷口规矩雄：《明代華北の'大户'につって》，《东洋史研究》1969年4号，第119-120页。

④ 向乃祺：《土豪劣绅与民主政治之关系》，《宪政月刊》1944年第11号，第19页。

⑤ 钱崇威纂：《重修沭阳县志》卷14，第28页上至下。

⑥ （清）侯绍瀛修：《睢宁县志稿》卷3，光绪十二年刊本，第6页下。

⑦ 张煦侯：《淮阴风土记》上册，第107页。

⑧ 中共苏南区委农村工作委员会：《苏南土地改革文献》，第475页。

⑨ Sidney D Gamble, *North China Villages: Social, Political, and Economic Activities before 1933*. Berkeley and Los Angeles: University of California Press, 1963, pp. 147-148.

直到民国年间，有的淮北寨主"鄙夷新学，至以学校为学生、儿童之害"①。有学者竟称："新学勃兴，斯文将坠失。"②1930年，有人在淮阴郊区"调查了十几个村子……竟未看见一个小学"③。

在淮北，能除弊的官员难敌强势群体。唐民敏知徐州，"清审厘正，宿弊尽除，百姓大悦"。却终落得"以不阿上官左迁去"。庄诚任丰县令，"能剖疑狱，开涵洞，泄水城，无积潦，建社仓，设文课"，竟成官场异类。④莒州知州张拱极，"兴利除弊，政绩大著"，终被"罢归"。⑤触及强势群体利益的改革，无一不以失败或演变为他们更加得益而终。道光年间，陶澍在淮北试行票盐制，把按权力分配盐引改为按市场规律领取盐票，"成效大著，"⑥但很快遭到强势群体的反对。"议裁艌费，则窝商、蠹吏挠之……议改票盐，则坝夫、岸吏挠之；群议沸腾，奏牍盈尺"⑦。后重新按照强势群体的意旨拟定规制，湖北、湖南和江西的运盐者每人每年要销10万斤。在这种情况下，也只有巨室才有此资本从事淮盐运销。⑧

正因为强势群体的操纵、扭曲，每次改革的益处很难泽被下层民众。长期致力于淮北治水及盐垦的张謇指出："余不欲再言改革，无非使官商发财，人民受害，此历次改革之经过，有事实证明，不可讳也。"⑨

强势群体对淮北社会全方位的垄断，阻断了可能削减其统制能力和经济利益的改良、改革之路，造成社会加速崩溃，使得中央政府政令难行，地方政府大部失效。

国民政府颁行各种新法，但淮北的社会与政治仍是新瓶旧酒，实质并无变化，"各机关虽久经成立，而困于经济，濡缓进行，殆犹二五之于十也。虽然政体既更，民权斯盛，治法治人，相需为用，治乱兴衰，在当事者转移间耳"⑩。

就国民政府倡导的农村土地改革而言，有人写道："只要官僚绅权维持一天，而历史上所谓的土地改革也一日无法成功……而官僚和绅权亦一起维持到今日未堕，便是这一个道理。"⑪

---

① （清）张相文等纂：《泗阳县志》卷23，第34页上。

② 严型总修：《宿迁县志》凡例，1935年刻本，第2页上。

③ 钱兆甲：《调查淮北农村的感言》，《淮农月刊》1930年创刊号，第10页。

④ （清）吴世熊修：《徐州府志》卷21下，第7页下、20页上。

⑤ 王嘉诜纂：《铜山县志》卷51，民国十五年刊本，第2页下。

⑥ 《取消淮北票权引权经过之情形》，财政部盐务署：《盐务公报》1931年第26期，"特载"第209页。

⑦ 中华书局编辑部：《魏源集》上册，北京：中华书局，1976年，第329-330页。

⑧ Tao-chang Chiang, The Salt Trade in Ching China, *Modern Asian Studies*, Vol.17, No.2（1983），p. 203.

⑨ 本白：《新盐法施行之暗礁》，《新盐法通过后舆论界之评论》，南京：盐政讨论会，1931年，第55页。

⑩ （清）张相文等纂：《泗阳县志》卷14，第2页上。

⑪ 安静之：《官僚、绅士、地主》，《陇铎月刊》1948年第7期，第7页。

　　归根到底，淮北强势群体的目标是运用这里的社会资源争夺天下，多视淮北为帝业的策源地，他们视求田问舍为耻，以问鼎逐鹿为荣。因而，淮北向来不乏野心勃勃的雄才大略者。林语堂写道："开业帝王的产生地带，倘以陇海铁路为中心点，它的幅径距离不难测知。汉高祖起于沛县……明太祖朱洪武出生于安徽之凤阳。"①除刘邦和朱元璋外，起于淮北的开业帝王还有曹操、曹丕父子、刘裕、朱全忠、李昪等。其他如陈胜、吴广、项羽、黄巢、郭子兴、刘福通、韩山童、张士诚、张乐行等无不心觊九鼎。史家称："自秦以后，东南多故，起于淮泗间者，往往为天下雄。"②这些青史留名的人物仅是淮北竞逐帝王者冰山之一角，淮北方志中记载的僭越帝号者数以千计，而那些霸占一方、关门称帝者更如恒河沙数。这些人基本上非淮北之福，而实为淮北之祸。像隋末横行淮北的亳州人朱粲，拥众 20 万，"每破州县，食其积粟将去，悉焚其余。军中乏食，乃教士卒烹妇人、婴儿啖之"③。太和县，"元末韩林儿乱后，死亡殆尽，其存者户不过二百"④。捻军起事，淮北大部分州县惨遭兵燹。

　　在中央专制统治稳固的时代，强势群体多追求骄奢淫逸的物质生活，横行乡里，欺压良善。他们广积资财，只为寻机觅遇。一旦中央集权式微，就会"椎牛酾酒"，揭竿而起，倾囊一击，成则为王，败则为寇。

　　晚清潘祖荫对淮北势如繁星的强势群体深感忧虑："山东郯城至江南宿迁一带……团练乡勇愈聚愈多。原其初心，未必即怀叵测，而势由积渐，实恐浸成祸端。"⑤这种担忧是有相当的根据的，因为极度乏食，他们用些馒头就能诱使农民参与暴动。⑥1938 年以后，淮北合法政府遭受日军重创，强势群体闻风而动，"真是所谓：'十八路反王，七十二路烟尘'"⑦。

　　晚清及民国年间宪政民主与专制政治并存的二元政治体制，对江苏不同地区的社会影响极不相同。在国民政府的核心地区，苏中张謇等以地方自治为契机，把贫穷落后的南通建设成著名的模范县；江南大批工商士绅、教育人士、社会活动家等以振兴实业、发展教育、改良乡村为己任，使江南乡村呈现欣欣向荣的现代化气息。而在国民政府力有未逮的淮北，强势群体视中央集权削落为扩充自身政治、经济、军事、司法、宗教等各种势力之良机，把地方自治、村政建设、民主政治、训政宪政等异化为与中央和地方政府博弈的筹码，终把

---

① 林语堂：《吾国与吾民》，长沙：岳麓书社，2000 年，第 17—18 页。

② （清）顾祖禹：《读史方舆纪要》第 1 册，上海：中华书局，1957 年，第 960 页。

③ （清）郭大纶修：《淮安府志》卷 15，万历刻本，第 3 页上。

④ （清）丁炳良修：《太和县志》卷 7，第 2 页上。

⑤ 潘祖荫：《潘文勤公（伯寅）奏疏》，《近代中国史料丛刊》第 36 辑，台北：文海出版社，1969 年，第 43 页。

⑥ 马俊亚：《近代苏鲁地区的初夜权：社会分层与人格异变》，《文史哲》2013 年第 1 期，第 91 页。

⑦ 江苏省档案馆藏档案：《淮北苏皖边区三年来的政府工作（1942 年 10 月）》，案卷号 6-1，第 7 页。

淮北变成无数个祸国殃民的封建独立王国。

因此，在淮北，1912年以后，民国政体的开明性似乎更多地为强势群体所享有，而传统政体对弱势平民的保护性又不复存在。强势群体的权力更加没有边际，弱势平民的利益更容易被剥夺，许多弱势平民不但对民国没有认同感，反而多有怀念专制政体者。徐州豪绅的格言："一鞭打倒新世界，两手扶起旧山河。"①这一恢复专制的号召有着相当的民意基础。复辟狂人张勋以徐州为基地，也是由来有自的。1929年，由强势群体策动的声势浩大的宿迁刀会暴动，导火索即是反对"庙产兴学"之类的改革。②1930年，赣榆青口镇的头号豪绅、青口商会会长、青口团练局局长许鼎馨，集中大刀会众1000余人，提出"打党爱国"的口号，对国民政府地方机构发动进攻和抢劫。不久，会众发展到近万人，包围沙河镇达18日。③

这些从合法政府获得万千优渥的强势群体，并不是合法政府的统治基础，而是反叛者的天然兵源、军糈与武备库。他们建立或拥有的圩寨，小则可武装一个排，大者可武装一个团。1928年，徐海12个县强势群体有枪至少20万支。宿迁埠子市有3000多支枪，沭阳一个圩寨有枪5000多条。④1930年，涟水、淮阴、泗阳三县的乡村地主武装，有枪约4万支，其中涟水约2万支。⑤

真正与民生和农业生产相关的公益事业，在江南备受士绅们重视，江南士绅毁家纾公的事例并不鲜见。⑥雍正前期，孔毓珣奏称："江南户口繁庶，水利最为紧要。"⑦陈世倌、鄂礼、陈时夏奏请兴修江南水利，绝大部分工程得以兴修完工。⑧民国年间，江南九县绅士多次协调解决负面影响极大的东坝。⑨这些工程看似是官员们的政绩，其实无不浸含了许多地方士绅的呼吁和协助。

与江南相比，淮北的水利需求更加紧迫，但淮北强势群体在公益活动中基本缺位。历代河臣治河，充其量做些堵塞决口之类的事务，而没有开发水资源极为丰富的淮北水利。靳辅称，黄河以北沂、沭两河相夹之地，面积达千里之

① 《徐州布道团大遭劣绅反对》，《兴华周报》1931年第11期，第34页。

② 孙江：《一九二九年宿迁小刀会暴动与极乐庵庙产纠纷案》，《历史研究》2012年第3期，第61-80页。

③ 孙宜武：《往事六则》，《赣榆文史资料》第6辑，1988年，第39-40页。

④ 中共萧县党史办公室、萧县档案局（馆）编：《萧县党史资料》第1辑，萧县，1985年，第43页。

⑤ 江苏省档案馆编：《江苏省农民运动档案史料选编》，北京：档案出版社，1983年，第323页。

⑥ 南明松江徐思诚叩阍请求疏浚蒲汇塘获准，但"其如工费浩繁，……思诚亦因而毁家，逾半载始会告成"［（清）叶梦珠撰、来新夏校点：《阅世编》卷1，北京：中华书局，2007年，第13页］。乾隆乙亥，上海饥荒，张元龙"毁家赈族戚"［（清）俞樾纂：《上海县志》补遗，同治十一年（1873）刊本，第2页上］。清末，徐士荣，"留养难民，公款不敷，毁家以济，财殚力痛"（吴馨修：《上海县续志》卷18，1918年铅印本，第24页上）。杨斯盛"毁家创办浦东中学"（黄炎培纂：《川沙县志》卷16，1936年刊本，第11页下）。

⑦ 折件：《两文总督孔毓珣奏折（雍正五年四月二十四日）》，箱号75，文献编号402013573。

⑧ 折件：《革职山东巡抚陈世倌等奏折（雍正六年四月十八日）》，箱号75，文献编号402014831。

⑨ 江苏省档案馆档案：《高淳县会议记录（1932年）》，缩微胶片号1004-乙-0579。

多，桃源、清河、沭阳、安东、海州、赣榆、宿迁等县民田多在其中，只需开涵洞、通河各 15 座和 15 道，这一广大地区"当一变而尽为水田粳稻之乡，其饶且与江浙之苏、松、嘉、湖等郡埒矣"①。可惜，这项与农业和百姓生计密切相关的事务却得不到强势群体的支持，始终未能施行。1949 年，因"堤防失修，闸洞淤塞"，仅沂、沭诸水就淹没苏北农田 1770 万余亩。②

　　更有甚者，即使对绝大多数平民有着无比利益的事业，如果不能为强势群体所独占，往往遭其破坏。1911 年，美国红十字会工程师团对淮河进行调查，经估算，淮河水灾每年大约夺走了 1000 万人的口粮。③中央政府借款导淮案刚提出，对淮阴、淮安、泗阳、涟水、阜宁、东海、灌云、沭阳、宿迁、睢宁、泗县、五河、盱眙、凤阳、怀远地区的水淹地亩，"射利之徒，勾结豪绅大猾，希图强占者，时有所闻"④。有人把地亩指认到了洪泽湖中心。⑤以至于冯国璋感叹："当此世风刁敝，民俗强悍之时，欲兴一利，非有兵力以佐之，不足观成也。"⑥终使这项巨型公共福利事业胎死腹中。

　　即使对自己有着蝇头之利，强势群体也不惜牺牲国家利益和广大平民的生命来换取。道光年间，阜宁县监生、大户高恒信等，因田亩被水淹没，纠集 30 余人，携带各种武器，强行将黄河陈家浦段挖开放水。⑦桃源县生监、大地主兼粮行行主陈端为了淤地，竟掘开洪泽湖大堤。参与掘堤的赵步堂、陈堂、张开泰"各有滩地"。⑧后来中央堵复决口的费用就高达 100 多万两白银。

　　水利专家武同举曾言："淮河灾区历年损失，积为铜山，可使与桐柏齐高。"⑨导淮委员会估计，1933 年以前，淮河流域每年损失籼糯稻 21 504 311 担，小麦 34 952 156 担，大豆 10 190 495 担，大麦 3 225 645 担、高粱 466 028 担、玉米 2 376 747 担，共 7 271 538 千斤，合 310 590 083 银元，⑩相当于 1932 年淮北 30 县粮食总产量的 94%。因此，淮北粮食危机的真正原因，是不良政体所造成的强势群体对社会的绝对垄断和全面控制。

　　由此看来，近代淮北最根本的问题，是政府的失效和社会的崩溃。强势群体在社会生活中居于主导和操纵的地位，他们的权力没有边界，经济剥夺必然没有止境，政治欲望则漫无际涯。

---

①　靳辅：《北岸水利》，《治河奏续书》卷 4，钦定四库全书"史部十一"，第 14 页上-15 页上。

②　江苏省档案馆藏档案：《苏北一年来生产救灾工作的初步总结》，全宗号 301，案卷号 9。

③　Mallory W H, *China: Land of Famine*, p. 51.

④　"中央研究院"档案：《导淮案》，馆藏号：08-21（2），宗号 1-（2），第 5 页。

⑤　"中央研究院"档案：《导淮案》，第 39 页。

⑥　"中央研究院"档案：《导淮案》，第 9 页。

⑦　武同举等编：《再续行水金鉴》第 4 册，水利委员会编印，1942 年，第 1130 页。

⑧　（清）陶澍：《陶澍全集（奏疏三）》，长沙：岳麓书社，2010 年，第 318 页。

⑨　邢颂文：《淮域纪行》，《江苏月报》1935 年第 1 期，"专文"第 54 页。

⑩　据陈果夫：《导淮与粮食》，《时事月报》1933 年第 1-6 期，第 428-429 页。

五、结语

当江南资本主义经济快速成长，江南人苦于资本的剥削、世界市场的波动、帝国主义的商品倾销、乡村经济的内卷化等当时公认的"坏"的经济影响时，淮北则更苦于没有这些"坏"的经济现象。

淮北不但承受着二元经济之苦，更承受着二元政治之痛。平民没有分享到近代经济的优势，却又失去了封建经济的利益；既要承受近代政府的颟顸，却又丧失了传统政体的保护。[①]

淮北并不缺乏应对粮食危机的生存资源，而是缺乏获取和利用这些资源的公平条件。社会不公的根源在于强势群体的垄断，在于不同群体权利的不平等。权利不平等既造成税赋负担的不合理，也使得土地不再成为平民的财富，只有免于苛捐杂税的权贵的土地才是真正意义的财富。

在强势群体控制淮北的情况下，能够得以推行的绝不是普惠性的事务，而是独于强势群体有益的举措，这些举措最终造成了社会崩溃。即使初衷为惠泽平民的政策，也总会被扭转歪曲、偷梁换柱，变得对强者有利，构成对平民的伤害，并进而造成政府权威的涣散。

因此，淮北的国家福利总是被极少数人所截取，这一利益集团基本不会成为国家利益的维护者。以国家名义征收的各种负担被更多地转嫁给了最广大的弱势平民，这些利益受损者必然成为国家的反对者。这种历史环境造就了无数祸国殃民的帝业追求者，扼杀了广大理性平民求田问舍的动机及对和平生活追求的愿望。

淮北弱势平民失去了通过自身努力来改善命运的最后希望，从而失去了对国家的幻想，沦为对国家离心离德、常受强势群体控制的事实上的农奴，经常成为强势群体反叛国家的主力。

[①] 传统政体的优势，参见 Lillian M Li, Introduction: Food, Famine, and the Chinese State, *Journal of Asian Studies*, Vol.41, No.4（1982），p. 689.

民国时期江淮流域灾害与民生的文学影像：
以现代文学为中心的考察

张堂会

（扬州大学文学院）

中国是一个自然灾害频发的国度，而文学又是社会生活的反映，因此文学与自然灾害紧密相连，中国文学一直关注着自然灾害，关于灾害的文学书写一直绵延不绝。民国时期江淮流域自然灾害频发，水、旱、蝗、疫等各种灾害持续不断，人民生活在水深火热之中，现代文学对此做了丰富多样的描写，表现了自然灾害下人民日益艰难的生活处境，描写灾害中的人性与社会变革，对人民的痛苦生活寄予了深切的同情。"比起历史政治论述中的中国，小说所反映的中国或许更真切实在些。"[①]现代文学用文学的方式对消失的苦难历史进行深刻的缅怀与永恒的追忆，超越了那些冰冷的统计数据及历史年份，以鲜活的、具体的生命个体存在来感知历史的脉动，让我们聆听那从历史深处传来的声音。

一、自然灾害下人民的苦难生活

（一）灾民日常生活举步维艰

灾后物价飞涨，人们根本无力购买粮食，生活陷入困顿。实际上粮价的涨落，已经和70%的人没有直接的关系了，灾民们根本没有能力去支付高昂的粮价，他们只能去寻觅蒲草根、花生壳、甘蔗皮等食料了。在粮价飞涨的情形下，许多人只好典衣卖物以维生，一些"书香之家"在灾荒中也衰败了，被迫贱卖自己喜爱的书籍，书籍也成了"古董集"上一种重要的商品。流萤在通讯《惊

---

① 王德威：《序：小说中国》，《想象中国的方法：历史·小说·叙事》，北京：生活·读书·新知三联书店，1998年，第1页。

人的"古董集"》中描绘了灾民含泪忍痛贱卖心爱的物品的画面，展示了一幕凄凉的人生图景。灾荒下，人们只能以五花八门的代食品来果腹充饥。

人们为了填饱肚皮，想尽一切办法。湖岸的垂柳早被人攀折了新枝，只剩下秃秃的树干。河里的小船比从前更多了，但上面蹲着的已不是悠悠张网捕鱼的渔夫，而是些拿着长竹竿打捞苲草的穷人。在漯河到汝南的公路上，许多妇人无力地举着竹竿采摘树叶，树干都被采得光秃秃的，年老的妇女背着刚采的树叶饿死在树边。

赵文甫的诗歌《采蒿》描写了村妇采摘野蒿回去充饥的凄惨景象，刘哲生的诗歌《燕支》描写了以妇女化妆颜料著称的"燕支"竟也成了饥民的口腹之物，即便如此仍然救活不了那么多灾民，死尸遍地。偃师县好多人在拣雁粪，淘洗里面未完全消化的粮食颗粒和草种吃。周启祥的《农村夜曲》写了老爷爷靠捡拾粪便来维持生计的悲惨情形。这些还是靠自己力量能够弄到的东西，尤为可悲的是有些灾民甚至要为一把树叶、树皮或野草牺牲自己的尊严或性命。流萤的《灾村风景线》就为我们描绘了一个可怜的小孩半夜里冒着大风爬上几丈高的大树去偷一把树叶的悲惨情形。

我们往往会为精美绝伦的中国美食文化感到自豪，惊叹国人在"吃"方面的聪明和智慧，可是我们有没有想到今天那些所谓的"山珍野味"里面曾经包含了灾民多少的辛酸和痛楚。草根、树皮等代食品缺乏人体所必需的养料和微量元素，会令人日渐消瘦，引发各种疾病，甚至致人死亡。

（二）"人市"和娼妓业畸形繁荣

灾荒期间，许多贫苦人家只能忍痛卖儿鬻女以求生存。人也被当成一种商品在市场上自由买卖，一些灾区出现了专门买卖人口的场所——人市，人口买卖一时畸形繁荣。文学作品对此类畸形的人市交易做了真切的描述，臧克家的诗歌《卖孩子》刻画了一个母亲临别前对孩子的千叮咛万嘱咐，而当孩子拉扯着不愿走时，便狠心地用巴掌要将其赶走。李尹实的诗歌《卖儿》就描绘了一个汉子硬着喉咙叫卖筐中的孩子，售价仅为9元，周围的人也没有觉得可怜。张洛蒂的诗歌《卖女》描写了一个父亲为了换几天的温饱，狠心地以5元的价钱连哄带骗地把女儿卖到城里的青楼中。女儿以为去找自己的姐姐，还伏在父亲的肩头上嬉笑，而父亲的心却像刺进了一把钢刀，归途中耳边始终响起女儿的哭声，但又自我安慰，认为这样总比在家饿死要好。当他背着高粱回家时，发现妻子已经饿得受不了吊死在梁上，读来让人唏嘘不已。

在灾荒期间卖出去的大部分是妇女，而这些被卖出去的妇女中又有很大一部分流向了青楼妓院；还有一些妇女为饥饿所逼也沦落风尘。所以民国灾荒期间的娼妓业呈现出畸形繁荣的局面，成为一道抢眼的风景线，好多文学作品对此都做了生动地反映。流萤的《风砂七十里》描写了许多穷人家的姑娘因为旱灾，被迫加入到这种特殊的"人肉市场"，但因为从事这种职业的人太多，每天的所得仅仅是一斤六两米，并且还是生意好的时候。刘心皇的诗歌《卖笑的女人》描写了在连续三年的水、旱、蝗灾下，一些人家被迫卖儿卖女来活命。那些被卖掉的女子沦为街头卖笑的女人，被当成赚钱的机器，在别人的羞辱里隐忍着讨生活。她们追问谁是自己"幸福"的杀手，准备让他来偿还自己被蹂躏的屈辱。他的另一首诗歌《冷的街心》描写了刚从旅店里接客出来的女人，已经摆脱了传统的贞洁观念，并不为自己的行为感到羞耻，摸着挣来的一沓钞票，认为是良心钱，并为此而感到骄傲。

（三）流民遍地，饿殍塞途

民国时期流民遍地，几乎每一次自然灾害都会导致一大批灾民外出逃荒求生。臧克家的《难民》描述了流民背井离乡，踏上了永无止息的流浪之旅。他们一路上忍饥挨饿、孤寂无助，被人视为异端，"人到那里，灾难到那里"。回首故乡，"阴森的凄凉吞了可怜的故乡"，"猛烈的饥饿立刻又把他们牵回了异乡"，可异乡却不接纳他们。乌鸦都有巢可归，而他们却被当地人用枪拒之门外。李尹实诗歌《流浪者的哀歌》以沉痛的笔调写出了流民无家可归，到处流浪彷徨的惨景，倾诉了流民的痛苦与哀伤。

灾荒来临之际，到处都是啼饥号寒的哭声，到处都是鸠形鹄面的身影，弃婴满地，饿殍塞途。萧乾的《流民图》描写了灾荒期间一个可怜的弃婴，张大口喝着米汤，狼狈地往嘴里塞馍馍的情形，别人问他姓啥，他也顾不上回答，等吃饱有力气后才环顾四周，哭着要找妈妈，读来令人心酸。流萤在《风砂七十里》也描写了一个一岁多的小孩被父母遗弃在路旁，身子下面还垫着一块棉絮，两只小手在空中乱抓。"饿殍塞途"是当时新闻和报纸中最常见的字眼，在灾荒的打击下，老百姓如同经霜的树叶在默默无声地飘零，流萤的《豫灾剪影》充分展现了这幕人间惨剧。

二、自然灾害下的赈济

（一）政府和民间组织的赈济

面对灾荒下遍地的流民，政府和一些民间组织对其进行了相应的赈济。萧乾在《流民图》里描写了急赈的救济方式，反映了政府给流民发放食物的情形。在一块铺有草席的空地上，堆满了小山一样的黑馍馍，绿头苍蝇成群地飞来，叮在那些馍上，四周围聚着一大群候赈的流民，那种如临大敌和一丝不苟的神情令人震惊。范长江在《川灾勘察记》描绘了一次施粥的场景，那些嗷嗷待哺、虚弱不堪的流民让人为之动容。刘心皇的诗歌《第一天》写到了以工代赈的救济方式，描写了一群遭受水灾的流民结束了凄惨流浪的生活，终于第一天有了自己的工作，但他们还是无法忘记以往水灾留下的痛苦记忆。

在灾荒严重的情形下，由于人口分布不均以及交通运输能力有限，将大批的救灾物资运到灾区很困难，一些急赈措施很难奏效，根本无法解决灾民的吃饭问题。于是政府就组织一批又一批的灾民迁移到生活相对较好的地区去就食，以缓解受灾地区的饥荒压力。李蕤在《无尽长的死亡线》里也写了河南灾民转移到陕西就食，在车站等车的混乱状况以及坐车惨死的具体情形，在灾民眼中被看成生命线的陇海铁路成了许多灾民生命的终结线。那些侥幸到达西安的灾民，也没能得到有效的安置。

流萤在《友情的巨手》中描写了民间组织的救济情形。在1942—1943年河南灾荒的救济中，许多外国牧师组织起来，通过设立粥厂、办收容所、建难童学校等方式来安置救济流民。郑州国际救济会的救灾工作入手最早，成绩也是最好的。他们为了灾民一天到晚不停地奔走劳碌着，不遗余力地抢救那些处于死亡威胁中的流民。由于灾民众多，这也给这些民间救济带来许多尴尬难为之处。比如，国际救济会的人员看到许多难民的尸体躺在门口觉得于心不忍，就派人抬去掩埋。可谁料从此以后，救济会门口的死尸越来越多。

（二）赈灾过程中的贪污腐化

国民政府赈灾不力，出现了许多贪污腐化的案例，加剧了灾情。据记者流萤的通讯《粮仓里的骨山》报道，汝南县十九店仓库主任付伯明，把平时积蓄有待荒年放赈的积谷1500余石小麦信手挥霍，盗用一空。预计从此时到麦熟，每人只要有一斗小麦便足以维持生命，也就是说1500石小麦可以救活15 000人。汝南县田赋管理处科长李东光，私自将公仓小麦盗卖59 000斤。这些小麦都是他们私自以大斗大升剥夺来的，国家并没有多得到一粒，人民却是额外增加了59 000斤粮食的负担。

许多文学作品都描写了赈灾过程中的阴暗面，使得灾民得不到应有的救济，致使灾荒愈演愈烈。蒋牧良的小说《雷》借雷电这种自然现象，含蓄巧妙地揭露了一些放赈的官员借救济灾民发灾难财的真面目。小说结构十分巧妙，通过一个喜剧性的情节，把一群赈灾当中发昧心财的小丑形象置于雷电的庄严道义审判之下，无情地揭露和嘲讽了救济当中的腐败现象。林淡秋的小说《散荒》描写了灾荒之年，政府宣布"散荒"来救济灾民，人们满怀希望地盼望着政府散荒官员的到来。可等到头却是空欢喜一场，每家每户只能领到几升米，对于灾民来说等于杯水车薪，根本无济于事。石灵的小说《捕蝗者》描写了农民遭受旱灾后，接踵而来的又是严重的蝗灾。小说辛辣地讽刺了反动当局在天灾面前见死不救，反而对农民进行无情的掠夺，揭露了他们"救灾除害"的欺骗行径。

三、自然灾害下的人性变异

苦难最能考验人性的真面目，自然灾害往往会造成人类基本伦理规范的失衡，导致人性发生畸变。有的人为了活命无所不用其极，抢夺食物、伤害别人，卖妻鬻子，甚至发生掘墓盗尸、"人食人"之类违背人伦的惨剧。

大灾之下生存极端艰难，粮食与钱物就显得极端宝贵，人与人之间往往会为了一点活命的东西而相互争夺，导致人与人之间的猜忌与敌视。灾荒之下生存日益维艰，许多人对别人的苦难和生命漠然视之，麻木让人们失去了人类应有的同情和怜悯之心。许多诗歌都描写了那些可怜的乞丐得不到同情，到处遭遇白眼的悲惨经历。随梦醒的诗歌《乞丐》描写了乞丐悲惨的生活，喊破喉咙也惊醒不了富人的睡眠，只得每天与狗争食。吕之芜的诗歌《末路》描写了遭受水灾的妇女在街灯下抱着孩子徐徐蠕动，凄惨地呼叫以寻求帮助，但却没有人肯用慈善的心肠来看她一眼。荒煤的短篇小说《灾难中的人群》描写了灾民不但不能靠粥厂以延生，反而遭受了更多的苦难。赈灾施粥人员对灾民不但毫无同情之心，还趁火打劫玩弄欺骗灾民，根本不把灾民当人来看。他们凭借自己的权力，肆意地侮辱那些可怜的难妇。小说充分展示了那些粥厂负责人倚仗权势滥施淫威，揭示了他们身上人性的变异，刻画了他们的无耻与残忍。流萤在通讯里报道了那些投机取巧的奸商，不但没有同情之心，而且还成了天灾的帮凶。

灾荒之下，亲人之间也会为了一点食物和金钱而丧失日常的温馨，往往会争吵不休，变得暴虐无常，甚至发生人伦惨剧。另外，好多作品都写到了灾荒对亲情伦理的腐蚀与瓦解，如田涛的小说《灾魂》描写了在洪水的袭击下，夫妻之间因为逃荒的事情而争吵不断。长篇小说《沃土》也描写了仝云庆一家人因为自然灾害不断，使得他们整天都要像牛马一样去辛勤劳作。一家人之间的亲情往往为生活的艰辛所冲淡，饥荒的日子使他们本已不平静的生活又平添了许多争吵。吴组缃的小说《樊家铺》写了在生活日益艰难的逼迫下，线子嫂因母亲不肯借钱给自己，与母亲发生矛盾，在与母亲抢夺包里头的钱时，拔出烛台铁签把母亲杀死。灾荒腐蚀了这一对母女之间的亲情，为了生存互不相爱，终于酿成有违人伦的惨剧。林淡秋的小说《散荒》曾写到一个长工阿二与妻子从前是一对非常要好的夫妻，可灾荒中因为一个南瓜被狗偷吃了，就用菜刀把老婆砍死了。

灾荒使得人性幽暗卑劣的一面得以显露，给人类社会造成极大的精神戕害，并带来极为严峻的后果。在灾荒逼迫下，许多人的人性发生严重的扭曲与畸变，人们可以抛弃妻子或者卖儿卖女去求生，甚至发生人食人的惨剧。李尹实的诗歌《荒村》描写了灾荒下一幅人性变异图，三月里的春天带给农民巨大的灾难，倔强的农夫变得不守"本分"，拿起锄头来也可以杀人，邻村还传来了人吃人的消息。流萤在通讯中描写了许多人食人的惨剧，甚至许多是亲人之间的骨肉相残。灾荒冲决了传统道德伦理的堤防，致使人性的残忍与冷酷从内心升腾而出。灾难中人性的扭曲畸变表现得如此淋漓尽致，读后令人不寒而栗。

四、自然灾害下的人祸

不仅仅是频仍的自然灾害，同时还夹杂着人祸的因素，致使灾荒愈演愈烈。印度学者阿马蒂亚·森对于灾荒形成的原因做过精辟的论述，他认为饥荒意味着饥饿，反之则不然。饥饿是指一些人未能得到足够的食物，而非现实世界中不存在足够的食物。"虽然饥荒总是包含着饥饿的严重蔓延，但是，我们却没有理由认为，它会影响到遭受饥荒国家中的所有阶层。事实上，至今还没有确凿的证据表明，在某一次饥荒中，一个国家的所有社会阶层都遭受了饥饿。这是因为，不同社会阶层对食物的控制能力是不同的，总量短缺只不过使各阶层对食物控制能力差异的明显地暴露出来而已。"①这就说明灾荒现象的出现不是粮食供给不足，而是取决于不同阶层的人们对粮食的支配和控制能力，这种能力表现为社会中的权力关系，而权力关系又决定于法律、经济、政治等的社会特性。具体分析民国时期灾荒形成的原因是一个很复杂的问题，其中涉及政治不清、军阀混战、兵匪横行、水利失修、民智低下、囤积居奇等各个方面，也与救济过程中的漠视民命、赈灾不力、贪污腐化等因素有很大关系。

"苛政猛于虎"，国民政府的横征暴敛、苛捐杂税繁重，导致大批农民破产。程率真的诗歌《收获》就反映了农民在丰年也一无所获，濒临破产的悲惨命运。民国时期军阀割据与政治窳败，导致了灾民遍地。更为悲惨的是1938年，蒋介石为了阻止日本人的进攻，实施以水代兵的战略部署，悍然下令让部队扒开黄河花园口大堤，造成了惨绝人寰的特大悲剧。有一首广泛流传的民谣，揭露了花园口决口给人们造成的巨大灾难，"蒋介石扒开花园口，一担两筐往外走，人吃人，狗吃狗，老鼠饿得啃砖头"。张爱萍将军在1938年9月写过一首《黄泛行》，揭露国民党打着抵抗日寇的幌子扒开花园口大堤，给人民带来了沉重的浩劫。陈毅的《过黄泛区书所见》同样印证了民谣的说法，揭露了花园口决口带来的巨大灾难，控诉了国民党反动军阀的倒行逆施。

不法奸商唯利是图、囤积居奇，军阀富豪穷奢极欲也是加重灾情的一个方

---

① 〔印度〕阿马蒂亚·森：《贫困与饥荒——论权利与剥夺》，王宇、王文玉译，北京：商务印书馆，2001年，第58-59页。

面。实际上粮价的涨落，已经和 70% 的人没有直接的关系了，灾民们根本没有能力去支付高昂的粮价，他们只能去寻觅树叶、草根等代食品来果腹充饥。流萤的《喑哑的呼声》揭露了那些投机取巧的奸商，他们不但没有同情之心，而且还成了 1942 年河南大灾荒的帮凶。那些有钱的富人哪管灾民的死活，萧乾在《流民图》中写了一些富户只顾自己行乐，不愿捐助难民的情形。"我们走过富户的门前时，在灯火辉煌中，畅快的笑声荡漾着。他们巍峨的瓦房四周都筑着炮台，上面日夜有人守望着。这次邳县成灾，向富户募集救济粮，面现难色的也颇不少。这些富户多拥有五六百顷地，一家便占据一整个村庄。庄丁平日打杂，遇到佃户抗租或袭击时，那些壮汉子便是机关枪小钢炮的操纵者了。胆小的地主远躲在上海租界里，留在庄上的，便以藏书、种菊一类雅事安闲地消磨他们无忧无虑的日子。"①

　　一些商人乘机勒索，逼迫农民在灾荒中卖掉其心爱的土地，斯诺在其调查报告中曾指出这一点，"灾情最严重的时候，在这个黑暗的国家里出现一群贪婪者。他们以免收拖欠的租金或只付几个铜板的方式、从饥饿的农民的手里收购了成千上万亩土地，等到旱情解除时再租给佃户"②。郭伯恭的诗歌《放赈》就描写了地主李大爷借青黄不接的放赈之机，收购灾民的土地，村人们还都夸李大爷是个好人，而李大爷却盼望着今年仍不下雨，明年再来一次放赈！茅盾的《霜叶红似二月花》里描写了江南大雨后，惠利轮船公司的经理王伯申不顾两岸农民的利益，让轮船在河道中肆意行驶，致使河水溢出两岸，淹没了许多农田。熊佛西的独幕剧《囤积》就描写了人民整日处于饥饿之中，而一些贪官却欲借机囤积发财的丑剧。

　　此外，民国时期教育落后，民智低下，迷信之风盛行，导致灾民在面对严重的灾害时只知道求神拜佛，出现了各种各样的巫术救荒事例，延误了救灾的大好时机。

---

① 萧乾：《流民图》，肖凤主编：《萧乾名作欣赏》，北京：中国和平出版社，1998 年，第 120 页。
② 〔美〕洛易斯·惠勒·斯诺：《斯诺眼中的中国》，王恩光、乐山等译，北京：中国学术出版社，1982 年，第 39 页。

20 世纪 50 年代安徽省灾民逃荒初步研究

高建国

（中国地震局地质研究所）

一、历史上安徽省为什么"十年倒有九年荒"

20 年前，笔者和马晋宗院士讨论为什么安徽省灾害这么严重，马院士认为安徽省防灾能力低。2013 年，笔者在《十万个为什么（第六版）：灾难与防护》上回答"中国为什么是一个多灾多难的国家？"问题时写道：安徽省凤阳县历史上灾荒著名，其流行民歌《凤阳歌》曾传遍全国。《凤阳歌》唱道："说凤阳，道凤阳，凤阳本是个好地方，自从出了个朱皇帝，十年倒有九年荒。"旱、涝是凤阳县的主要自然灾害。除沿淮、地势南高北低、总倾斜度大、主要河流河身短小、雨量集中等自然因素外，水利工程长期失修，河淤、坝矮、综合治理水平低、蓄水量小等是造成旱涝灾害的主要原因。大凡在旧社会指望以募捐解决救灾问题者，均以"薄食度日，坐等憔悴而亡"。[1]凤阳县会做宣传，其他县也差不多，是很难从安徽省找出没有发生过逃荒的县，以皖北地区尤甚。

从清康熙六年（1667）安徽建省，到 1949 年中华人民共和国成立，先后 282 年，全省遭水灾 254 次、旱灾 208 次。其中最严重的五级大旱共发生 12 次（清代 8 次、民国 4 次），一级大涝 23 次（清代 21 次、民国 2 次）。灾情有时是南涝北旱或南旱北涝，有时是先涝后旱或先旱后涝，甚至有时涝上加涝，旧灾未消，新灾又降。风雹霜雪、虫害地震等灾也经常交错发生。有时还接踵或重叠而至。"十年倒有九年荒"是中华人民共和国成立前安徽的真实写照。[2]中华人民共和国成立后的十年，元气尚未恢复，灾害仍较严重。

何为逃荒？由于家乡灾荒频仍，无以谋生，只得远离本土，四处逃生。"逃"者，离开。"逃荒"，离开灾荒之地。民国 23 年大旱，次年大水，全县灾荒严重，粮价暴涨，民不聊生。县民政科曾会同社会慈善人士分头劝募，募款赈济灾户，但远不能济命。民国 26 年至 34 年间，民众由于困苦，逃荒要饭，乞丐

---

① 韩启德总主编：《十万个为什么·灾难与防护》，上海：少年儿童出版社，2013 年。

② 安徽省地方志编纂委员会编：《安徽省志·人口志》，合肥：安徽人民出版社，1995 年。

成群，弃婴溺婴、卖儿卖女成为常事。①

　　其实，逃荒也是一种被动的减灾行为。所谓减灾行为，确实起到一定"趋利避害"的作用；所谓被动，因为逃荒与灾前建设水利工程、增强抗灾能力、灾时积极应对比较而言是没有办法的事情。

　　为什么安徽省灾年逃荒记录多？安徽省大部分地区地势平坦，受到淮河、长江及其支流影响，水陆交通较为便利，灾年逃荒成了习惯，这是客观原因。救灾能力差，救灾投入过少；官方救灾投入少，民间募款甚至高于官府赈济款；贪污成风。这是主观原因。可以说，研究中国灾荒史，如果不涉及安徽省灾荒情况，将是不完整的、不全面的。流民问题，一是灾民为什么要外流？二是流向何方？三是怎么流，即利用什么工具外流的。这个问题由于缺乏史料，回答起来可能比较困难，但从将收容遣送站设在水陆交通处来看，反映出不少灾民是乘坐汽车、轮船外出的。

　　灾荒年景已经过去了，那么如何寻找灾荒的线索呢？有许多方面的记载，如文献、口述史、笔记、日记、报刊等，本文主要是利用新编地方志中的民政志，得益于安徽省地方志研究院网站。史料集是史料仓库，将史料比喻为面粉，史料库就是粮库，只有做成馒头、面条，才可以利用。由于各地逃荒记载，都是碎片化资料，"一木不成林"，只有把全省的逃荒记载进行综合研究，才能得出有规律的结论。以下从 1950 年、1954 年、1958 年、1959 年分别述之。

二、1950 年安徽省大灾和逃荒分布情况

　　1950 年大洪水，安徽淮河流域有 4 个专区 28 个县，以及蚌埠市和淮南矿区受灾。重灾人口 690 万人，轻灾 308 万人，占皖北总人口的 50%。被淹农田 3162.75 万亩，占皖北总耕地面积的 60%。倒塌房屋 89 万间，死亡 489 人。②

　　本年大灾地区呈现两块，一块是沿淮地区大灾区，另一块是皖东南的传染病大灾区，是我们主要研究的地区。怀远县：1950 年 7 月中旬，连日大雨，涡、淮河水猛涨，淮河水位高达 21.94 米，146 万亩土地被淹，倒塌房屋 11.3 万间，死亡 103 人，牲畜 1801 头。③五河县：1950 年 7 月 13 日起，大雨连旬，河水陡涨，淮河水位最高日上涨 50 厘米。27 日拂晓，沫河口东西两处淮堤决口，全县被淹农田 162 万亩，占全县耕地总面积的 85.7%，倒塌房屋 2 万余间，3 万多户人家断炊，死伤 1084 人，其中死亡 567 人。近万人无家可归。④凤台县：1950

---

① 庐江县地方志编纂委员会编：《庐江县志》，北京：社会科学文献出版社，1993 年，第 591 页。
② 安徽省地方志编纂委员会编：《安徽省志·水利志》，北京：方志出版社，1999 年。
③ 怀远县地方志编纂委员会编：《怀远县志·大事记》，上海：上海社会科学出版社，1990 年。
④ 五河县地方志编纂委员会编：《五河县志》，杭州：浙江人民出版社，1992 年。

年，水灾，全县被淹农田 124.98 万亩，倒房 12.75 万间，淹死 135 人，灾民达 49 万人。①安庆专区：1950 年 5 月，自上年 7 月至本月，江北 8 县因水灾死伤 16 431 人。②阜阳地区：1950 年，淮河两岸，夏汛、秋洪接连发生，先后淹没良田近全区耕地面积的一半，房屋倒塌 116 余万间，灾民达 1000 万人次。③六安专区：1950 年 7 月上旬全区普降大雨，淮堤和内河堤相继溃决，淹没农田 154.98 万亩，毁损房屋 33 万余间，因灾死亡 160 人。④霍邱县：1950 年 6 月，连降大雨，淮淠河堤相继溃决，淹没农田 63.4 万亩，倒房 6.4 万间，淹死 132 人，受灾人口 20 万人；秋痢疾、霍乱流行。⑤

传染病大灾区，既包括皖东南地区，也包括淮河流域水灾区。肥东县：1950 年 2 月，县境流行天花，石塘、白龙等区死亡 115 例。⑥金寨县：1950 年春，麻埠区患麻疹死亡 120 余人。⑦绩溪县：1950—1952 年期间死于"大肚病"（血吸虫病）的有 779 人。⑧太平县（今黄山区）：1950 年春，全县流行天花，死百余人。⑨广德县：1950 年，麻疹发病 11 000 人，死 199 人。⑩六安地区：1950 年冬至 1951 年春，境内复又流行天花，医疗卫生部门组织医疗队进行抢救，收治患者 2710 人，死亡 512 人。⑪岳西县：1950 年 3 月，全县发病 1082 例，死亡 204 人。其中主簿区病死 44 人，衙前区桃岭村一天病死 6 个小孩，胡可智一家 5 口死亡 3 人。⑫水灾最严重的五河县：1950 年，县境部分地区天花、麻疹、水肿和恶性疟疾流行，患者达 1.83 万人，死亡 3325 人。⑬

逃荒路线：淮河流域向外逃荒特别集中，以南逃为主。

逃荒方位：以 150°、170°为主。未出现逃出外省的县。但外省灾民有向安徽逃进的现象。

逃荒规模：不分流入和流出，有明确记录的共计 53.2 万人，包括没有记录的在内估计有 150 万人。

实况：中华人民共和国成立后，人民政府十分重视灾民逃荒。表现在以下

① 凤台县地方志编纂委员会编：《凤台县志·大事记》，合肥：黄山书社，1998 年。
② 安庆地方志编纂委员会编：《安庆地区志·大事记》，合肥：黄山书社，1995 年。
③ 阜阳市地方志办公室编：《阜阳地区志·民政》，北京：方志出版社，1996 年。
④ 六安地区地方志编纂委员会编：《六安地区志·大事记》，合肥：黄山书社，1997 年。
⑤ 霍邱县地方志编纂委员会编：《霍邱县志·民政》，北京：中国广播电视出版社，1992 年。
⑥ 安徽省肥东县地方志编纂委员会编：《肥东县志·大事记》，合肥：安徽人民出版社，1990 年。
⑦ 金寨县地方志编纂委员会编：《金寨县志·卫生》，上海：上海人民出版社，1992 年。
⑧ 绩溪县地方志编纂委员会编：《绩溪县志·血吸虫病防治》，合肥：黄山书社，1998 年。
⑨ 黄山市地方志编纂委员会编：《黄山市志·大事记》，合肥：黄山书社，1992。
⑩ 广德县地方志编纂委员会编：《广德县志·卫生体育》，北京：方志出版社，1996 年。
⑪ 六安地区地方志编纂委员会编：《六安地区志·医疗卫生》，合肥：黄山书社，1997 年。
⑫ 岳西县地方志编纂委员会编：《岳西县志·卫生》，合肥：黄山书社，1996 年。
⑬ 五河县地方志编纂委员会编：《五河县志·民政》，杭州：浙江人民出版社，1992 年。

三个方面:

第一,是主动"帮助"灾民逃荒,让他们在异地生产生活,等家乡水退后再回家。五河县:1950 年,县人民政府在嘉山县设立灾民转运站,将小圩、双庙、浍南等区一部分灾民安置在张八岭一带生产自救。[①]阜阳地区:在淮南安置灾民约 27 万人。[②]全椒县:1950 年 9 月,全椒县在界首设灾民收容站,各区设中心接收站,至年底共收容外来灾民 12 443 人,其中收容地区分配的五河县灾民 10 120 人。灾民来县后,通过区、乡安插到村,搭棚安家,并发动群众捐助生产工具(镰刀、扁担、麻绳等),帮助他们生产自救(帮工、割草、挖药、捕鱼等)。同时,县或人民政府发给灾民临时口粮 1.4 万余斤(杂粮)、生救粮 38 万斤(内有杂粮 15 万斤)、救济款 2700 元、棉衣 430 件、棉絮 355 斤;并动员干部群众捐献寒衣 4700 件、互助粮 1.6 万余斤。由于灾民在五河县遭水淹,加之来全椒途中饥饿和日晒夜露,所以患痢疾、疟疾病者约占全部灾民的 20%,浮肿约占 15%,胃病约占 30%。为此,县卫生院配合专区卫生院、南京医疗队,在各区建立医疗站,对 2727 名重病者进行抢救,治愈 2291 人。1951 年午收前,这批灾民全部被动员回乡生产。[③]太和县:1950 年,安置邻县灾民 696 户,3875 人,与境内灾民共同渡过灾荒。[④]凤阳县:1950 年底统计,仅外县灾民流入者达 4000 余人次。县委、县政府除组织他们以工代赈、生产自救、社会互济外,还及时发放棉衣 1058 件、棉被 586 床、小麦 10 500 公斤、食盐 448 公斤、医疗费 98 元(折合新币),民政部门派人逐户登记,查明地址,经过动员教育和安慰,将其中 2985 人分期分批遣送原籍。[⑤]和县:1950 年 8 月,收容沿淮地区灾区 2481 户,8704 人,年底多数灾民回乡参加治淮工程,仍留在和县的有 2076 人。1951 年,收容灾民 1220 人,同年 5 月,经动员全部遣送回原籍。为了做好灾民接待安置工作,县、区均成立"灾民接待站",除做好安置工作外,还帮助他们生产自救,并发放救济粮款。[⑥]

第二,政府成立专门机构,组织干部,拨付经费,安排场所,积极收容灾民,安排灾民吃饭、住宿、治病,发给路费,并派专人护送回乡。地处要冲的蚌埠市压力最大:1950 年淮河流域大水,市成立灾民疏散站,收容疏散灾民多达 12.95 万人。[⑦]安庆市:1950—1954 年,全市收容遣送的外流人口中,省内

① 五河县地方志编纂委员会编:《五河县志·民政》,杭州:浙江人民出版社,1992 年。
② 阜阳市地方志办公室编:《阜阳地区志·民政》,北京:方志出版社,1996 年。
③ 安徽省全椒县地方志编纂委员会编:《全椒县志·民政》,合肥:黄山书社,1988 年。
④ 太和县地方志编纂委员会编:《太和县志·民政》,合肥:黄山书社,1993 年。
⑤ 凤阳县地方志编纂委员会编:《凤阳县志·民政》,北京:方志出版社,1999 年。
⑥ 和县地方志编纂委员会编:《和县志·民政》,合肥:黄山书社,1995 年。
⑦ 蚌埠市地方志编纂委员会编:《蚌埠市志·民政》,北京:方志出版社,1995 年。

5106 人，外省 4965 人。①芜湖市：1950 年，设立临时收容遣送机构，由民政部门负责办理灾难民的收容遣送工作。是年，共遣送回乡 20 428 人。②天长县：1950 年流进本县的灾民 10 308 人，政府除向社会劝募外，还拨出两万元（折合新币）救济他们，安排住处和治病，并派专人护送其回乡。③池州地区：1950 年淮河决口后，流入池州地区的灾民有 3500 多人，即时派出干部劝返，发给路费救济，资助回乡生产。④青阳县：1950 年秋，淮河决口，灾民流入本县有 1650 人。县人民政府即时进行收容救济，并发给路费，动员回原籍生产。⑤来安县：1950 年 11 月，一批外地灾民流入本县，大多数从水荒中逃出，经长途跋涉，日晒夜露，患病在身。县人民政府及时发给灾民棉衣 890 件、衣料 1000 套、救济粮 10 000 斤、食盐 450 公斤，并组织医护人员为患病者治疗。之后，这批灾民经过教育，大部分自动返回原籍，少数人由县民政部门送回原籍。⑥怀远县：1950 年，县设收容站，收容蚌埠遣送回乡者 100 余人。⑦宣城地区（今宣城市）：1950 年，各县建立生产教养院，负责收容外流人员。⑧寿县：1950 年 12 月，寿县人民政府在教养院内附设无业游民改造所，授以谋生之道，经短期教育后，或代觅职业，或给资遣返原籍。⑨庐江县：1950—1960 年先后建立草织厂、农牧场、炼焦厂、炼铁厂和饭店、招待所等安置失业、闲散人员就业。⑩霍邱县：1950—1959 年，全县共发放外流人员救济款 1.98 万元；同时接收由蚌埠遣送回的灾民 1446 人。⑪

第三，不仅收容本省灾民，对外省灾民一视同仁。淮南市：1950 年夏，在大通、九龙岗、田家庵等地设临时灾民遣送站。1950—1952 年，共收容遣送山东、河南、江苏、淮北等地流入的灾民达 64 000 余人。⑫巢县：1950 年，在巢县火车站、炯炀火车站分别设立收容遣送站。当时主要任务是收容遣送淮北、河南等地的灾民。⑬

① 安庆市地方志编纂委员会编：《安庆市志·民政》，北京：方志出版社，1997。
② 芜湖市地方志编纂委员会编：《芜湖市志·民政》，北京：社会科学文献出版社，1993-1995 年。
③ 天长县地方志编纂委员会编：《天长县志·社会保障》，北京：社会科学文献出版社，1992 年。
④ 池州地区地方志编纂委员会编：《池州地区志·政权政务》，北京：方志出版社，1996 年。
⑤ 安徽省青阳县地方志编纂委员会编：《青阳县志·民政》，合肥：黄山书社，1992 年。
⑥ 安徽省来安县地方志编纂委员会编：《来安县志·民政》，北京：中国城市经济社会出版社，1990 年。
⑦ 怀远县地方志编纂委员会编：《怀远县志·民政》，上海：上海社会科学出版社，1990 年。
⑧ 宣城地区地方志编纂委员会编：《宣城地区志·政务》，北京：方志出版社，1998 年。
⑨ 寿县地方志编纂委员会编：《寿县志·医药卫生》，合肥：黄山书社，1996 年。
⑩ 庐江县地方志编纂委员会编：《庐江县志·民政》，北京：社会科学文献出版社，1993 年。
⑪ 霍邱县地方志编纂委员会编：《霍邱县志·民政》，北京：中国广播电视出版社，1992 年。
⑫ 淮南市地方志编纂委员会编：《淮南市志·民政》，合肥：黄山书社，1998 年。
⑬ 巢湖市地方志编纂委员会编：《巢湖市志·民政》，合肥：黄山书社，1992 年。

三、1954 年安徽省大灾和逃荒分布情况

1954 年，安徽淮河、长江流域发生了大洪水，降雨量超过了有记录以来的最高值。

5 月中下旬，淮河流域就发生一次较大范围的暴雨，淮河干流上游和淮南山区雨量最大。淮河干流各地 5 月份水位，超过了历年汛前的最高水位。进入 7 月份以后，安徽淮河流域发生了普遍的、集中的连续性暴雨。降雨一般都达到 600～800 毫米。暴雨中心的王家坝、前畈、临泉、宿县等地，降雨量均在 900 毫米以上。佛子岭水库上游的前畈，降雨量达到 1259.6 毫米。安徽长江流域自 6 月上旬至 7 月下旬，先后下了十几次大雨甚至暴雨。

5—7 月总降雨量，江淮之间为 900～1300 毫米，皖西地区为 1300～2000 毫米，皖南部分地区为 2000～2800 毫米，均大于常年同期 1～2 倍。全省 70 个县（市），有 6 个县降雨量超过 2000 毫米，15 个县超过 1500 毫米，44 个县超过 1000 毫米，其中黄山达 2824 毫米。

长时间、大范围、高强度的降水，造成淮河、长江干支流水位猛涨。长江干流的芜湖、安庆，淮河干流的正阳关和蚌埠等地的水位都超过了历史最高水位，且退水慢、历时长，致使淮河、长江干流超警戒水位达 100 多天。尤其是 7 月份，多次大范围集中性的强降雨，造成了安徽百年以来的特大水灾。

1954 年的洪水，是一场人力难以抗御的非常性洪水，涉及安徽淮河、长江两大流域。其降雨量、降雨强度、历时时间、降雨范围，都是历史上罕见的。虽然党和人民政府组织人民全力抢救，淮河、长江仍有部分堤段溃决，内河堤防除少数外，其余的几乎全部漫堤决口。全省各地除部分山、丘高地外，大部分地区一片汪洋。据统计，全省受灾农田达 4945 万亩，其中重灾 2738 万亩，粮食减产 39 亿公斤，倒塌房屋 402 万间，损失牲畜 20 722 万头，受灾人口达 1537 万人，其中特重灾民 505 万人，重灾民 917 万人，死亡 2674 人。[①]

本年大灾地区呈现两块，一块以淮河流域为主，另一块以长江流域为主，后者甚于前者。

淮河流域有两个大灾点，一个是阜阳专区：7 月 3 日至 28 日，阜阳专区连降大雨和暴雨，全区降雨量达 700 毫米以上。水灾超过 1931 年和 1950 年，为百年罕见。全区淹 1523 个乡，125.81 万多户，566.68 万多人，耕地 1973.24 万亩，减产 8 亿公斤，倒房 89.11 万间，死亡 497 人，牲口 6260 头，群众损失粮食 209 万公斤，农具 17.27 万多件，家具 29.62 万多件。[②]一个是寿县，6 月大雨月余，发生百年未见的大水灾。全县雨量平均 658.5 毫米。正阳关水位 26.55

---

① 安徽省地方志编纂委员会编：《安徽省志·水利志》，北京：方志出版社，1999 年。
② 阜阳市地方志办公室编：《阜阳地区志·大事记》，北京：方志出版社，1996 年。

米，县城水位 25.88 米。全县 200 余乡受灾，230 万余亩秋粮颗粒无收。死 157 人，伤 35 人，毙牲畜 5000 余头，房屋倒塌无数。①

长江流域有 9 个点，除 1 个是瘟疫点（铜陵县）外，其余为水灾点。铜陵县：全县细菌性痢疾发病 7211 例，发病率为 3319.02 / 10 万，死亡 219 例，死亡率为 2.91％。②痢疾发生可能由洪水期间用水不洁造成的。

水灾点肥西县：特大水灾。1953 年总人口为 752 776 人，死亡 4309 人。1954 年为 773 148 人，死亡 10 623 人。③繁昌县：自 5 月起连续降雨 1319.5 毫米，全县 34 个圩口，溃决 33 个，受灾总面积 28.35 万亩，人口 15 万，倒塌房屋 73 954 间，伤亡 144 人。④马鞍山市：6 月下旬至 8 月止降雨量为 986 毫米，江水猛涨，8 月 23 日长江最高水位达 11.41 米。除马鞍山铁厂确保安全外，境内大小圩口先后溃破，受灾户达 16 759 户，受灾人口 62 480 人。其中以采石区灾情最重。截至 9 月，因水灾而死亡的有 558 人。⑤安庆专区：至 8 月底，区内降雨 2050 毫米，超过平均年降雨量近 800 毫米。内河出现 10 次洪峰，大小圩先后溃破，受灾面积 301.3 万亩，灾民计 183.5 万人，死 624 人，伤 506 人。⑥怀宁县：至 7 月份共降雨 1425.4 毫米，8 月 1 日，长江水位高达 18.74 米，全县溃圩 203 个，占 86％，受灾面积 16.60 万亩，倒塌房屋 15 万间，死伤 214 人。⑦桐城县：全年降雨 2266.1 毫米，超过正常年降雨量一倍。全县大小圩口 162 个，破漫 160 个，溃口 408 处，河堤溃口 450 处。淹没农田 25.86 万亩，粮食减产 12 502.5 万斤；全县受灾人口 22.15 万人，倒塌房屋 4.13 万间，损坏 2.61 万间；死 173 人，伤 213 人。⑧无为县：5—7 月降雨 1334.2 毫米，8 月 1 日长江水位超过历史最高水位。全县 496 个圩口先后溃破或漫溢。成灾面积 1 697 742 亩，淹死 453 人（含 9 月 24 日因大风淹死 241 人），屋倒砸死 41 人，自杀 52 人，淹伤、砸伤 315 人，倒塌民房 368 290 间，冲毁房屋 20 574 间。⑨池州地区（今池州市）：5 月至 7 日，全区降雨量大于常年同期 1～2 倍。长江最高水位：8 月 1 日东流达到 18.74 米，贵池池口达到 17.22 米，比 1949 年最高水位超出 1.58 米。警戒水位持续 115 天。长江主要干堤和内河堤防全部溃破，贵池、东流、至德县城街市行舟数月。全区成灾面积 48.87 万亩，受灾人口 25.52 万，倒

① 寿县地方志编纂委员会编：《寿县志·大事记》，合肥：黄山书社，1996 年。
② 安徽省铜陵县地方志编纂委员会编：《铜陵县志. 医药卫生》，合肥：黄山书社，1993 年。
③ 肥西县地方志编纂委员会编：《肥西县志·人口》，合肥：黄山书社，1994 年。
④ 繁昌县地方志编纂委员会编：《繁昌县志·自然环境》，南京：南京大学出版社，1993 年。
⑤ 马鞍山市地方志编纂委员会编：《马鞍山市志·大事记》，合肥：黄山书社，1992 年。
⑥ 安庆地方志编纂委员会编：《安庆地区志·大事记》，合肥：黄山书社，1995 年。
⑦ 怀宁县地方志编纂委员会编：《怀宁县志·自然环境》，合肥：黄山书社，1996 年。
⑧ 桐城县地方志编纂委员会编：《桐城县志·自然地理》，合肥：黄山书社，1995 年。
⑨ 无为县地方志编纂委员会编：《无为县志·大事记》，北京：社会科学文献出版社，1993 年。

塌房屋 7.66 万间，死亡 467 人。①

逃荒路线：长江流域向外逃荒点特别集中，普遍往南逃荒。

逃荒方位：以 150° 为主。

逃荒规模：不分流入和流出，有明确记录的共计 88.2 万人，包括没有记录的估计有 200 万人。

实况如下。芜湖市：1954 年，长江两岸发生特大水灾，周围各县进入市区的灾民达 3 万多人。当年 9 月联合成立"芜湖市、芜湖专区过境灾民遣送管理站"，统一办理灾民的生活安排、疾病治疗、管理教育、审查遣送工作。是年秋季水退后，大部分灾民由各县带队干部动员返乡，收容遣送仅是少数。②淮南市：1954 年特大洪水来袭，淮南市接收邻县灾民 6 万余人。③无为县：灾民转移到邻县安置的有 128 072 人，投靠亲友的有 21929 人，县内山区安置的有 550 000 人。④其中郎溪县接收无为县灾民 9201 人，安置在十字、大山脚、水鸣等乡，并为他们提供住房和生产、生活资料。此后，除一部分人长期定居外，多数人迁回原籍。⑤泾县接收无为县灾民 4000 余人。⑥铜陵县：1954 年大水，大批外地灾民流入本县，县政府在大通、扫把沟等交通要道设立灾民临时转送站，遣送灾民 6204 人返回原籍。⑦安庆地区：1954 年长江两岸大水灾，区内有 16 094 名灾民外出谋生，另有一些农民流入城市，死亡 11 人。专县根据省民政厅的要求，在灾情严重地区成立灾情劝阻接收站，着手遣送和临时安置，以便救助灾民。⑧阜南县：1954 年水灾后，县内设立收容站 1 个，专人、专款收容县内外流人员。⑨1954 年，和县遭受特大洪水灾害，有一批灾民盲目外流，县委在做好救灾工作同时，从教育着手，严格控制户口迁移，对无依无靠以乞讨为生的外流灾民，动员他们回乡生产，仅在南京就动员灾民 649 人回乡生产。⑩蒙城县：1954 年秋，发生大水灾。接转怀远、凤台县灾民 1.5 万人，临时安排在双涧、涡北、小涧等地。大水过后，相继送回原籍。⑪六安地区：1954 年夏，复遭百年不遇的特大水灾，接收安置淮北灾区流入的灾民 42 908 人。⑫池州地区：1954 年，沿江发生特大水灾，受灾农民流入本区

① 池州地区地方志编纂委员会编：《池州地区志·大事记》，北京：方志出版社，1996 年。

② 芜湖市地方志编纂委员会编：《芜湖市志·民政》，北京：社会科学文献出版社，1993 年。

③ 淮南市地方志编纂委员会编：《淮南市志·民政》，合肥：黄山书社，1998 年。

④ 无为县地方志编纂委员会编：《无为县志·大事记》，北京：社会科学文献出版社，1993 年。

⑤ 郎溪县地方志编纂委员会编：《郎溪县志·民政》，北京：方志出版社，1998 年。

⑥ 泾县地方志编纂委员会编：《泾县志·人口》，北京：方志出版社，1996 年。

⑦ 安徽省铜陵县地方志编纂委员会编：《铜陵县志·民政》，合肥：黄山书社，1993 年。

⑧ 安庆地方志编纂委员会编：《安庆地区志·政权》，合肥：黄山书社，1995 年。

⑨ 阜南县地方志编纂委员会编：《阜南县志·民政》，合肥：黄山书社，1997 年。

⑩ 和县地方志编纂委员会编：《和县志·民政》，合肥：黄山书社，1995 年。

⑪ 蒙城县地方志编纂委员会编：《蒙城县志·民政》，合肥：黄山书社，1994 年。

⑫ 六安地区地方志编纂委员会编：《六安地区志·民政》，合肥：黄山书社，1997 年。

东至、石埭两县达 4649 人,各县派人接回 1654 人,由民政部门发给路费回归的有 2200 人,安置在农业社的有 61 人、互助组的有 295 人,参加开荒的有 439 人。[①] 东至县:1954 年,沿江发生特大水灾,受灾农民纷纷流入境内。当年共收容灾民 1854 名,其中省内灾民 654 人,均由各县派人接回,省外灾民 1200 人,则由民政 部门发给路费劝归。[②]绩溪县:1953—1954 年江淮大水灾,入境灾民 800 余人,县 人民政府发起每人每日节约一两米运动,救济灾民。县人民政府发放口粮急救,并 给每人每天 0.15 元,一般以半月为限。长期未归者,拨给公有荒田、荒地耕种, 并户均救济 5 元以购置农具、种子、肥料,或安排烧炭、砍柴、运送公粮、兴 修水利,做临时工。无依靠的老、幼、病、残灾民,分乡包养,每人每日济米 8 两。产妇与急病者,减免医药费,产妇另补助大米 60 斤。1954 年底,灾民遣 送回原籍。[③]宁国县:1954 年皖北水灾,灾民流入县境较多,政府采取临时安置措 施随到随登记,多数安置在农村参加农副业生产,少数安置在河沥溪镇企事业单位 做临时工,生产自救。同时,政府发给补助费 1690 元,就医费 518 元。[④]

四、1958 年安徽省大灾和逃荒分布情况

1958 年,安徽省灾情并不严重,没有发生饥荒饿死人的现象,只有流行病 发生。

大灾 3 次,分布在皖东地区,共计死亡 564 人。肥东县:1958 年,大部分 乡流行白喉,发病 1137 人,死亡 130 人。[⑤]五河县:1958 年 4 月 19 日至 5 月 5 日,本县发生流行性疫情,有 1621 人患青紫病,死亡 104 人,经抢救治愈 1517 人。张集乡、双庙乡和井头区部分乡村发生疫情血色蛋白血症 236 人,死 亡 12 人,患者多为幼儿。县政府迅即组织医疗人员前往抢救。[⑥]天长县:1958 年 4 月,天长县秦仁区首次发现青紫病病例。半月后,宿县、滁县等 12 个县相 继发现此病,一月后发病计达 7908 例,病死 318 人。[⑦]

1958 年,安徽省灾民流入和流出均半。

逃荒路线:因为没有形成全省性逃荒,逃荒路径还不是太乱。皖北地区主 要是外省逃荒过来的居多,造成较大的压力。本省有十几个县出现逃荒现象, 大部分县逃荒路径不明,少数几个有明确路径的县均逃亡外省。

逃荒方位:以 220° 为主,在 100°、250° 及 190° 出现小峰值。

① 池州地区地方志编纂委员会编:《池州地区志·政权政务》,北京:方志出版社,1996 年。
② 安徽省东至县地方志编纂委员会编:《东至县志·民政》,合肥:安徽人民出版,1991 年。
③ 绩溪县地方志编纂委员会编:《绩溪县志·民政》,合肥:黄山书社,1998 年。
④ 宁国县地方志编纂委员会编:《宁国县志·民政》,北京:生活·读书·新知三联书店,1997 年。
⑤ 安徽省肥东县地方志编纂委员会编:《肥东县志·卫生》,合肥:安徽人民出版社,1990 年。
⑥ 五河县地方志编纂委员会编:《五河县志·大事记》,杭州:浙江人民出版社,1992 年。
⑦ 安徽省卫生志编纂委员会编:《安徽卫生志·大事记》,合肥:黄山书社,1993 年。

逃荒规模：不分流入和流出，有数据记录的共计 2.8 万人，包括没有记录的估计有 10 万人。

实况：这一年，淮南市、枞阳县、安庆市、当涂、亳县、濉溪县、凤阳县、庐江县、宣城地区、郎溪县、宁国县等建立收容遣送站。淮南市：1958 年上半年，市属各区正式建立收容遣送站。三年困难时期，收容对象大多是农村灾民。1958—1960 年共收容灾民 85 000 余人，比前 7 年收容量的总和还多。① 枞阳县：1958—1960 年，外流人员、浮肿病人、非正常死亡人数增多，抛荒田地 5240 亩，拆毁民房 10 863 间，耕牛剧减。② 亳县：1958 年，成立自由外流人口收容遣送站，负责劝阻、收容、遣送盲目外流人员。③ 贵池县：1958—1964 年，先后有外流人口 27 083 人（次）流入本县。后由于生产形势的发展，人口流动基本停止，收容遣送机构撤销。④ 宣城地区：1958 年，地、县成立收容站。⑤ 庐江县：1958—1960 年因自然灾害影响，不少农民外流，庐江曾在安庆、九江市设立劝阻站，劝阻外流回归农民近万人，并发放救济款和物品予以安置。⑥ 郎溪县：1958 年与 1959 年先后遣送回原籍的外流人员共 54 人。⑦ 宁国县：1958—1960 年，外地缺粮人口入境较多，且屡遣屡返，县先后收容遣送回原籍 4912 人次，年均 1637 人次。⑧

设站的位置在轮船码头、火车站等水陆交通要道处。当涂：1958 年，大量农村人口盲目外流。县在轮船码头、火车站等水陆交通要道，设立劝阻站，并派专人前往芜湖、南京、上海、九江等地，劝阻并接收外流人员回乡。当年，经劝阻回乡的外流人员 1200 余人。⑨ 濉溪县：1958 年，外流人员日多。为制止外流之风，在县境边缘地区、交通要道口设劝阻站 7 个，劝阻点 38 个，共收容外流人员 1351 人。凤阳县：县民政部门于 1958 年 4 月初在临淮关设立凤阳县外流人口收容遣送站，对外流人员进行登记，由社队带回安置。对被收容的人员每人每天发给大米 8 两（16 两制）、补助费 0.3 元，医疗费和遣送费实报实销。仅用于县内的外流人员经费即达 1 万多元。全县 1958 年流出 4135 人。⑩ 只有一个地方情况好转，即蚌埠市：1952—1957 年，蚌埠市收容遣送灾民累计

① 淮南市地方志编纂委员会编：《淮南市志·民政》，合肥：黄山书社，1998 年。
② 枞阳县地方志编纂委员会编：《枞阳县志·农业》，合肥：黄山书社，1998 年。
③ 亳州市地方志编纂委员会编：《亳州市志·民政》，合肥：黄山书社，1996 年。
④ 贵池市地方志编纂委员会编：《贵池县志·政务》，合肥：黄山书社，1994 年。
⑤ 宣城地区地方志编纂委员会编：《宣城地区志·政务》，北京：方志出版社，1998 年。
⑥ 庐江县地方志编纂委员会编：《庐江县志·民政》，北京：社会科学文献出版社，1993 年。
⑦ 郎溪县地方志编纂委员会编：《郎溪县志·民政》，北京：方志出版社，1998 年。
⑧ 宁国县地方志编纂委员会编：《宁国县志·民政》，北京：生活·读书·新知三联书店，1997 年。
⑨ 当涂县志编纂委员会编：《当涂县志·民政》，北京：中华书局，1996 年。
⑩ 凤阳县地方志编纂委员会编：《凤阳县志·民政》，北京：方志出版社，1999 年。

8.39 万人。1958 年和 1959 年，收容外流人口减少。[①]

不仅在当地设站，还把站设在逃荒的路径上。安庆市：1958 年秋，阜阳、淮北和安庆地区农村人口出现大批外流。省政府决定，从省政法系统抽调干部去江西省动员农民返乡。安庆政法系统派出 50 多人组成工作组，驻江西彭泽县。同时在九江、彭泽、华阳、安庆港口设立收容、劝阻外流人员接待站。[②]和县：1958—960 年三年困难时期，和县农民大批外流到江西、马鞍山、上海、南京等地区，县委多次召开电话会部署劝阻灾民外流工作，确定一名副县长具体负责，区、社派专人在各交通要道设立劝阻站，县委派出工作组到各地进行劝阻，先后动员灾民 1.58 多万人回乡生产。[③]巢县：截至 1958 年，共收容遣送 1566 人（次）。[④]无为县：1958 年 1 月，成立县制止农民盲目外流领导组，抽调干部分赴芜湖、南京、上海、九江等地劝阻外流，并以区为单位建立 11 个劝阻站，分别驻在土桥、刘渡、凤凰颈、泥汉、江坝、姚王庙、二坝、三汊河、黄雒、仓头、姚沟，不到两个月，劝回 1213 户、3661 人。年终，撤销了制止农民盲目外流领导组。[⑤]

为什么要建立这么多收容遣送站？1958 年泗县：1958 年，受自然灾害和"大跃进"中浮夸风等"五风"影响，有不少农民生活困难，流往外地。[⑥]

除了外流外，外省也有逃荒到安徽省的。凤台县：1956—1958 年，共收容遣送流入县境的 3000 余人，这些人大都来自江苏、河南和省内的定远、凤阳、嘉山（今明光市）、肥西、涡阳等县。[⑦]临泉县：1958 年开始清查外流人员，当年收容 289 人，以河南省淮阳、太康两县灾民居多。[⑧]

凤台县有什么吸引那么多外乡人的？没有查到当年的粮食总产量数据，只看小麦、甘薯和玉米产量。1949 年，安徽省农业厅调给凤台县南大 2419、碧玛一号、碧玛四号 3 个品种，推广种植。至 1957 年种植面积达 86.7 万亩，占小麦播种面积的 92.6%，比当地品种亩增产 10～15 公斤。1950—1957 年推广甘薯"胜利百号"新品种，采用温床育苗及火炕育苗，高垅栽插及少翻蔓等栽培技术。种植面积年均 23.6 万亩，亩产 111.3 公斤。因薯蔓短、结薯集中，农民戏称"一窝猴"。比当地品种增产 30%～40%。1958 年后，甘薯面积扩大。1956 年引进玉米春杂 1 号、小红粒等品种。1957 年后品种有六安火燥、伊川白玉米、小红

① 蚌埠市地方志编纂委员会编：《蚌埠市志・民政》，北京：方志出版社，1995 年。
② 安庆市地方志编纂委员会编：《安庆市志・民政》，北京：方志出版社，1997 年。
③ 和县地方志编纂委员会编：《和县志・民政》，合肥：黄山书社，1995 年。
④ 巢湖市地方志编纂委员会编：《巢湖市志・民政》，合肥：黄山书社，1992 年。
⑤ 无为县地方志编纂委员会编：《无为县志・民政》，北京：社会科学文献出版社，1993 年。
⑥ 泗县地方志编纂委员会编：《泗县志・民政》，杭州：浙江人民出版社，1990 年。
⑦ 凤台县地方志编纂委员会编：《凤台县志・民政》，合肥：黄山书社，1998 年。
⑧ 临泉县地方志编纂委员会编：《临泉县志・政治编》，合肥：黄山书社，1994 年。

粒、金皇后、春杂 1 号等。1957 年后种植面积 4600 万～14000 万亩，亩产 48 公斤。①由此看来凤台县粮食收成比较周边县是有余量的。

五、1959 年安徽省大灾和逃荒分布情况

1959 年是继 1958 年全省大旱后第二个连续干旱年，旱情和灾情均比 1958 年严重。1959 年，降雨季节性分布极不均衡，正值农作物需水高峰期，降雨显著减少。据全省 21 个雨量测站统计，7—10 月，淮北地区和江淮之间的中部、东部和沿江地区，降雨量比常年同期少五至六成。有些县 7 月份雨水特少，8 月份又连续少雨。阜南县 7—8 月降雨量仅达 9.4 毫米。阜阳地区 6 月 11 日至 7 月 30 日，40 多天的降雨量共 70.9 毫米，而同期蒸发量却达 330 毫米。由于 1958 年冬至是年 2 月，沿淮北地区雨量普遍减少，库塘蓄水量也相应减少，加之 7—10 月 100 余天降雨量仅占常年同期的一半，气温高，蒸发量大，致使淮河干、支流河道几乎全部断流，抗旱缺乏水源，加剧了旱情发展。据统计，1959 年全省因旱成灾 3426 万亩，占全省播种面积的 39.8%，其中淮北地区 1735 万亩，江淮之间丘陵区 1486 万亩，大别山区 66 万亩，江南地区 137 万亩，圩区 2 万多亩。由于人民政府领导人民奋力抗旱，以及已建的水利工程发挥了效益，因此成灾面积明显少于受旱面积。②

以饥荒为主，兼有瘟疫。主要分布在皖中地区，连贯性好。死亡人数增加，总人口数下降。

饥荒 12 个大灾点具体如下。肥东县：1959 年 7 月，全县各地发现浮肿病，非正常死亡增多。1960 年 2 月，有人以"肥东农民"名义写信给周恩来总理，反映肥东县人口非正常死亡情况。国务院非常重视，责成内务部和省、市、县有关部门进行核查。但这次核查，由于有的干部阻挠，弄虚作假，掩盖了真实情况。③五河县：1959 年 1 月，发现刘集、石湖、连城 3 公社社员患浮肿病和干瘦病，死亡 520 人。④50 年代末和 60 年代初，由于社会环境的影响，人口出现了负增长。1958 年为–15.6‰。⑤当涂县：1958 年总人口为 389 987 人，1959 年为 386 466 人。⑥潜山县：1959 年、1960 年因三年困难时期的影响，人口数比上年下降。1959 年总人口为 319 963 人，死亡 5416 人。⑦太湖县：1959 年 5

① 凤台县地方志编纂委员会编：《凤台县志·农业》，合肥：黄山书社，1998 年。

② 安徽省地方志编纂委员会编：《安徽省志·水利志》，北京：方志出版社，1999 年。

③ 安徽省肥东县地方志编纂委员会编：《肥东县志·大事记》，合肥：安徽人民出版社，1990 年。

④ 五河县地方志编纂委员会编：《五河县志·大事记》，杭州：浙江人民出版社，1992 年。

⑤ 五河县地方志编纂委员会编：《五河县志·人口》，杭州：浙江人民出版社，1992 年。

⑥ 当涂县志编纂委员会编：《当涂县志·人口》，北京：中华书局，1996 年。

⑦ 安徽省潜山县地方志编纂委员会编：《潜山县志·人口》，北京：社会科学文献出版社，1993 年。

月中旬，据统计，全县患浮肿病、消瘦病共 1.14 万人，死亡 479 人。①怀宁县：三年困难时期，1959 年总人口为 470 065 人，死亡人数为 21 000 人。②枞阳县：1962 年 5 月 1 日，县公安部门全面开展户口普查登记和核实 1959 年以来人口死亡数字，查出 1959 年死亡 277 人，这些人口属非正常死亡。③望江县：1959 年春，全县大部分地区出现浮肿病。沈冲公社 641 名病人中，患浮肿病的有 288 名，1 月至 3 月 11 日，全公社共死亡 502 人。④无为县：50 年代末至 60 年代初，国民经济严重困难，出现了非正常死亡和大量外流的现象。1959 年总人口为 662 557 人，死亡人数为 86 278 人。⑤含山县：1958—1961 年，全县人口出现负增长，4 年共减少人口 65 311 人，比 1957 年末人口下降 24.07%，其间以 1959 年的下降幅度最大，比上年减少人口 39 162 人，占 4 年减少人口数的 59.96%，成为 1949 年以来减少人口最多的年份。其原因是三年困难时期造成人口非正常死亡和外流。⑥亳县：1958 年总人口为 754 857 人，死亡人数为 8367 人；1959 年，全县人口已达 760 560 人，180 578 户，死亡人数为 12 827 人。⑦宣城地区：1959 年，区辖 23 个县（市）（含区辖 5 县）出生 124 848 人，出生率为 20.41‰；死亡 176 293 人，死亡率为 28.82‰；减少 51 445 人，自然增长率为–8.41‰。⑧

瘟疫 4 个大灾点情况分别如下。肥西县：1959 年春，发生麻疹、脑炎、白喉、百日咳等流行性传染病 19 207 例，死亡 708 人。⑨枞阳县：1959 年春，发生麻疹、脑炎、白喉、百日咳等流行性传染病 19 207 例，死亡 708 人。⑩滁县（今琅琊区）：1959 年麻疹流行，全县 11 524 人发病，发病率为 5.6%，死亡 242 人，死亡率为 2.1%。⑪六安地区：1959 年，全区发现白喉病人 1437 人，死亡 260 人。⑫

逃荒路线：逃荒规模比 1958 年严重。大部分流出没有具体去处，有记录者以外流出省者居多，以上海、江苏、山东、河南、江西、湖南为逃荒去处。

逃荒方位：以 120°为主，170°、210°、330°为次之。

逃荒规模：不分流出和流入，有明确记载者 30.5 万人，加上没有记载的估

① 太湖县地方志编纂委员会编：《太湖县志·大事记》，合肥：黄山书社，2007 年。
② 怀宁县地方志编纂委员会编：《怀宁县志·人口》，合肥：黄山书社，1996 年。
③ 枞阳县地方志编纂委员会编：《枞阳县志·公安司法》，合肥：黄山书社，1998 年。
④ 望江县地方志编纂委员会编：《望江县志·大事记》，合肥：黄山书社，1995 年。
⑤ 无为县地方志编纂委员会编：《无为县志·人口》北京：社会科学文献出版社，1993 年。
⑥ 含山县地方志编纂委员会编：《含山县志·人口》，合肥：黄山书社，1995 年。
⑦ 亳州市地方志编纂委员会编：《亳州市志·人口》，合肥：黄山书社，1996 年。
⑧ 宣城地区地方志编纂委员会编：《宣城地区志·人口》，北京：方志出版社，1998 年。
⑨ 肥西县地方志编纂委员会编：《肥西县志·自然地理》，合肥：黄山书社，1994 年。
⑩ 枞阳县地方志编纂委员会编：《枞阳县志·自然地理》，合肥：黄山书社，1998 年。
⑪ 滁州市地方志编纂委员会编：《滁州市志·医药卫生》，北京：方志出版社，1998 年。
⑫ 六安地区地方志编纂委员会编：《六安地区志·医疗卫生》，合肥：黄山书社，1997 年。

计在 100 万人。

实况：长丰县：1959—1961 年，由于社会环境和自然灾害的影响，国民经济发生严重困难，粮食紧缺，县境人口外流和非正常死亡情况严重，导致人口大幅度下降。①肥西县：1959—1961 年，人口外流现象严重，全县外流有 32 066 人。县民政科抽调人员，分赴各地动员灾民回归家园，共收容劝返 26 926 人，另有 786 人送交其他单位和公安部门。②肥东县：三年困难时期，群众生活极为困难，行乞人数，有所上升。③1962 年，在责任田的影响下，本县外流人口纷纷回归家园。④芜湖市：1958—1960 年，安徽农村大批农民外流。专市在裕溪口设立农民劝阻接待站，并派出干部到市区车站、码头对外流农民进行劝阻、收容和遣送。⑤怀远县：1959 年—1961 年，公社社员生活无着，大多外流谋生。⑥淮南市：1959 年 3 月，八公山区临时建立外流人员劝阻站，是年 5 月撤销。1959 年收容 34 000 余人。⑦凤台县：1959—1961 年农民生活极端困难，县外流人员大增，达 8040 人。⑧当涂县：1959 年全县外流人口为 1870 人。⑨濉溪县：1959 年，又抽调干部 40 人，组成 2 个工作组，分赴宿县、永城县，领回该县外流农民 1565 人。⑩和县：1958—1960 年困难时期，和县农民大批外流到江西、马鞍山、上海、南京等省区。⑪寿县：1959 年 5 月，安徽省"动员遣返外流农民"驻江西省工作组，送回本县流入江西做工的农民 378 人。⑫涡阳县：1959—1960 年，民政局配合有关部门，派至郑州、商丘、天津、宿县、蚌埠、浦口等地接劝外流人员的干部计 24 人。⑬泗县：1959 年，县党政领导机关决定，以民政、公安部门为主体，建立外流人员专管机构，具体办理外流农民的劝阻和收领工

---

① 长丰县地方志编纂委员会编：《长丰县志》卷 2《人口》第一章"人口状况"，北京：中国文史出版社，1991 年。

② 肥西县地方志编纂委员会编：《肥西县志》第二十四章"民政"，合肥：黄山书社，1994 年。

③ 安徽省肥东县地方志编纂委员会编：《肥东县志》第二十三章"社会"，合肥：安徽人民出版社，1990 年。

④ 安徽省肥东县地方志编纂委员会编：《肥东县志·大事记》，合肥：安徽人民出版社，1990 年。

⑤ 芜湖市地方志编纂委员会编：《芜湖市志》第 7 篇《民政》第二章"救灾救济"，北京：社会科学文献出版社，1993-1995 年。

⑥ 怀远县地方志编纂委员会编：《怀远县志》第 13 编《民政、劳动人事》，上海：上海社会科学出版社，1990 年。

⑦ 淮南市地方志编纂委员会编：《淮南市志》第 9 篇《民政》第五章"生产救灾"，合肥：黄山书社，1998 年。

⑧ 凤台县地方志编纂委员会编：《凤台县志》第 7 编《民政》第三章"救灾·救济"，合肥：黄山书社，1998 年。

⑨ 当涂县志编纂委员会编：《当涂县志》第 18 篇《民政》第四章"社会保障"，北京市：中华书局，1996 年。

⑩ 濉溪县地方志编纂委员会编：《濉溪县志》卷 18《民政志》第四章"社会福利"，上海：上海社会科学出版社，1989 年。

⑪ 和县地方志编纂委员会编：《和县志·民政》，合肥：黄山书社，1995 年。

⑫ 寿县地方志编纂委员会编：《寿县志·医药卫生》，合肥：黄山书社，1996 年。

⑬ 涡阳县地方志编纂委员会编：《涡阳县志·政治》，合肥：黄山书社，1989 年。

作。当年，抽调干部 138 人，分赴泗洪、盱眙、嘉山、五河、固镇、南京、上海、山东等地对外流人员进行劝阻、收领。据 1—5 月统计，共领回外流农民 12 500 人次，发放救济粮 420 000 斤，救济款 260 000 元。①宁国县：1958—1960 年，县内也因缺粮，有很多群众外流到浙江省于潜、昌化、临安、杭州等地。②广德县：1959—1961 年，本县也曾出现人口外流现象。③铜陵市：1959 年，大批外地灾民流入市区，给人民生活、工作等带来很大困难。市民政部门于 1 月 20 日在横港码头成立临时劝阻站，仅 5 个多月，共劝阻灾民 2855 人返乡，劝阻费 54 264 元。④铜陵县：1959 年遣送流入本县境内的 1829 人回乡生产。⑤安庆地区：1959—1960 年，由于"浮夸风"等严重影响农业生产，加上自然灾害，全区外流灾民达 98 365 人，当年只回归 50 774 人。⑥望江县：1959—1961 年三年困难时期，流动人口增多。1961 年抽调干部 10 人，在华阳设 5 个劝阻外流人口小组。对流进人口一般是遣送回原籍，少数不愿走的则就地插队落户。⑦怀宁县：1959 年冬，成立怀宁县收容遣送站，负责处理由江苏淮安淮阴和本省淮北等地流入县境的 4500 名灾民的遣送工作，至 1961 年共遣送 13 422 人；同时完成全县于同期外流 10 547 人中回归 4000 多人的安置工作，并于此间审查批准收容 214 人，实行集中教养，使其逐步走上自给之路。⑧宿松县：1959 年下半年起，由于自然灾害造成社会自由外流人员增多，同年在复兴镇成立"宿松县劝阻站"。⑨休宁县：三年困难时期，本县外流 6184 人，至 1961 年，除死亡 8 人外，其余均回乡。⑩祁门县：1959—1960 年，流入县境灾民 469 人，给 406 人安排临时性工作，后陆续遣送原籍。⑪滁县：1949—1959 年共安置外地灾民 2.49 万人，遣送回原籍 15.66 万人。发放救济粮 25.25 万公斤，遣送费 46.3 万元，发寒衣 1.87 万件。10 年时间共收容、改造游民 3131 人。⑫天长县（今天长市）：1951—1959 年流进本县的 2500 余人，外流 150 余人次，支出遣送经费 1.5 万余元，粮食 0.8 万余公斤。⑬来安县：1959—1961 年，苏北一带发生水灾，

① 泗县地方志编纂委员会编：《泗县志·民政》，杭州：浙江人民出版社，1990 年。
② 宁国县地方志编纂委员会编：《宁国县志·民政》，北京：生活·读书·新知三联书店，1997 年。
③ 广德县地方志编纂委员会编：《广德县志·民政》，北京：方志出版社，1996 年。
④ 铜陵市地方志编纂委员会编：《铜陵市志·社会》，合肥：黄山书社，1994 年。
⑤ 安徽省铜陵县地方志编纂委员会编：《铜陵县志·民政》，合肥：黄山书社，1993 年。
⑥ 安庆地方志编纂委员会编：《安庆地区志·民政》，合肥：黄山书社，1995 年。
⑦ 望江县地方志编纂委员会编：《望江县志·民政》，合肥：黄山书社，1995 年。
⑧ 怀宁县地方志编纂委员会编：《怀宁县志·民政》，合肥：黄山书社，1996 年。
⑨ 安徽省宿松县地方志编纂委员会编：《宿松县志·政权》，南昌：江西人民出版社，1990 年。
⑩ 休宁县地方志编纂委员会编：《休宁县志·民政》，合肥：安徽教育出版社，1990 年。
⑪ 祁门县地方志编纂委员会办公室编：《祁门县志·民政》，合肥：安徽人民出版社，1990 年。
⑫ 滁州市（县级）地方志编纂委员会编：《滁州市志·民政》，北京：方志出版社，1998 年。
⑬ 天长县地方志编纂委员会编：《天长县志·社会保障》，合肥：黄山书社，1993 年。

部分灾民流入本县。县民政部门在体育场搭简易大棚数间，供灾民住宿，并发给救济粮、款；自愿返回原籍者，均发给路费。这一时期，该县也有部分灾民流往外地。[①]凤阳县：1959—1961年间，每天从外地遣送回县的外流人员，少则几人，多则几十人，甚至上百人。1959年流出4911人，回乡2588人，未归者2323人。[②]嘉山县：1959—1960年本县先后就外流出农村人口5090人，并不断扩大，外地流入该县712人。[③]颍上县：据统计，1959年，收容遣送安置5170人。[④]阜南县：1959—1963年，县设立收容遣送站，由民政局固定专人分管，交通要道设立劝阻站，对流动人员区别情况，加强教育，派专人携粮款接收、遣送。1964年接收安置外流人员420人，遣送内流人员3000多人次。[⑤]泗县：1959年，县党政领导机关决定，以民政、公安部门为主体，建立外流人员专管机构，具体办理外流农民的劝阻和收领工作。当年，抽调干部138人，分赴泗洪、盱眙、嘉山、五河、固镇、南京、上海、山东等地对外流人员进行劝阻、收领。据1—5月统计，共领回外流农民12 500人次，发放救济粮420 000斤，救济款260 000元。之后，渡过自然灾害等因素所造成的三年困难，农业生产渐次发展，农民一般都已安心生产，外流人员逐年减少。[⑥]砀山县：三年困难时期，工农业生产处于停滞状态，外出讨饭、做工谋生的人员逐渐增多。是年，全县设立3个收容遣送站，调集15名脱产干部，30名基层干部和民兵，配合火车站和公安部门从事收容遣送工作。当年收容外流人员5084人，其中外省1036人。[⑦]萧县：1959—1961年三年困难时期，不少人出外谋生，影响农业生产和城市社会秩序。[⑧]巢县：1959年起发生自然灾害，出现大量外流人员，收容任务大，不但要收容本地外流人员，按省委、省政府指示，为堵截本省外流人员，还派员参加蚌埠、浦口、芜湖、安庆收容遣送站工作；同时派员至九江、长沙、南昌等地收容遣送安徽籍外流人员回籍。至1962年，共收容遣送1.79万人次。[⑨]霍邱县：1959年，外地流入本县人口11 701人，遣送回乡8834人。本县流出的2757人，领回2540人。[⑩]寿县：1959年春，天灾之余，"五风"泛起，人民生活普遍困难。为防止农村人口盲目外流，县人民委员会在城关、正阳、水家湖、杨庙、堰口、瓦埠、众兴等区设立劝阻中心站16个，

① 安徽省来安地方志编纂委员会编：《来安县志·民政》，北京：中国城市经济社会出版社，1990年。
② 凤阳县地方志编纂委员会编：《凤阳县志·民政》，北京：方志出版社，1999年。
③ 嘉山县地方志编纂委员会编：《嘉山县志·公安》，合肥：黄山书社，1993年。
④ 颍上县地方志编纂委员会编：《颍上县志·民政》，合肥：黄山书社，1995年。
⑤ 阜南县地方志编纂委员会编：《阜南县志·民政》，合肥：黄山书社，1997年。
⑥ 泗县地方志编纂委员会编：《泗县志·民政》，杭州：浙江人民出版社，1990年。
⑦ 砀山县地方志编纂委员会编：《砀山县志·民政》，北京：方志出版社，1996年。
⑧ 萧县地方志编纂委员会编：《萧县志·民政》，北京：中国人民大学出版社，1989年。
⑨ 巢湖市地方志编纂委员会编：《巢湖市志·民政》，合肥：黄山书社，1992年。
⑩ 霍邱县地方志编纂委员会编：《霍邱县志·民政》，北京：中国广播电视出版社，1992年。

各交通道口、车站、码头设分站 140 处，全县抽调干部 418 名分赴各站，边收容，边遣返，计劝返本县外流人员 12 826 名，遣回外地流入本县人员 9214 名，同时收养被遗弃儿童、婴儿 315 个。①涡阳县：1959—1960 年，县内负责劝阻接转安置的干部有 11 人。在各交通要道设置 17 个劝阻转运站，沿公路大队派出巡查小组，及时进行收容转送。②据不完全统计，1959 年有濉溪县的 6000 余人，亳县 1200 余人，当年基本上全部遣送。1962 年，计 23 166 人，系河南商丘、永城、太康、山东曹县和本省宿、亳等县。当时已落户 18 332 人，占 79%，临时安置生产 3444 人，占 15%。1965 年统计，5 年中全县共收容接转内外流人员 120 635 人。③宣城地区：至 1959 年，全区共收容 2620 人，并组织其参加生产劳动，使之逐步自食其力。④绩溪县：1959—1960 年，皖北、江苏、山东、河南 41 县盲流人员入境 2770 余人，主要分布在旌阳、俞村、三溪、乔亭、庙首（时旌德并入绩溪县）等地。1960 年冬中央纠正"左"倾错误，农村经济好转，流入人口陆续遣送回归。⑤广德县：1959 年起，因自然灾害邻省、邻县的灾民流入本县的陡增。⑥

① 寿县地方志编纂委员会编：《寿县志·医药卫生》，合肥：黄山书社，1996 年。
② 涡阳县地方志编纂委员会编：《涡阳县志·政治》，合肥：黄山书社，1989 年。
③ 涡阳县地方志编纂委员会编：《涡阳县志·政治》，合肥：黄山书社，1989 年。
④ 宣城地区地方志编纂委员会编：《宣城地区志·民政》，北京：方志出版社，1998 年。
⑤ 绩溪县地方志编纂委员会编：《绩溪县志·民政》，合肥：黄山书社，1998 年。
⑥ 广德县地方志编纂委员会编：《广德县志·民政》，北京：方志出版社，1996 年。

其他地区的灾害与环境社会治理

同治十年直隶大水与盛宣怀走向洋务之路：
兼再谈轮船招商局创办缘起

朱　浒

（中国人民大学清史研究所）

　　盛宣怀正式走向洋务之路，始于筹办轮船招商局，早已是不刊之论。那么他又何以能够走上这条道路呢？乍看起来，提出这个问题实属多此一举，因为按照风行说法，这是一条极其简洁明了的路径：盛宣怀自投入李鸿章幕府后，备受李鸿章信任，李亦着意将之栽培为自己洋务建设所需要的人才。[①]但是，长期以来很少有人注意到，支撑这个说法的基础其实并不坚实。只不过，就连各类已刊、未刊的盛宣怀资料中，反映盛宣怀走向洋务道路前后的内容都十分稀少，这就使得对这种说法的质疑，很难追查下去。幸运的是，随着篇幅多达 39 卷的新版《李鸿章全集》在 21 世纪初面世，终于出现了能够支持这种追查的重要线索。这些线索表明，盛宣怀走向洋务之路，绝非成说所描绘的那条坦途，而是经历了十分曲折的过程。同时，盛宣怀的这一历程也提醒我们，对于洋务事业从一项顶层设计落实为建设实践的具体过程，也存在着急需进一步深入理解的复杂性。

一、从军之路的阴云

　　在盛宣怀如何走向洋务之路的问题上，何以说支撑风行说法的基础并不坚实呢？第一点显著理由在于，这个说法的论述依据，其实主要来自一份二手资料，即盛宣怀之子盛同颐等于 1919 年刊行的《诰授光禄大夫太子少保邮传大臣

---

　　① 这种说法最明确的阐述，见于两部以盛宣怀为中心的专著。其一为 Albert Feuerwerker（费维恺）的 *China's Early Industrialization: Sheng Hsuan-huai （1844-1916） and Mandarin Enterprise*, Cambridge, Mass.: Harvard University Press, 1958, pp. 61-62. 该书中文版为《中国早期工业化：盛宣怀（1844—1916）和官督商办企业》（〔美〕费维恺著，虞和平译，吴乾兑校，北京：中国社会科学出版社，1990 年）。其二则为夏东元的《盛宣怀传》（成都：四川人民出版社，1988 年，第 7-8 页）。在一些以洋务运动为主题的研究中，此种看法亦时有所见，如张国辉的《洋务运动与中国近代企业》（北京：中国社会科学出版社，1979 年，第 349 页）以及张后铨主编的《招商局史（近代部分）》（北京：人民交通出版社，1988 年，第 28 页），都是较为典型的例子。而在各种各样的关于盛宣怀的通俗类读物中，皆属对此说法的大肆发挥而已。

显考杏荪府君行述》（简称《行述》）。如果不拘泥于现代学术视野，这份在盛宣怀去世三年后刊行的《行述》，完全可以说是对盛宣怀与洋务事业结缘的最早概括和表述。在很长一段时间内，对研究者来说，这是了解盛宣怀在参与筹办轮船招商局之前活动情况的最宝贵资料。本文质疑的第二点理由，则除了这份《行述》作为二手资料的属性之外，还在于其所叙述的事实和叙事逻辑之间，也出现了难以自圆其说的疏漏。由于此前尚未有人揭示过这种事实与逻辑之间的关系，这里就有必要对《行述》所述盛宣怀从入幕到筹办招商局的历程，进行一番详细考察。

按照《行述》的结构，这一历程被分为三个齐整的环节。①第一个环节主要描述的是盛宣怀从同治九年（1870）夏初入幕直到随李鸿章前往直隶的过程，其主题则是盛宣怀在淮军之中饱受历练，追随李鸿章由鄂入陕，又由陕往直，从而顺利地受赏晋升的情况：

> ［庚午］四月，李文忠公由鄂督师入陕，防剿回逆，帷幄需才，杨艺舫京卿宗濂函招府君入幕。文忠夙与大父雅故，一见器赏，派委行营内文案，兼充营务处会办，属橐建，侍文忠左右。盛夏炎暑，日驰骑数十百里，磨盾草檄，顷刻千言，同官皆敛手推服。未几，天津教案事起，畿疆戒严，府君从文忠由陕历晋，驰赴直省，涉函关，登太行，尽揽山川厄塞形胜，日与文忠部曲名将郭壮武公松林、周壮武公盛传辈讨论兵谋，历练日深，声誉亦日起。旋奏调会办陕甘后路粮台、淮军后路营务处。府君初以议叙主事改候选直隶州，从军逾年，洊保知府道员，并赏花翎二品顶戴。

接下来的第二个环节，其内容忽然转换为盛宣怀于同治十年（1871）直隶大水期间，受父亲盛康之命劝捐赈灾的事功：

> 辛未，畿辅大水，大父倡捐棉衣振米，命府君诣淮南北劝募，集资购粮，由沪赴津散放。是为府君办理振务之始。②

在第三个环节中，话题突然又转入了对盛宣怀于同治十一年（1872）筹办招商局事迹的叙述。按照这里的中心意旨，在倡办过程中，盛宣怀地位和作用的重要性是要超过招商局首任总办朱其昂的：

> 先是，丁卯、戊辰间，曾文正公及丁雨生中丞日昌在江苏督抚任时，采道员许道身、同知容闳条陈，有劝谕华商置造轮船、分运漕米、兼揽客货之议，日久因循，未有成局。府君以为大利不可不兴，每欲有所陈说。

---

① 盛同颐等编：《愚斋存稿》，卷首，沈云龙主编：《近代中国史料丛刊续编》（122），台北：文海出版社，1975年，第9-10页。以下三段引文全出自此。

② 此段文字中的"振"字，原文如此，通"赈"，下文同，不再特作说明。

至壬申五月，见文忠及沈文肃公议覆闽厂造船未可停罢折内，皆以兼造商船为可行，遂献议二公，主张速举，大致谓各国通商以来，火轮夹板日益增多，驶行又极迅速，中国内江外海之利，几被洋人占尽。现在官造轮船内，并无商船可领，各省在沪股商，或置轮船，或挟赀本，向各口装载贸易，俱依附洋商名下，如旗昌、金利源等行，华股居其大半，本利暗折，官司不能过问。若正名定分，由官设局招徕，俾华商原附洋股，逐渐移于官局，实足以张国体而弭隐患。拟请先行试办招商，为官商接洽地步，俟商船造成，随时添入，推广通行。又海运米石日增，江浙沙宁船不敷装运，有商局轮船辅其不足，将来米数加多，亦可无缺船之虑。文忠深韪其言，乃命府君会同浙江海运委员朱云甫观察其昂等酌拟试办章程，上之江浙大吏，交相赞成，于是南北合筹，规模渐具。是为府君办理轮船招商之始。①

从上述引文可以看出，《行述》作为儿子们描述父亲生平事功的文本，具有自身特定的基调。具体说来，对于盛宣怀从入幕到入局这一过程的叙述，简直可以说是盛宣怀凯歌行进的三部曲，即因从军历练而晋升，继而办赈有功，其后又强势介入筹办招商局事务。在这种基调之下，盛宣怀的每一步都毫不例外地被描绘成人生赢家。对照一下关于盛宣怀走向洋务之路的风行说法，很快可以发现，后世研究者在以《行述》为基础资料的同时，也在很大程度上被《行述》的叙事基调所引导。其间最主要的差别在于，研究者们大都将盛宣怀走向洋务之路前的办赈环节，视为一个无关紧要的细节，甚至干脆略过。而后文将说明，这其实又是一个十分重大的疏漏。

然而，《行述》所展示的那种乐观基调，与其列举的三阶段经历之间，是否在逻辑性方面上也丝丝入扣呢？按照时间顺序，盛宣怀从入幕到入局的历程，可以划分为从军、办赈和入局这三个首尾相继的阶段。而一旦仔细观察一下盛宣怀在这三个阶段之间的辗转腾挪，不难发现其中明显存在着蹊跷之处。

首先，盛宣怀从从军到入局的转向实在过于突兀。既然《行述》声称盛宣怀在军营中得到非同寻常的历练，其从军晋升之路又被说得如此顺利，却为何在参与办赈事务之后，彻底脱离了依靠军功荣升之路呢？如果李鸿章安排盛宣怀进入天津机器局之类的军工企业，或许还算是延续了军功荣升之路。招商局则不仅属于民用工业，更重要的是，这项事业在倡办期间备受争议，并不是一个前途明朗的热门领域。那么，盛宣怀究竟出于怎样的机缘，才会放弃一条平稳的发展道路，而突然转向一条未知的道路呢？

其次，盛宣怀发生道路转向的背景亦实在太过薄弱。按《行述》所言，盛

---

① 盛同颐等编：《愚斋存稿》，卷首，沈云龙主编：《近代中国史料丛刊续编》（122），第9-10页。

宣怀入幕后最大的历练是军营文员，其后是办赈事务，则其何以能够突然出任
洋务企业经理人的工作呢？这难道是李鸿章乱点鸳鸯谱的结果吗？经典研究曾
明确指出，经营洋务建设事业的群体主要有三个来源，即官僚、买办和旧式商
人。①盛宣怀虽然向来被视为其中官僚群体的代表，但以往从来无人能够证明，
盛宣怀究竟有何资格成为这种代表。要知道，此时的盛宣怀并不像买办那样具
备与西方接触的经验，也没有雄厚的商业资本背景，因此，李鸿章为何会垂青
于他呢？众所周知，李鸿章指派的第一个筹划招商局事务的幕僚是林士志，而
非盛宣怀，那么盛宣怀又如何能够超越林士志呢？仅仅从《行述》那些溢美之
词的字里行间，实在无法发现盛宣怀最终实现超越林士志的任何线索。

　　尽管盛宣怀在身后留下了迄今规模最大的个人档案，但遗憾的是，能够反
映盛宣怀在同治十一年（1872）之前活动情况的资料，却极度匮乏。直到新版
《李鸿章全集》面世之后，追查这方面的情况才迎来了真正的转机。这部新版文
集所收资料，远远超过了吴汝纶所编的旧版《李文忠公全书》，笔者正是在披
阅新版文集的过程中，才发现了有关盛宣怀早期活动的关键线索。根据这些线
索追查，可以断定《行述》的叙事，从一开始就与事实之间存在着很大的距离。
就拿盛宣怀最初入幕从军之路来说，其跟随李鸿章由鄂入陕、又由陕入直的过
程，不仅远非《行述》中文字所渲染的那样一帆风顺，甚至一度连盛宣怀能不
能继续留在李鸿章身边，都存在着极大的疑问。

　　就笔者目力所及，盛宣怀的名字在新版《李鸿章全集》中第一次出现，是
李鸿章于同治九年七月十四日（1870 年 8 月 10 日）给朝廷的一份奏片之中。
其原文如下：

> 　　再，吏部定章，丁忧人员留营效力者先应声叙奏明。臣春间奉旨督办
> 军务，当经檄调丁忧在籍之道衔江苏候补知府许钤身、补用知府候补直隶
> 州知州盛宣怀、湖北补用知县诸可权三员随营差委，相应遵章声明，恳恩
> 饬部查照。②

　　这份奏片上奏时，李鸿章正在西安。该奏片的背景则是"天津教案"引发
危局之际，朝廷任命李鸿章为直隶总督后，又密谕其率军从陕西启程，"驰赴
近畿一带，相机驻扎"③。由该奏片可证，《行述》关于盛宣怀入幕时间的说法
大致不差。其中之所以称盛宣怀属于"丁忧人员"，是因其母于同治七年（1868）
冬去世④，故而未出守制之期。至于该奏片的中心意旨，是李鸿章奏请朝廷允准

---

① 严中平主编：《中国近代经济史：1840~1894》（下册），北京：人民出版社，2001 年，第 1504 页。
② "许钤身、盛宣怀、诸可权随营差委片"，顾廷龙、戴逸主编：《李鸿章全集》第 4 册《奏议四》，合肥：安徽教育出版社，2008 年，第 71 页。
③ "遵旨带军赴直折"，顾廷龙、戴逸主编：《李鸿章全集》第 4 册《奏议四》，第 63 页。
④ 盛同颐等编：《愚斋存稿》，卷首，沈云龙主编：《近代中国史料丛刊续编》（122），第 9 页。

许钤身、盛宣怀和诸可权三人继续跟随自己前往直隶。由于李鸿章当初带领三人从湖北去陕西时未遇阻碍，所以继续携其前往直隶，似乎也不会有什么问题。

　　然而，出乎李鸿章意料的是，带领这三人继续前赴直隶的请求，竟然遭到朝廷断然拒绝。根据吏部议复之后给出的意见："许钤身系准调之员，惟带往直隶差委与例未符，盛宣怀、诸可权二员所请调营差委，核与定章不符，应饬回籍终制。"①朝廷遂允准吏部意见，下达了旨意，这无疑意味着盛宣怀等三人不仅无法待在直隶，而且必须离开李鸿章幕府了。

　　虽然朝廷之命不能违抗，但李鸿章为此三人前程考虑，很快设计了一条转圜之策。至于这个转圜的机缘，则是李鸿章于十月初推荐淮军宿将、前直隶提督刘铭传前往陕西督办军务的奏疏，得到了朝廷的允准。②于是，在接到吏部关于许钤身、盛宣怀、诸可权三人应"回籍终制"的意见后，李鸿章遂于十月二十四日（11月16日）上奏，称刘铭传"仓猝启行，正在需人之际"，而盛宣怀等三人"廉明耐苦，著有劳绩，实为军营得力之员，今夏随臣赴陕，于该省情形颇为熟悉"，故请朝廷准其三人"前赴刘铭传军营差遣委用，俾资得力"。这一回，朝廷很快给予了"著照所请"的批示。③这就意味着，虽然盛宣怀不得不离开李鸿章幕下，但终究可以延续其从军之路了。

　　蹊跷的是，就目前笔者所能掌握的材料范围而言，在朝廷允准李鸿章奏调盛宣怀转赴陕西之后，在总计将近10个月的时间里，始终再未发现有关盛宣怀行踪的直接记载。不过，综合若干间接情况来判断，盛宣怀转到刘铭传麾下而接续的这条从军之路，很可能没走多远。

　　至于支持这一判断的第一个理由，便是刘铭传此次督办陕西军务以惨淡收场而告终。同治十年（1871）正月间，李鸿章便向丁日昌透露，此时率军驻扎乾州的刘铭传，即已陷入了"进退狼狈，不知是何结局"的地步。④同年七月间，朝廷闻俄国有"代为克复伊犁"并派兵"窥取乌鲁木齐"之说，遂命刘铭传率部出关，"为收复新疆各城之计"。对于这一任务，刘铭传出于"出关以后，饷项军需，隔绝数千里，运道不通，何由接济"的极度担心，根本不愿接受，故而以病情加剧为由，决意告退。⑤朝廷本想"赏假一个月……病痊即行"，但

　　① "再调许钤身、盛宣怀、诸可权三员赴铭军差委片"，顾廷龙、戴逸主编：《李鸿章全集》第4册《奏议四》，第106页。
　　② "复奏刘铭传督办陕西军务折"，顾廷龙、戴逸主编：《李鸿章全集》第4册《奏议四》，第88-90页。
　　③ "再调许钤身、盛宣怀、诸可权三员赴铭军差委片"，顾廷龙、戴逸主编：《李鸿章全集》第4册《奏议四》，第106页。
　　④ "复丁雨生中丞"，顾廷龙、戴逸主编：《李鸿章全集》第30册《信函二》，第175页。
　　⑤ "复陈暂难出关恳假离营养病折"，陈澹然编：《刘壮肃公奏议》卷1，沈云龙主编：《近代中国史料丛刊》（196），1968年，第174-176页。

刘铭传至九月初，仍以"痼疾难瘳"为由，请求朝廷续假三个月回籍调理。①朝廷对此亦无可奈何，只得同意刘铭传病退之请，安排曹克忠前往陕西替代刘铭传统领淮军各部，同时又命李鸿章负责善后。②不料在交接军务之际，刘铭传又遭到"措置乖方，不顾大局"的参奏，被朝廷下令"交部严加议处"。③总之，刘铭传此次督办军务可谓是劳师无功，如果盛宣怀确实始终在其军营之中，那么其前途的暗淡程度是可想而知的。

　　另一个成为判断盛宣怀从军境遇的鲜明参照，则是此前与盛宣怀始终休戚相关的两人，即许钤身和诸可权的遭遇。刘铭传回师后，李鸿章不得不为当初跟随刘铭传入陕的人员做出一系列安排。李鸿章在同治十年（1871）年底给朝廷的一份奏片中，特地对许、诸二人的去路做出了如下安排：

> 丁忧道衔江苏候补知府许钤身、湖北补用知县诸可权，经臣上年奏调饬赴陕西刘铭传军营差遣。兹该员许钤身自同治八年八月十二日闻讣之日起，扣至十年十一月十二日服满，诸可权自同治八年九月十一日闻讣之日起，扣至十年十二月十一日服满，迭据禀请遵例回籍起复前来。臣查刘铭传所部铭军现已分拨曹克忠接统，该员等在营均无经手未完事件，除批饬准销差离营回籍起复，仍回原省差委补用。④

　　从这份奏片中可以看出，许钤身和诸可权确实都前往陕西军营效力了，最后也皆因无功可保而不得不"销差离营"。而盛宣怀如果一直待在军营，恐怕也难逃这样的结局。这就意味着，盛宣怀此际的从军之路，几乎到了山穷水尽的地步。这样一来，接下来立即浮现的问题是，该奏片中为何独独少了盛宣怀的身影呢？如前所述，许、诸、盛三人原先一直保持同步进退之势，那么盛宣怀此时为什么突然会单飞呢？又究竟飞到哪儿去了呢？

二、大水之中的转身

　　在上面那些疑问的观照下，《行述》中有关盛宣怀参与同治十年（1871）直隶水灾赈济活动的记载，忽然变得不同寻常起来。在以往研究中，虽有人对盛宣怀的这次赈灾活动偶有提及，不过是将之视为一项普通事功而一笔带过。可是，这次赈灾活动果然只是一个孤立事件吗？由前文可推知，盛宣怀从事这场赈务之际，当初与之一起奉命从军的许钤身和诸可权都还一直待在刘铭传军

---

① "详奏转运情形并恳续假三月回籍调理折"，陈瀚然编：《刘壮肃公奏议》卷1，第177-179页。
② "曹克忠赴陕接统铭军折"，顾廷龙、戴逸主编：《李鸿章全集》第4册《奏议四》，第394-395页。
③ "同治十年十二月二十一日上谕"，顾廷龙、戴逸主编：《李鸿章全集》第4册《奏议四》，第523页。
④ "许钤身、诸可权回籍起复片"，顾廷龙、戴逸主编：《李鸿章全集》第4册《奏议四》，第490页。

营之中。这就难免令人生疑，盛宣怀为什么忽然转而去办理直隶赈务了呢？要知道，当初朝廷曾明令他不得继续待在直隶。据此猜测，此次赈务很可能是盛宣怀转换命运的一个关键。因此，《行述》在从军和入局之间插入的、关于直隶水灾赈务的这 45 个字，很可能蕴含着某些意味深长的隐情。

　　由于以往学界对同治十年（1871）直隶大水甚少给予注意①，所以在探讨盛宣怀如何能够参与赈务以及发挥了怎样的作用之前，自然有必要对灾情和赈务的基本状况做出必要的揭示。就此次灾荒和赈灾的全局形势而言，其中心人物当然是时任直隶总督的李鸿章。此前，李鸿章在江苏、湖北等地主政期间，不仅皆为时短暂，也幸运地没有遇到过较大强度的灾荒。至于同治九年（1870）永定河发生较为严重的水灾，则是在他接任直督之前，并且大部分应对事务是由前任直督曾国藩来处置的。②因此，同治十年（1871）永定河再次发生严重决口，可谓李鸿章就任封疆大吏以来，第一次独立面对严重灾荒的考验。

　　更糟糕的是，这次决口的严重性也远非上年可比。

　　此次决口之所以严重，首要原因是直隶地区遭遇了罕见的高强度降水。李鸿章在决口后第一时间向朝廷奏报称，因"自本年五月中旬以来，大雨倾盆，日夜间作，平地水深数尺，为直省十余年所仅见……南、北运河迭报抢险，而永定情形尤重"，终于导致永定河于六月初六日（7 月 23 日）丑刻，于南岸数处"漫越堤顶，大溜一拥而过"。③稍后，在给曾国藩的一封信中，李鸿章又称此次"直境雨水极大，为嘉庆六年以后所仅见"④。

　　罕见的高强度降水，造成永定河连续出现决口，从而形成了大规模洪灾。继六月初南岸漫口之后，是月二十、三日（8 月 8、9 日），"天津城东之海河及南、北运河群流涌注，高过堤巅，同时冲溢数口，于是西南滨海数百里间一片汪洋，田庐禾稼多被淹没"⑤。八月初，芦沟桥石堤五号口门尚未竣工，又被"刷宽一百余丈"⑥。九月初，据各被水州县查勘结果统计，天津、沧州、青县、静海、文安、保定等 6 州县"被灾极重"，大城等 17 州县"被灾次重"，

---

　　① 较早概述此次水灾灾情的学者是李文海等（李文海、周源：《灾荒与饥馑，1840—1919》，北京：高等教育出版社，1991 年，第 114 页），美国学者李明珠（Lillian M Li）则对此次水灾中赈济模式的特质进行了精确的归纳（*Fighting Famine in North China: State, Market, and Environmental Decline, 1690-1990s*, Stanford: Stanford University Press, 2007, pp.268-272）。但除此之外的许多相关内容，迄今尚未得到讨论。

　　② "永定河漫口亟宜修复折"，顾廷龙、戴逸主编：《李鸿章全集》第 4 册《奏议四》，第 82 页。

　　③ "永定河南岸漫口自请议处折"，顾廷龙、戴逸主编：《李鸿章全集》第 4 册《奏议四》，第 341 页。

　　④ "复曾中堂"，顾廷龙、戴逸主编：《李鸿章全集》第 30 册《信函二》，第 276 页。

　　⑤ "天津等处被水筹款抚恤并请截留漕米赈济折"，顾廷龙、戴逸主编：《李鸿章全集》第 4 册《奏议四》，第 361-362 页。

　　⑥ "永定河漫口河工筹款不敷请旨饬拨折"，顾廷龙、戴逸主编：《李鸿章全集》第 4 册《奏议四》，第 375 页。

大兴等 65 州县"被灾较轻"。因此，李鸿章经过比较后，向朝廷奏称："本年水灾自嘉庆六年后数十年所未有，实较道光三年、同治六年为甚。"①

　　水灾既然如此严重，救灾所需要的总体投入自然也非同一般。那么，这种投入究竟需要多大力度，又是如何解决的呢？

　　这种投入的首要部分，当然是抢修河工。据时任永定河道的李朝仪估算，此次抢修工程"共需银三十七万两零"，已属"省益求省"。然而，李鸿章仍认为这个数字"需费过巨"，故而决定"暂酌减为二十六万两"。其来源则分为两部分解决，其一是由直隶省自身设法筹措 16 万两，其二则"请旨饬拨有著之款"10 万两。②朝廷亦应允先"由部库借拨银十万两"，将来由"山东、河南地丁银各五万两"筹还。③最终，对于这次堪比嘉庆六年（1801）的抗洪堵筑工程，官府的全部投入仅为 26 万两。因此，当李鸿章在奏折中特地提到当年嘉庆帝"特颁帑银一百万两兴工堵筑"④的时候，心中不知作何感想。

　　另一项令李鸿章更为头疼的投入，则是救济灾民的巨大用费。李鸿章曾根据清代荒政的一般标准，估算"此次通省赈务……计非米五七十万石、银百余万两，不能普遍经久"。他自己亦深知，在"目前财力奇穷"的情况下，这肯定是无法实现的，故而提出"以抚为赈"的变通办法，即官府不再开办大赈，而是"尽所筹银米之数，酌量各属被灾户口极次贫民，或统作一次散放，或分作冬、春两次散放"。⑤尽管此种变通办法大大降低了赈务所需，但官府能够提供的物资仍然不能满足要求。到十月下旬，直隶统共筹措和接收到的救灾物资，只不过为米 14 万石、银 27 万两⑥，而这远不敷赈灾之需。例如，仅仅是被灾最重的天津等 6 州县，"约计放赈一月，即需米十四万石、银八万余两"。⑦

---

①　"查明本年直属被水情形筹款赈抚折"，顾廷龙、戴逸主编：《李鸿章全集》第 4 册《奏议四》，第 380-381 页。

②　"永定河漫口河工筹款不敷请旨饬拨折"，顾廷龙、戴逸主编：《李鸿章全集》第 4 册《奏议四》，第 375 页。

③　中国第一历史档案馆编：《咸丰同治两朝上谕档》，桂林：广西师范大学出版社，1998 年，第 21 册，第 241-242 页。

④　"永定河漫口河工筹款不敷请旨饬拨折"，顾廷龙、戴逸主编：《李鸿章全集》第 4 册《奏议四》，第 375 页。

⑤　"复兼官顺天府尹礼部大堂万、顺天府尹堂梁"，顾廷龙、戴逸主编：《李鸿章全集》第 30 册《信函二》，第 325 页。

⑥　"查明秋禾被灾极重州县专案恩恩赈济折"，顾廷龙、戴逸主编：《李鸿章全集》第 4 册《奏议四》，第 439 页。

⑦　"查明本年直属被水情形筹款赈抚折"，顾廷龙、戴逸主编：《李鸿章全集》第 4 册《奏议四》，第 380 页。

在官府力量严重不足的情况下，李鸿章很快把目光投向了饬劝民间捐赈的途径。不过，在直隶境内采取"就地劝捐"显然是没有多少指望的，正如李鸿章所说，"直境著名瘠苦，商富无多，集资有限"。①天津筹赈局曾在水灾期间开展就地劝捐，最终仅有 1 万余两的收获②，无疑也表明了这一点。所以，李鸿章也不惮于在奏折中明确提出，其劝捐的主要对象乃是江浙地区的绅士、富商。③而后来的结果也确实没有让李鸿章失望，据他在《查明南省官绅劝捐办赈出力酌拟奖叙折》中所提供的最终统计，此次劝捐办赈所得棉衣、银米等项，统共折合银达到 81 万余两，而其中很大一部分便来自江浙地区。④

正是在这次大规模劝捐助赈活动广泛开展之际，很长一段时间里都难觅踪影的盛宣怀，突然间浮出了水面。至于其得以抛头露面的首要契机，则与李鸿章大力推广劝捐棉衣的活动有关。

按照李鸿章的说法，因考虑到直隶灾区"民间经此流离，短褐不完，御寒无具，困苦万分"，这才"备具函牍，商劝江浙绅商捐办棉衣，解津散放，以辅赈务之不逮"。⑤李鸿章备函商劝之举大约是九月初付诸行动的⑥，南省官绅亦表现出了极大热情，仅一个多月，便确认捐助 13 万多件。⑦据李鸿章奏报，此次活动最终捐助总数为 281 498 件，按当时"每件合银一两"的标准计算，此次棉衣捐助总价达到 281 498 两。⑧这个数量几乎占到此次捐赈总额的 35%，可见捐办棉衣活动乃是此次捐赈活动的重要内容。

正是在此次大规模捐办棉衣的活动中，盛宣怀突然活跃了起来，并以出色表现赢得了李鸿章的青睐。自同治九年（1870）十月以后的很长一段时间里，盛宣怀似乎处于隐身状态，目前尚无任何资料能发现其踪迹。直到李鸿章于同治十年九月二十九日（1871 年 11 月 11 日）发出的两封信函中，盛宣怀才忽然现身其间。这两封信中的第一封，是发给负责办理扬州粮台分局的徐文达的，信中关于盛宣怀的文字是：

> 江淮劝办棉衣一节，经执事会同子箴都转设法募捐，魏温云世兄创捐巨资，赴沪购办。……照章奏奖。盛村（按：原文如此，似应为"盛杏村"，

① "劝办直属灾赈援案请奖折"，顾廷龙、戴逸主编：《李鸿章全集》第 4 册《奏议四》，第 401 页。
② 佚名辑：《晚清洋务运动事类汇钞》（上册），北京：中华全国图书馆文献缩微复制中心，1999 年，第 307 页。
③ "劝办直属灾赈援案请奖折"，顾廷龙、戴逸主编：《李鸿章全集》第 4 册《奏议四》，第 401-402 页。
④ "查明南省官绅劝捐办赈出力酌拟奖叙折"，顾廷龙、戴逸主编：《李鸿章全集》第 5 册《奏议五》，第 180-182 页。
⑤ "外省捐赈请奖片"，顾廷龙、戴逸主编：《李鸿章全集》第 4 册《奏议四》，第 423 页。
⑥ "复金眉生都转"，顾廷龙、戴逸主编：《李鸿章全集》第 30 册《信函二》，第 317 页。
⑦ "外省捐赈请奖片"，顾廷龙、戴逸主编：《李鸿章全集》第 4 册《奏议四》，第 423 页。
⑧ "查明南省官绅劝捐办赈出力酌拟奖叙折"，顾廷龙、戴逸主编：《李鸿章全集》第 5 册《奏议五》，第 180 页。

此处疑有脱漏）议将各棉衣提留济用，仍由沪上添购，赶早运津，筹画周妥，实为能事。顷据该守自沪禀报，已购二花二万二千斤，并旧棉衣八千件，搭船北运，尤见勇于为善，可敬可感，亦俟解到核明市价汇奖。①

第二封信的接收人，则正是第一封信里提到的魏纶先（字温云）。该信涉及盛宣怀的文字称：

> 本年畿疆洪流泛溢……不得已而乞邻之举，于淮、楚、江、浙绅商劝办棉衣米石，接济瘠区，惠此遗黎。贤昆仲倡捐巨款，赴沪购办，可谓善承堂构，慷慨乐施，积而能散，流民受福不浅。顷据盛杏荪函报，已在沪购定洋布、二花若干，搭解来津，办法甚为简捷。②

比较两信可知，李鸿章与两人所谈，实为同一件事。而第一封信中说到的"盛村"及"该守"，就是第二封信里指明的"盛杏荪"（按：盛宣怀字杏荪，"荪"与"村"两字在该文集中时有通假的情况）。也就是说，盛宣怀此时在上海正忙于办理棉衣助赈事宜。

按照两信显示的时间推算，盛宣怀在上海从事棉衣助赈活动显然已有一段时间了。这就意味着，在李鸿章发起商劝棉衣不久，盛宣怀很可能就积极投入了这一活动。本文第一部分里曾经言及，刘铭传于九月初向朝廷奏请告退之际，淮军劳师无功的结局亦显露无遗。对此，盛宣怀显然不可能毫无察觉，否则就很难解释，何以在许钤身、诸可权仍一直待在刘铭传军营时，盛宣怀却突然现身于在千里之外的上海。就此而言，在刘铭传奏请告退与盛宣怀积极投入直隶赈务这两件事情之间，很难说仅仅出于时间上的巧合。

更重要的是，此时的盛宣怀大概也决心与从军之路决裂了。如前所述，盛宣怀的宦途起步于入幕从军，李鸿章大概也是为了盛宣怀的前途着想，才有向朝廷奏准，安排其随同刘铭传军营效力的转圜之举。但在全军尚未班师的情况下，身为随军文员的盛宣怀，却在千里之外从事着与军务毫不相干的事务，实属令人不可思议。一个最有可能的解释是，盛宣怀或许已经另有打算。原来，在倡办捐赈之初，李鸿章便以"若不从优给奖，不足以广招徕"为辞，奏请查照同治元年（1862）天津捐米章程之例，实施优惠力度更大的捐纳活动，并得到了朝廷的允准。③换句话说，通过捐助此次赈务，同样能够得到获取功名的机会。因此，在随同刘铭传军营求取功名无望的情况下，将投身赈务作为一条进身途径，也可以说是一个颇为合理的选择。

应该说，盛宣怀自己确实也很在意这条途径。这种判断的主要依据，乃是

---

① "复扬州粮台分局徐"，顾廷龙、戴逸主编：《李鸿章全集》第30册《信函二》，第333页。
② "复三品衔候选道魏纶先"，顾廷龙、戴逸主编：《李鸿章全集》第30册《信函二》，第334页。
③ "劝办直属灾赈援案请奖折"，顾廷龙、戴逸主编：《李鸿章全集》第4册《奏议四》，第401-402页。

鉴于他在此次赈务中的卖力表现。至于其卖力程度，从以下两个方面可见一斑。

首先是对捐助棉衣活动的多方投入。本来，盛宣怀之父盛康早就积极响应李鸿章的号召，一出手便捐助棉衣2万件①，是捐数最多的人士之一②。但盛宣怀显然并不满足于此，而是介入了更为繁难的事务。按照李鸿章的规划，此次"募化江浙绅商、丝盐大贾捐助棉衣"，先期汇集在时任上海松沪厘局总办的刘瑞芬处，再设法运送天津。③由此可知，盛宣怀出现在上海的一大原因，正是为了协助刘瑞芬办理棉衣事宜。而从前述李鸿章于九月二十九日（11月11日）发出的两封信来看，正是鉴于盛宣怀在工作中的良好表现，李鸿章才连连称赞他"办法甚为简捷""筹画周妥，实为能事"。

其次则是对购运赈米之事出力甚大。尚在赈务初始之际，李鸿章就鉴于直隶本省"赈米有限，势难普遍"的状况，故而在做出"派员分赴产米丰收之区，设法购办"的措施外，还希望以胡光墉为首的南省绅商捐办米石杂粮，"辅官力所不逮"。④对于此项任务，盛宣怀也十分积极地参与了。九月间，在扬州粮台和上海松沪厘局承担购办苏州、常州等地米石的任务时，他和另一委员即"分投认赠三万石"之多。⑤李鸿章亦为此亲自致信盛宣怀，赞称："此次采购赈米，执事慨然分任，亲赴扬州、上海妥筹商办，力为其难。……足见勇于为善，志在救民，可敬可感。"⑥除此之外，盛宣怀还自行向灾区捐助"春赈米二千石"，按时价计算，折合银5000两。⑦

正是基于在此次赈务中的表现，盛宣怀在历经一年又十个月之后，终于再次出现在李鸿章给朝廷的奏折之中，并且迎来了自成为"知府道员"后的第一次晋升机会。同治十一年八月（1872年9月），李鸿章在"查明南省官绅劝捐办赈出力酌拟奖叙"一折所附清单中，开列了如下内容：

> 三品衔候选道盛宣怀，上年驰往苏、沪、扬、镇等处，实力劝导，集捐甚巨，复在上海会同刘瑞芬等雇搭轮船，妥速运解，又捐春赈米二千石，洵属尚义急公，拟请赏加二品顶戴。⑧

---

① "复翰林院吴大澂"，顾廷龙、戴逸主编：《李鸿章全集》第30册《信函二》，第343页。

② "外省捐赈请奖片"，顾廷龙、戴逸主编：《李鸿章全集》第4册《奏议四》，第423-424页。李鸿章此处的统计表明，捐助棉衣数量达2万件的仅有盛康和魏纶先两人。

③ "复松沪厘捐总局刘"，顾廷龙、戴逸主编：《李鸿章全集》第30册《信函二》，第318页。

④ "请严禁遏籴折""劝办直属灾赈援案请奖折"，顾廷龙、戴逸主编：《李鸿章全集》第4册《奏议四》，第372、402页。

⑤ "复扬州粮台分局徐"，顾廷龙、戴逸主编：《李鸿章全集》第30册《信函二》，第333页。

⑥ "复候选府正堂盛"，顾廷龙、戴逸主编：《李鸿章全集》第30册《信函二》，第339页。

⑦ "查明南省官绅劝捐办赈出力酌拟奖叙折"，顾廷龙、戴逸主编：《李鸿章全集》第5册《奏议五》，第180-181页。

⑧ "查明南省官绅劝捐办赈出力酌拟奖叙折"，顾廷龙、戴逸主编：《李鸿章全集》第5册《奏议五》，第181页。

综合上述情况来判断，盛宣怀如此卖力地投身赈务，更大的可能是从军之路难以为继的脱身之计。据此而言，其当初的从军经历，恐怕很难单独成为他参与筹办轮船招商局的资格保障。

另外，根据这份奏折可知，盛宣怀得到"赏加二品顶戴"的因缘，根本不是如《行述》所称"从军逾年"的结果，而是参与办赈才发生的事情。认清《行述》中存在的这一时序错误，进而可以纠正另一个有关盛宣怀洋务事业起步背景的论述错误。后面这一错误，是在夏东元先生所著《盛宣怀传》一书中出现的。该书称，盛宣怀入幕后，不多天即被任命为会办陕甘后路粮台和淮军后路营务处工作。这种工作，使他因职务之便往来于津、沪等地，采办军需等物品。不仅卓有成效，且因此而在津、沪接触到很多新鲜事物，如新技术、新思想等。盛宣怀的职衔也很快提升，从军逾年，即被推荐升知府、道员衔，并获得赏花翎二品顶戴的荣誉。晋升可谓速矣！①

这段文字的基本意涵，是力图说明盛宣怀在参与筹办招商局之前，便拥有了洋务经验的背景，而往来天津、上海之间，又是盛宣怀"接触到很多新鲜事物"的最重要途径。可是，结合《行述》和前面的论述，可以断定，盛宣怀往来津、沪等地的经历，更大的可能是此次赈务期间实现的，而绝不可能发生在"赏花翎二品顶戴"之前。并且，军营粮台和营务处工作如何能给盛宣怀提供洋务知识，夏著中亦未给出明确说明。下文则将证明，正是此次办赈经历，才对盛宣怀初步积累洋务经验发挥了重要作用。

三、办赈之后的入局

无可否认，盛宣怀在同治十年（1871）所参与的这次救灾行动，并非一场新兴事业。可出人意料的是，恰恰是依靠参与此次赈务的机缘，盛宣怀才得以跻身筹办招商局的行列，从而开始走上洋务之路。然而，盛宣怀的这种机缘之所以能够出现，并不是单单凭靠其个人的努力。这里不能忽视的一个重要背景，便是此次灾害事件与筹议开创招商局事务之间所发生的微妙关系。如果不是因为这一背景，盛宣怀的入局机缘恐怕根本无从谈起。

那么，此次灾荒与招商局筹议事务有何微妙关系呢？简单说来，就是此次直隶水灾对确立轮船招商政策所起的推动作用。对于轮船招商事宜的缘起，以往学界的通行叙述，大都是提及容闳等在同治六、七年（1867、1868）间发起的4次动议后，便转而关注内阁学士宋晋所引发的关于中国近代航运业前途的讨论去了。仅有个别研究者曾敏锐地发现，其间其实存在着一段沉寂期，而轮船招商问题在19世纪70年代初的再度活跃，与同治十年（1871）发生的直隶

---

① 夏东元：《盛宣怀传》，成都：四川人民出版社，1988年，第7-8页。

水灾甚有关系。①不过，由于当时资料上的限制，过往的相关阐述十分疏略，所以此处有进一步申述的必要。

这里需要补充的是，就在宋晋关于停止福州船政局和江南制造局造船业务的那份奏议中，其实就表现出了显著的灾荒底色。在这份于同治十年十二月十四日（1872 年 1 月 23 日）递上的奏片中，宋晋指责该两局制造轮船为糜费之举的一大理由，便是"以有用之帑金为可缓可无之经费，以视直隶大灾赈需及京城部中用款，其缓急实有天渊之别"。②如前所述，这一时期直隶赈务所需费用的确浩繁，而官府财力又严重不足。因此，无论宋晋的上奏究竟出于何样的动机，此次直隶大水无疑是诱发其奏停造船业务的直接因素之一。

此外，正如以往研究揭示的那样，随着宋晋上述奏议的出台，在朝廷与曾国藩、李鸿章等地方督抚之间，关于轮船招商事宜的讨论也大大深化，而在此过程中，赞成态度最坚定、作用也最大的人物，非李鸿章莫属。③这里需要注意的一点是，在同治十年（1871）直隶水灾之前，李鸿章其实并未参与过轮船招商的筹议。那么，他为何会于此时如此积极、坚定地支持创办轮船招商事宜呢？又为什么要抛开闽、沪两厂的既有基础而力图另设轮船招商局呢？现在看来，回应这些问题的突出线索之一，便是李鸿章在此次大水期间因赈粮运输问题而碰到的困难体验。另外应该指出，盛宣怀也恰是这种体验的经历者，从而为其在航运问题上与李鸿章的共鸣埋下了伏笔。

那么，直隶大水期间的赈粮运输究竟出现了什么问题呢？如前所述，由于直隶境内粮食供应不足，李鸿章不得不向外地特别是南方各省购运赈粮。但在完成大批赈粮的采买任务后，运力不足突然成为一个巨大的短板。就《李鸿章全集》中的反映，最先向李鸿章明确指出这一情况的人，正是盛宣怀。约在十月初，盛宣怀从上海致信李鸿章称，所购赈米因"轮船多不肯装，搭运殊难"④。至于造成运输艰难的直接原因，则是"以节近封河，商货皆须赶运，洋行多不肯装载。另雇向走闽广轮船运解，为时过促，尚未卜能运若干"⑤。毫无疑问，对于外国轮船公司的这般表现，李鸿章和盛宣怀都是非常不满的。

在商轮运输陷入困境之后，大概也是盛宣怀率先建议，试图借用本土制造的兵轮运输赈粮。这方面的证据是，李鸿章于十一月十四日（12 月 25 日）给负责江南轮船操练事宜的吴大廷去信，称"前因盛杏荪等采办赈米到沪，轮船夹板订雇为难，商请执事酌派'威靖'等船装运"，但此举并不成功，因为吴

---

① 严中平主编：《中国近代经济史：1840～1894》（下册），第 1361 页。
② 佚名辑：《晚清洋务运动事类汇钞》（上册），第 185 页。
③ 徐元基：《轮船招商局创设过程考》，易惠莉、胡政主编：《招商局与近代中国研究》，北京：中国社会科学出版社，2005 年，第 577-590 页。据书中说明，该文原发表于 1985 年。
④ "复扬州粮台分局徐"，顾廷龙、戴逸主编：《李鸿章全集》第 30 册《信函二》，第 344-345 页。
⑤ "复江苏抚台张"，顾廷龙、戴逸主编：《李鸿章全集》第 30 册《信函二》，第 346 页。

大廷回信称，所商借之兵船"装载无多，英煤需费又巨，诚不合算"①。李鸿章亦随即告知盛宣怀："沪局官轮不能多装……自可无庸商借。"②至于使用兵轮运粮的不合算之处，曾任江南制造局总办、时调任天津机器局总办的沈保靖还向李鸿章做出了一个更细致的说明：

> 又如今冬采买奉省赈粮，"操江"轮船每次仅运千石，而煤价已在四五百金。嗣运沪米，欲借"威靖""测海"两船，闻"威靖"仅可载一千三四百石，"测海"仅可载七八百石，往返煤价，已需三千余金。③

次年正月间，闽浙总督王凯泰在福建完成代为采购4万石赈米的任务后，提出用福州船政局所属"万年青""伏波""安澜"三艘兵船运往天津。结果这些兵船确实遇到了"轮船吃水过深，恐不能入大沽口"的问题，从而给接收工作造成了很大麻烦。④

此次水灾期间兵轮运输赈粮的体验，显然给李鸿章以很大警醒。当初宋晋奏请停办两个船厂时提出的善后办法，是建议将"已经成造船只，似可拨给殷商驾驶，收其租价"⑤，同时总理衙门亦劝说李鸿章等考虑"各局轮船由商雇买"的可行性⑥。而李鸿章于五月间给朝廷的回奏中，却断然宣称："至载货轮船与兵船规制迥异，闽、沪现造之船装载无多，商船皆不合用。"⑦这也表明，李鸿章早在此次回奏之前即已决心另创新局了。另外，盛宣怀在三月间也曾禀告李鸿章称："福建已成轮船六号，上海已成轮船六号，俱非商船式样，其吃水之深、用煤之多、机器煤炉占地之广，此之病皆无法可治。"⑧由此可见，在领用兵船问题上，盛宣怀的认识亦与李鸿章完全合拍。

应该说，盛宣怀因此次赈粮运输而得到李鸿章器重，从而被纳入筹创航运业的范围，实属顺理成章之事。首先，在前述商轮运力不足、兵轮又不堪大用的情况下，盛宣怀最终能够圆满完成将所购赈粮从上海运至天津的任务，其费力程度可想而知，而李鸿章亦将之列为请奖的重要业绩之一。其次，盛宣怀肯定也在筹划运输期间而对航运业有了非同一般的接触和了解，这就不难理解，

① "复总理江南轮船操练事宜前福建台湾道吴"，顾廷龙、戴逸主编：《李鸿章全集》第30册《信函二》，第371-372页。
② "复河南候补道杨、候选府正堂盛"，顾廷龙、戴逸主编：《李鸿章全集》第30册《信函二》，第373页。
③ 佚名辑：《晚清洋务运动事类汇钞》（上册），第272页。
④ "复王补帆中丞"，顾廷龙、戴逸主编：《李鸿章全集》第30册《信函二》，第408、428页。
⑤ 佚名辑：《晚清洋务运动事类汇钞》（上册），第185页。
⑥ "致曾中堂"，顾廷龙、戴逸主编：《李鸿章全集》第30册《信函二》，第387页。
⑦ "筹议制造轮船未可裁撤折"，顾廷龙、戴逸主编：《李鸿章全集》第5册《奏议五》，第109页。
⑧ "上李傅相轮船章程"，转引自夏东元：《盛宣怀年谱长编》（上册），上海：上海交通大学出版社，2004年，第14页。

在朝廷于同治十一年谕令李鸿章议复宋晋的奏议之后①，李鸿章才会立即"面谕"盛宣怀"拟上轮船章程"②。李鸿章最早委派负责筹议轮船招商事务的人员，乃是津海关委员林士志。而在盛宣怀受命拟议章程之后，林士志便迅速被边缘化了。③至此，回望盛宣怀完成发展道路转向的整个过程，可以说赈务经历是个绝对不容忽视的环节。

不过，全面来看，此次赈务对于盛宣怀参与筹办招商局的影响，并不是只有正面助推作用，还在一定程度上具有负面作用。而要论及这种负面作用，则必须从盛宣怀在筹办招商局过程中究竟居于怎样的地位问题谈起。

按照《行述》的说法，盛宣怀从筹办活动伊始就居于非常重要的地位。美国学者费维恺（Albert Feuerwerker）早在 1958 年出版的《中国早期工业化：盛宣怀（1844—1916）和官督商办企业》一书中，就敏锐地发现这个说法存在着疑问。通过与李鸿章奏稿的对照，他指出：

> 虽然《行述》言明是由盛宣怀独自［向李鸿章、沈葆桢］建言［轮船招商之策］，还在建议李鸿章组建招商局时担负了主要责任，李鸿章在关于开办该局的奏折中却只称此次建言来自"朱其昂等"……虽然盛宣怀看起来参加了总的规划，实际上朱其昂及其兄弟基于与航运业的关系，在招商局得以创办的过程中起到了主要作用。④

在费维恺看来，航运业出身的朱其昂，比起仅有幕僚经历的盛宣怀，应该更有筹办招商事宜的优势。而李鸿章的奏折里面既然不提盛宣怀，那么是否意味着《行述》关于盛宣怀参与筹办招商局的说法完全不可靠呢？对于这一疑问，费维恺显然无法找到继续考察的线索，只好转而讨论盛宣怀入局后的作为了。

确实，在李鸿章向朝廷正式奏报创设商局的那份著名奏折中，招商局首任总办朱其昂自然是被提到的头号人物，二号人物是后来根本没有入局的胡光墉（即胡雪岩），盛宣怀的名字则始终没有出现。前文业已表明，盛宣怀很早便奉李鸿章之命筹议招商事务了；并且，盛宣怀不仅参与筹议事宜的时间早于朱其昂和胡光墉等，而且在整个筹办过程中都未缺席。⑤那么，盛宣怀为什么会在李鸿章的这份奏折中完全消失身影了呢？通过仔细梳理此次赈务活动，可以发现，李鸿章在此期间与朱其昂、胡光墉等产生的交集，很可能是一条揭开这一谜团的重要线索。

---

① 中国第一历史档案馆编：《咸丰同治两朝上谕档》，第 22 册，第 44 页。

② "上李傅相轮船章程"，转引自夏东元：《盛宣怀年谱长编》（上册），上海：上海交通大学出版社，2004 年，第 13 页。

③ 易惠莉：《易惠莉论招商局》，北京：社会科学文献出版社，2012 年，第 4 页。

④ Albert Feuerwerker, *China's Early Industrialization: Sheng Hsuan-huai (1844-1916) and Mandarin Enterprise*, p. 63. 按：此处引文是笔者自行翻译的，与中文版文字略有出入。

⑤ 易惠莉：《易惠莉论招商局》，第 5 页。

　　要说明这种交集何以能够成为一条重要线索，招商局主持人人选的抉择问题是一个聚焦场所。当初，在林士志主持拟议的第一个轮船招商章程中，只是含糊地称"要商人自司其事"，尚未考虑主持人问题。①盛宣怀则在三月间拟议的章程中宣称：

> 　　轮船官本重大，官不宜轻信商人，商亦不敢遽向官领，必先设立招商局创成规矩，联络官商，而后官有责成，商亦有凭借，是非素谙大体、取信众商者不能胜任。请遴选公正精明、殷实可靠道府两员，奏派主持其事。②

　　按此意见，这位主持人应是一位"官商"。可以想象，盛宣怀在这里肯定带有毛遂自荐的意味。李鸿章则于四月间给总理衙门的一份咨文中，也表达了对商局主持人任职条件的看法：

> 　　窃以为更宜物色为殷商所深信之官，使之领袖，假以事权，即总署函内所云"官为之倡，行之有益，商民可无顾虑"是也……事关大局，将来非有大力者担当经营，曲体商情，联上下为一气，恐办不到。③

　　表面上，李鸿章也非常认可"官商"作为商局主持人的优先性，从而与盛宣怀并无二致。只不过，李鸿章此际所心仪的人选，很可能不是盛宣怀，而是同样有着三品衔知府道员身份、也同样在上年赈务中有积极表现的朱其昂。

　　关于朱其昂的出身，及其相对于盛宣怀而具有的种种优势，以往学者已有详尽研究④，自然无需赘述。然而，对于朱其昂怎样得到李鸿章赏识的问题，以往论述并不充分。有关两人最初的交集，以往大都采用李鸿章在同治十一年十一月二十三日（1872年12月23日）递上的"试办招商轮船折"的说法，即李鸿章趁本年夏间"验收海运之暇"，"商令浙局总办海运委员、候补知府朱其昂等酌拟轮船招商章程"。⑤这种看法存在的疑问是，此前李鸿章委派筹议章程的林士志和盛宣怀，都是其幕府中人，可见其态度之慎重，如果此时方与朱其昂初识，李鸿章何以能够立即交付其如此重要的任务呢？

　　事实上，朱其昂与李鸿章的交集，肯定要早于同治十一年（1872）夏间。朱其昂的名字在《李鸿章全集》中首次出现，是在前述同治十一年（1872）八月李鸿章为南省官绅捐赈请奖的奏折之中。与盛宣怀一样，李鸿章对朱其昂的

　　① 佚名辑：《晚清洋务运动事类汇钞》（上册），第276页。

　　② "上李傅相轮船章程"，转引自夏东元：《盛宣怀年谱长编》（上册），第14页。

　　③ 《中国近代史资料汇编·海防档》，甲《购买船炮》（三），台北："中央研究院"近代史研究所，1957年，第906页。

　　④ 张后铨主编：《招商局史（近代部分）》，第28-29页。

　　⑤ "试办招商轮船折"，顾廷龙、戴逸主编：《李鸿章全集》第5册《奏议五》，第258页。

赈务业绩同样给出了很好的评价：

> 三品衔道员用浙江补用知府朱其昂，留办截漕，交兑折价，捐资雇船，救护饥民，实力耐劳，拟请交部从优议叙。①

由该折所述可知，自1871年直隶大水掀起捐赈活动之后，朱其昂也是一个表现十分积极的人物。基于赈务期间曾发生过的交集，李鸿章与朱其昂在夏间的会晤当然不会是初识。而对李鸿章来说，通过助赈活动来考察朱其昂的信用程度，也是一条相当便捷的路径。这方面还有一个显著的例子。那就是，当朱其昂确认承办招商局，向李鸿章提出"借领二十万串以作设局商本，而示信于众商"时，李鸿章竟反过来要求朱其昂"仍豫缴息钱助赈，所有盈亏全归商认，与官无涉"。②也就是说，朱其昂在拿到借款之前，必须自己先行出资，以捐赈形式预付这笔借款的利息。这无疑是个苛刻考验，但朱其昂的表现想必让李鸿章十分满意。

至于胡光墉在筹办招商局过程中的出现，则是另一番微妙情形。胡光墉当时已是著名的"红顶商人"，为江浙绅商群体的头号人物。加之早先曾协助左宗棠创办福州船政局的经历，就资格和能力而论，胡光墉当然是竞争轮船招商局主持人的有力人选。但众所周知，胡光墉与左宗棠的关系更为密切，而左宗棠与李鸿章又素来不睦。这就不难理解，尽管李鸿章起家于上海，也曾官于两江，但就目前所见，在同治十年（1871）以前，尚未发现李鸿章与胡光墉之间有过直接交往的记录。

同治十年（1871）直隶大水暴发后，胡光墉才与李鸿章有了密切交往。在李鸿章发起向南省官绅劝赈之举后，胡光墉立即"捐办棉衣一万件"，从而成为第一批积极回应的人士之一。③这种表现显然赢得了李鸿章更多的器重，也使李鸿章对胡光墉寄予了更多期望。这表现在，李鸿章于九月下旬连续致信胡光墉，并称"执事为东南领袖，仍望广为劝募"④。面对李鸿章的借重，胡光墉也做出了愿意效力的表示，除"复添制棉衣五千件"外，还以"禀奉母命"名义"倡捐购办牛种耕具库平银一万两"，成为整个赈务活动中捐助力度最大的绅商。⑤而李鸿章也投桃报李，先后两次为胡光墉上奏请奖。⑥在此次赈务期间，

---

① "查明南省官绅劝捐办赈出力酌拟奖叙折"所附清单，顾廷龙、戴逸主编：《李鸿章全集》第5册《奏议五》，第182页。

② "试办招商轮船折"，顾廷龙、戴逸主编：《李鸿章全集》第5册《奏议五》，第258页。

③ "劝办直属灾赈援案请奖折"，顾廷龙、戴逸主编：《李鸿章全集》第4册《奏议四》，第401-402页。

④ "劝办直属灾赈援案请奖折"，顾廷龙、戴逸主编：《李鸿章全集》第4册《奏议四》，第402页；"复布政使衔福建候补道胡光墉"，顾廷龙、戴逸主编：《李鸿章全集》第30册《信函二》，第331页。

⑤ "胡光墉等捐赈请奖片"，顾廷龙、戴逸主编：《李鸿章全集》第4册《奏议四》，第453页。

⑥ "外省捐赈请奖片""胡光墉等捐赈请奖片"，顾廷龙、戴逸主编：《李鸿章全集》第4册《奏议四》，第423-424、453页。

胡光墉是唯一得到如此待遇的人物。

　　无疑，在这一轮通过赈务建立的交往中，李鸿章与胡光墉都释放了极大的善意，从而大大拉近了距离。也正是在此之后，李鸿章才有试图延揽胡光墉加入筹办招商局之举。在朱其昂受命回到上海开展招商活动后不久，时任天津道丁寿昌和津海关道陈钦就根据李鸿章的指示，于十月间共同致信朱其昂称："第局内之事……即与胡雪岩观察合谋商办。"①当李鸿章得知胡光墉愿意到上海与朱其昂会面的消息后，对后者的入局更抱期望。这表现在，李鸿章稍后给朱其昂的一份批文中称："胡道（按：即胡光墉）熟悉商情，素顾大局，既与朱守晤商，当可妥商合夥。"②可以肯定，正是基于这种预期，胡光墉的名字才被李鸿章列入奏请设局的奏折之中。但事实表明，这仅仅是李鸿章的一厢情愿。就在李鸿章上奏设局后仅三天，即十一月二十六日（12 月 26 日），他就不无懊丧地告知丁寿昌，胡光墉以"所虑甚多"为辞，"似决不愿入局搭股"。③而李、胡两人自赈务以来所达成的热切交往，亦就此烟消云散。至于胡光墉出局后，盛宣怀在招商局中的地位变迁和复杂际遇，因已有另文研究④，此不赘述。

　　以上论述表明，盛宣怀走向洋务之路的准确面相，决非风行说法所说的那样一帆风顺，而是一个由从军—办赈—入局三部曲构成的曲折过程，也是盛宣怀个人发展道路经历了重大转向的结果。在解开盛宣怀生平事业中又一个关键谜团的同时，本文还凸显了另外两个值得重视的问题。其一是如何拓展有关盛宣怀以及洋务运动研究的视角。以往囿于学科分野，该领域研究者往往习惯于从政治史、经济史或社会史视角出发，进行分门别类式的研究。本文的例子则表明，盛宣怀从军营文员到洋务人员的这个转换过程，乃是政治、经济和社会等多方面复杂互动的过程，必须以实践活动为线索，运用复合式研究视角和取向才能加以把握。其二是研究过程中需要深刻认知文献自身的特定属性。通过本文对《行述》和李鸿章奏折的分析，可以看出《行述》对盛宣怀筹办招商局作用的夸大，与李鸿章奏折对胡光墉入局地位的抬高，可谓是异曲同工。因此，无论是面对一手还是二手资料，研究者都不能仅仅着意于从中摘取作为论据的信息，而忽视了这些作为独立文本的资料所蕴含着的特定叙事脉络。如若不然，则很容易陷入被这些文本的基调所诱导而不自知的境地。

---

① 佚名辑：《晚清洋务运动事类汇钞》（上册），第 231 页。

② 佚名辑：《晚清洋务运动事类汇钞》（上册），第 232-233 页。

③ 佚名辑：《晚清洋务运动事类汇钞》（上册），第 245 页。

④ 朱浒：《从插曲到序曲：河间赈务与盛宣怀洋务事业初期的转危为安》，《近代史研究》2008 年第 6 期。

1720—1723 年山西特大旱灾初步研究

张伟兵

（中国水利水电科学研究院水利史研究所；

水利部防洪抗旱减灾工程技术研究中心）

　　山西地处内陆高原山区，属东亚季风区北部边缘，受季风性大陆气候影响较强，降水量小而蒸发量大，是我国干旱灾害最为严重的省份之一。据有关资料统计，近 500 年来，山西发生了六场区域性典型特大旱灾[①]，对山西经济社会的发展产生了不同程度的影响。其中，清康熙末年，包括山西在内的黄河中下游地区发生严重旱灾，山西灾区受灾严重，为近 500 年山西典型特大旱灾之一。目前学界关于这场旱灾较少提及，更多是灾情的罗列陈述。本文基于方志及相关史籍，从雨水情和旱情、灾情、灾害的社会影响以及社会应对措施等方面对这场旱灾进行案例分析。

一、雨水情和旱情

（一）雨水情

　　据方志记载，1720—1723 年，发生跨年度不雨的州县有三个，分别为临汾、襄陵和沁州。临汾"自五十九年三月至六十年六月，十五阅月不雨"[②]，襄陵"秋无禾，至六十年六月不雨"[③]，沁州"自五十九年八月不雨，至次年五月终"[④]。从三个州县发生的时间来看，都集中在康熙五十九年至六十年（1720—1721）。其中临汾连续不雨的时间最长，为 15 个月。

　　干旱期间，临汾南部翼城境内以及太原晋祠还出现河流干涸、泉水不能自

---

　　* 本文为国家重点研发计划资助项目（2017YFC1502401）、中国水利水电科学研究院团队建设及人才培养类项目（JZ0145B752017）阶段性成果。

　　① 张伟兵、朱云枫：《区域场次特大旱灾评价指标体系与方法探讨》，《中国水利水电科学研究院学报》2008 年第 2 期，第 111-117 页。本文有关旱灾等级的划分均参考该文。

　　② 张德二主编：《中国三千年气象记录总集》第 3 册，南京：凤凰出版社；江苏教育出版社，2004 年，第 2182 页。

　　③ 张德二主编：《中国三千年气象记录总集》第 3 册，第 2175 页。

　　④ 张德二主编：《中国三千年气象记录总集》第 3 册，第 2182 页。

流的现象。与干旱的发展演变相对应,翼城境内的滦水1721年开始干涸[1],1723年复出[2],前后持续约两年。太原附近晋祠鱼沼泉于1723年出现"衰则停而不动,水浅不能自流,水田成旱"的情况。[3]据晋祠灌区观测资料,鱼沼泉干涸时,晋水流量下降至1.4m³/s以下,鱼沼水浅未干,说明晋水的流量在1.4m³/s上下,是为历史上晋水的最低流量。[4]河干泉不流的现象,反映了该时段内干旱的严重程度。

(二)旱情

从连续受旱的州县来看,连续三年以上受旱的州县有8个,大致位于山西中南部以榆次—蒲县—曲沃—沁州为中心的范围以内。

连续两年受旱的州县,从时间上来看,集中在1720—1721年;从空间分布来看,主要集中分布在平阳府和绛州。1721—1722年连旱两年的州县只有沁水一县,位于前述范围的东南部。1722—1723年连旱州县包括平定州和太平,太平在上述范围之内,平定州则位于上述范围东北部(表1)。

表1　1720—1723年山西连续受旱两年以上州县统计表

持续年份	受旱州县	州县数/个	持续年数/年
1720—1723	武乡、榆次	2	4
1720—1722	介休、文水、沁州、蒲县、曲沃、岳阳	6	3
1720—1721	汾阳、临汾、洪洞、乡宁、翼城、襄陵、浮山、吉州、绛州、稷山、垣曲、万泉	12	2
1721—1722	沁水	1	2
1722—1723	平定州、太平	2	2

注:根据《中国三千年气象记录总集》第3册中1720—1723年资料整理。

据此,此次旱灾期间,干旱影响区域以临汾为中心,初期范围较大,此后一直处于缩小并向东移的过程。1720—1721年干旱范围包括太原府南部、汾州府东部、霍州、隰州东部、平阳府全部、绛州全部以及沁州。1721—1722年旱区范围的南界退至平阳府,东南扩展至泽州西北部。1722—1723年干旱影响区域在大大缩小的同时,向东北方向转移。平阳府只有零星旱区分布,旱区主要

---

① 张德二主编:《中国三千年气象记录总集》第3册,第2183页。
② 张德二主编:《中国三千年气象记录总集》第3册,第2201页。
③ 王天麻:《晋水历史流量的探讨》,山西省水利厅、《山西水利史料》编写组:《山西水利史料》第5辑,1982年,第15-18页;中国水利学会水利史研究会、山西水利学会水利史研究会编:《山西水利史论集》,太原:山西人民出版社,1990年。
④ 王天麻:《晋水历史流量的探讨》,山西省水利厅、《山西水利史料》编写组:《山西水利史料》第5辑,第15-18页。

位于太原及以东的平定州、沁州一带。

可见，干旱影响区域从范围来看，经历了由大到逐渐缩小的过程；从空间分布来看，大致经历了从山西中部向东南，而后向东北方向转移的过程。

二、受灾范围的演变过程

此次特大旱灾从开始发生即是大范围的。1720 年受灾州县 31 个，灾区面积约 3.8 万 km²，主要分布在平阳府和绛州，但灾情相对较轻，大部分受灾州县为 2 级（中等）旱灾。

1721 年灾区范围进一步扩大。太原以南区域除隰州和辽州外，其余州府大部分区域处于旱灾的威胁之下。北部大同一带，也出现中等程度的旱灾。初步统计有 45 个州县受灾，灾区面积约 7 万 km²，约占全省面积的 45%。

1722 年，灾区范围有所缩小，主要分布在平定州、汾州府的东部以及泽州一带。初步统计受灾州县 16 个，灾区面积约 2.2 万 km²。平阳府与泽州府接壤地带的岳阳、沁水，以及沁州一带灾情严重。

1723 年，各地灾情大大缓解，全省没有大旱灾和特大旱灾的州县，但灾区范围仍然很广。从隰州向东北方向延伸，汾州府东部、太原府东部以及平定州一线范围内 26 个州县受灾，灾区面积约 3.4 万 km²。

历年受灾县数和灾区面积见表 2。

表 2 1720—1723 年历年受灾县数和受灾面积统计表

年份	受灾县数/个					受灾面积/km²					
	1 级	2 级	3 级	4 级	总计	1 级	2 级	3 级	4 级	合计	占全省面积比例/%
1720	3	24	1	3	31	4 756	27 045	1 297	4 549	37 647	24.07
1721	12	30	8	5	55	16 281	37 962	9 137	6 981	70 361	44.98
1722	1	6	2	7	16	1 160	7 561	2 170	11 104	21 995	14.06
1723	11	15			26	15 214	18 970			34 184	21.85

注：受灾县数根据《中国三千年气象记录总集》第 3 册中 1720—1723 年资料统计得出，分级标准根据前引张伟兵、朱云枫论文《区域场次特大旱灾评价指标体系与方法探讨》。受灾面积根据 1∶25 万山西行政区 GIS 图层统计得出。

从旱灾发展过程来看，此次特大旱灾有两个明显特点：一是灾区范围广，二是受灾程度轻。从灾害开始发生到最后结束，灾区范围影响最小的 1722 年受灾州县也有 16 个。其间 56 州县不同程度地遭受到旱灾的袭击，灾区覆盖面积约 7.8 万 km²。但同时，重灾区范围非常小，即使灾害发展最为严重的 1721 年，4 级（特大）旱灾也只包括平阳府的 5 个州县。灾害结束之前的 1723 年，3 万多平方千米的灾区没有一个州县出现 3 级（大旱灾）以上的灾情。

三、特大旱灾对社会影响进程

（一）农业收成：麦禾全无

旱灾发生后，首先是对农业的影响。据方志对各州县收成情况的零星记载，经初步整理，可以说明两个问题：第一，此次特大旱灾对农业造成的影响主要是 1720 年的秋禾收成和 1721 年的夏麦收成。据方志记载的不完全统计，1720 年有 18 州县记载秋禾失收，1721 年有 14 个州县记载夏麦失收。这与前述旱情和灾情的发展进程完全一致。第二，从秋禾和夏麦失收的州县分布来看，无论 1720 年的秋禾失收州县，还是 1721 年的夏麦失收州县，大体集中分布在平阳府、绛州和汾州府的东部。这与前述旱情和灾情的空间分布也完全一致。府志和通志的记载也充分说明了这一事实。如雍正《山西通志》载，康熙五十九年（1720），"平阳、汾州等属旱，无禾"。而到了康熙六十年（1721），"平阳、汾州、大同等属旱，无麦"。①雍正《平阳府志》则载，康熙六十年"平阳等属大旱无麦"②。《清实录》亦载，康熙六十年五月甲申，"谕户部……今直隶、山东、河南、山西、陕西麦已无收，民多饥馁"③。

（二）粮价与食物

据学者研究，康熙末年至雍正初年（1720—1730）全国米价平均每石 719 文④，约合每斗米价 70 余文。此次特大旱灾期间，1720—1722 年斗米价平均为 700 余文，约为全国同时期平均米价的 10 倍多，详见表 3。

表 3　1720—1722 年山西灾区米价表

年份	统计州县/个	米价合计/文	斗米价格/文
1720	2	1 550	775
1721	16	11 750	734
1722	3	2 200	733

不过，各灾区的受灾程度不同，以及赈灾措施的不同，反映在米价上，也存在一定差别。绛州米价最高，为 950 文，潞安府和沁州的米价最低，为 400 文，仅为绛州米价的 40% 左右。其余府州中，太原府的米价略低。各府州米价

---

① 张德二主编：《中国三千年气象记录总集》第 3 册，第 2175 页。
② 张德二主编：《中国三千年气象记录总集》第 3 册，第 2182 页。
③ 《清实录·圣祖仁皇帝实录》（三）卷 292，康熙六十年夏四月甲申，北京：中华书局，1985 年，第 6 册，第 843 页。
④ 秦佩珩：《清代铜钱的铸造、行使问题考释》，《明清社会经济史论稿》，郑州：中州古籍出版社，1984 年。

的情况，与前述灾区的分布从总体上看基本一致，但平阳府受灾较重，绛州相对受灾较轻，但两府州的米价却呈现相反情况。究其原因，米价的涨落除了与区域的粮食生产有密切关系外，与区域的粮食供应以及灾中的赈济情况也存在密切关系。这在下文的减灾对策部分做了分析。

此次特大旱灾虽然造成作物的失收，但由于各地的赈济情况相对较好。因此，虽然部分受灾区的灾民仍难免"树皮、草根剥掘殆尽"，但与明朝发生的三次特大旱灾相比，各州县这方面的记载很少。所见只有前述重灾区的四个州县以及附近的襄陵有这方面记载，如洪洞"民饥乏食，木皮草根剥掘殆尽，甚至食干泥以填腹"①。

（三）灾民：饿殍与流徙

此次特大旱灾中，政府采取了一系列救灾措施对广大灾民进行了有效的赈济，没有出现以往特大旱灾中的饥民暴乱和食人行为。但由于灾区范围较广，部分州县的灾民生活依旧困苦不堪（表4）。

表4　1720—1723年山西灾民流移与饿殍情况表

府州	年份	灾情简况	资料来源
平阳府	1720—1721	自五十九年三月至六十年六月，凡十五阅月不雨。赤地千里，草根树叶俱尽，饿莩盈路	雍正《临汾县志》卷5祥异
	1721	民饥乏食，木皮草根剥掘殆尽，甚至食干泥以填腹，流亡辗转道路不绝，母子夫妻有相抱立死者	雍正《洪洞县志》卷8祥异
	1722	秋仍大旱，百姓鬻妻卖子，死亡流离	雍正《岳阳县志》卷9祥异
蒲州府	1720—1721	米麦石价十金，盗贼遍地，饿莩盈野，性命贱如草菅，骨肉等于泥沙，颠沛流离大为惨伤	乾隆《蒲州府志》卷14祥异
	1721	大旱，无麦，民多流徙	乾隆《万泉县志》卷7灾异
	1722	饥，流民多亡	雍正《猗氏县志》卷6祥异
汾州府	1720—1722	五十九、六十、六十一年石邑三载连遭大饥，幸而存留土著者仅十之一，逃亡外郡尸填沟壑者不计其数。其鬻妻卖子女不论价，予百十文钱即刘舍而去。不幸而饿死者，积尸满道，于西门外城濠挖二大土坑，男妇分瘗，不数日，积尸填满，惨不可闻	康熙《石楼县志》卷7碑记
	1721	岁大饥，逃亡过半	雍正《孝义县志》卷1祥异
隰州	1721—1722	六十年至六十一年大旱荒，斗米八钱，民食草根树皮，饿殍载道，发帑赈济	乾隆《蒲县志》卷9祥异
解州	1721	无麦，民多流徙	乾隆《解州安邑县志》卷11祥异
	1721	大饥，逃亡大半	乾隆《平陆县志》卷11祥异

---

① 张德二主编：《中国三千年气象记录总集》第3册，第2183页。

续表

府州	年份	灾情简况	资料来源
沁州	1722	大旱，风霾……斗米银五钱，民食草根木皮，饿莩相望	乾隆《沁州志》卷9灾异
泽州	1722	无麦，秋薄收。市绝米麦，人多饿死	嘉庆《沁水县志》卷10祥异

注：莩同殍。

　　据表 4，灾情严重的州县主要分布在平阳府、蒲州府、汾州府、解州等府州，各地灾民留守者"饿莩盈路""饿殍载道"，而不甘落寞者选择"流徙""逃亡"，孝义、平陆饥民"逃亡过半"。石楼县从康熙五十九年（1720）开始，连旱三年，"存留土著者仅十之一，逃亡外郡尸填沟壑者不计其数……不幸而饿死者，积尸满道，于西门外城濠挖二大土坑，男妇分瘗，不数日，积尸填满，惨不可闻"[1]。洪洞灾民"流亡辗转道路不绝，母子夫妻有相抱立死者"[2]。

　　在生活无奈的情况下，石楼、岳阳等地还发生了灾民"鬻妻卖子"的情况，以求获得一餐饱食。石楼县"鬻妻儿子女不论价，予百十文钱即刘舍而去"[3]。

　　此外，就在特大旱灾肆虐整个山西中南部区域的同时，在介休、沁州等地，还发生瘟疫灾害。瘟疫的传染性极强，更加剧了广大饥民的死亡。介休"疫死民人无算"[4]，沁州"牛疫死者甚众"[5]。

四、社会应对措施

　　此次特大旱灾，政府在灾害初期、严重期和灾害后期都采取了一定的应对措施，减少了灾害对社会的冲击强度。现将主要措施简述如下。

（一）灾害初期的社会应对措施

　　康熙五十九年（1720）秋至六十年（1721）六月，山西中南部大范围的旱灾发生后，清政府随即在六月"议覆，奉差赈济山西饥民"，都察院左都御史朱轼即提出灾害应急办法，核心内容为赈济，同时也涉及吏治整顿。《清圣祖实录》卷 293 记载：

　　　　（康熙六十年六月）甲寅，户部等衙门议覆，奉差赈济山西饥民。都察院左都御史朱轼条奏：一、被参司道以下贪劣官员请从宽留任，仍令养活饥民以责后效。一、请令富户出银，协同商人往南省贩运粮食。其淮安、

　　① 张德二主编：《中国三千年气象记录总集》第 3 册，第 2175 页。
　　② 张德二主编：《中国三千年气象记录总集》第 3 册，第 2183 页。
　　③ 张德二主编：《中国三千年气象记录总集》第 3 册，第 2175 页。
　　④ 张德二主编：《中国三千年气象记录总集》第 3 册，第 2193 页。
　　⑤ 张德二主编：《中国三千年气象记录总集》第 3 册，第 2193 页。

凤阳等关米船课税,请停征半年。至地方绅士愿赈者,按其多寡从优议叙。一、各省驿站之夫役大半虚名侵冒,请确查实数,召募壮丁按补,一人受募即可全活一家。一、饥民流往觅食之处,请令所在地方官随在安插。其有地方官捐赀养赡者,督抚核实题荐。一、饥民群聚易生疬疫,请交所在地方官设厂医治。俱应如所请。从之。①

以上五条奏议涉及对不法官员的惩治、赈银、赈粮、以工代赈、安抚饥民、医治疬疫患者等,在实际赈灾过程中都得到不同程度的实施。

(二) 灾中应急响应措施

清代山西西南一带井灌事业发展较快,此次特大旱灾中,井灌发挥了积极的抗旱作用。史载"晋省连旱二年,无井州县,流离载道,而蒲属五邑独完,即井利之明效大验也"②。在封建的小农经济下,发展井灌抗御旱灾的功效得以凸现。此次特大旱灾之后,晋西南的农民"深知水利之厚,而不惜重费以成井功"③。官方也把发展井灌当作抗旱的重大措施而加以倡导。

此外,灾害严重期间各级政府还开展不同规模的社会救助活动。主要包括:
(1) 清政府的救助措施:赈济、平粜和蠲免。康熙六十年(1721)四月,清廷拨发内库银两,"令左都御史朱轼往山西……再派部院贤能官员随往……带银二十五万两"④。此为清朝前期清政府在山西投下的最大一笔赈款。

与此同时,清政府也进行了平粜仓米的救助活动。康熙六十年(1721)五月,清政府鉴于直隶、山东、河南、山西、陕西等省被旱,分别就各省常平仓米谷进行核查,山西查得常平仓米谷 48 万余石,全部平价粜卖。⑤此外,清政府还积极鼓励富户出资,协同商人,从南方各省贩运粮食。

此外,蠲免和借贷也是清政府在灾中实行的一项主要救助措施,包括蠲免额赋和蠲免赈银。初期蠲免的额度相对较小,蠲免的范围也有限。在经历了康熙六十年(1721)特大旱灾之后,蠲免的额度大大增加,规模比较大的蠲免有三次。其中以康熙六十一年(1722)十一月蠲免规模最大,时"免山西平、汾二府,泽、沁二州所属州县卫所康熙六十年分旱灾额赋有差"⑥。初略顾及蠲免的赋银约 80 万两,赋粮 3100 余石。

---

① 《清实录·圣祖仁皇帝实录》(三)卷 293,康熙六十年六月甲寅,北京:中华书局,1985 年,第 6 册,第 847 页。

② 《清实录·高宗纯皇帝实录》(一)卷 45,乾隆二年六月丙戌,第 9 册,第 790 页。

③ (清)王心敬:《丰川续集》卷 18《答高安朱公》,《四库全书存目丛书》集部第 279 册,第 464 页。

④ 《清实录·圣祖仁皇帝实录》(三)卷 292,康熙六十年夏四月乙酉,第 6 册,第 843 页。

⑤ 《清实录·圣祖仁皇帝实录》(三)卷 292,康熙六十年夏四月乙酉,第 6 册,第 844 页。

⑥ 《清实录·圣祖仁皇帝实录》(三)卷 300,康熙六十一年十一月己丑,第 6 册,第 901 页。

此外，对于灾中进行的借贷，清政府也予以豁免，如雍正元年（1723）八月，"免山西霍州、灵石等九州县借赈银六万五千六百两有奇"①。另外，康熙六十年（1721年），清廷还推行捐纳，鼓励地方士绅积极捐赈，并按所捐数优叙。②

（2）地方政府的救助措施：赈银、赈粮、设立粥厂以及灾区互助等。据方志记载，康熙六十年（1721），平阳府、蒲州府、隰州的部分州县进行了规模不等的赈银。其中洪洞规模较大，"发帑银数十万……民稍以苏"，赈济效果也较为明显③。这也是前述洪洞米价较绛州略低的一个重要原因。若各州县以赈银 30 万两计，则方志明确记载赈银的洪洞、沁州、河津、稷山、蒲县、大宁、蒲县等八州县，赈银共约 240 万两。据《雍正会典》卷 32，雍正二年（1724）山西地丁钱粮起运银约 270 万两，存留约 33 万两。④据此，240 万两的赈济约相当于山西全省一年的地丁钱粮。

同时，山西地方政府也开展了赈粮的活动，开仓赈济并设法从境外运送谷米，如康熙五十九年（1720），高平"岁歉，设法运米以济贫乏"⑤。康熙六十年至六十一年（1721—1722），芮城"输谷赈饥"⑥。康熙六十一年（1722），平定"大旱，开仓赈济"⑦。

灾害期间，面对广大的饥民，山西地方政府还设立粥厂，开展赈济活动。如康熙六十年（1721），临汾知县魏重煜"设法煮赈，立南北二厂，北在孝村，南在尧庙。以乡绅王名毅……等分任炊散，就食者日以万计"⑧。

此外，灾害期间，各地方政府还相互援助，这对于减轻灾情，其意义也不可小觑，如康熙六十一年（1722），"阳城县饥，委高平县拔银四千两济阳城，每大口给银一钱二分，小口给银六分，赈过银三千八百三十八两五钱"⑨。

（3）社会民众的救助活动。旱灾期间，地方乡绅和商人也积极投入到赈灾行动中，与中央政府和地方政府一起，共同为渡过灾中难关，发挥了一定作用。

从各地记载来看，地方乡绅采取的主要行动是出粟周济和设立粥厂，如潞城"庚子、辛丑连值岁歉……武全才出粟及杂粮各数百担，以济穷困""（梁得京）出粟数百担，量为周济"。⑩从各地乡绅捐粟助赈而后"全活无算""全

---

① 《清实录·世宗宪皇帝实录》（一）卷 10，雍正元年八月丙辰，第 7 册，第 183 页。

② （清）王轩等纂修：光绪《山西通志》卷 82 《荒政记》，北京：中华书局，1990 年，第 5657 页。

③ 张德二主编：《中国三千年气象记录总集》第 3 册，第 2183 页。

④ 梁方仲，《中国历代户口、田地、田赋统计》，上海：上海人民出版社，1980 年，第 424—425 页。

⑤ 张德二主编：《中国三千年气象记录总集》第 3 册，第 2175 页。

⑥ 张德二主编：《中国三千年气象记录总集》第 3 册，第 2183 页。

⑦ 张德二主编：《中国三千年气象记录总集》第 3 册，第 2193 页。

⑧ 张德二主编：《中国三千年气象记录总集》第 3 册，第 2183 页。

⑨ 张德二主编：《中国三千年气象记录总集》第 3 册，第 2182 页。

⑩ 张德二主编：《中国三千年气象记录总集》第 3 册，第 2175、2193 页。

活甚众"的情况来看，乡绅在此次赈灾过程中的作用是非常重要的。乡绅救灾的另外一项主要举措为设立粥厂。乾隆《浮山县志》载，"合邑绅士各捐粟银不等，在城隍庙择极贫不能举火者，按口按日散米济赈"①。

此外，浮山一带的商贩在灾中还设法从境外运送粟米，"自湖广、江南、山东、河南转运至清化，复资骡驴，由太行山路一带，昼夜络绎不绝，运至平属，民得以生"②。可见，运粮规模还是比较大的。

（三）灾后恢复重建措施

此次旱灾之后，清政府意识到社仓在灾害救助中的重要作用，灾后的重建工作首先是复兴社仓。社仓最早由南宋朱熹创立。其基本特征是谷本源于捐输，仓由民间管理、地方官监督，仓谷用于出借并逐渐由收息到免息。明代以来，一直到清康熙年间，社仓屡有兴废，未能得以推广。康熙末年特大旱灾期间，都察院左都御史朱轼于康熙六十年（1721）九月极力奏言，建议"建立社仓，以备荒歉；引泉溉田、以兴水利"③。在经历了康熙末年特大旱灾之后，政府意识到民众救灾的重要作用，终于促成了社仓的设立。清政府制定了较为完善的社仓条例，并于雍正二年（1724）颁布。主要内容包括：劝谕百姓，听民便之；造册登记，加以奖励，严禁官员挪借侵蚀仓谷。④

山西省于清政府社仓条例颁布之后4年，于雍正六年（1728）题准建立社仓。与清政府制定的社仓条例略有不同，山西省在根据捐谷给予奖励的同时，将劝捐积谷的数量与官吏考核联系了起来。山西省社仓奖劝具体办法如下：

> 捐十石以上至三十石者，照例听地方官给予花红。三十石以上至五十石者，地方官给匾。捐至百石者，府州给匾。二百石者，本管道给匾。三百石者，布政使给匾。四百石者，巡抚给匾。捐至五百石以上者，具题给以八品顶戴荣身。其连年捐输者，仍许积算捐数，照现定等次分别奖劝。地方官劝输有方，大州县每年劝输至千五百石以上。中州县至千石以上，小州县五百石以上者，均于计典内据实开明。分别考核。⑤

五、初步认识

通过对 1720—1723 年山西特大旱灾的案例分析，得出以下几点初步认识。

① 张德二主编：《中国三千年气象记录总集》第3册，第2183页。
② 张德二主编：《中国三千年气象记录总集》第3册，第2183页。
③ 《清实录·圣祖仁皇帝实录》（三）卷294，康熙六十年八月丙申，第6册，第855页。
④ 《钦定大清会典事例》卷193《户部·积储·社仓积储》，《续修四库全书》史部第801册，第208-209页。
⑤ 《钦定大清会典事例》卷193《户部·积储·社仓积储》，《续修四库全书》史部第801册，第210页。

第一，长时间、大范围降雨偏少是此次特大旱灾发生的最主要原因。晋南地区从 1720 年 3 月至 1721 年 6 月，出现长达约 15 个月的连续不雨期。部分地区甚至出现河流干涸、泉水不能自流的现象。空间发展上，干旱区域和受灾区域都经历了东扩—北移的发展演变过程，最大影响区域约 6 万平方千米；时间演变上，此次特大旱灾一开始发展较为迅速，旱灾开始的前两年表现为大旱灾和特大旱灾，此后的消除经历时间相对缓慢，持续两年后旱灾始告结束。

第二，此次旱灾发生在清盛世时期，旱灾对社会的冲击相对较小，对社会的影响主要表现在粮价上涨和灾民生活困难。灾害严重的 1720 年和 1721 年，重灾区粮价上涨幅度达 10 倍以上，一般灾区也上涨 5～6 倍。由于灾害持续时间长，灾害后期还伴生了其他灾害，如 1721 年中南部的部分州县风霾大作，晋中和晋东南地区部分州县还发生瘟疫灾害。

第三，此次旱灾中，井灌和社仓在抗灾救灾中发挥了重要作用。清政府为此进行了两方面转变：建立社仓，以备荒歉；引泉溉田、以兴水利。一方面，清政府认识到民间储粮备荒的重要意义，旱灾之后随即制定了较为完善的社仓条例，并于 1724 年颁布。山西地方政府于清政府社仓条例颁布之后 4 年，于 1728 年题准建立社仓，并将劝捐积谷的数量与官吏考核相联系。另一方面，鉴于井灌在抗旱方面的显著效益，山西地方政府在旱灾之后大力发展井灌，特别是在晋南地区。

契约所见光绪初年山西灾荒、地权与民生

郝 平 白 豆

（山西大学历史文化学院）

近年来，随着灾荒史研究的不断深入，关于灾荒与地权的关系研究也相继呈现①，其中不乏代表性的观点，如夏明方曾指出灾荒与土地兼并的关系是极其复杂的，既要承认灾荒是土地兼并的杠杆这一铁的事实，也不能无视灾荒期间地权分散的趋向。②如果单就史料运用而言，有关灾荒期间的土地买卖契约文书的整理与使用尚属少见。若从研究视角而言，突破传统的灾荒研究模式，开拓灾荒史研究的新视域也势在必行。近年来，笔者致力于山西地区契约文书的搜集与整理，目前已整理出光绪年间的契约文书达 1000 多份，其中"丁戊奇荒"期间的契约文书所占数量比重更是惊人。因此，本文选取清代山西最具代表性的"丁戊奇荒"为研究对象，以灾荒中的土地交易为例，发掘中下层群体在灾荒中的日常性生活。力图实现"从历史中的灾荒到灾荒中的历史"③的转变，"挖掘出事件背后我们的前人所经历和体验的人类生存状况"④，呈现他们在灾荒中的日常生活状态，将小人物放到具体的历史背景中去阐释，从而可以系统地展现灾荒中的人与社会。

一、民间众相：从交易缘由看灾荒期间的民间社会生活

光绪初年的契约内容多以土地买卖为主，其中也不乏分家和借贷文书。从

---

① 主要有夏明方：《对自然灾害与旧中国农村地权分配制度相互关系的再思考》，复旦大学历史地理研究中心编：《自然灾害与中国社会历史结构》，上海：复旦大学出版社，2001 年；夏明方：《民国时期自然灾害与乡村社会》，北京：中华书局，2000 年，第 221 页；胡英泽：《灾荒与地权变化——清代至民国永济县小樊村黄河滩地册研究》，《中国社会经济史研究》，2011 年第 1 期；温艳：《自然灾害与农村经济社会变动研究——以 20 世纪二三十年代之交陕甘地区旱灾为中心》，《史学月刊》，2014 年第 4 期，等等。

② 夏明方：《民国时期自然灾害与乡村社会》，北京：中华书局，2000 年，第 221 页。

③ 郝平：《从历史中的灾荒到灾荒中的历史——从社会史角度推进灾荒史研究》，《山西大学学报（哲学社会科学版）》，2010 年第 1 期。

④ 〔美〕罗伯特·达恩顿：《拉莫莱特之吻：有关文化史的思考》，萧知纬译，上海：华东师范大学出版社，2011 年，第 6 页。

交易缘由来看，虽然多用"使用不足""使用不便"等"套话"[①]，但是部分契约仍然细致地阐释了交易缘由，如"因母年岁荒旱度日难过""因公在急""因为埋葬弟妻，无有口食""因为父亲使银两，因为兄长娶媳"等都揭示了灾荒期间更为鲜活的下层民生状况。

（一）使用不便

"使用不便""使用不足""乏用"等交易缘由最为多见，虽然并未具体阐释个中缘由，但若与光绪初年山西特大灾荒的时代背景相结合，应当或多或少与灾荒有关。例如，在安邑县正堂赵官契纸中，有一张成契于光绪四年（1878）初八，内容为下月村杨杨氏、杨跟管因"使用不便"将自己的场基卖与他人。[②]而在另一份粘连的契纸上，出现了内容基本相同的草契，不过在这份草契中具体描述了是何种原因引起的使用不便，即"因为年荒渡口不给"。[③]同年，稷山县人费鸿凤于光绪四年（1878）二月十一日因为"使用不便"，将自己在村南池儿头的一亩下平地和一座牛院以时价银三两的价格卖与堂叔费学祥。[④]同月二十三日，又"因为年荒度用不过"将村南池儿头的另一亩下平地连带柿子树五棵以时价银二两五钱的价格再次卖与堂叔费学祥。[⑤]两次交易前后相隔时间不过 12天，却指明了具体的成契理由。这也就侧面证实了即便是采用"使用不足"等单调而含糊的说法，在"丁戊奇荒"特殊的时代背景下，都将不可避免地与度荒产生联系。

（二）年荒度用不过

"年荒无度""年荒度用不过""年荒在急，无处下落"等成为这一时期最主要的成契理由。笔者根据对山西丁戊奇荒的时空研究，发现光绪元年时山西的旱灾已经初步呈现，到光绪三年（1877）时灾荒达到顶峰，光绪四年（1878）持续灾荒，光绪五年或六年时逐渐消退，恢复到光绪元年的水平。[⑥]这样的灾情演变轨迹与契约的交易数量相吻合，土地出让已成为这一时期重要的度荒手段之一。光绪三年（1877），和山西其他大部分地区一样，高平自六月以来滴雨

---

① 王旭认为，明清两代的土地契约，随着交易制度的放宽，已趋向形式化与表面化。其表现包括，成契理由几乎成为"套话"，只是简单地表述为"今因正用""今因手乏"等单调而含糊的说法，对于交易标的的来源也不再进行具体的交代，还有对于交易标的的描述有时也省去四至等内容，诸如此类。（《契纸千年：中国传统契约的形式与演变》，北京：北京大学出版社，2013 年，第 166-171 页。）

② 晋南契约文书-184，山西大学历史文化学院郝平藏。

③ 晋南契约文书-197，山西大学历史文化学院郝平藏。

④ 晋南契约文书-1570，山西大学历史文化学院郝平藏。

⑤ 晋南契约文书-1508，山西大学历史文化学院郝平藏。

⑥ 郝平：《丁戊奇荒：光绪初年山西灾荒与救济研究》，北京：北京大学出版社，2012 年，第 17-33 页。

未下，到八月时旱象丝毫未有转机。高平人王小未和王丙未兄弟因其母亲年岁较大，荒旱度日难过，遂将用于养老的中等桑白地二亩出转典于他人，兹将契约全文摘录于下：

> 立转典地契文字人王小未、王丙未二人，因母年岁荒旱，度日难过，央中说合，今将地名二十亩里养老中等桑白地二亩，计地二段，系南北亩，其地开明四至，东至里埝跟、西至界石、南至埝下水沟中心、北至坟边界石，四至以里土木金石相连，所有人行、车牛出入，向合古道通行，自央中说合，情愿出转典与杨翠基名下为典业耕种。当日同中言明，受讫时值典价大钱捌仟伍佰文整，其钱笔下交足，不欠分文。如有房亲户族人等争端违碍者，不干典主之事，王丙未一面承当。同中言明，一典三年为满，钱到回赎。三面议定，不许短少，别无异说。恐口无凭，故立转典地契文字存证。
>
> 光绪三年八月　　立
>
> 转典地契文字人王小未、王丙未二人
>
> 同中人王正运、苏迷城
>
> 附：光绪四年正月二十七日，我使大钱二千文整，日后回地一并交足，不许短少，以后止（只）许回赎，永不许找□[①]

王家兄弟以出让养老土地租种权的方式来获得部分利润应对饥荒，后又在光绪四年（1878）再次另借二千文，并约定回赎土地时一并交清。但这是比较特殊的一个事例，就这一时期的契约文书来看，抵押和典当土地的事例并不多见，而直接出卖土地的所有权成为契约交易的主要内容，并且绝卖和一次性卖光家产的事例也屡见不鲜。

（三）分家

分家析产在灾荒期间也同样存在[②]，主要是均分房地产业，偶尔也均分生意。如光绪五年（1879）山西壶关人刘廷桂同胞侄刘宗汤、刘宗舜及侄孙天成，将在永邑东长水镇设立的吉顺永生意一所进行均分[③]，到光绪六年（1880）时，刘宗汤、刘宗舜同侄天保、天成又将光绪五年（1879）均分到的生意再次进行均分。[④]此时，自光绪五年（1879）财产均分后，已经又盈利 600 千文，若按光绪五年（1879）晋东南地区的地价 2.75 千文/亩来算，则可购地 218 亩。不过

① 晋东南契约文书-93，山西大学历史文化学院郝平藏。

② 夏明方在考察民国灾荒期间地权分配状况时指出，除了土地兼并过程外，还不能忽视地权分散的过程。如"财产多子均分制"在灾荒期间并没有消失。（夏明方：《民国时期自然灾害与乡村社会》，北京：中华书局，2000 年，第 231 页。）这一情况同样存在于"丁戊奇荒"期间。

③ 晋东南契约文书-73，山西大学历史文化学院郝平藏。

④ 晋东南契约文书-62，山西大学历史文化学院郝平藏。

常见的还是均分田房产业，其中既包括中小地主家庭，也包括拥有少量土地和房屋的自耕农家庭等。现将光绪三年（1877）孝义地区的一份分家文书①摘录于下：

> 立分单约人长子陈万森，今同家长言明，所分石窊则西白地五垧，又有树也窊上分头白地二垧，又有探花卯前后白地三垧，又有马交立下分白地二垧，又有何平则白地半垧、羊榨条白地半垧、东边正窑二孔，一应地上桃柳树，谁地只管随地认粮律（肆）钱七分，恐后无凭，立约为证。
>
> 立分单约人次子陈万登，今同家长言明，所分王山足白地三垧，又有刘窝各垛白地四垧，又有俞何各连白地二垧，又有条地一垧，又有拾柳汤白地一垧，又有柳尔各嘴白地一垧，又有各鲁沟白地二垧，又有畅也上白地半垧，西边正窑一孔、东西房四间，一应地内树木，个人只管随地认粮律（肆）钱七分，恐后无凭，立约为证。
>
> 立分单约三子陈万钟，今同家长所分言明，石窊则中心白地一垧半，又有树也窊下分白地三垧，又有乔子坞白地三垧，又有羊榨连白地五垧又有言尖各嘴白地一垧，又有池家足白地一垧，东愿（院）西边窑一孔、厦窑一孔，畅面一块，一应地内树木，各人只管随地认粮律（肆）钱七分，恐后无凭，立约为证。
>
> 立分单约人幼子陈万海，今同家长言明，所分石窊则口前白地五垧，又有田家岭白地三垧，又有树也窊南头白地二垧，又有马交立白地二垧半，又有其塙各旦白地一垧，东愿（院）东边正窑二孔，一应地内树木，各人只管随地认粮律（肆）钱七分，恐后无凭，立约为证。
>
> 光绪三年十月初四日
> 立分单约人长子陈万森、次子陈万登、三子陈万钟、幼子陈万海
> 说合人陈万富、陈有管仝（同）证

从上述分家文书来看，并未说明分家的具体原因，所以我们也无从得知。不过就分家的地亩总数来看，总共有 55 垧半土地进行了划分。其中长子分得土地 13 垧，次子和三子分得土地 14 垧半，幼子分得土地 13 垧半，若按照诸子均分的原则，则不得不考虑到垧的特殊计量方式。所谓垧是一种民间土地计量单位，具有很强的地域特征，以段和垧相称的土地大多是贫瘠之地或是畸零不整之地，并且段、垧所计量的面积都要大于政府通行的标准。如汾州山地有二亩半为一垧，也有三亩四亩为一垧。②若以一垧土地折三亩来换算，则共有 166 亩

---

① 共有四子分家，各子手执一单，现将其合为一份，以便阅览。文书按序分别出自晋西契约文书-39，-38，-24，-6，山西大学历史文化学院郝平藏。

② 张青瑶：《试析明清山西折亩——兼论清代山西田赋地亩的形成》，《中国历史地理论丛》2017 年第 3 辑。

半土地进行了划分，平均每子分得 40 亩左右的土地。根据其他相关学者的研究，清代拥有百亩田产的应当属于中小地主阶层①，以这个标准来看，陈家原本自然是中小地主阶层，而且就四兄弟所分房产而言，陈家至少有两个院，窑六七孔，房屋数间。与土地搭配，诸子均分。这个原则同样体现在他们的随地认粮数目上，一律是四钱七分。这件文书虽然并未说明灾荒是导致分家的缘由，但是时间背景无疑是明确的。分家行为所带来的直接影响之一，就是家庭规模变小，由原来的一个中小地主家族，析分为数个自耕农家庭，其单位田产保有量进一步缩小，使得中贫农阶层逐渐发展成为山西地区的主流社会阶层。这可能是维持当时日常生活的一种客观需要。但是，也不排除一种可能，就是原本稳定的家族生活模式被打破，个别小家庭会选择另外的谋生途径，甚至外出、迁移等。换言之，灾荒除了使得土地集中度变小之外，也会进一步促成人口的流动与生存状态的不稳定。

（四）其他

除了特定灾荒背景下的"年荒无度"等成契理由，不少更为具体的理由也在契约当中呈现出来。实际上，灾荒期间的中下层民众生活不应被简单地定义为被动逃荒，度荒主题之下的日常性生活也同样值得我们关注。例如"久旱不雨要出外贸易""因公在急""父亲使银、兄长娶媳"等，都丰富了我们对灾民日常性生活的认识。兹将部分内容摘录如下：

> 立写让字文约人张捷武因久旱不雨要出外贸易，情愿将自己应分村北坡地一段东西亩四亩四分，东西至道，南至堰，北至张鸿才、刘名世。南坡官道北平地一段，东西亩五亩五分，东至道，西至千角，南至张仁，北至张捷尧。南坡地一段，南北亩五亩二分，西北至道，东至张和和，南至坟十八畔坡地一段。南北亩一亩四分五毫八毛，东至捷舜，西南至道，北至张万儿。堡东水地一段，南北亩七分八毫八毛，东南至堰，北至渠，西至张协和。又村内北房居西间半，东至族叔富有，西至银主，南至官院，北至道。西房居中一间，东至官院，西、南至张国枢，北至银主。前院东房基地一块，东至张捷舜，西至官院，南至族叔富有，北至张捷尧。以上均分明同亲戚家族一概让与胞兄捷文，永远照管，今共同合议说明，拿出银二十两整。恐及日无凭，立写让字为证。
>
> 光绪二年三月二十七日　　立

---

① 参见冯尔康的《清代自耕农与地主对土地的占有》和《清代地主层级结构及经营方式述论》（两篇文章均参见《顾真斋文丛》，北京：中华书局，2003 年），以及葛金芳的《中国近世农村经济制度史论》（北京：商务印书馆，2013 年）中对清代中小地主土地占有量的分析。

　　写让字文约人：张捷武

　　公证人：家族福儿、玉钟，亲戚张获上、李景章、陶金山①

以上是张捷武出让家产给胞兄张捷文的契约。张捷武因久旱不雨要外出贸易，情愿将自己名下的土地和房屋等一概出让给他的兄长张捷文永远照管。交易价格为 20 两整，远低于光绪二年（1876）的土地平均交易价格 5.19 两/亩。②这种"产不出户""先尽房亲伯叔，次尽邻人"③的现象，阻止了土地和房屋等向外流散，确保了家族内部财产的稳定性。而这种灾荒期间主动外出经商的行为，也证实了中下层民众并不是一味地被动应灾。

　　立卖房院约生赵世禄，偕侄琳、瑈，因公在急，今将自己祖业铺房屋一所，其房在村东街临街南楼五间、临街南房四间、院内东房五间、西房六间、南房六间、后院上下地基二处一切在内，东至赵姓滴水道路通行，南至赵姓滴水，西至后檐滴水，北至大街，各四至明白，土木石相连，水流行道依旧，往来家具一切在内，情愿出卖与乐逢源名下承业。同中言明，作买时价银五十三两整。其银当交不欠，宅地无粮，永无藤葛。恐口无凭，立卖房契约为证。

　　光绪三年十二月二十九日

　　仝（同）中人：堂兄赵世俊

　　书人：堂侄赵玛④

以上是出卖商业店铺的契约，从契约内容看，店铺被名为乐逢源的商号收购。基于商铺买卖金额数量较大等因素，土地买卖的亲族亲邻优先原则，在商铺的买卖中似乎很少能够遵循。而这种商业店铺的买卖与收购在光绪初年并不少见，买卖缘由似乎与灾荒有密切联系。至少从交易数量来看，在光绪三年（1877）和光绪四年（1878）达到最高，与受灾程度成正相关。

　　立写卖房院文字人常思义，因为使用不便，今将自己南房三间、北房三间、房院地基门窗一所，因为父亲使银两、因为兄长娶媳，良麦食前后张（账）一概清楚，东至平儿、西至德福、南至巷、北至好□，四至分明，今情愿出卖于本族常名下永远为业，仝中人言□真价钱一千文整。银业当日交清无欠，恐后（无）凭，立字为证。

---

① 晋南契约文书-458，山西大学历史文化学院郝平藏。

② 参见表1。

③ 傅衣凌：《明清时代永安农村的社会经济关系》，《明清农村社会经济》，北京：生活·读书·新知三联书店，1961年，第23页。

④ 晋南契约文书-1326，山西大学历史文化学院郝平藏。

管事人：常思忠

光绪三年十一月十一日[①]

以上是出卖房院的契约，具体的出卖原因是父亲使银两和兄长娶媳。光绪三年（1877），"黄花女自卖身无人娶办，中年妇饿死了千千万万，有寡妇见鳏夫不通媒线，但能以吃饱饭就成姻缘，十六七小闺女不值一串，或为奴或作偏并不弹嫌"[②]，根据王欢乐在《丰歉年略》中描绘的妇女生活来看，妇女买卖的价格十分低廉，很多不值一串。因此，契约中兄长娶媳当是较为可信的。但是妇女买卖价格低廉的这一社会现象，是否加速了贫农和自耕农等下层阶级通过卖地来进行新的家庭的组建，我们就不得而知了。或许二者结合起来，更体现了社会各个层面的极度贫困。

二、地权流转：灾荒期间的土地交易状况

为了对光绪初年的田房交易以及分家、借贷等情况进行系统地了解，现根据已有的契约文书将光绪元年（1875）到光绪七年（1881）的基本信息绘制成表1。

表1　光绪初年契约文书交易状况

山西		光绪元年（1875）	光绪二年（1876）	光绪三年（1877）	光绪四年（1878）	光绪五年（1879）	光绪六年（1880）	光绪七年（1881）
文书总量/个		52	47	105	144	81	37	40
（1）卖契	地	27	25	48	73	47	17	21
	房	5	5	26	50	18	10	9
	其他	3	2	8	7	5	6	2
（2）典契	地	11	12	13	10	6	3	6
	房	3	—	4	4	1	—	1
	其他	2	—	3	—	1	—	1
分家/个		—	2	1	—	3	1	—
借贷/个		1	1	2	—	—	—	—
交易量	地/亩	88.84	79.164 4	105.423	160.097 5	111.182 1	54.826	60.987 5
	银/两	472.5	411.258 2	271.9	334.512 6	404.12	174.5	170.65
均价/两		5.319	5.195	2.579	2.089	3.635	3.183	2.798
交易量	地/亩	104.98	80.25	132.16	179.896	107.583	29.392	62.111
	钱/千文	611.828	637.1	708.64	610.08	514.6	157	435.9
均价/文		5 828.043	7 938.941	5 361.985	3 391.293	4 783.284	5 341.590	7 018.081
银钱比价		1:109 6	1:152 8	1:207 9	1:162 3	1:131 6	1:167 8	1:250 8

资料来源：清代山西民间契约文书，山西大学历史文化学院郝平藏。

备注：表中"—"表示数据缺失。

---

① 晋南契约文书-444，山西大学历史文化学院郝平藏。

② 王欢乐：《丰歉年略》，山西大学历史文化学院郝平藏。

从表 1 可以直观地看出，光绪初年山西契约文书的主要内容是田房交易，并伴有分家和借贷等行为。其中，不论是土地交易还是房屋交易，都是卖契远远多于典契。从光绪三年（1877）到光绪四年（1878）田房交易量持续上升并达到最高值，而地价在光绪四年（1878）时达到最低，合 2.0894 两/亩。结合整个清代山西地区的地价来看，光绪朝的地价为清代最低，其中又以光绪初年的地价为最低。可以说，灾荒是影响土地交易量和地价变动的重要因素。

灾荒加速了土地流转的过程，并在土地交易中呈现出明显的地域特色，形成了独特的交易特点。现将土地交易田亩数统计成表 2。

表 2 　土地交易田亩数统计 　　　　　　　　（单位：亩）

土地交易亩数	光绪元年（1875）	光绪二年（1876）	光绪三年（1877）	光绪四年（1878）	光绪五年（1879）	光绪六年（1880）	光绪七年（1881）	总计
0～1（包含1）	2	3	7	11	4	2	—	29
1～5（包含5）	16	21	37	56	34	9	15	188
5～10（包含10）	18	6	15	12	12	2	8	73
10～20	2	1	1	4	3	—	1	12
>20	—	—	—	3	1	1	—	6

资料来源：清代山西民间契约文书，山西大学历史文化学院郝平藏。

由表 2 可以直观看到，土地交易田亩数基本集中在 10 亩以下，其中又以 5 亩以下的土地交易为最。根据冯尔康和常建华的研究显示，清代自耕农在农业人口中占 30%～40%，即三个人中有一个自耕农。自耕农占有的土地，从几亩到几十亩不等。[①]可以说，此次灾荒期间的土地交易主要存在于自耕农之间，而且对于拥有少量土地的自耕农打击最大。

从土地交易方式来看，传统的抵押→典当→活卖→死卖的卖地流程在灾荒期间并未很好地践行。相反，活卖和死卖占据了绝大多数。同时，银钱交易也反映了极强的地域性，晋北地区和晋东南地区普遍使用钱交易，晋南地区、晋中地区和晋西地区则银钱两用，其中晋中和晋南地区用银交易居多，晋西地区用钱交易居多。为了方便计算，笔者根据土地交易换算出光绪元年到七年（1875—1881 年）的银钱比价（表 1），其中光绪三年（1877）和光绪七年（1881）出现了较大的变动，分别为 1：2079 和 1：2508。这是十分惊人的比例。[②]

灾荒破坏程度与土地交易量成正比，与地价成反比。从卖地价格来看，土

① 冯尔康，常建华：《清人社会生活》，沈阳：沈阳出版社，2002 年，第 17 页。

② 这与韩祥统计出的丁戊奇荒时期山西地区的银钱比价有很大出入，另外数据的平均值基本接近于博尔所推算的 1：1275 到 1:1500，笔者推算的银钱比价大概在 1：1100 到 1：1650 之间。参见韩祥：《晚清灾荒中的银钱比价变动及其影响——以"丁戊奇荒"中的山西为例》，《史学月刊》2014 年第 5 期。

地价格十分低廉，达到清代最低值。①这与丁戊奇荒有直接的关系，光绪三年（1877），"自五月以后，半载不雨，百谷歉收，约计秋成不足十分之一。民间仓箱一空，惶恐无措，纵欲扶老携幼，就食他方，而旱灾极宽，无处可适。漫言房产、地土无人置买，即少妇幼女欲舍身糊口，亦复无主……"②此时若再进行土地买卖和投资，就存在极大的风险。供需关系的严重不平衡，直接导致了地价的急速下降以及大量无主荒地的产生。

契约文书中甚至出现了直接地以地换粮的行为。现摘录一份新绛县的换粮文书如下：

（契一）西康村刘苏吉世用，南巷基地一方，东至路西，北至置主，南至吉忠信，四至分明，出入依旧，同人言明吃面三斤八两作钱三百五十文整，情愿卖与吉万顺名下为业，当日面业两交，外无欠少，恐口无凭，立卖约为证。

光绪三年十二月十五日

吉六马代笔③

（契二）立卖基地文字人吉世用因为埋葬弟妻，无有口食，今将自己南巷基地一方，东至路西，北至置主，南至忠信，四至分明，出入依旧，情愿卖与吉万顺名下为业，同人言明吃面三斤半作钱三百五十文，当日面业两交，外无欠少，恐口无凭，立卖约为证。

光绪三年十二月十五日

中人堂见吉六马书④

以上两份文书当记录的是同一个交易，但是经过对比发现有三处不同。首先，契一为红契，契二为白契；其次，契一未详细说明卖地缘由，契二则具体指明卖地缘由是因为埋葬弟妻，无有口食。最后，粮食计量单位不同，分别计作三斤八两和三斤半。从契约中了解到，当时的白面价格达到了100文/斤左右。这同时证明，泽州各地在碑刻中描述的"米面腾贵，小米一斗二千六，白面一斤一百文"⑤和"小米每斗一千六百文，小麦每斗一千三百文，白黑豆每斗一千二百文，蕉子每斗九百文，白面每斤一百一十文，谷糠一斗六十文，蕉糠一斗

---

① 参见笔者对清代山西地价的整体研究，指出清代地价最低值出现在光绪朝，合 5.025 两/亩。郝平、李宇：《契约所见清代山西土地价格初探》，《福建论坛（人文社会科学版）》2018 年第 8 期。

② 《石堂村光绪三年灾荒记》，清光绪十四年（1888）十一月刻，现存于沁水县龙港镇石堂村大庙，嵌于大殿西墙壁。

③ 晋南契约文书-1622，山西大学历史文化学院郝平藏。

④ 晋南契约文书-1623，山西大学历史文化学院郝平藏。

⑤ 《山河镇时街村光绪三年灾荒碑记》，清光绪五年（1879）闰三月十八日勒石，现存泽州县山河镇时街村。

卅二文……"①等粮价昂贵的现象是存在的。至少在晋南地区，粮价已经是十分
高昂了。

以地换粮并不是个案，在《丁丑大荒记》的碑文中也提到："房屋器用，
凡属木器，每斤卖钱一文，余物虽至贱无售。每地一亩，换面几两，馍两个。
家产尽费，即悬磬之室亦无，尚莫能保其残生……"②《临汾救荒记》也指出"至
于房屋地亩，其值尤贱，有大房三间卖钱一百八十文者，有易二三饼者，有土
地一亩卖钱一二百者，统计合县拆烧民房不下十之五六，而城关之拆卖庙宇犹
复不少……"③但是这种出卖生产资料换取少量粮食的行为，对农业生产造成极
大破坏，阻碍了农业再生产与地方经济的持续发展。

三、岁荒民贫：灾荒对中下层民众的冲击

灾荒对于拥有少量土地的自耕农和贫农等中下层民众的冲击最为严重。大
量自耕农通过变卖自己的土地应对灾荒，从而使自己由自耕农沦为佃农或无地
的贫农。现摘录一份契约如下：

> 立典平地、井地、坡地文约人李项元，因为使用不便，今将自己村北
> 平地一段计四亩，其地南北畛，东至□兔儿，西至□业儿，南、北至千角。
> 村西井地一段，计地一亩，其地东西畛，东至李甲三，西至道，南至吕□
> 子，北至吕来盛。村北地坡地一段，计地一亩，其地东西畛，东、南至吕
> 喜原，西至道，北至李九合。四至分明，行走依旧，今立凭出典与李家十
> 字天地会名下承业。同中言明，时值典价钱一十千文整，止当日钱业两交，
> 并不欠少。恐口不凭，立典约存照。
> 　　光绪三年正月廿日
> 　　立典地文约人李项元
> 　　中人：李广元、李驾科
> 　　附：后挑此地本人租种，每年租资钱一千五百文，租草办纳粮差。④

以上是文水县人李项元的典地契约。李项元将地典与天地会后，又通过承
租的方式保留了土地的耕种权。出典承种在灾荒中不失为一种明智的举动，虽
然田主短暂地丧失了土地所有权，但同时又保留了土地耕种权。而田主通过典

---

① 《北义城镇蔡河村绝荒觉世警后迩言》，清光绪七年（1881）十一月勒石，现存泽州县北义城镇
蔡河村。

② 《丁丑大荒记》，清光绪九年（1883）三月刻石。碑砌于运城市盐湖区上王乡牛庄村。

③ 《临汾救荒记》，王天然主编：《三晋石刻大全·临汾市尧都区卷》，太原：三晋出版社，2011年，
第515页。

④ 晋西契约文书-1002，山西大学历史文化学院郝平藏。

地，可以获得部分典金用于度荒。不过这样的事例在"丁戊奇荒"中并不多见，主要是因为大量的土地无人置买。相较于典地，买主更倾向于购买无法回赎的土地。这样，在土地买卖中，自耕农出典沦为佃农的概率，远不及自耕农破产沦为贫下农的概率。

而且，自光绪朝以来，自耕农的田赋、耗羡尤其是额外加派达到了前所未有的程度，致使自耕农的封建负担成倍增长。[①]除田赋外，山西差徭也十分严重，光绪四年（1878），山西巡抚曾国荃疏陈晋省疮痍难复，请均减差徭以舒民困。其略曰："豪猾者恃有甲倒累甲，户倒累户之弊，将其地重价出售，而以空言自认其粮。三五年后，乘间潜逃，于是本甲既代赔无主之粮，又代认无主之差，贻害无穷……"[②]光绪五年（1879），阎敬铭再次奏疏"内惟差徭累民实甚，北省悉然，山、陕尤甚……近年兵差已少，只有流差，不惟驿路差费未能大减，即僻区仍形烦重。现在粮银一两，率派差钱八九百、一串余不等。明无加赋之名，阴有加赋之累。钱粮或有蠲缓，差钱歉岁仍摊。"[③]。自耕农严重的封建负担，导致了自耕农不论是灾前还是灾后的处境都极其艰难，特别是削弱了自耕农在灾荒中的应变能力。据《解县志》记载，山西解县"当全盛之时，户口七万有零，平均分之每人仅得四五亩旱田，终岁劳苦，丰年略可自饱，仍不可事父母，畜妻子，一遇凶歉，死亡殆尽"[④]。自耕农的处境尚且艰难，贫下农的处境就更为堪忧，人吃人的现象更是在所难免。

四、小结

这一时期的土地交易基本在自耕农内部进行，或者更确切地说，出卖田产的大多为自耕农阶层。虽然交易零散且交易数量基本不大，大多集中在20亩以下。但也足以表明，巨灾之下，自耕农纷纷破产的现状。另外，中小地主或者大地主在灾荒期间大规模购买土地的行为，在契约中也较少见到。这就表明，在"丁戊奇荒"这种特大的灾荒特殊背景下，至少在山西境内，无论是自耕农还是中小地主阶层，都没有能力进行大规模的土地交易，地权的流动依然是分散的。单就其直观后果而言，灾荒对拥有少量土地的自耕农阶层影响最大，它导致大量的自耕农在灾荒中沦为了佃农或无地农民，而留存下来的自耕农亦很难通过并购大量土地的方式跻身到中小地主的行列。换言之，整个自耕农阶层，

① 徐浩：《论清代华北自耕农的经济负担》，故宫博物院、国家清史编纂委员会编：《故宫博物院八十华诞暨国际清史学术研讨会论文集》，北京：紫禁城出版社，2006年，第405页。

② （清）赵尔巽：《清史稿》卷121《食货》二，"赋役"，天津古籍出版社编辑部编：《二十四史·附〈清史稿〉》，第13卷《清史稿》上，天津：天津古籍出版社，2000年，第641页。

③ （清）阎敬铭：《稽察赈务大臣阎敬铭条陈山陕差徭苦累拟设法减轻疏》，山西省史志研究院编：《山西通志》第50卷《附录》，北京：中华书局，2001年，第31-32页。

④ （民国）《解县志》卷3《丁役略》，民国九年（1920）石印本，中国国家图书馆藏。

有一部分在勉力自存，另一部分则明显向更低的社会层次下移或沦落。

　　此外，从以往的研究来看，或许都过重地强调了灾荒中民众对儒家教义的践踏这一层面，而对于民众在灾荒中的日常生活和常态行为则关注较少。在官方文献的记载中，民众卖妻鬻子和相食人肉等有悖伦理道德的行为被统治者树为灾后重建儒家经典的反面形象而大肆渲染。而民众在灾荒中的日常生活基本被忽略，取而代之的是官府和社会精英阶层的赈灾活动。"就灾言灾"仍然是目前灾害史研究难以突破的瓶颈，官方话语体系下的灾害记录方式，是否在一定程度上禁锢了研究者的思维，这或许是值得我们深思的。灾荒期间的社会生活并不应该被简单地定义为逃荒和救荒。社会各群体诸如商人、自耕农、佃农甚至是市民等中下层民众在灾荒中所表现出的不同生活方式构成深入了解灾荒社会的重要方面。从这个层面上来讲，"自下而上"的灾荒社会史研究意义重大，而相应民间文献的发掘和利用就十分有必要。

1933 年河南滑县灾民迁移述论

杨立红

（安徽中医药大学马克思主义学院）

在传统农业社会，土地与农业是农民赖以生存的根本。对于生活在河南省的农民来说，长期过着面朝黄土背朝天的生活。农业的丰歉与否完全取决于上天，即俗话说的"望天收"。一旦发生水灾，田地淹没，庄稼绝收，灾民无以果腹，朝不保夕。1933 年夏，黄河泛滥导致沿河多县被淹成灾，其中，尤以滑县受灾最重，受灾面积达 5500 平方里，伤亡 9907 人，待赈灾民 290 172 人，房屋冲毁 458 023 间，田禾被淹 1 290 000 亩，牲畜淹死 15 000 头，财产损失2990 万元。①时人称此次黄河水灾为"近百年来所未有"②。

在走投无路的情况下，原本安土重迁、乡梓家园观念浓重的灾民为了生存，不得不选择背井离乡，四处流徙。为了稳定社会秩序，减少灾民盲目外逃或走险为匪，1933 年水灾后，河南省政府动员整合各方力量与资源，将滑县灾民迁移至省内无灾或灾害相对较轻的地方维持生计。这种由灾荒引起的有组织移民是解决灾民生活的一种有效方法，但人数多，规模大，牵涉社会的方方面面，极为繁杂，需要充分发挥政府的组织计划与协调动员能力。本文拟从移民工作的筹备、移民工作的开展、安置后灾民生活的检查三个层面，对 1933 年河南滑县灾民迁移工作做一系统考察。

一、移民工作的筹备

为确保迁移工作有条不紊地开展，河南省政府进行积极的干预和引导，自始至终，对于移民办法规划、经费筹措、灾民移送、安置、监护与善后等问题，均作了周密妥善的部署与安排。

1933 年 11 月 16 日，河南省政府派员赴灾区考察，拟议将受灾严重的滑县灾民迁移至省内指定县份谋生。由于移民工作庞杂繁重，关于经费如何筹措，

---

① 《民国二十二年黄河泛滥沿河各县受灾状况统计表》，《黄河水利月刊》1934 年 1 卷 1 期，第 71-72 页。
② Dr. Charvet：《黄河水灾》，逸飞译，《河南政治月刊》1933 年第 3 卷，第 9 期，第 1 页。

难民如何分配，以及到县后如何安置，均须妥为筹划。为此，河南省赈务会拟定《移送滑县灾民就食办法》与《移送滑县灾民赴外就食办事细则》，具体内容如下：

其一，关于移民资格、移民数量与交通安排。凡是在籍不能生活且自愿出外就食的被灾良民均列入此次移民对象。对于一些不想迁移者，由移送人员进行思想动员，向其说明利害关系并予以劝告。移民数量第一期暂定为 5 万人，以后根据情况再陆续迁移。移送灾民所需火车，由省政府电请铁道部饬令各相应路局沿途所经各站随时发车，免费运送。

其二，关于移民经费。移送经费由省政府筹募，主要有两项支出：一为给养费，包括发给灾民的银钱、米粮馒头及途中供给灾民的茶水煤柴等费用；二为移送费，包括办理移送的邮电、文具、印刷支出及移送人员的川资、伙食、车马等费用。关于办事处及各招待处开支，需拟定预算，月终由省赈会造具预算决算表送省政府备查。

其三，关于灾民管理。移送灾民由河南省赈务会负责办理。移送之前，由招待处会同滑县政府将自愿外出灾民进行登记，并将移送灾民编排造册，以便查考。每登记满 200 人以上，由省赈务会指定地点，分批移送，并于启程前将灾民人数通知移入地县政府做好接纳准备。为方便核查，灾民须佩戴写有姓名的襟章。在移送途中，如发生死亡、生育等事件，护送人员须按照规定给予照料安置，并酌情发放 10 元以下的抚恤费。

其四，关于沿途招待处设置。此次移民工作事繁任重，除由省赈务会设立临时办事处外，还在道口、滑县、新乡、博爱、安阳、郑县、许昌、郾城等沿途交通枢纽设立移民招待处负责办理灾民的登记、编排、造册、护送以及发放襟章、散放给养、制定办事细则等事宜。

其五，关于沿途给养。移送灾民时，在未启程前的集合期间以及到达各县后待分配期间，均按日发放给养，但不得超过 5 日。其中，大人每日给 1 角，小孩 5 分，亦可根据情况改发小米或黑馍，小米大人 1 斤 4 两，小孩减半，黑馍大人 1 斤半，小孩 1 斤。

其六，关于灾民安置。此次移民安置地点主要分布于平汉路邻近各县，包括安阳、汤阴、林县、武安、涉县、汲县、辉县、浚县、获嘉、新乡、沁阳、博爱、济源、修武、原武、阳武、淇县、延津、郑县、密县、禹县、许昌、郾城、新郑、临颍、扶沟、鄢陵、尉氏、洧川等 29 县。根据县治繁简，按照大、中、小三个等次安置移民人数，其中，大县 1000～2000 人，中县 800～1500 人，小县 500～1000 人。灾民到达各县后，由各县政府会同地方绅董根据灾民数量及安置点贫富情况，将灾民安置至各区乡镇。各安置点须为灾民提供食宿，每30～60 户养活灾民 1 户。各县政府会同地方各部门成立灾民监护委员会，负责监督与保护，当地人不得诱卖、虐待、仇视灾民，灾民亦不得有要挟、滋事、煽惑等情形，如有违犯，由各县政府秉公惩办。灾民在各县安置时间暂以半年至一年为限，届时酌情遣回原籍。安置期间，灾民如有工作能力，愿意在所在地工作，应按照当地标准给予报酬。[①]

二、移民工作的开展

由于生活难以维系，报名的男女老幼络绎不绝，截至 1933 年 12 月 26 日，已有一万多人。1934 年 1 月 4 日，省政府饬令财政厅拨发移民经费，前后两次共拨 30 000 元。此外，旅平河南赈灾会募集 10 000 元，湖北财政厅垫拨 1000 元，北平市政府筹募 6400 余元，合计 47 000 余元。1 月 14 日，通令安阳、汤阴等 29 县做好接收安置灾民的准备工作。[②]以安阳为例，该县奉令安插 900 名滑县灾民，接到指示后，立即组织滑籍灾民监护委员会，以该县县长、县党部干事、商会主席、警佐、教育局局长、救济院长、各区区长等 16 人为委员，待灾民到境妥为安插。[③]

灾民移入地虽是一些铁路沿线少灾或无灾的地方，但受整个社会环境影响，经济并不宽裕。1934 年 2 月 22 日，滑县移民招待处依照移民办法并兼顾移入地实际情况，将移入县安置灾民人数做了明确规定。其中，安阳、汤阴、林县、武安、涉县、汲县、辉县、浚县、沁阳、郑县、禹县、许昌、鄢城、新乡等 14 县每县 2000 人，获嘉、博爱、济源、修武、原武、阳武、淇县、延津、密县、新郑、临颍、抚沟、鄢陵、尉氏、洧川等 15 县每县 1500 人，累计 50 500 人。[④]各县移入灾民人数确定后，又对各移民招待处移送灾民的交通方式及路程给养做了详细规定，并制成表 1 发给各招待处查照办理。

表 1　各移民招待处移送灾民交通方式及路程给养表

所属移民招待处	县名	交通方式	路程给养日数	所属移民招待处	县名	交通方式	路程给养日数
滑县移民招待处	浚县	徒步	1	新乡移民招待处	涉县	铁路	1
	汲县	徒步	2		修武	铁路	1
	延津	徒步	2		博爱	铁路	1
	新乡	铁路	1		济源	徒步	1
	原武	徒步	4		沁阳	铁路	1
	阳武	徒步	3		淇县	铁路	1

① 式之：《滑县移民纪要》，《河南政治月刊》1934 年第 7 期，第 5-7、10-11 页。
② 式之：《滑县移民纪要》，《河南政治月刊》1934 年第 7 期，第 8 页。
③ 《视察报告——安阳》，河南省政府秘书处编印：《河南政治视察》第 1 册，1936 年 9 月版，第 7 页。
④ 式之：《滑县移民纪要》，《河南政治月刊》1934 年第 7 期，第 11-12 页。

续表

所属移民招待处	县名	交通方式	路程给养日数	所属移民招待处	县名	交通方式	路程给养日数
滑县移民招待处	获嘉	铁路	1	新乡移民招待处	汤阴	铁路	1
	辉县	铁路	1		安阳	铁路	1
	淇县	铁路	1		武安	铁路	1
	内黄	徒步	1		修武	铁路	1
	安阳	铁路	1		沁阳	铁路	1
	汤阴	铁路	1		涉县	铁路	1
	林县	铁路	1		林县	铁路	1
	武安	铁路	1		辉县	铁路	1
	涉县	铁路	1		获嘉	铁路	1
	修武	铁路	1		博爱	铁路	1
	博爱	铁路	1		济源	铁路	1
	济源	铁路	1	安阳移民招待处	武安	徒步	4
	沁阳	铁路	1		涉县	徒步	4
博爱移民招待处	沁阳	铁路	1		林县	徒步	3
	济源	铁路	1				
		徒步	3				

资料来源：式之：《滑县移民纪要》，《河南政治月刊》1934年第4卷第7期，第12-13页。

　　由表1可见，为方便运送，减少灾民的体力消耗，多选择火车作为运送工具，且尽可能就近安置，除个别地方外，多以1日到达为主。1933年12月17日，省政府咨请铁道部饬令平汉、道清两路局，查照1929年与1931年移民办法，先行通令各路局调拨车辆，免费运送灾民分赴指定县谋生。其中，平汉线以汤阴、安阳、淇县、新乡、郑州、新郑、许昌、郾城、临颍等站为下车地点，道清线以获嘉、修武、博爱、沁阳等站为下车地点。省赈务会确定每批灾民数量后，随时通知路局在客货车上酌量附挂篷车免费运送。为有章可依，道清铁路管理局拟订《免费运送滑县灾民暂行办法》，主要内容如下：

　　一、本路运送灾民，以自道口至汲县、新乡、获嘉、修武、清化、陈庄等站为限；其转赴外路灾民，应由河南省赈务会新乡招待处，转向平汉路索车，在新乡站接运。

　　二、本路免费运送灾民，以五万人为限，自本年二月一日起，以一个月为限，如未运送完毕，得由河南省赈务会临时商请延长。

　　三、运送每批灾民，应由河南省赈务会滑县招待处提前二十四小时将

待运灾民人数及到达站点分别开单，交由道口站长转报车务处，以便指定
列车移送。

四、所有灾民，应由河南省赈务会制发襟章，以资识别而杜冒混。

该办法对道清路局运送灾民的数量、时间、交接及身份识别等做了明确规
定。该办法确定后，即开始分批运送。至 1934 年 2 月 22 日，运出灾民 5480
名。3 月 10 日，由于 1 个月的运送限期已到，依照原定办法，由省赈务会电请
道清路局延长 1 个月。至 3 月 26 日，待运人数尚有 3 万余人，经协商延长至 5
月底结束。①

由于种种原因，整个运送过程困难重重。其一，移民谋生仅为权宜之策，
故壮丁多留家看护家产，待运灾民多为老弱妇孺及伤残者，接到移送命令，因
无人照料，多借故不去。其二，灾民安土重迁，对于移民宗旨及移民安排不甚
了解，故多不愿迁移。其三，迁移期间，积凌暴发，随后又降大雪，道路泥泞，
人船无法通行。其四，自 2 月初，豫北匪患肆虐，原定道清路、平汉路沿线安
置各县因遭受袭扰而无力安置，不得不将 3 万多名待运灾民改移平汉线南段暨
陇海线东段附近各县安置，故移入县份及安置人数只好重新规划，其中，郑县、
杞县、汝南、许昌、开封各分配 2000 名，郾城、上蔡、太康各 1800 名，禹县
1500 名，尉氏、临颍、西平、长葛、新郑、鄢陵、柘城、襄城、确山、扶沟、
遂平、鹿邑、中牟、淮阳、通许各 1000 名，洧川、密县、西华、商水、商丘各
800 名，睢县 600 名，陈留、虞城、宁陵各 400 名，共计 37 700 名。由于安置
县份发生变更，各招待处所下辖各县灾民给养日数亦需做相应调整。1934 年 3
月 28 日，省赈务会通令滑县、新乡、郑县、许昌、郾城各招待所遵照办理。②

虽然一切工作准备就绪，但灾民因眷恋故土不愿迁移。截至 3 月 25 日，仅
移送 17 135 人。3 月 30 日，省赈务会派人前往灾区调查灾情，宣讲政府移民政
策，并编印通俗易懂的劝告书，分途散发。此项思想动员工作颇有成效，至 5 月
22 日，先后移送灾民 26 800 余人。此时，即将收麦，生活有望，一些灾民不愿
离乡，移民数量锐减，且各路局免费运送的时限将至。经由省赈务会拟定 5 月
底停止移送，所有各招待处暨临时办事处工作于 6 月 10 日一律结束。兹将 1934
年 2 月 3 日至 5 月底迁移灾民数量列表 2 如下。

表 2　1934 年 2 月 3 日至 5 月底移送滑县灾民人数表　　　（单位：人）

县名	移送人数	县名	移送人数	县名	移送人数	县名	移送人数
浚县	1523	新乡	1244	郑县	978	汲县	1530
安阳	2108	淇县	442	许昌	719	郾城	1916

① 式之：《滑县移民纪要》，《河南政治月刊》1934 年第 7 期，第 8-9 页。
② 式之：《滑县移民纪要》，《河南政治月刊》1934 年第 7 期，第 13-14 页。

县名	移送人数	县名	移送人数	县名	移送人数	县名	移送人数
获嘉	537	汤阴	1038	延津	866	泌阳	498
博爱	503	辉县	609	修武	572	济源	514
武安	722	内黄	526	西平	950	遂平	975
淮阳	1150	商水	743	临颍	867	新乡	472
西华	550	汝南	549	上蔡	958	襄县	475
禹县	541	郑州灾童教养院	51	鄢陵	570	长葛	480
扶沟	521	洧川	443	密县	374		
合计	27 514						

资料来源：式之：《滑县移民纪要》，《河南政治月刊》1934年第4卷第7期，第16页。

　　表 2 中所列是在道口上车的灾民人数，共 35 县移民 27 514 人。其间因有中途下车，投奔亲友，自谋生计，以及死亡、生产、疾病、全家下车者，故各县实收人数与此数相比，略有出入。[①]此后，还陆续安插滑县灾民至各县就食。以汤阴为例，截至 1934 年底，又接收滑县移来灾民 500 名，总计 1538 名，均分配各区就食。[②]在林县，1934 年 11 月，奉第三区专署训令，拨送滑县就食灾民 350 名，后调整为 345 名，均分发各区妥为安置。[③]

三、灾民安置状况的检查

　　灾民在各县安置后，饮食与住房如何保障？主客关系是否融洽？待遇是否同等？工作有无分配？生活如何维持？为深入了解灾民安置后的状况，1934 年 3 月、4 月、5 月，省赈务会先后三次派人前往各安置地点检查并予以指导。

　　通过检查发现，滑县灾民到达各县后，大多分送各区各保安置，多住在庙宇、祠堂或乡保公所等公共场所，亦有少数例外，如在汲县、郑县、长葛、上蔡、密县、商城等县，即有一部分灾民住在民房；在淮阳，灾民多与房主同院生活；在新乡，有灾民 400 人被商民安置在城关附近；在博爱，壮年灾民多安置在县城，老弱灾民则分送各乡安置。粮食、燃料等大多按照大人、小孩不同标准发放，有的按月计算，有的则按日计算，发放的物品主要有小米、白面、杂粮、绿豆、油、盐、柴火、煤炭等，除发放实物外，也有的将油盐菜柴等折合成铜钱发放。

　　由于各地经济发展水平参差不齐，有的地方钱物分发较为充裕，如在沁阳，

---

① 式之：《滑县移民纪要》，《河南政治月刊》1934 年第 7 期，第 17 页。
② 《视察报告——汤阴》，河南省政府秘书处：《河南政治视察》第 1 册，1936 年，第 3 页。
③ 《视察报告——林县》，河南省政府秘书处：《河南政治视察》第 1 册，1936 年，第 3 页。

大人每日发放白面 1 斤 4 两, 小孩 10 两, 盐醋钱 10 文; 在修武, 大人每日发放小米 1 斤 4 两, 菜盐钱 20 文, 小孩减半, 每 5 日一发; 在内黄, 每人每日发放米 1 斤 5 两或半升, 有时每日发放小铜元 15 枚自行购粮; 在延津, 每人每月平均发放粮米 40 斤, 燃料由各村供应; 在西平, 大人月给杂粮 60 斤, 小孩 40 斤, 柴各 60 斤; 在商水, 大人日给杂粮 2 斤, 小孩减半; 在郾城, 大人月给杂粮 60 斤, 小孩减半; 在禹县, 大人每日发放粮食 1 斤 4 两, 小孩 12 两, 5 日发 1 次, 每月煤 70 斤, 盐钱 1 吊, 菜钱 400 文, 煤油钱 100 文。①在林县, 不论大人孩子每人日给小米 1 升, 柴草酌发。②在上述各县, 灾民不仅有固定的住所, 而且基本可以解决温饱问题, 安置在新乡的灾民, 甚至生活费还有节余。

就主客关系而言, 除汝南县略有矛盾不和外, 其他县均称融洽。在待遇上, 基本能做到大致相同。此外, 各县还根据灾民的身体、能力及当地的实际情况, 为灾民介绍或安排适当的工作, 如在武安, 壮丁多被雇用; 在获嘉, 男子当雇工, 女子纺纱; 在延津, 壮丁或为雇工或拾粪捡柴; 在新乡, 被安置在城关的壮丁多数都有工作; 在安阳, 介绍灾民到煤矿工作; 在博爱, 指派灾民修筑城垣及马路; 在郑县, 健壮者修建河堤; 在汲县, 因春耕在望, 筹划给灾民提供种子进行耕作; 在内黄、临颍、西平等地, 有些灾民因获得贷款而成为小贩或小企业者。除了食宿外, 安阳、西平、上蔡、襄城、汝南、遂平等县还安排灾童就近入学, 禹县教育局每日派两名教员给灾民讲授各种常识。③

在河南省赈务会的精心筹划与各移入县的支持下, 多数灾民生活能够维持。当然, 也有少数县因不执行上级决定或负责人渎职等而安置失当。如在新郑, 各保对县政府的安置办法大半漠视, 给灾民提供的住房和食品较差, 而且在待遇上不能同等对待; 在西华, 不够吃, 无工作, 灾民对此颇不满意; 在济源, 第二区保长克扣灾民口粮, 其他各区待遇亦较低; 在汤阴, 因卫生条件差, 有灾民感染猩红热, 不仅如此, 第五区区长未按规定发粮, 还将告状的灾民罚打 200 军棍。对于上述不良现象, 省政府责令各县政府对此改进或查办。④

赴外谋生并非长久之计。1934 年 6 月, 移外灾民归乡心切, 他们以耕作有望、不愿久居他乡为由, 纷纷请求回籍, 并强行登车, 路局及招待处无法阻止。为维持社会秩序, 省政府电请铁道部仍按照前述运送办法与路线将拟欲回籍的灾民运回原籍, 时间自 7 月 18 日起至 8 月底止。⑤

综上所述, 1933 年滑县移民是民国时期河南省政府组织的颇具规模的省内

① 式之:《滑县移民纪要》,《河南政治月刊》1934 年第 7 期, 第 17-21 页。

② 《视察报告——林县》, 河南省政府秘书处:《河南政治视察》第 1 册, 1936 年, 第 3 页。

③ 式之:《滑县移民纪要》,《河南政治月刊》1934 年第 7 期, 第 17-21 页。

④ 式之:《滑县移民纪要》,《河南政治月刊》1934 年第 7 期, 第 19-20 页。

⑤ 式之:《滑县移民纪要》,《河南政治月刊》1934 年第 7 期, 第 9 页。

移民活动，由于计划合理，准备充分，组织严密，各方接洽顺畅，尤其是铁路等现代交通工具的使用，不仅极大地提高了移民的效率，还减少了灾民在迁移过程中的艰辛及一些不必要的死亡。虽然受政局动荡不安、社会经济发展迟滞、迁移经费有限、难民数量庞大等多种因素的掣肘，在移民过程中存在诸多不足与问题，但总体而言，本次移民工作办理均甚妥善，不失为河南近代史上一次成功的大规模移民案例。

晚清以来江汉平原的环境变迁与救灾作物生产的变化

张家炎

（美国肯尼索州立大学）

　　江汉平原是中国最重要的农业区之一，而当地传统农业的主要内容系作物种植业特别是粮食种植业。但在对江汉平原的已有研究中，侧重粮食生产的研究并不多，且这些研究主要集中在水稻生产及其贸易上，特别是"湖广熟、天下足"之谚及其所代表的含义，偶尔涉及一些其他作物包括救灾作物的生产。[①]另外，这些讨论多只集中在清代且侧重于技术、生产等农业史内容，并未涉及清朝以后的变化，更没有将这些变化与环境演变联系起来。笔者曾在相关著作中讨论过清代民国期间江汉平原的作物生产与耕作制度的环境适应性，包括救灾作物的种植，但对中华人民共和国成立后的变化则涉及不多。[②]本文旨在继续探讨此话题，但侧重救灾类粮食作物的生产，并将时间从清末民国延续至中华人民共和国成立以后，这期间中国的政治制度、社会经济结构及人民生活水平均发生了翻天覆地的变化，堤防体系也因大兴水利而日趋稳固，决堤泛滥的频率大幅减少，粮食生产也相应发生改变，救灾类粮食作物的生产更是如此。因此本文的重点将是环境变化与救灾类粮食作物种类及其变化之间的联系，考察在当地曾经很重要的救灾类粮食作物如何因环境条件的改善而种植面积日渐减少以至消失，以及某些传统救灾产品新时代下的新功能。文中所使用的资料主要来自当地各个时期编修的地方志，辅以一些新中国时期的档案材料。

一、晚清江汉平原的环境条件与救灾类粮食作物的种植

　　江汉平原从宋元时期开始围湖垦垸，在明清时因移民的不断涌入而至高峰。围湖垦垸一方面扩大了耕地面积，另一方面也减少了洪水的宣泄之地，结果造

---

　　① 对相关研究的简述可参考张家炎：《十年来两湖地区暨江汉平原明清经济史研究综述》，《中国史研究动态》1997年第1期，第2-11页。

　　② 张家炎：《克服灾难：华中地区的环境变迁与农民反应：1736—1949》，北京：法律出版社，2016年。

成了频繁的水灾，堤防失修的情况下更是如此。

作为水灾频发的地区，江汉平原的粮食丰歉明显受到其环境及其变化的影响。广泛流传于洪湖、沔阳一带的民谚"沙湖沔阳洲，十年九不收。若是一年收，狗都不吃糯米粥"所反映的正是这种粮食丰产但不稳产的情况。当地的农业生产，特别是粮食生产就表现出明显的适应这一环境的特点。

地方志中有关物产类的记载是了解清代江汉平原粮食作物种类及其品种的主要依据。当地几乎所有的清代方志均以最多的篇幅谈粮食作物，特别是水稻。水稻不仅是这些方志中排在第一位的作物，品种也比任何其他作物都多。此外，更有糯粳籼之分、早中晚之分。水稻因其需水的生理特性，必须种植在排灌方便的地方。在这些地方，不同地势上人们又会选择种植不同的早晚稻种类。其中更有些特殊品种，如耐涝的青占子、早熟（能在大水来临之前收获）的芒早，以及在尚不能种常规水稻的淤田种植的撒谷等。这些都是当地民众为适应严重的洪涝灾害而做出的环境适应性选择。[①]

水稻虽然总体而言是江汉地区最主要的粮食作物，当地也有不少旱地。江汉地区的旱地作物包括大麦、小麦、黍、稷、粟、高粱、荞麦、蚕豆、豌豆、绿豆、玉米、芝麻，以及大豆等。大小麦在江汉地区的清末方志记载中一般是仅次于水稻的粮食作物，也有着比其他旱粮更多的品种记录。黍、稷、粟、高粱、芝麻等作物种植面积可能不大，但分布较广，它们一般被当作杂粮，在当地人们生活中起辅助性的但不可或缺的补充作用。但粟在某些地区也被当作主粮。豆类种类繁多，其中不少实际上只有菜蔬的功能，但有的则既是粮食又可榨油。大麦因其成熟早可以避开洪水，而高粱则耐渍，种植这些作物也表现出很明显的适应当地环境的特点。但明清时期在中国人口增长中起过特殊作用的美洲粮食作物（如玉米与红薯）在江汉平原并没有多大的影响，只有零星栽培。[②]

由于当地水灾频繁，救灾显得特别重要，因此方志中往往专门有救灾作物的记载，特别是水生作物。这些作物所占比重可能不大，但地位重要——因救荒乃救命。[③]如汉川由于频遭水灾，救荒尤显重要，因此其志书不仅辑录常规救荒作物，还专门辑录那些可以救荒的非常规物产，如茭米、菱角菜、水荷等。[④]这几种救荒物产皆系水生，突出体现了当地江河湖泊众多的环境特点。

另外，灾后补种的也多是粮食作物，以救荒济急。既是救荒作物，其品质自然不能与常规作物相比。[⑤]因此，对传统时期依赖这些救灾作物度荒的农民的

---

① 张家炎：《克服灾难：华中地区的环境变迁与农民反应：1736—1949》，第 98、100-103 页。

② 张家炎：《克服灾难：华中地区的环境变迁与农民反应：1736—1949》，第 99-100、103-104 页。

③ 如晚清时期孝感农民常在青黄不接之时抽取尚未完全成熟的谷穗救急，所以在当地农民称这些水稻为"救命稻"（湖北省孝感市地方志编纂委员会编纂：《孝感市志》，北京：新华出版社，1992 年，第 123 页）。

④ 光绪《汉川图记征实》第五册，第 20 页上至 21 页上。

⑤ 张家炎：《克服灾难：华中地区的环境变迁与农民反应：1736—1949》，第 179-182 页。

生活水平不能赋予过于浪漫化的色彩。

二、民国时期江汉平原的环境条件与救灾类粮食作物的生产

民国期间虽然先后设立了荆江堤工局、江汉工程局等专门的水利机构，开始利用现代技术管理、整修堤防。但由于当时内忧外患不断，这些变化的影响有限，当地水灾频繁的局面并没有得到根本性的改变，因此救灾类粮食作物的生产仍然十分重要。例如，清代的某些水稻品种在民国时期继续存在。在汉阳民国时期的水稻品种包括早稻中的五十早、六十早，中稻中的等苞齐，晚稻中的竹竿青，以及"直接撒播的芒谷和泅水稻"等。[①] 沔阳地区当时也种撒谷。[②]

就产量而言，据对当地 1936 年主要粮食作物产量的估计，水稻第一、小麦和大麦产量仅次于水稻的格局没有变化，大豆与高粱分占第四位、第五位。玉米虽然在江汉平原的多数县有分布，且在总产上上升至第六位的粮食作物，其比重仍很低（2.1%）；红薯在当地粮食作物中的比重更低（0.25%），可忽略不计。[③]

民国时期粮食生产中值得一提的是栽培制度中的双保险制。这一制度应该是从清代延续下来的传统，但在地方志的记载中普遍出现于民国时期。由于江汉平原地下水位低且稻作区人们不习惯吃面食等原因，稻麦轮作在江汉平原面积有限。在这些有限的水旱轮作制中，主要是依据雨水或灌溉情况而选择水稻与另一旱作物之间的轮作，当地人称之为"双保险"[④]。有些地区的农民在那些收成没有保障的田里干脆高粱、水稻一起种，"天旱收高粱，天涝收谷子"[⑤]。

上文侧重讲了晚清时期江汉地区某些水生植物的救荒功能。民国期间的记载表明当地人种的不少旱地作物也是为了救荒。比如，大麦因其收获季节早可以避过水灾，故在不少地方种植比小麦更普遍，如在汉川。该县由于水灾频繁，也特别重视其他旱地救荒作物的种植，包括大豆、高粱、玉米、甘薯、荞麦等，"多为渡（度）荒所需"[⑥]。其中荞麦的分布甚广。荞麦在清代就是常见的灾后补种作物，民国时依然如此。在 1917 年进行的一项湖北全省产业调查中，江汉平原地区有 5 个县（夏口、京山、潜江、天门、松滋）的荞麦种植面积超过 2 万亩，其中夏口年荞麦播种面积占该县粮食播种总面积的 22.56%。[⑦]在此调查中潜江的荞麦种植面积只有 2 万多亩，但其新修方志称由于荞麦生长期短，该地常将

① 汉阳县志编纂委员会主编：《汉阳县志》，武汉：武汉出版社，1989 年，第 174 页。
② 仙桃市地方志编纂委员会编纂：《沔阳县志》，武汉：华中师范大学出版社，1989 年，第 90 页。
③ 张家炎：《克服灾难：华中地区的环境变迁与农民反应：1736—1949》，第 99-100 页。
④ 张家炎：《克服灾难：华中地区的环境变迁与农民反应：1736—1949》，第 108 页。
⑤ 《毛嘴镇志》，1990 年，第 20 页。
⑥ 湖北省汉川县地方志编纂委员会编纂：《汉川县志》，北京：中国城市出版社，1992 年，第 126-127 页。
⑦ 胡焕宗编：《湖北全省实业志》卷 1，汉口：中亚印书馆，1920 年，第 27、63、65、67、104 页。

其作为受灾后的补种作物，民国期间因当地水灾多而"每年种植4至5万亩"[①]。

　　与在清末一样，水灾之年人们继续采菱挖藕以之代粮济灾，而在丰收年份这些只是蔬菜或副食。[②]食用这些水产品不是说江汉民众生活得如何好，而是表明灾年有代粮品充饥。

三、新中国初期江汉平原的环境变化与救灾类粮食作物的生产

　　中华人民共和国成立以后，政府为了提高农业生产水平而大力改造旧的生产方式，包括培育引进新的作物品种、改进耕作制度、采用新的农业技术等，同时不断兴修加固堤防、进行大规模的农田水利建设、提高旱涝保收面积，结果使粮食单产、总产大幅提高，而同时主要粮食作物种类却日益减少，救灾类粮食作物的生产除"大跃进"时期例外扩展外，其基本趋势是越来越少乃至消失。

　　为了增加农业产量、提高人民生活水平，中华人民共和国成立初期政府特别重视水利建设，因为"水利是农业的命脉"。在江汉地区的具体表现是整修堤防、合堤并垸、河湖分家等，大大减少水灾，为稳定的农业生产创造条件。当然，一旦水灾发生，人们也会补种作物救灾，如水稻（撒谷）、杂粮（黄豆、荞麦）、甚至蔬菜（萝卜、白菜）等[③]，与传统时期无异。

　　在农业生产技术方面，湖北省从1956年开始进行单季改双季、旱田改水田、高秆改矮秆、籼稻改粳稻、坡田改梯田的所谓"五改"[④]。其中最后一项与江汉地区关系不大，而前四项均系耕作改制与品种改革都与江汉平原直接相关。进行这些改革的原因显而易见，如在应城，因水稻传统品种"世代相传，混杂退化，低产易倒"，故中华人民共和国成立后渐由新品种取代。[⑤]

　　以上大兴水利、耕作改制、改进品种等都对粮食作物的生产产生很大的影响，特别是使救灾作物种类减少与面积降低，但"大跃进"时期例外。"大跃进"时期由于自然灾害，农业生产上缺乏有效指导，不少青壮年外出进行大炼钢铁或进行水利工程建设，以及浮夸风、高征购、大办食堂等的影响，结果造成严重的饥荒。江汉民众有灾年种植救荒作物的传统，大饥荒时期他们当然不会忘记这一传统，如水田面积大的监利县大力发展深水稻，洪湖县则是广种秧䅟等。[⑥]

---

　　① 潜江市地方志编纂委员会编：《潜江县志》，北京：中国文史出版社，1990年，第233页。

　　② 湖北省石首市地方志编纂委员会志编纂：《石首县志》，北京：红旗出版社，1990年，第203-204页；湖北省汉川县地方志编纂委员会编：《汉川县志》，第105、659页；《沔阳县志》，第113页。

　　③ 《草埠湖农场志》，内部发行，1988年，第17页；徐新洲：《县河溃口和救灾的回忆》，《云梦文史资料》第24辑《沙河帆影》，2006年，第271-275页。

　　④ 《湖北省志·农业（上）》，武汉：湖北人民出版社，1994年，第65页。

　　⑤ 湖北省应城市地方志编纂委员会编纂：《应城县志》，北京：中国城市出版社，1992年，第160页。

　　⑥ 艾文华：《湖中取大宝：监利县48万亩深水稻空前大丰收》、韩耀辉：《一个工生产141斤粮——洪湖汉河口公社水晶管理区1521亩秧䅟大丰收的经验》，1959年，全宗SZ1，目录2，第602卷，湖北省档案馆藏。

其中杂粮的变化与作用很大。在荆门，1961 年因大旱，种植玉米 9 万多亩，大致是平时年均种植面积的 9 倍，是年杂粮面积、总产量均居历年之最。汉川 1961、1962 年的杂粮面积与总产量亦均为该县历史上最高的两年。①

20 世纪 60 年代初红薯的种植是另一大变化，晚清民国时期不甚重要的红薯此时种植面积迅速扩大，如在松滋，红薯原来主要分布于山区，其平原丘陵地区种植很少，但在 1960—1965 年"因粮食紧张"而种植很多。枝江 1962 年种红薯近 5 万亩，为历年之最。在江汉平原腹心地区的潜江县，以前很少种红薯，但在 1959—1961 年每年的红薯种植面积都在 6 万亩以上，1961 年红薯产量更达历史之最。在江陵，红薯也从以前的零星种植扩大到 1962 年的 2 万亩以上。荆门 1961、1962 两年红薯种植面积均超 11 万亩、总产量超 700 万公斤，皆为历史之最。②

与清代民国时期一样，江汉农民也会采集水产品充饥，如 1960 年公安县农民大量采（野）莲、采菱度荒。③洪湖水面多、也有采集水生植物度荒的传统，如 1960 年春全县就采集菱角、藕、鸡豆等水产品数千万斤。④因此"大跃进"时期江汉平原滨湖地区的情况总体上讲比丘陵地区要好。⑤

四、江汉平原兴修水利的成就与 20 世纪 80 年代以来救灾类粮食作物的生产

随着 20 世纪 50 至 70 年代大兴水利所带来的相对较为稳定的环境（至少没有了 1949 年以前差不多年年都有的溃堤泛滥）以及农业生产水平的不断提高，江汉地区那些曾经流行的救灾作物渐渐失去市场，有些最终被淘汰。

其中杂粮的变化尤其明显，如在江陵，1949 年以前全县还常年种植粟谷 7 万亩左右，到 1985 年其种植面积已不足千亩；黍、稷此时亦已只有零星种植了；高粱 1949 年尚有 2 万亩左右，80 年代时仅在零星地块有种植；大豆的种植面积也从 1949 年以前年约 10 万亩而大幅减少至 1985 年的万亩以下；荞麦在 80 年代时已很少种植。⑥在石首，其荞麦种植面积从 1961 年高峰时的约 4.5

---

① 湖北省荆门市地方志编纂委员会：《荆门市志》，武汉：湖北科学技术出版社，1994 年，第 258-259 页；《汉川县志》，第 124 页。

② 湖北省松滋县志编纂委员会编：《松滋县志》，内部发行，1986 年，第 290 页；湖北省枝江县地方志编纂委员会编纂：《枝江县志》，北京：中国城市经济社会出版社，1990 年，第 122 页；《潜江县志》，第 233 页；湖北省江陵县县志编纂委员会编纂：《江陵县志》，武汉：湖北人民出版社，1990 年，第 274 页；《荆门市志》，第 258 页。

③ 公安县志编纂委员会：《公安县志》，北京：汉语大词典出版社，1990 年，第 187 页。

④ 《生产救灾工作总结报告》，1960 年 7 月 11 日，全宗 SZ67，目录 2，第 828 卷，湖北省档案馆藏。

⑤ 《生产救灾工作的综合报告》，1961 年 12 月 10 日，全宗 SZ67，目录 2，第 907 卷，湖北省档案馆藏。

⑥ 《江陵县志》，第 274 页。

万亩降至 80 年代初的 1500 亩，且多种植于洲滩之上；黍子在中华人民共和国成立初尚有少量种植，80 年代已无人再种。[①]松滋在 80 年代时已将荞麦淘汰、粟谷也接近被淘汰。[②]监利随着水利条件的改善，70 年代以后高粱、粟谷的种植大量减少，而黍子与荞麦则已绝迹。[③]潜江 1954 年水灾后曾大量种植荞麦，之后其种植面积日渐减少，1985 年时就只在零星田块有种植了。[④]在枝江，当地百姓传统上会在水退之后于湖田补种粟谷、荞麦，但在 80 年代时已不再种。[⑤]汉川曾有广种杂粮作物救灾的传统，但中华人民共和国成立以后灾害减少，农民逐渐转向种植产量高及能赚钱的作物，因此以前用于救荒的杂粮种类与面积均大量减少，至 80 年代中期粟、黍、荞麦、饭豆、绿豆、高粱等或已差不多绝迹或仅在零星地块有少许种植。[⑥]

　　近 30 年来，随着人们生活水平的不断提高及健康意识的加强，消费观念也发生变化。在江汉平原，某些水生植物以前基本是野生，人们在灾时采集济急。但现在开始大规模人工种植，特别是茭、菱、莲、藕等，不是为了救荒而是为了赚钱（种植者）与健康（消费者），这是根本性的改变。如沔阳在 80 年代因城镇人口增长，藕的市场需求量增加，不少低塌田即被改粮种藕。[⑦]为了抢占这一日益扩大的市场，种植者也开始迎合消费者的口味、打出绿色产品的旗号。如汉川 20 世纪六七十年代曾大量围湖造田，但 80 年代却开始大量退田还湖，发展养殖，该市并于 2004 年成立汈汉湖绿色水产食品有限公司，保持与发展水生经济植物种植，如莲、藕、菱。[⑧]云梦县下辛店镇直到 90 年代中后期仍以农业（特别是粮食种植业）为主，后来镇政府决定利用当地的水资源优势开创新的经济模式，包括退耕还湖、退耕还藕，种植莲藕与茭白等水生植物。[⑨]

五、小结

　　以上对江汉平原晚清以来的环境变迁与救灾类粮食作物的生产进行了简单的探讨。无论是从品种的特性还是救灾作物的选择均可看出环境适应性在当地民众选择中的重要影响，由于当地水灾频发，人们乃选择多样化的、具有救灾功能的粮食作物（以及采集可食水生植物疗饥），这些作物的栽培也因环境的

---

① 《石首县志》，第 171 页。

② 《松滋县志》，第 290 页。

③ 湖北省监利县县志编纂委员会编纂：《监利县志》，武汉：湖北人民出版社，1994 年，第 135 页。

④ 《潜江县志》，第 233 页。

⑤ 《枝江县志》，第 122 页。

⑥ 《汉川县志》，第 127 页；《汉川农牧志》，1987 年，第 49-51 页。

⑦ 《沔阳县志》，第 121 页。

⑧ 汉川市水产局：《汉川市水产志（1442—2005）》，2010 年，第 4、53、174-175 页。

⑨ 《下辛店镇志》，内部图书，2012 年，第 353-354 页。

变化而改变。

环境变化虽古已有之，但中华人民共和国成立以来的变化可能最为剧烈，其影响也极其深远，包括湖泊减少或消失、物种单一化、生态脆弱性加强等。同时由于水利事业的改进，堤防体系空前稳定。由于人们不再担心频繁的决堤、漫淹，又因现代农产品品种的改进，除了"大跃进"时期应付粮食困难人们大量种植杂粮救饥外，中华人民共和国成立后基本的趋势是救灾疗饥作物的种植面积逐渐减少以至消失。这些作物的日渐消失乃是中国农村千百年来种植救灾作物传统的历史性变革。

在20世纪末21世纪初，国家对环境保护进一步加强投入，人们的环保、健康意识亦不断增加，在江汉地区的表现包括退田还湖、退耕还藕，因此湖泊面积不断增加，某些历史上曾经长期在灾年代粮的水产品亦焕发新生，但不再是代粮救荒，而是因其有利于健康的品质成为消费品进行售卖。

民国时期江南地区苦儿院初探（1911—1937）

胡　勇　杨翰林

（西北大学历史学院）

一、引言

　　慈善组织，是现代社会必不可少的组织、机构，慈善行为也是现代社会不可或缺的行为。中国的慈善史研究已有 20 多年的历史，研究的时段覆盖了中国历史的大部分，这与中国深厚的慈善传统密不可分。中国早期的历史文献中记载了许多行善布施的行为，不少思想流派的经典中也表现出了相关的倾向。比如，春秋时期的儒家思想中，内涵丰富的"仁者，爱人"是许多研究者追溯的近代慈善精神的源头。而在中国慈善史的研究中，解释慈善的概念总归要深入到中国古代文化中去寻找与其相通的概念。比如，周秋光在《关于慈善事业的几个问题》一文中，将慈善的概念与中国传统文化中的仁爱、善良等范畴联系到了一起，文中引熊希龄阐述"儒释"中博施济众与普度众生的语句是这一关联的重要佐证。在慈善史研究尚处于探索的时期，文章明确了慈善的概念，认为"慈善"是一种社会中的个人与团体不求回报、对社会中遇到灾难的人实施救助的社会行为。[①]以上情况虽然呈现出了慈善与中国传统文化的联系，但却并不代表着"慈善"是土生土长的概念。周秋光在《论近代慈善思想的形成与发展》中提出，西方的教会慈善、记载着西方思想的书刊、海外国人的见闻都直接影响了近代慈善观念的形成。[②]基于中国广大的国土面积、复杂的社会结构和众多的慈善机构，中国的慈善事业研究无法一概而论。历经二十余年的发展，中国慈善史的研究成果主要集中在以下两个方面：以特定的慈善组织或慈善家为对象的慈善组织研究，以及以某一时段或某一区域慈善事业为对象的区域慈善研究。此外，慈善法制、慈善史研究方法、慈善思想等方面也有许多结果，但与之前两方面相比数量较少。接下来，笔者将对学界现有研究成果进行简单回顾。

---

① 周秋光：《关于慈善事业的几个问题》，《求索》1999 年第 5 期，第 63 页。
② 周秋光、徐美辉：《论近代慈善思想的形成与发展》，《湖南师范大学社会科学学报》2005 年第 5 期，第 111-115 页。

慈善组织研究是慈善史研究的重中之重，在这一领域，日本学者夫马进和梁其姿著有相当重量级的著作。夫马进的《中国善会善堂史研究》从明末清初民间结社热潮兴起入手，研究清代善会与善堂的建立与组织结构、所经营的慈善事业等。①梁其姿女士的《施善与教化：明清的慈善组织》也是古代江南慈善事业研究的力作。上述两部著作不同于以往的单纯的慈善组织研究，而是从明清时期江南善会、善堂出发，阐释了儒家语境下的传统慈善。其研究已经超越了慈善组织本身，它更着眼于江南慈善这一现象，并将问题升华至"福利国家"和市民社会的层面。②二人的研究成果基于同一时代的材料，并具有诸多共同点，如关注士绅的慈善诉求、关注所谓"市民社会"的形成问题。两部著作对慈善研究的影响不仅限于扎实、大跨度的考证，还在思路上对近代慈善史研究有一定启发意义，更为对善堂、善会这种慈善组织的深入研究打下了坚实的基础。

至近代，慈善形势错综复杂，新式与传统慈善组织相互混杂。在这一时期，红十字会是近代中国最重要的慈善组织之一，对此的研究得到了学界足够的重视。在近代中国红十字会研究中，池子华取得了许多重要的成果，他在《红十字与近代中国》中对日俄战争时期红十字会与中国产生的关联、中国红字会的成立、红十字会在抗日战争中的战地救护与战后的组织复原都做出了细致的梳理与研究。③此外，他的多篇论文从微观的角度阐述了红十字会的诸多问题。④除了池子华的著作，周秋光⑤、张建俅⑥等也从经费、救助活动等方面对红十字会进行了相关研究。经过十几年的发展，红十字会史成果丰硕，许多细节被挖掘重现。除了红十字会，薛毅、刘招成的华洋义赈会研究，濮文起、李光伟和曹礼龙等的世界红十字会研究同样重现了近代时期大型慈善组织的面貌。⑦除了活跃在社会上的慈善团体外，个人慈善家们也成为学界研究的重点对象。周秋

---

① 〔日〕夫马进：《中国善会善堂史研究》，北京：商务印书馆，2005 年。

② 梁其姿：《施善与教化：明清的慈善组织》，石家庄：河北教育出版社，2001 年。

③ 池子华：《红十字与近代中国》，合肥：安徽人民出版社，2004 年。

④ 池子华有多篇论文研究红十字会运动的细节，如《辛亥革命中红十字会的江苏战场救护》（《史学月刊》2008 年第 9 期）、《近代苏州红十字运动研究》（《苏州大学学报（哲学社会科学版）》2008 年第 6 期），在此不详细展开。

⑤ 周秋光：《民国北京政府时期中国红十字会的慈善救护与赈济活动》，《近代史研究》2000 年第 6 期，第 107-139 页。

⑥ 张建俅：《中国红十字会经费问题浅析（1912—1937）》，《近代史研究》2004 年第 3 期，第 101-135 页。

⑦ 中国华洋义赈会研究成果主要有薛毅的《华洋义赈会与民国合作事业略论》（《武汉大学学报（人文科学版）》2003 年第 6 期）、刘招成的《华洋义赈会的农村赈灾思想及其实践》（《中国农史》2002 年第 3 期）和《华洋义赈会的农村合作运动述论》（《贵州文史丛刊》2003 年第 1 期）。世界红十字会研究主要有濮文起的《民国时期的世界红十字会》（《贵州大学学报（社会科学版）》2007 年第 2 期）、李光伟的《道院·道德社·世界红卍字会——新兴民间宗教慈善组织的历史考察（1916—1954）》（山东师范大学硕士学位论文，2008 年）和《民国山东道院暨世界红卍字会史事钩沉》（《山东教育学院学报》2008 年第 1 期）等。两个组织都是民国初期大型慈善组织，限于篇幅原因，此处不多展开回顾。

光的熊希龄研究、朱英对经元善和张謇慈善思想的研究等都是十分优秀的成果。

区域慈善研究是 21 世纪新兴的一支力量。经过十几年的发展，这方面研究已经成为慈善史研究中主要的思路之一。得益于社会史研究的推进，在慈善史研究的过程中，社会学的研究方法也开始被用于其中，并且取得了许多进展。近代中国，上海、苏州等地由于经济、政治等原因，较早接触到了西方事物。江南地区教堂如同雨后春笋一般破土而出，上海的租界背景也使其成为华洋交流的主要场所之一。这些地方的慈善事业快速发展，也相应地成为史学界的研究重点。

苏州慈善是慈善史研究的热点。王卫平在《清代苏州的慈善事业》中从官办、民办的角度考察了养济院、普济堂、育婴堂等机构的建立、运营，并着重考察了苏州士绅创办的义庄、善堂。①周秋光、曾桂林的《近代慈善事业与中国东南社会变迁（1895—1949）》从灾害、政治变革、经济发展、人口流动等角度梳理了 1895—1949 年中国东南地区慈善事业发展的原因，还考察了该时段东南地区慈善组织的发展和作为，最终从社会进步的角度阐释了慈善事业的进步。②黄鸿山的《中国近代慈善事业研究——以晚清江南为中心》则从传统慈善组织的近代化出发，将晚清江南的慈善组织中诸如洗心局、迁善局、济良所的道德色彩和恤孤局、抚教局与育婴堂等组织"教养兼施"的特性加以分析，从而展现出动荡社会中慈善组织的演进与更迭。③

孙善根在《民初宁波慈善事业的实态及其转型（1912—1937）》中分析了宁波地区的慈善传统、错综复杂的慈善公益团体、日常救济和灾害应急救济，还着眼于社会转型的问题，从慈善角度考察近代宁波的转型。文章全面地呈现了近代宁波错综复杂、新旧之交的慈善形势，又立意于社会的近代性、市民社会等问题，是区域慈善史中较为优秀全面的成果。④此外，王俊对新疆救济院、新疆慈善会、七道湾难民收容所等慈善机构的研究，明确了慈善事业在边陲之地新疆的发展情况⑤；王莎莎、张宗新等的山东慈善研究都是对相应地区较为全面的成果。

这部分涵盖的内容较为广泛，其中如慈善思想、慈善法制等内容都需要结合慈善组织看待。慈善思想的研究是诸多慈善组织研究中必定提及的内容，而周秋光、徐美辉的《论近代慈善思想的形成与发展》主要从西方思想传入的角度阐释近代中国慈善思想的形成，并以洪仁玕、康有为、孙中山等的慈善思想

---

① 王卫平：《清代苏州的慈善事业》，《中国史研究》1997 年第 3 期，第 145-156 页。
② 周秋光、曾桂林：《近代慈善事业与中国东南社会变迁（1895—1949）》，《史学月刊》2002 年第 11 期。
③ 黄鸿山：《中国近代慈善事业研究——以晚清江南为中心》，苏州大学硕士学位论文，2007 年。
④ 孙善根：《民初宁波慈善事业的实态及其转型（1912—1937）》，浙江大学博士学位论文，2005 年。
⑤ 王俊：《民国新疆慈善组织研究》，新疆师范大学硕士学位论文，2015 年。

为例进行分析。①周秋光、徐美辉、曾桂林、王卫平等还深入中国古代思想文化中探寻慈善思想及其根源。②此外，曾桂林的慈善法制研究也取得了很大的进展，如《民国时期的慈善法制建设及其经验教训》考察了民国时期慈善法规的设立及其积极意义，并从中汲取经验。③总而言之，这类成果并不占据主流地位，多是作为附庸存在于慈善组织研究，因此此处不再展开说明。

经历二十多年的发展，慈善史研究已经达到了相对成熟的程度。许多不被重视的档案和史料被频繁挖掘，大型的慈善组织也纷纷得到考察，区域慈善的研究范围更是遍及全国。在这样的境况下，一些规模较小却相当有效的慈善机构需要得到关注。这种机构或许结构单一、规模较小，但考察其建立、运作，却能够窥探到当时民间慈善的细节。笔者将以民国时期（1911—1937）江南地区的苦儿院为范本进行考察。

苦儿院，与其相近的名词还有惰儿院和贫儿院，其职能主要是以收养贫困儿童，并教以谋生手艺或知识。类似的组织并非民国时期才产生，宋朝有官方设置的养济院，清朝便有惰儿院这样的机构。这些组织长期存在于中国社会，却很少被人注意到。在学界以往的研究中，这类机构由于职能单一、组织分散，最多只在文章中一笔带过。比如，陈旭东在文章中提及的张謇于1912年创建的狼山盲哑学校，仅仅只是简单一提，更深入的细节很少。④又如冯筱才和夏冰的文章中明确提及了苏州苦儿院，但也仅仅只是将其作为职能单一的慈善机构的代表而已。⑤比较贴近的是赵莹莹的《上海慈善教育事业研究（1912—1937）》，其文章将1912—1937年方方面面的公益教育机构的大致情况梳理出来，涵盖了妇女教育、儿童教育、乞丐教育等部分，成果规模巨大但是细节不足。⑥苦儿院分布广泛、数量众多，却尚未有专文论述。到了民国时期，西方慈善观念和组织进入中国，慈善机构在以上海、苏州为核心的江南地区大量生根，战地救护、医疗救济等慈善机构大量出现，再加上传统的义赈类机构，苦儿院更难吸引到大众的注意力。苦儿院往往经费不充裕，无法带来强大的社会效益。但研究苦儿院的各个方面，有助于挖掘民国江南慈善事业的细节。在考察这种机构之前，摸清当时江南地区的慈善环境是很有必要的。

---

① 周秋光、徐美辉：《论近代慈善思想的形成与发展》，《湖南师范大学社会科学学报》2005 年第 5 期，第 110-115 页。

② 代表作有周秋光、曾桂林的《儒家文化中的慈善思想》（《道德与文明》2005 年第 1 期）、《中国慈善思想渊源探析》（《湖南师范大学社会科学学报》2007 年第 3 期）等。

③ 曾桂林：《民国时期的慈善法制建设及其经验教训》，《史学月刊》2013 年第 3 期，第 16-19 页。

④ 陈旭东：《北洋政府时期的民间慈善事业研究》，郑州大学硕士学位论文，2015 年，第 54 页。

⑤ 冯筱才、夏冰：《民初江南慈善组织的新变化:苏城隐贫会研究》，《史学月刊》2003 年第 1 期。

⑥ 赵莹莹：《上海慈善教育事业研究（1912—1937）》，上海师范大学硕士学位论文，2009。

二、江南地区慈善环境与苦儿院兴起的背景

研究者们习惯从文化传统、经济地位乃至慈善人才、宗教传播等角度分析江南的慈善传统。比如，苏简亚从历代慈善情况和苏州的经济地位阐述了苏州慈善发达的原因[①]；甄杰从江南慈善公益的实践风气、西方教会文化的传播及江南地区吴文化的熏陶等角度阐述了苏州商人慈善精神的来源。[②]自然环境因素在前人的研究成果中并非无处可查，周秋光、曾桂林、陈旭东等在文章中都曾对这一因素对慈善的影响做出阐述。上述研究者不仅用翔实的史料佐证了近代灾害频发的事实，还细致地对各种自然灾害进行分类，如周秋光就重点对中国近代水灾的危害进行了阐释。[③]但是上述研究者提及自然灾害的语境范围是"全中国"。近代中国幅员辽阔，气候地形复杂多变，任何自然现象都不能一概而论地套用到所有地区。王俊在研究中列举了民国时期新疆的慈善形势，其中自然灾害也是重要的一点[④]，在王莎莎的明清山东慈善研究中并未提及自然灾害的因素[⑤]，但赵士文的研究却佐证了清代山东灾害频发，尤其水旱灾害盛行[⑥]。在这里展现的其实是一个关于近代慈善逻辑：一个地区可以孕育出成熟的慈善组织，但未必因为该地区经济发达（如新疆地区）。自然灾害是一个地区慈善组织萌发的催化剂，而社会经济条件和社团组织可以依靠诸如传教士、外部团体的因素补足。

民国时期的江南，具备慈善重镇产生的自然因素。江南地处中国季风区，气候受季风影响巨大，灾害天气频发。民国时期，1934 年和 1942 年的苏州均在夏季遭受到了严重的旱灾，极大地损害了农业生产；雨涝灾害则更为严重，1931 年、1939 年和 1941 年则遭遇了严重的夏涝。这种旱涝并行的状况是季风区边界气候的一大特点。[⑦]历史上的江南自然灾害频发，是一个饱受灾害摧残的重灾区，这一因素使江南具备发展慈善事业的潜力。民国时期的江南面临的灾害形势更加严峻，除了天灾之外，人祸对社会的摧残进一步助长了灾害的肆虐。原本频发的涝灾在水利设施残破的情况下更加具有威力，给苏州生产带来了更大的摧残，如近代日军在水系周围构筑工事，最终在 1949 年暴发了破坏力极强的水灾，给社会带来巨大的损失。

---

① 苏简亚：《繁荣和发展苏州的现代慈善事业》，《第四届寒山寺文化论坛国际和合文化大会论文集》，上海：上海三联书店，2009 年，第 38-48 页。

② 甄杰：《晚清苏州商人慈善精神研究》，苏州科技学院硕士学位论文，2011 年。

③ 周秋光、曾桂林：《中国近代慈善事业的内容和特征探析》，《湖南师范大学社会科学学报》2007 年第 6 期，第 121-127 页。

④ 王俊：《民国新疆慈善组织研究》，新疆师范大学硕士学位论文，2015 年。

⑤ 王莎莎：《明清山东慈善事业研究》，山东师范大学硕士学位论文，2009 年。

⑥ 赵士文：《论清代山东对水旱自然灾害的防治》，曲阜师范大学硕士学位论文，2008 年。

⑦ 苏州市地方志编纂委员会编：《苏州市志》第 1 册第 3 卷，南京：江苏人民出版社，1995 年，第 204 页。

除了自然灾害之外，战争和疫病也是近代江南慈善面临的主要问题。民国时期的苏州防疫工作形势严峻，各种疫病流行，其中霍乱以强传染性和高死亡率最为出名。1911—1949年，苏州共暴发过13次霍乱，其中死亡率最高的一次是1942年，据统计达到了44%，死亡294人。①而1936年的霍乱则是发病人数最多的一年，感染高峰时，一周内患者增长2000余人。防疫知识的缺失加上社会秩序的混乱使得很多民众不愿意主动接种霍乱预防针，这给防疫工作带来许多难度。除了霍乱，肺结核、麻风病等疫病同样威胁着群众的生命安全。

防疫机构的缺失、社会的动荡加上技术力量的缺乏，使得民国时期的江南常常处于疫病的摧残之中。民国时期，民政局、警察局、卫生院、日伪防疫委员会等机构先后接管过防疫工作，主要做法是组织民众接种牛痘和注射霍乱疫苗。但从史料看来，这些机构作为甚少，疫病暴发时多依靠社会团体和慈善组织的救助。②

民国时期连年战乱也对江南慈善产生了巨大的影响。1924年江浙军阀交战，苏州慈善家和慈善组织积极开展收容工作，使大量伤兵和妇孺的性命得以保全。1925年，红十字会组织收容所，并且向社会补助粥米。直至"八一三事变"后，慈善组织依旧坚持救助和救援活动；至全面抗战时期，慈善组织活动转移至地下。

连年的灾害和战乱产生了数量庞大的难民和孤儿，在这种情况下，苦儿院、贫儿院等组织纷纷建立。在以往的研究之中，苦儿院由于职能单一、规模较小、不成体系，向来不受重视。在接下来的部分，笔者将对民国江南地区具有代表性的苦儿院情况进行勾勒。

三、江南地区苦儿院的建立与资金来源

（一）江南地区苦儿院的建立

苦儿院一般是由个人或慈善组织建立，资金来源一般是发起者出资或集资。如1912年4月，苏州苦儿院建立，是江南地区建立较早且影响较大的苦儿院。当时的媒体给予了很高地重视：

> 上海赤十字社，在苏州原设有分医院一所，现因南京战乱后，所收贫苦小孩甚多。由马湘伯先生与赤十字社主任杨君沈君等，商办惰儿院后，由该社筹款开办……又经庄都督定名为赤十字社苦儿院……不日择期行

① 苏州市地方志编纂委员会编：《苏州市志》第3册第50卷，第1069-1070页。
② 苏州市地方志编纂委员会编：《苏州市志》第3册第50卷，第1069页。

开院礼。①

　　报道中所提及的马相伯为近代著名教育家马相伯。沈君即沈季璜，是有名的资本家。杨君则为著名学者费孝通的舅舅杨天骥，是苏州地区的文化名人。值得一提的是，费孝通的父亲费璞安是著名教育家，更是报道中提及"赤十字社"的发起人之一。此处需要明确的是"赤十字社"这一概念，其常与"红十字会""赤十字会"这两个概念相互混淆，即便是在媒体上也常有错讹。上述三个组织中，红十字会乃是浙江著名士绅施则敬于 1904 年在上海创立的；而赤十字会则是 1911 年 10 月 8 日"上海医院院长张竹君因川鄂战事，发起中国赤十字会赴两地救疗受伤之人"②。至于赤十字社，了解这一组织的人较少，它乃是胡二梅（胡琪）在上海发起创立的。胡琪是民国时期上海的文化名人，有过旅日经历，频繁出现于各种慈善活动之中。赤十字社最初名为赤十字会，后因怕与张竹君的赤十字会混淆，因而"公议本会更名赤十字社，以免混淆"③。相较于红十字会和赤十字会偏重救死扶伤的工作，赤十字社更加注重社会公益慈善，苦儿院就是该组织的重点工作项目。另外，在近代报刊的报道中，日本的红十字会组织同样称赤十字社，二者常有混淆，需加以区分。报道中提及的人士均是在江南慈善界相当活跃的名流，他们创建的苦儿院虽并非首创，但依旧在苏沪等地引起强烈的反响。苦儿院开幕时盛况非凡，"军警商学各界，暨社会各团体中西男女来宾到者不下千余人"④，足以显示几位发起人和赤十字社的号召力。也正是在苏州苦儿院之后，镇江、上海、扬州乃至安徽省境内纷纷创设苦儿院，救济贫儿的风潮忽然兴起。

　　相较于苏州苦儿院的慈善渊源，上海广慈苦儿院的发起则显得势单力薄。广慈苦儿院是 1916 年由江苏水警第二厅第一专署署长沈葆义在上海西部闵行镇发起建立的。当时《申报》给予了高度重视，沈创办苦儿院的事宜占据了巨大的版面：

　　　　江苏水警第二署长沈葆义发起在闵行镇创设广慈苦儿院，收养贫苦无告儿童，创办经费由沈独立担任……专收贫苦儿童，授以自能生活之知识技能，俾其将来不致习于游惰。⑤

　　苦儿院的筹划、创办一共经历了两年，自 1916 年发起，至 1918 年 1 月落成开学。广慈苦儿院的创建者沈葆义，本名沈梦莲，历任上海法租界巡捕房特

---

① 《苦儿院之佳况》，《民立报》，1912 年 1 月 28 日，第 6 版。
② 《发起中国赤十字会》，《新闻报》，1911 年 10 月 18 日。
③ 《赤十字会大会纪》，《民立报》，1911 年 11 月 16 日。
④ 《苏垣苦儿院开幕纪盛》，《申报》，1912 年 4 月 23 日，第 6 版。
⑤ 《沈葆义创办广慈苦儿院》，《申报》，1916 年 11 月 6 日，第 10 版。

别包探长、江苏省水上警察厅第一专署署长。他经历过社会的动荡，认为"地方无业者多由于幼时失教之众"①。而创办苦儿院有利于吸纳社会闲散人员，维护社会稳定。创办初期，广慈苦儿院的资金来源主要是由沈梦莲个人承担。

可以看出，两所苦儿院的创办初衷虽然略有差别，但都是为了担负社会责任。二者的经费来源也有不同，但反映的却是民间资金主导创办的情况。而在镇江，苦儿院的创办则牵扯到了另一股势力，即明清时便已出现的教会。据记载，"清光绪三十二年扬子江流域水灾又起"，为了救济、收容灾民，美国纽约基督徒在华创建的报馆"委托在华教士，普遍救济，并在皖赣镇江等处，创设孤儿院二十五所"。②后来安东再度暴发水灾，报馆再设一座孤儿院，与安东孤儿院合并，成为后来的镇江苦儿院。教会慈善是近代中国慈善的参与者之一，在苦儿院的创设也有他们的影子。

（二）江南地区苦儿院的资金来源

经费是慈善机构运作的动力源，只有充足的经费才能够支撑起慈善事业的发展。苏州苦儿院的物资来源主要是依靠社会捐款、发售得物券、拍卖珍品与手工艺品和政府补助。虽没有确切地账务记载流传，但依照记者采访，捐款者"皆沪地富厚丝商，有刘翰怡先生者独资担养百余人，年助万金"③。刘翰怡乃是近代藏书家、刻书家刘承干，以一己之力承担百余人生计。从苦儿院记载的资料来看，刘翰怡一人的捐款数额就超过了当年财务收入的1/3，而江苏省民政厅拨下的数额只有1200元，是刘翰怡捐款的1/6。另外，政府在拨款置地方面起到了巨大的作用，苏州阊门外广济桥有一处盛宣怀所建立的贫儿院旧址，此处房产被拨给了苦儿院用以扎根。苦儿院花销巨大，平均每位学生每年的教养费约80元，因而院方时常财务紧张。因此，在收留贫苦儿童、教授技艺之余，苦儿院还采取措施补贴经费。除了出售手工艺品、承办各种社会活动与集会，苦儿院还建立了一支军乐队。这支军乐队频繁出现于各种社会活动、名流人士的喜丧典礼或寿宴、节日庆典等，每次演奏收取50元费用，用以补贴苦儿院经费。④

除了日常花销，帮助苦儿成家立业、走向社会也需要大笔开支。凡是从苦儿院毕业的学生，"每生拟给以百五十金，即为其成家立业之基金"⑤。苦儿院的日常活动还有参与举办义赈会（如筹备1923年春赈游艺会）、为受灾地区募

---

① 《沈葆义创办广慈苦儿院》，《申报》，1916年11月6日，第11版。

② 《镇江苦儿院之报告》，《通问报：耶稣教家庭新闻》，1935年第1652期，第23页。

③ 《译字林西报记者游苦儿院记》，《申报》，1914年5月1日，第11版。

④ 姚械芬：《苏州苦儿院》，中国人民政治协商会议临河县委员会文史资料室；《文史资料选辑》，1983年，第157-161页。

⑤ 《译字林西报记者游苦儿院记》，《申报》，1914年5月1日，第11版。

捐（1917 年筹募顺直水灾振捐）、开展探望会等，这些活动的举办也需要为数不少的经费。

　　与苏州苦儿院不同，在募集资金这件事上，广慈苦儿院的措施更加现代且复杂。在一份报纸上刊登的"广慈苦儿院发售书画赠券"的启事中，江南地区广为践行的书画慈善会的具体内容得以为后人所知。苦儿院收到社会各界的书画捐赠，"所有赠品由绅学各界捐助家藏珍品，并京沪书画家捐助之书画"，并将每幅书画编号，"额设四千号，每券售洋两元"。①由社会各界人士认购书画券，从而获得相对应的书画赠品，而资金则全部捐给苦儿院以充经费。民国时期，江浙沪慈善界活跃的文人雅士颇多，上文提及的赤十字社会长胡琪、副会长杨天骥均是文化名流。这些人或许本身没有万贯家财，却有足够的文化号召力。他们成为民国时期江南慈善界一股独特的力量。相比之下，镇江苦儿院的经费来源显得贫乏很多，"一九一八年以前，概由基督报馆担任"②，后由经营者接济，甚至曾一度潦倒关闭。

　　即使经常收到捐赠，巨大的花销也让苦儿院入不敷出，即便是政府补助，有时也难免打折发放。如 1932 年上海县政府财政赤字巨大，"所有各慈善机关补助费，按照二十年度概算，八折发放"。苦儿院花销巨大，以至于有些社会人士有心无力，书《为八百孤寒而请命》，文中提及沈葆义"捐地造屋煞费苦心，规模宏大，实事求是"，然而"后继为难，岁计约不敷五千余金"。③在巨大的生存压力下，沈葆义将自家地产"三千三百余亩匀作三股，一股拨捐院有"④。同时，苦儿院探索出了一条别致的创收道路。在沈葆义的带领下，苦儿院悉心经营，将其包装成为闵行镇一道特别的风景线，其中最著名的当属广慈苦儿院的菊花会。苦儿院儿童与职工利用课余时间栽种菊花，并在每年秋季开设菊花展览会，"并有京剧、魔术、影戏等种种余兴日夜开演"⑤。在菊花会上，有南洋兄弟烟草公司等企业设立分售处，并将收入捐给苦儿院充当资金。开办展览会"以娱来宾，并筹经费"，这种方式不仅使得苦儿院有了经费来源，更使其名扬上海。苦儿院甚至已经实现了园林化，成为闵行镇独特一景，时人称广慈苦儿院为"慈善机关中之巨擘，规模宏壮，组织完备"。⑥

　　在江南地区的诸多苦儿院中，民国八年（1919）由潘怡然建立的皖省苦儿院的财务记录有助于后人了解苦儿院的财务细节。民国十年至十三年（1921—1924），皖省苦儿院新收经费 40 302 元 7 角 9 分 9 厘，其中"经常费"占 25 870

---

①《苦儿院赠券抽笔纪》，《申报》，1918 年 11 月 6 日，第 10 版。

②《镇江苦儿院之报告》，《通问报：耶稣教家庭新闻》，1935 年第 1652 期，第 23 页。

③《为八百孤寒而请命》，《申报》，1931 年 8 月 29 日，第 15 版。

④《沈葆义捐产补助慈善费》，《申报》，1928 年 3 月 4 日，第 15 版。

⑤《闵行苦儿院之菊花会》，《申报》，1921 年 10 月 27 日，第 16 版。

⑥《记园林化之闵行苦儿院》，《申报》，1929 年 3 月 17 日，第 21 版。

元 7 角 3 分 9 厘。①"经常费"的主要来源是安徽省长公署、安徽财政厅及省会警察厅，捐款反而占据的比例较少，这与苏州苦儿院、广慈苦儿院并不相同。鉴于皖省苦儿院院长潘怡然有入仕经历，建立苦儿院乃是宦海生涯之余的事业，大量的官方捐款在苦儿院中不具备代表性。1921—1924 年，皖省苦儿院的财政支出略大于新收的是诸多苦儿院中少有的赤字不突出的案例。②

四、江南地区苦儿院的实践及其特点

（一）苦儿院的实践

苦儿院的管理体制一般是董事会制度，如广慈苦儿院，"沈先生为监督，李英石为董事长，庄式如为院长，职员十余人"③。苦儿院在人事上的自由程度尚不明确，在一些章程的变动上，还需要上报政府机关备案。但在日常活动中，苦儿院拥有绝对的自主权。

民国时期的苦儿院具备教学资质。由于时局动荡，苦儿院常常不得不接纳大量的儿童。苏州苦儿院在发展初期的规模便已不小，"约有男学生二百人，女学生二三十人"④。这些无依儿童"大都鼎革时死伤兵士之裔"⑤，乃是动荡社会的切实反映。苦儿院虽然建立时间不久，但已经名满江南，"西人之游吴者必一往观之"。苦儿院占地约三四十亩，建有工场、寄宿所。至 1923 年，操场等设施已经完备，苦儿院也因场地的便利多次成为大型展览的举办地，如1929 年苏州国货流动展览会、缉私营会操等。

苏州苦儿院的社会定位介于福利组织与学校之间，不同于现代的福利院，它具备一定的教育能力和资质。苦儿院常年与诸多学校联合举办活动，同时，还以教育机构的名义参与江苏省职业教育谈话会。苦儿院采用了"半日读书，半日习工"的教育模式，学制为六年，苦儿院的学生在前四年学习文化课知识，后两年学习工艺技术。⑥文化课程覆盖了语文、数学、历史、地理、生物，还从南洋公学请来教习教授英文课。除了正常的文化教育，技术教育是苦儿院的重点，家具木工、皮革制造、藤器竹器这三门技术是工艺课的内容。至 1917 年时，苦儿院还培养出了多名机织技工，并且还凭借工艺品在 1915 年庆祝巴拿马运河

---

① 中国社会科学院近代史研究所、民国时期文献保护中心：《民国文献类编·社会卷》第 31 册，北京：国家图书馆出版社，2015 年 8 月，第 66 页。

② 中国社会科学院近代史研究所、民国时期文献保护中心：《民国文献类编·社会卷》第 31 册，第66 页。

③ 《扩充教育：广慈苦儿院》，《上海县教育月刊》，1929 年第 18 期，第 75 页。

④ 《译字林西报记者游苦儿院记》，《申报》，1914 年 5 月 1 日，第 11 版。

⑤ 《译字林西报记者游苦儿院记》，《申报》，1914 年 5 月 1 日，第 11 版。

⑥ 赵晨民：《老照片引出苏州苦儿的前世今生》，《姑苏晚报》，2013 年 10 月 17 日。

开航太平洋万国博览会（简称巴拿马赛会）获得奖励，可见其技术教育有一定成效。

在生员收养与教化上，广慈苦儿院与苏州苦儿院并无太多差异，院内收留苦儿约150人，"分配入竹工、木工、缝工、织工等工场实习，并教以书算"①。除了授艺之外，苦儿院还有参观旅游等活动，配备的军乐队也经常出现在上海各大活动之中。广慈苦儿院成绩卓著，至1932年，"贫儿、苦儿服务于社会者不下千余人"②。

值得一提的是，基于教会背景，镇江苦儿院"无论男女学生，均系半日作工，半日读书"③。教会学校向来有破除"男尊女卑"的传统，而苦儿院这种具有办学性质的机构同样继承了下来。在思想变革方面，教会慈善机构有不可取代的积极意义。

苦儿院的工作人员也是需要考察的一个方面，表1是皖省苦儿院和苏州苦儿院主要的工作人员分类情况。

表1　苦儿院工作人员分类情况

苦儿院	工作人员类别						
苏州苦儿院④	院长	院监	会计	工场师傅	教师	庶务	内院（保育员、勤工、厨工）
皖省苦儿院⑤	院长	院监	监工	监起居	义务医生	技师	教员

从表1可以看出，苦儿院的人员设置主要包括行政与财政、教学、内务三大板块。其中，教学又分位文化课教学和技工教学。半日学习、半日习工的制度在苦儿院中被推广，从两所具有代表性的苦儿院的人员设置中可见一斑。

依靠自强的精神和社会各方的援助，苏州苦儿院取得了一定成绩。至1931年，"历届毕业生服务于各界者达数百人，均能自立谋生"⑥。广慈苦儿院也成绩卓著，至1932年，"贫儿、苦儿服务于社会者不下千余人"⑦。上海是近代中国社会运动的中心之一，受这样的环境影响，苦儿院同样积极参与社会活动之中。1920年，广慈苦儿院申请加入上海童子军联合会，并"创设童子军团，

---

① 《闵行纪游》，《申报》，1924年4月17日，第8版。

② 《闵行苦儿院校舍落成》，《申报》，1932年11月2日，第15版。

③ 《通问报：耶稣教家庭新闻》，1935年第1652期，第23页。

④ 姚械芬：《苏州苦儿院》，中国人民政治协商会议临河县委员会文史资料室：《文史资料选辑》，1983年，第157-161页。

⑤ 中国社会科学院近代史研究所、民国时期文献保护中心：《民国文献类编·社会卷》第31册，第11-12页。

⑥ 《地方通信·苏州》，《申报》，1931年5月19日，第8版。

⑦ 《闵行苦儿院校舍落成》，《申报》，1932年11月2日，第15版。

送到简章名册"①。在五四运动之后，上海等地商户参与罢市，苦儿院众人"均执国民旗，并民意战胜、恢复原状等旗游行街市"②。在上海高歌猛进的大潮中，苦儿院也参与到了社会活动的浪潮中。

虽然苦儿院力量薄弱，但这种精神却是那个年代特有的，但这种精神很快也就泯灭在了战乱之中。抗日战争期间，江南地区迅速陷落，苦儿院由于资金匮乏而不得不停办。抗日战争胜利后，苏州苦儿院改办为私立念达小学。和苏州苦儿院的命运不同，进入全面抗战后，广慈苦儿院依旧能够收到社会救济，并未泯灭在纷乱的战火之中。

（二）民国时期（1911—1937）江南苦儿院的特点

作为一种收容、教化类的慈善组织，苦儿院绝非民国时期首创，也并非唯一一个具备此职能的慈善组织。由于资料缺乏等问题，对比当时全国范围内的同类型机构有一定困难，但就笔者掌握的资料来看，不论是江南还是北京，苦儿院、贫儿院乃至贫民习艺所等类似的收容机构在设置思路、管理上的共性远远大于个性。比如，熊希龄在北京创办的香山慈幼院，也遵从了"半工半读"的思路，有志进修的毕业生同样有机会深造。③这也是近代新型慈善发展的境况下，慈善机构创办和经营思路逐渐走向专业化和趋同化，如"教养兼施"几乎成为此类慈善组织的共识。与同时代的对比，梳理历史上同类型的慈善组织并对比其特点似乎更有意义，更能凸显近代慈善的特性。笔者将简单回顾历史上主要的同类型组织，并简单做一对比。

历史上出现的收养类慈善机构大致上可分为三类：一是官府主办的救济、收养机构，如南宋、元、明时期存在的养济院；二是具备宗教背景的慈善机构，包括佛教、道教和后来进入中国的基督教所创办的机构；三是善会、善堂，即梁其姿所言"不属宗教团体，也不属某一家族，是地方绅衿商人等集资、管理的长期慈善机构"④。这三类慈善组织对中国慈善产生了深远的影响，被称为中国的传统慈善。笔者将从以下几个角度考察传统慈善机构与民国时期江南苦儿院的差异，即考察苦儿院的时代性。

首先，苦儿院的规模往往很小，一般仅维持在 100 人左右，但皖省苦儿院的规模达到了 300 余人，在苦儿院中属于个例。苦儿院广泛分布于江南地区，苏州、扬州、镇江、上海、皖南等地都有著名的苦儿院。据统计，单单上海地

---

① 《上海童子军联合会近讯》，《申报》，1920 年 9 月 25 日，第 10 版。

② 《闵行开市时之情形》，《申报》，1919 年 6 月 15 日，第 11 版。

③ 赵竞存：《香山慈幼院——记中国近代教育史上的一所独特的平民学校》，《唐山师范学院学报》2001年第 6 期，第 54 页。

④ 梁其姿：《施善与教化：明清的慈善组织》，石家庄：河北教育出版社，2001 年，第 1 页。

区的儿童教养机构至少有 11 所，皆是创办于 1911—1937 年，大部分以贫儿院、苦儿院、孤儿院为名。①江南地区之外，著名的苦儿院不多，如陕西耀县等地也有设置。

其次，从创办角度讲，苦儿院的创办具备了民间创办、教会创办的特性。民国时期同样有数量众多的寺庙创办的收容机构。与传统慈善不同的是，苦儿院与官方发生的牵连较少。在苦儿院的创办、运营中，政府既不能成为资金的主要提供者，也不能成为苦儿院的首要管理者。迫于财政压力，政府拨给各机构的善款数量有限，如每年赤字接近五千金的广慈苦儿院，江苏省提供的仅仅是"补助三千元，分季领"②。但凡大型的慈善组织，都是由慈善家或文化名流奔走组织，政府仅仅是事后予以承认，如胡二梅（胡琪）创办数年的赤十字社，至 1912 年才由临时政府内务部批准创办。③传统慈善环境中，社会资金由政府引导，慈善组织的创立都在政府的掌握之中，这与民国时期的慈善环境大不相同。

再次，从运营理念讲，苦儿院与传统慈善机构也多有不同。单就苦儿院的前身栖流所讲，其主要职能是收留乞丐，"外来流丐，保正督率丐头稽查，少壮者递回原籍安插，其余归入栖流等所管束"④。栖流所有着控制流动人口、维护社会稳定等诉求，虽然行使着收容的职能，实则还担负着监管的责任。至于近代，"养教兼施"观念才流行起来，贫民习艺所和苦儿院也得以产生。而传统慈善机构则是有明确对象的单纯救济。虽然有教会指导创办苦儿院的个例，但从苦儿院普遍的课程设置来看，文化素质与手工技术才是此类机构所认为的必需的素质。此外，苦儿院教学、后勤、行政三大部门俱全，与当代学校部门设置已相差不远。

最后，从慈善诉求上讲，苦儿院的建立早已摒弃了明清善会、善堂中弥漫着的儒家道德约束和"积阴功"⑤的风气，如专供寡妇守节的清节堂，既免去了妇女的生计之苦，也使妇女在主观上满足了守节的需要。但从客观上讲，这体现了儒生道德语境下的性别观，而这种性别观在民国时代尤其是当代的视角下无疑是滞后、腐朽的。如前所述，苦儿院的建立完全是民间力量自行聚合的结果。在大灾大难发生、社会剧烈变动后，苦儿院的数量便会增多。在社会稍显平稳的时候，苦儿院同样能够收养、教育贫民家庭的子女。这种专门化、去道德功利化的慈善是民国时期苦儿院进步性的体现之一。

① 赵莹莹：《上海慈善教育事业研究（1912—1937）》，上海师范大学硕士学位论文，2009 年。

② 《扩充教育：广慈苦儿院》，《上海县教育月刊》1929 年第 18 期，第 75 页。

③ 《内务部批胡琪等创设赤十字社请立案呈》，《临时政府公报》1912 年第 44 期，第 6 页。

④ 赵尔巽等：《清史稿》，北京：中华书局，1976 年，第 3482 页。

⑤ 此类行为与明清江南文人中流行的文昌帝君信仰有关。文昌帝君信仰产生了大量记载善行的善书，被称为阴骘文。为了仕途通达，文人们间形成按书中记载行善的风气，该行为被称为"积阴功"。参见梁其姿：《施善与教化：明清的慈善组织》，第 176 页。

此外，从思想进步的角度讲，苦儿院及相关的慈善机构有助于推进人民思想进步及社会风气改善。部分苦儿院及收养教育机构有基督教背景，其在破除如男尊女卑之类的旧思想方面有一定的功绩。同时，在中国的传统慈善机构中，济婴、济贫和济鳏寡是救济事业比较重要的版块，针对贫苦青少年的慈善机构是一大短板。在溺婴、弃婴等陋习慢慢被摒弃的近代，收养教育类的机构很好地填补了这一短板。根据赵宝爱所研究，民国时期慈幼事业的一大突破，是从法理上确定了儿童的权益。[①]而蔡勤禹则认为，培养人格健全的人是儿童收养、教育机构的原则。[②]

总而言之，苦儿院传承了部分传统慈善的特征，它规模较小却遍布江南地区，具有不可忽视的作用。它传承了明清时期善堂独立的特征，同样是社会资金聚集的产物，却很少受到政府部门的直接干预。苦儿院以其收养机构和教育机构兼备的资质为社会培养人才，并从源头上减少了社会流动人员，从侧面维护了社会的稳定。与明清传统慈善机构相比，苦儿院去除了那些道德功利的部分，对待接济对象也少了些许道德评判。苦儿院的创办者们为了支撑这份事业，不惜变卖家产、抵押宅地，如熊希龄和沈葆义。这种单纯、直接的慈善观念和务实、踏实的慈善行为，在某种程度上讲，也是民国慈善风气的一个侧面。

五、结语

民国时期，在江南地区逐渐兴起的苦儿院、贫儿院中，苏州苦儿院和上海广慈苦儿院因其创建较早、经营状况良好、成绩出色而且影响范围广。在其后，镇江、扬州、皖省等地也前赴后继地创办了苦儿院，有的也取得了不菲成绩，但却因为资金问题不得不解散，如镇江苦儿院。苦儿院的力量虽然衰微，但却是当时慈善风气的一种体现，它是近代慈善转型的一个缩影，也是如火如荼的民国慈善事业最具象的个体。在社会经济高度发达的今天，慈善基金的数量与规模空前，慈善法规也日趋发展。但对于大多数人来说，慈善仍旧是活在新闻中的事业。这固然与生产能力、社会组织的发展有关，但慈善事业仍旧不可缺少。在稳定的社会中，慈善事业的用武之地越来越小，这或许是大众慈善认知薄弱的原因之一。但是，一个健全的社会需要慈善组织来关注生存在角落的弱势群体。

苦儿院以收养、教化等方式存在于社会上，它关注着民国时期的弱势群体，而当今社会还有许多弱势群体需要关注。对于现代社会来说，更发达的社会经

---

① 赵宝爱：《略论抗战前夕的民间慈幼运动（1928～1937）》，《学术论坛》2011年第6期，第188页。
② 蔡勤禹：《国家、社会与弱势群体：民国时期的社会救济（1927—1949）》，天津：天津人民出版社，2003年，第176页。

济、全球流动的慈善资金和空前完善的慈善机制都是民国慈善机构无法企及的，但苦儿院等机构对现代慈善仍旧具有教育意义。在大型慈善组织相继创办的时候，苦儿院的创办者们脚踏实地，在客观上集微小之力，为社会做出了贡献。在物资、组织都空前发达的现代，这或许是创办慈善机构需要借鉴的经验。

灾患与造桥：湖州建桥小史

安介生

（复旦大学历史地理研究中心）

从区域的角度来观察历史地理变迁过程，是历史地理研究的一个基本视角与探索途径。而在区域地理研究中，可供研究的参照物是生动而具体的。比如，桥梁景观在历史时期江南地区景观体系建设中占有特殊而重要的地位，水乡地区以桥为路，正所谓"无桥不通"。湖州地处浙西，北毗太湖，境内水网交织，因而对于当地生产生活而言，桥梁更是不可或缺的。历史时期的文献记载中也证实了这一点，记载中湖州地区桥梁数量之繁盛，亦相当引人注目。然而，桥梁之建设并非一劳永逸，对于水灾多发的湖州地区而言，也是如此。历史时期频发的灾患，给湖州桥梁建设带来重大影响，桥梁在灾中受损严重，因此，造桥以及灾后再造桥，成为湖州地区历史地理变迁及社会史的重要组成部分。

以湖州为代表的江南地区桥梁文化兴盛，在社会生活中充当着重要角色，其贡献为人们所推重，同样也引起了学术界的关注，迄今研究者们已推出了一系列的相关研究成果。[①]在本文中，笔者试图在学界以往研究的基础上，从灾害史与景观变迁的角度对湖州地区建桥历史进行一番梳理，辨明灾患发生与桥梁建设之间的内在关系，并从一个侧面展现区域历史地理变迁的复杂过程，以就

---

① 相关研究成果，参见朱惠勇：《湖州古桥》，北京，昆仑出版社，2003 年；沈文中：《垂虹玉带出吴兴：湖州古桥文化研究》，杭州：杭州出版社，2010 年；邹逸麟：《略谈江南水乡地区桥梁的社会功能》，《明清以来长江三角洲地区城镇地理与环境研究》，北京：商务印书馆，2013 年；林星儿：《垂虹玉带扮水乡——漫话湖州古桥》，《中国文化遗产》2006 年第 6 期；唐乐菱：《湖州古桥文化揭秘》，《中国地名》2005 年第 3 期；刘洋、谢函：《湖州古桥：桥转水围村》，《中国公路》2017 年第 4 期；吴颖：《湖州古桥现状与保护》，《中国文物报》，2004 年 12 月 10 日；湖州市档案馆：《湖州的古桥》，《浙江档案》2009 年第 5 期；朱铁军：《江南古桥文化与地域环境关联探究》，安徽工程大学硕士学位论文，2010 年；朱铁军：《江南古桥本体及文化综合分析和规划保护研究》，《安徽理工大学学报（社会科学版）》2012 年第 1 期；朱铁军：《江南古桥及文化的地域性功能研究》，《安徽农业大学学报（社会科学版）》2012 年第 2 期；朱铁军：《江南古桥地域化建筑风格探析》，《黄石理工学院学报（人文社会科学版）》2012 年第 3 期；乐振华、徐晓民、刘舒：《江南古桥石作艺术研究》，《现代园艺》2012 年第 4 期；吴国军、赵丹娅、宋笑笑：《传统与现实之间——湖州练市古桥文化研究与保护》，《才智》2017 年第 14 期；孙荣华：《江南水乡 古桥文化——浙江德清古桥梁初探》，《古建园林技术》2005 年第 2 期与第 3 期等。

正于高明。

一、湖州桥梁建造简史

地方史志中湖州地区的桥梁建设，可以上溯到三国及南朝时期。笔者以为：就某一座古桥而言，其记载的连续性，应是其地位与重要性的体现之一。据记载武康县（治今湖州市德清县西千秋镇）之千秋桥、迎恩桥，均始建于三国时吴黄武元年（222）。①根据文献记载，湖州境内一些重要的桥梁（如骆驼桥）始建于唐代。但是，唐代关于湖州建桥的直接记载却极为罕见。

两宋时期是湖州地区发展的重要阶段，也是湖州地区造桥历史的重要时期。更为重要的是，我们看到，自乐史《太平寰宇记》开始，传统舆地著作开始有意识地著录各地重要的桥梁，这大概也可视为地方志记载的一大进步，由此也可见当时桥梁建设的规模及其在社会生活的重要地位与影响，湖州地区也不例外。《太平寰宇记》"乌程县"下有"骆驼桥，唐垂拱元年（685）造，桥形似骆驼之背，故名之。刘禹锡《送人至吴兴》诗曰：'骆驼桥上苹风起，鹦鹉杯中箬下春'，即此桥也。在霅溪上。""武康县"下有"七里桥，在县西南十里，山墟名云七里桥。山顶有石桥，长一丈六尺，甚峻滑，一名石桥，一名石头山。今山下有桥村。"②

宋代谈钥所作《嘉泰吴兴志》为湖州地区现存最早的地方志著作，其书卷十九即特列"桥梁"一篇，记载了当时湖州境内的重要桥梁及其相关情况（表1）。其篇首即称："湖为泽国，苕、霅众水汇于城中，浩漾湍急。既不可厉揭而涉，济以舟筏。遇风朝（潮）雨夕，溪流瀑（暴）涨之际，亦有覆溺之惧。故成梁之政，视他郡尤急。"③十分准确地道出了湖州地区桥梁建设突出的重要性与紧迫性，其原因自然与湖州地区水乡泽国的地理环境直接相关。

表1　《嘉泰吴兴志》所载湖州桥梁简表　　　　　　（单位：座）

区域名称	桥梁名称	数量
府治	骆驼桥、仪凤桥、甘棠桥、人依桥、望州桥、楚帝桥、眺谷桥、前石桥、后石桥、望仙桥、运河诸桥（采苹桥、无星桥）、苕溪支港诸桥（斜桥、城隍庙桥、太平桥、龙兴桥）、霅溪支港诸桥（旧桥、红桥、县桥、广化桥、营桥、猎场桥、曹公庙桥、教场桥、范家桥）、南小支港诸桥（马公桥、韦坛桥、旱渎桥）、东小支港诸桥（苏家桥、明德桥、月河桥）、北横支港诸桥（八字桥、报本桥、飞英桥、临湖桥、两手桥、坠钗桥、仓桥、贵泾桥）	39

---

① （宋）谈钥：《嘉泰吴兴志》卷19 "桥梁"之武康县下，民国刻《吴兴丛书》本。

② （宋）乐史：《太平寰宇记》卷44，北京：中华书局，2007年，第1886-1888页。

③ （宋）谈钥：《嘉泰吴兴志》卷19 "桥梁"，民国刻《吴兴丛书》本。

区域名称	桥梁名称	数量
乌程县	马赋桥、黄浦桥、定安桥、岘山桥、外濠桥、里濠桥、三里桥、九里桥、西余桥、钱村桥、昇仙桥、遇仙桥、黄闵桥、旧馆桥、既村桥、范村桥、祜村桥、鲁墟桥、东迁桥、朱墟桥、栗墟桥、浔溪桥、清风桥、明月桥、兴德桥、济远桥、通安桥、美利桥、安利桥、山源桥、游仙桥	31
长兴县	广利桥、陵阳桥、回溪桥、熙宁桥、凤凰桥、许公桥、观卞桥、花桥、招桥	9
武康县	千秋桥、永安桥、天宝桥、丰桥、龙尾桥、较虎桥、蔡公桥、豫桥、高津桥、迎恩桥、中邻桥、风渚桥、新宁桥、崇仁桥、郭林桥、天宝市桥、清河桥	17
德清县	通津桥、金堤桥、后谿桥、龟回桥、金鹅桥	5
安吉县	凤凰桥、无星桥、沙井门桥、南门桥、北门桥、齐云桥、秦公桥、杜坊桥、杨子桥、上昂桥	10
合计		111

资料来源：（宋）谈钥：《嘉泰吴兴志》卷19，民国刻《吴兴丛书》本。

但是，可以发现，宋代方志的作者们大多并没有进行实际考察与精确统计，因此，文本记载下来的当时所造桥梁数量是相当有限的，实际生活中存在的桥梁肯定根本不会止于此数。如关于宋代乌程县的桥梁数量问题，谈钥就做了一番解释："县境多水，凡村墅皆有桥。出于近时创建若此类者至众，既无考证，本不足书，若悉数之，不止逾百。盖修书者一时耳目见闻、谩加说录耳。"①据此可知，以谈钥为代表的学者们记录当时桥梁的态度并不是十分认真，因此，其记载桥梁的规模，自然无法反映湖州地区桥梁建设的全貌。

关于两宋时期湖州府城区桥梁建设的情况，谈钥又特别说明："右诸桥多以居人蕃盛，薨宇蝉联，随时于支港创造，以便行旅。或里社募缘，或巨室自建，因处命名……"②可见，人口之增加，现实之需求，成为推动当时湖州桥梁最直接的动力。而就其建造实施而言，既有里社自发组织，又有巨族富室独自完成。

就桥梁建造形式而言，湖州地区早期的桥梁，以木桥或廊桥为多。如湖州最著名的骆驼桥，又称为"迎春桥"，宋人胥偃所撰《迎春桥记》称："横亘溪上三巨桥，迎春其甲也，惊湍箭驰，列柱栉比，覆以飞宇，约以雕槛。宋庆元间火，知州李景和重建旧此桥，或摧圮将坠夜，远处闻桥上若有千余人工作，呼声及旦，桥梁之将坠者，焕然一新，皆商贾船上檣木，居处近桥者，一无所闻觉，或曰此鲁班仙也。"③又如德清县之通津桥"在县西管一百七十步，跨北流水，与天宝桥相近，古名代兴桥，俗呼曰县桥。宋朝淳熙七年邑人率钱重建，

① （宋）谈钥：《嘉泰吴兴志》卷19"乌程县"，民国刻《吴兴丛书》本。
② （宋）谈钥：《嘉泰吴兴志》卷19"府治诸桥"，民国刻《吴兴丛书》本。
③ （宋）谈钥：《嘉泰吴兴志》卷19"乌程县"，民国刻《吴兴丛书》本。

屋宇、栏槛雄丽"①。可见,无论原桥的列柱、雕槛以及重建所用之樯木,都取自木材,这是可以确定的。而"覆以飞宇"的结构,恰与今天所见浙南地区所流行的廊桥极为相近。

众所周知,在传统方志记载中,修桥补路往往作为地方官重要的政绩表现,仿佛为天下之通例。在湖州地区早期方志记载中也是如此。官员的名字往往成为桥梁建设中的关键符号(表2)。

表2　桥梁名字

桥梁名称	督造官员名字	桥梁名称	督造官员名字
骆驼桥	(唐)郑体远建,(宋)刁衎重修	许公桥	(唐)颜真卿修,(宋)许遵重建
仪凤桥	(唐)裴元绛造,(宋)高慎交重建	千秋桥	(宋)曹纬重建
甘棠桥	(宋)章援建,(宋)李景和重修	人依桥	(唐)辛秘造

资料来源:(宋)谈钥:《嘉泰吴兴志》卷19,民国刻《吴兴丛书》本。

时至明代,湖州地区的桥梁建设进入了一个新阶段,与此同时,大量留存下来的文献资料也为我们展现了更为全面的历史风貌。如湖州地区造桥的重要性已成为共识,如《吴兴续志》称:"湖为水国,徒涉为病。葺其舆梁,实为王政",同样阐明了湖州桥梁建设的必要性与迫切性。更为重要的是,时至明代,湖州地区桥梁建造与管理已纳入了制度化形态,故而我们可以在地方志资料中发现大量的较为准确的桥梁记录。"……然皇朝著令,桥梁、道路,府县佐贰官领之,故六县各上其数于府。其目繁多,不能备载,姑以乡都总数附见各县之下。"②正是有这种制度的保障,明代桥梁记载精度较之宋代就有了较大的进步(表3)。

表3　明代《湖州府志》(永乐大典本)所见桥梁统计简表　　　　(单位:座)

方位	桥梁名目	数量
湖州府城内	骆驼桥、仪凤桥、甘棠桥、人依桥、望州桥、楚帝桥、眺谷桥、前石桥、后石桥、望仙桥、仓桥、无星桥、斜桥、城隍桥、太平桥、龙兴桥、荐桥、红桥、县桥、广化桥、营桥、猎场桥、曹公庙桥、教场桥、范家桥、马公桥、韦坛桥、旱渎桥、苏家桥、德明桥、月河桥、八字桥、报本桥、飞英桥、临湖桥、两平桥、坠钗桥、贵泾桥	38
乌程县	(乡都桥梁)一都二所、二都二所、三都五所、四都三所、五都一所、六都四所、七都二所、八都七所、九都二所、十都二所、十一都一所、十二都一所、十三都三所、十四都一所、十五都一所、十六都四所、十七都一所、十八都一所、十九都二所、二十都三所、二十一都二所、二十二都二所、二十三都一所、二十四都四所、二十五都二所、二十六都	

① (宋)谈钥:《嘉泰吴兴志》卷19"德清县",民国刻《吴兴丛书》本。
② 《湖州府志》"桥梁",《永乐大典》卷2276,北京,中华书局,1986年,第1册,第879页。

续表

方位	桥梁名目	数量
乌程县	一所、二十七都十一所、二十八都七所、二十九都三所、三十都九所、三十一都二所、三十二都三所、三十三都十所、三十四都四所、三十五都五所、三十六都三所、三十七都二所、三十八都四所、三十九都四所、四十都一所、四十一都二所、四十二都七所、四十三都六所、四十四都五所、四十五都四所、四十六都八所、四十七都七所、四十八都四所、四十九都四所、五十都四所、五十一都四所、五十二都四所、五十三都十五所	209
归安县	（乡村桥梁）一都四所、二都五所、三都八所、四都十三所、五都八所、六都四所、七都七所、八都四所、九都三所、十都三所、十一都十二所、十二都七所、十三都十七所、十四都三所、十五都二所、十六都二所、十七都四所、十八都二所、十九都二所、二十都七所、二十一都六所、二十二都十所、二十三都二所、二十四都十三所、二十五都三所、二十六都七所、二十七所六所、二十八都一所、二十九都七所、三十都四所、三十一都七所、三十二都十所、三十三都七所	212+5=217
长兴县	平政桥、兴贤桥、西成桥、祥符桥、安贞桥、画溪桥、跨塘桥、林城桥、午山桥、畎桥、红星桥、钦汇桥、蠡塘桥、新塘桥、葛公桥、五里牌桥、福源桥	17
武康县	（县治）千秋桥、桂枝桥、湖桥、丰桥、龙尾桥、较虎桥、蔡公桥、高津桥	8
	（乡村）一都二所、二都三所、三都上管一所、三都下管二所、四都上管三所、四都下管二所、五都下管二所、六都上管二所、十三都三所、十四都上管二所、十五都上管一所、十五都下管一所、十七都下管三所	31
德清县	（附郭）天宝桥（长桥）、通津桥、清河桥、大隐桥、步虚桥、武源桥、洪桥、熙春桥、马厄桥	9
	（乡村）二都二所、三都三所、四都五所、五都七所、六都六所、七都五所、八都四所、九都六所、十都八所、十一都二十五所、十二都四所、十三都上管五所、十三都下管五所、十四都上管七所、十四都下管十一所、十五都东管九所、十五都西管九所、十六都东管一十九所、十六都西管九所、十七都一十一所、十八都东管九所、十八都西管二十二所、茅山六所	193
安吉县	朱基桥、高平桥、浮塘桥、万埭桥、插虹桥、吴渚桥、万湾桥、昇慈桥、德新桥	9
合计		731

资料来源：《湖州府志》"桥梁"，《永乐大典》卷2276。

　　湖州地区历史政区建置的一个特点就是湖州府治、乌程县治与归安县治三治所合一，均在吴兴城内（今湖州市吴兴区）。由表3可以看到，《永乐大典》本《湖州府志》将当时桥梁总体上归为两大类，一是县城内的桥梁（即"在城者"），二是乡都（或乡村）的桥梁。如《吴兴续志》称："（乌程县）在城者，已见郡志，其在乡都而旧志所载者仅三十有三，县佐贰官董治之，载于案牍者，二伯（百）有九。"又"（归安县）县境之桥梁，在郡城者，已载郡志，其在乡都之大桥，曰施渚，曰东林，曰西吴，曰谢村，曰琏市，今如其旧。各处跨港小桥，计二百一十二处，计非当要路，不录其名，止列其数于各都之下"。[①]

①《永乐大典》卷2276，第1册，第880页。

湖州境内主要有湖畔平原与山地两种地貌。因此，就各乡都桥梁数量而言，各县各乡都并不均衡，这大概与当地水文与地貌状况有直接的关系。有些乡都桥梁数量达 20 余座，而不少乡都则没有记载，或仅有一二座，这应该是极不正常的。或者可以说，当时记载的桥梁数量还是较为有限的。

明代湖州造桥，形态归于朴质，形成自身的地域特征，与宋代崇尚所谓"雕槛飞宇"的形态有所不同。明人韩敬《马邑侯修仪凤、青塘二桥记》："吾邑朴俭，桥道所直，无歌亭舞馆之繁，无画柱雕栏之饰，要以行其上者，贸丝市义，不闻追呼之声；棹其下者，载薪还家，不见石壕之吏。熙熙化日，谁实贻之……"①可见，湖州地区桥梁的广泛修建，对于便利民众生活、发展地方商业、改善民生经济环境起到了重要作用。又如湖州地方志文献中有"市桥"的说法，正好与之相印证。明人董斯张所著《吴兴备志》就有"市桥"一节。

湖州历代方志中对于当地桥梁最全面的记述，还要数同治《湖州府志》。②同治《湖州府志》卷二三"舆地略"特列"津梁"一节，记述湖州当地的桥梁及渡口，不仅内容翔实，而且定位精确，足证作者在桥梁统计方面有着相当充实的资料与数据（表4）。

表 4　清代湖州桥梁建造情况简表　　　　　　（单位：座）

所在方位	治所今地	桥梁数量	所在方位	治所今地	桥梁数量
湖州府治	湖州市吴兴区	57	德清县		80
乌程县	湖州市吴兴区南下菰城	346	武康县		151
			安吉县		82
归安县	湖州市吴兴城	466	孝丰县		23
长兴县		200	合计		1405

资料来源：（清）宗源瀚等修撰：同治《湖州府志》卷23，同治十三年刻本。

同治《湖州府志》对于桥梁方位的记载十分精准，且有归类整理之功，为了解当时的桥梁建设与分布情况提供了帮助。

首先，当时桥梁数量之多，极不均衡，令人惊叹。前文已经提到，湖州府治、乌程县、归安县同治一城，且地处平原地带，城内桥梁相当密集，乡都地区密度也相当大，一府二县的桥梁数量达到了 869 所，占到总数的 61.9%。而地处山区的安吉县、孝丰县等则桥梁数量相当有限。

其次，与以往方志忽略府城、县城之外的桥梁不同，同治《湖州府志》的统计上一方面深入村镇层级，不仅准确记载了各个桥梁的准确位置与跨越的河道名称，而且依据河道及方位进行归类，文献价值很高，难能可贵。如

---

① 崇祯《乌程县志》卷12，《日本藏中国罕见地方志丛刊》，北京：书目文献出版社，1991年，第470页。
② （清）宗源瀚等修撰：同治《湖州府志》，同治十三年刻本。

记载归安县"八里店桥"等九桥云："以上九桥，为由迎春门，沿运河，东达南浔，入震泽县（治今江苏吴江市西部）境之道。"①表述简明扼要，令人称道。

经过千百年之累积，湖州地区所在桥梁数量之多，令人惊讶。我们从当地的一些民谚中可以窥得一斑。比如，南浔地区有"十步一座桥""三步一拱，五步一桥"，又如"三里二村庄，村口都筑桥"等，突出地反映了湖州地区古桥的密度及分布特点。②

当然，桥梁数量的增多，是否与生态及地理环境变迁有关，尚不能判定，不过，我们依然可以得到一些有价值的线索。比如，一些重要的桥梁是由渡口改建的，如湖州府治南慈感寺前的潮音桥。我们知道，限于建造的技术条件，古代桥梁的跨度受到了很大的限制，不可能跨越十分宽阔的河道。而有船的渡口与桥梁之间区别也正在于跨度的差异。那么，是否湖州地区桥梁数量的大幅增长，意味着当地的河道普遍趋于狭窄，有淤浅之趋势，从而为造桥提供了可能性，尚难定论。但是，可以肯定的是，在湖州地区造桥的历史上，频繁发生的灾患产生了不可忽视的影响。

二、灾患与造桥

古代的造桥工程并不是一劳而永逸的，出于造桥技术落后及造桥材料问题，古桥的使用年限短暂的缺陷是较为突出的。另外，桥梁的使用寿命又直接与各地不同的地理环境及灾患情况相联系。湖州地区历史上不少桥梁都有"屡圮屡建"的记录，这也是湖州地区桥梁建设史上特别值得关注的一大特征。

比如，长桥是湖州府治内一座历史较为悠久的重要桥梁，在府治东南，又曾名为"伏龙桥""东骆驼桥"。明代方谟曾撰《重建长桥记》一文，就强调了其"屡圮屡修"的情况：

> 郡城之南有水，横贯于南北，曰雪溪。溪之上游曰长桥焉。旧名伏龙桥，又名东骆驼桥。桥之水一自天目之阳，出余杭，经德清，会铜岘诸山水，入定安门；一自天目之阴，入苕溪，薄城南入定安门。二水合流桥下，漫衍为江渚汇，从临湖门，直趋太湖。每春夏霖潦暴至，则深广倍常，故桥屡圮屡修。比年来，遂偃仆而不可支矣。自仆之后，居民行旅，日临流而返者，肩踵相摩，未有以兴起为事……③

---

① （清）宗源瀚等修撰：同治《湖州府志》卷 23，同治十三年刻本，第 1807 页。
② 引自朱惠勇：《湖州古桥》，第 250 页。
③ （清）宗源瀚等修撰：同治《湖州府志》卷 23《舆地略》"津梁"（湖州府治），同治十三年刻本，第 1797 页。

又如青塘桥在乌程县迎禧门外，地位较为险要。清人孙在丰在所撰《重建青塘桥碑略》一文中同样提到"旋圮旋复"的情况：

> 湖郡津梁以百数，而青塘桥独当苕溪与霅交会之处，合而入太湖。溪流瀺灂，道场、何弁诸峰左右屏列，雉堞参差，室庐森布。轮蹄负戴之属，不绝于道，非徒便利涉也，盖亦据形胜焉。始建于元至元初……次第修建，旋圮旋复……①

在这种状况下，湖州桥梁建设中，很多重要桥梁都有"屡圮屡修"及"接力式"的修建过程，显示出历代湖州人民为古桥建设付出的巨大努力（表5）。

表5　古桥历代修建情况

桥梁名称	方位	修建情况
仪凤桥	湖州府治南，苕溪上	唐仪凤中置。宋天圣三年知州事高慎交重修，绍熙三年，毁于火，知州赵充夫重修，易名绍熙。明万历三十年，里人邬佩募修。天启五年，知县马思理捐俸创修。清朝顺治十五年，知府刘愈奇重建。乾隆十年，知县罗懔重修。同治七年，郡人沈丙莹等督修
青塘桥	乌程县迎禧门外、迎禧桥北	元至元初，县丞宋文懿捐资甃石。明万历中，知府李颐修，更名永赖。天启中，知县马思理重修。崇祯壬午，知府陆自严重修，改为永丰。清朝康熙己未，知府胡瑾重修，易以石版，仍名青塘。乾隆己未，知府塔永宁改建五洞环桥，易为永济
阜安桥	德清县治南，跨大溪	唐天宝中建，初名天宝。宋宣和中县令赵崵改木桥，曰余不。淳熙中易以石。参政李颖彦取苏文忠（轼）"风俗阜安"之语改今名。明朝弘治中，知县王良修，正德末，通判赵奎、知县李蘩踵修。隆庆二年知县李宜、万历十三年知县陈效踵修。清朝康熙中，知县冯壮修建，乾隆五十四年，知县张士楹倡修。嘉庆元年，知县李赓芸、周绍濂先后重修
千秋桥	武康县治南一百步，跨前溪	三国吴黄武初间建。明洪武二年，知县李大春重建。正德十四年圮，嘉靖二十年，知县廖暹，二十五年，知县余荣相继修。后圮，清朝康熙十四年，知县冯圣泽重建，狭于旧者十分之三，改六洞为三洞，高与檐垺，往来南北者不复相望
桂枝桥	武康县东一里，余英溪上	宋绍兴十三年，知县范普建。洪武六年，知县张居敬重建。弘治间圮，嘉靖十年，知县张宪复建。天启中圮，知县贺鼎重建。清朝康熙间复圮，三十年，知县华文薰重建，改三洞为一洞。四十六年又圮，设木桥暂济。乾隆七年，僧文彬同里人募建，八年，知县韩梦魁议改三洞石桥。十年，知县刘守成兴建。道光九年，知县疏筼重建并创建文昌阁于南堍，杏坛坊于北堍
广乘桥	在武康县北十里	宋绍兴间，僧法嗣建。明洪武六年，知县张居敬重建。天顺间，典史胡钦重修。嘉靖十三年，县丞宗瀛复建，清朝顺治间圮，康熙十二年重修，复圮。雍正二年，知县米懔复修，未竣，十年，僧意修募建。

资料来源：（清）宗源瀚等修撰，同治《湖州府志》卷23《舆地略》"津梁"，同治十三年刻本。

笔者在以前的研究中已经反复提到，湖州地区北濒太湖，南倚莫干山区，

---

① （清）宗源瀚等修撰：同治《湖州府志》卷23《舆地略》"津梁"（乌程县治）下，同治十三年刻本，第1813页。

水流丰沛，地势低洼，洪涝及水患威胁很大。而这种水文及地势条件同样会直接影响到桥梁的建设、安全与稳定，如云"溪流汹涌，积雨则势若怒潮，奔突可畏，故桥易圮，自宋迄今，兴废殆不胜算"。①又如明代湖州府的官员强调指出：

> 浙西杭、嘉、湖三府虽均为东南财赋之区。杭州原无白粮，嘉兴夏税数少，惟本府税、粮兼重，又当二府之下流。西受天目山水之冲激，北连太湖逆流之涨溢，一夕千里，漫为天洋，且地形釜底，停蓄久而难泄。凡遇水灾，自来较杭、嘉二府特甚……②

这段话确实十分精到地解释了明代湖州地区自然与社会诸多问题产生的症结。除水灾外，其他种类的天灾人祸同样影响到整个社会的面貌与景观。据载，德清县"崇祯九年，邑大火，通济桥而南，几毁三之一"。而德清县在崇祯九年（1636）的灾情更是骇人听闻，应该是湖州府明代灾患破坏情况的一个缩影。

> （崇祯）十五年，旱，飞蝗蔽天而下，所集之处，禾立尽。田岸芦苇亦为之尽，涤郊遍野。属连年饥馑后，民无所得食，削树皮，本木屑，杂糠秕食之。或掘山中白泥为食，名观音粉，聊济旦夕。虽奉朝命，折麦三分，当事匿之不发，征粮益急。道、府、厅，络绎坐县，追比敲扑，呼号之声，彻昼夜。民间拆屋材为薪，听行家鬻之，鬻妻女者亦不论人价，更开报殷户一途，而民间富室尽矣。以至村落丘墟，数十年尚未复云。③

"覆巢之下，焉有完卵？"在天灾人祸的多重冲击之下，在民间拆屋为薪的恶劣条件下，桥梁建设不可能不受到严重影响。比如，定安桥在乌程县治定安门外苕溪驿，本名驿西桥，创建于明代。明人章嘉桢《重修定安桥记》记云：

> 吾湖，泽国也。苕溪出自天目之阴，东来与余不、前溪、北流水诸派合而入郡之定安门。经带包络乎郡治，则定安桥实其咽喉云。每岁桃花麦黄，水发湓湃，咫驶贯桥而下，如建瓴然。舟至引纴，将伯以渡。而东为苕溪驿，青雀、飞凫之舳，漕纲之艑，往往鳞集。其左右乘跷肩摩。桥之要害于郡，视诸桥特甚……④

有些重要的桥梁则在洪涝灾中被直接摧毁，如长兴县之神武门桥，跨城东南壕沟，在明嘉靖间由知县齐之鸾主持重建，改名望春桥。齐之鸾所撰《重建

---

① （清）刘守成：《重建桂枝桥记》，同治《湖州府志》卷23《舆地略》"津梁"（武康县）下。
② （明）董斯张：《崇祯吴兴备志》卷20，清康熙抄本。
③ （清）侯元棐：《德清县志》卷10"灾祥"，传钞清康熙十二年刻本。
④ 崇祯《乌程县志》卷11，《日本藏中国罕见地方志丛刊》，第453-454页。

望春桥碑记》云：

> 嘉靖改元壬午，全吴秋涝，湖州为甚，于是邑东门桥圮。予初至，力弗及也。旋以税事临仓督征，居人驾木渡予，月凡数易。予曰：是可久乎？乃谋诸富人得八十金，又益以市租五十余金，取松天目，伐石武康，征工姑苏，督以耆俊，缘以戒僧，举事冬十二月，讫工春三月，于是东门桥伟然改观矣。旧桥孔偏岸西，舟上下不相见，往往迎触，多垫没。今中流为之隆，其中沿以堤防，卫以阑干。盖上可方轨，下可并舟而行。维暮之春，出自东门，而吾桥适成，因合地与时，而名桥曰望春，作《望春桥记》。①

由于亲力亲为，经历了造桥的整个过程，因此，齐之鸾此文价值很高，我们从中可以深切了解湖州造桥的实况，如"取松天目，伐石武康"，即谓长桥为木石结构，而木材取自天目山，而石材取自武康县。"征工姑苏，督以耆俊"，说明当时湖州地区造桥的工匠大多来自苏州，而由当地知名人士负责质量监督。更为重要的是，我们看到，在重新造桥过程中，鉴于以往的不足及失误，桥梁设计也会有很大的调整与改善。

当时有识人士已经意识到，有些桥梁的使用年限短暂，容易被破坏，正是由于原来桥梁的材质与设计上都存在着很大的缺陷，如在乌程县之青塘桥重修过程中，时人就发现："是桥溪深水疾，旧以五六方墩亘塞于中，架木为梁，形制固甚卑隘，且承其下者忧冲突，临其上者虞摇动。夫以千万人往来之区，因出陋就简，而不为久远之计，无怪乎屡修而屡圮也！"②在这里，作者实事求是的精神值得称道。社会功能强，使用频率高，本身就对桥梁的质量提出了更高的要求，而因陋就简，材料质量不高，应该是湖州早期古桥建设中普遍存在的问题与不足，因此，在改制过程中加以改进当然是十分明智的态度。

笔者强调，也许正是在洪涝灾害的频繁威胁及破坏之下，在"屡圮屡修"的过程中，湖州地区的桥梁建造在形质等诸多方面也发生了变化，最突出的一点便是以石易木，即石制桥普遍取代了木制桥。根据文献记载，湖州地区桥梁建造以石易木的举措早在宋代就开始了，如长桥在湖州府治东南，据《吴兴掌故》云："宋政和中，章援知州事，于郡东南重建长桥。建炎末，郡人易木以石，且筑渚中流，析桥为二，南名甘棠，高壮可通大舟。北仍名长桥，明天顺四年，邱璇知湖州，以长桥岁久圮坏，鸠工重建。"③

在湖州易木为石的改造过程中，归安县双林镇的三座著名桥梁（即化成桥、

---

① （清）宗源瀚等修撰：同治《湖州府志》卷23《舆地略》"津梁"（长兴县）下，同治十三年刻本。

② （清）孙在丰："重修青塘桥记略"，（清）宗源瀚等修撰：同治《湖州府志》卷23《舆地略》"津梁"（乌程县）下，同治十三年刻本。

③ 参见雍正《浙江通志》卷35，《影印文渊阁四库全书》，台北：商务印书馆，1986年。

万魁桥和万元桥）的改造就具有典型意义，如化成桥"宋延祐间创，明洪武初改砖桥。永乐中易木。成化己未重修，郡人张廉为之记。嘉靖中，始环以石。沈桐复为文记之，谓其长三百余尺，阔几二十尺，易木为石，刓方而为圆，并七而为三，工制坚实，形势壮伟，屹然为一镇巨观"。又如万魁桥。据《双林镇志》记载："（桥）在禹王庙北，跨塘，居三桥之西，西临风漾河，最广阔，木梁，屡修屡圯。康熙元年，里人顾某始募环石，乙酉落成，甲午、戊戌重修。"又万元桥，《双林镇志》载："（桥）跨塘，临石漾，居三桥之西，旧为木梁，名福成。雍正庚戌，甃石，改今名，与万魁、化成鼎峙。"①从此可以看出，双林镇的重要桥梁都是在明朝后期以及清朝前期完成了"易木为石"的改造。

时至今日，我们在湖州地区很难再见到木制的古桥，应该是当时全面改造的结果，也反映了当地社会对于桥梁建设的共识。然而同样在今天，以木质为主的廊桥仍较多地保存在浙南及闽北地区，成为一种宝贵的文化遗产，从中可见区域间的发展水平、文化差异，其中缘由以及与地域环境、区域社会经济水平之间的关系确实值得现代研究者深入考察。

三、结语

区域历史地理变迁的内容极其繁复，我们足以从一个侧面找到众多的反映历史地理变迁过程的要素与参照物，这也就构成了我们从事区域历史地理研究的对象与目标。

"湖州陆道，非桥不通。"②湖州地区桥梁建设的重要性，是客观的地理及水文状况所造成的。作为最重要的公益建设项目之一，湖州地区在历史时期的江南地区桥梁建造中取得了十分显耀的成就，也形成了当地社会中丰富多彩的桥梁文化，成为湖州生产力水平与区域社会发展程度的重要体现。迄今广布于湖州地区数以百计的古桥，正是这种成就与文化贡献的最直观表达。

然而，回顾湖州地区的建桥历史，我们切不可忘记历代湖州人民为造桥与修桥所付出的巨大努力与牺牲。特别是频繁而严重的灾害，对于湖州地区桥梁建设的影响是极其严重的，湖州地区的桥梁建设因此也经历了无数次的毁坏与重建的循环，"屡圯屡修"，而就在这种艰苦卓绝的过程中，湖州地区桥梁建设的经验在累积，桥梁的形质也随之变化。石制桥代替木制桥，也许是其中最突出的变化结果。

---

① （清）宗源瀚等修撰：同治《湖州府志》卷23《舆地略》"津梁"（归安县）下，同治十三年刻本，第1825-1826页。

② （明）董斯张：《崇祯吴兴备志》卷19，清康熙抄本，第345页。

附　　录

中国防御协会灾害史专业委员会第十四届年会暨"江淮流域灾害与民生"学术研讨会综述

黄　昆　朱正业

（安徽大学历史学院）

2017 年 10 月 20 日—23 日，由中国灾害防御协会灾害史专业委员会、中国水利水电科学研究院水利史研究会、中国人民大学清史研究所暨生态史研究中心、中国可持续发展研究会减灾与公共安全专业委员会、安徽大学淮河流域环境与经济社会发展研究中心、安徽大学历史系联合主办的中国灾害防御协会灾害史专业委员会第十四届年会暨"江淮流域灾害与民生"学术研讨会在安徽合肥隆重召开。全会分为三场主题报告会、六场分场报告会和两场青年学者论坛，来自国内科研机构、高等院校和美国肯尼索州立大学等 90 多位知名专家、学者共同出席了此次大会。大会围绕区域自然灾害类型及其特点、被灾区域的经济民生与文化习俗、减灾救荒与灾赈机制、灾害与城市发展、个案研究等主题，展开多视角、跨学科的学术研讨。由于文章篇幅有限，本文将着重选取一些具有代表性的论文进行叙述。

一、区域自然灾害类型及其特点

王丽歌的《宋元时期江淮地区自然灾害考论》一文认为，宋元之际，江淮流域自然灾害的发生频率不断增高，由之引发的次生灾害也越来越多，以致生态环境恶化、人地关系失调，最终使得明清以降，社会经济长久凋敝。张伟兵的《1720—1723 年山西特大旱灾初步研究》一文探究了此次山西大旱的原因及其演变过程。以井灌为代表的水利工程措施在此次旱灾中发挥了积极作用，灾后得到大力发展，是灾害与社会相互作用、相互影响的典型事件反映。杨云的《宁夏建省后的洪灾及其特点分析》一文认为，建省后的宁夏洪涝灾害次数较多，但受水灾影响相对较小，宁夏平原享黄河水利灌溉的便利远大于受灾的影响。蔡勤禹的《近百年青岛气象灾害类型、特征及成因分析》一文认为，青岛因其独特的地理位置，其气候特征与内陆地区呈现明显不同，表现为灾害发生频率

差别大、连锁反应强、灾害损失大。萧凌波的《1736—1911 年华北饥荒指数序
列重建及其与水旱灾害的时空关系》一文认为，清代华北地区的饥荒与旱灾指
数序列存在显著的正相关关系，饥荒多发的高风险区与旱灾多发区亦存在很好
的空间对应。灾害对饥荒的触发作用并非一以贯之，社会经济条件较好的时期，
区域社会对于饥荒的抵御能力不可忽视。饥荒多发区的分布，除了与水旱灾害
存在对应关系，也受到地形、人口、经济、救灾措施等一系列自然和人文因素
的限制和作用。

二、被灾区域的经济民生与文化习俗

1. 经济民生

郑清坡的《20 世纪凿井灌田与农业结构调整——以冀中定县为例》一文认
为，1949 年以后，定县水井的数量迅速上升，砖井逐渐被淘汰，机井逐渐成为
主体。随着水井数量和技术的提高，定县粮食作物的品种越来越少，经济作物
种植面积快速增长，其中蔬菜和瓜类所占比重不断上升，经济效益提升明显。
朱正业的《近代淮河流域水灾对民生的影响——以河南淮河流域为例》一文认
为，近代河南淮河流域水灾频发，对民众正常生产、生活产生重大冲击，涉及
多个方面，包括冲毁房屋、淹没田地、破坏庄稼、减少收成、淹死牲畜等。当
各种努力都无法帮助灾民渡过难关时，他们只得忍饥挨饿、流离失所、境遇悲
惨。张堂会的《民国时期江淮流域灾害与民生的文学影像——以现代文学为中
心的考察》一文认为，民国时期，因江淮流域自然灾害频发，导致"人市"和
娼妓业畸形繁荣，流民遍地、饿殍塞途。现代文学对自然灾害下人民日益艰难
的生活处境与灾难之下的人性变异进行了书写，揭示了自然灾害下的人祸因素。
房利《灾荒冲击下的乡村社会冲突——以近代淮河流域为中心的考察》一文认
为，淮河流域的社会冲突以经济斗争为主，是灾民为求生存谋生计的无奈之举，
主要为水资源、粮食资源以及税租问题上产生的冲突。高建国的《20 世纪 50 年
代安徽省灾民逃荒初步研究》一文，通过对 20 世纪 50 年代安徽省灾民逃荒记
录进行综合研究，对相关数据进行认真分析与处理，解决了灾民逃荒的原因、
人数、逃荒路线等问题。

2. 文化习俗

王智汪的《被牺牲的局部：灾荒视角下的皖北流民文化》一文认为，皖北
地区是中国道家文化发祥地。同时，自然灾害的频发，给当地的社会文化造成
了深刻影响，产生了皖北社会生态奇观——乞丐文化。梁家贵的《民间信仰与
元明以降淮河流域自然灾害》一文认为，淮河流域的民间信仰与该区域的自然
灾害有着极为密切的内在联系，表现为民间崇拜对象繁多、范围广、影响大。
这反映了民众在自然灾害面前的无奈，因为他们得不到来自官府、社会的救助，

只能祈求神灵的庇佑。孙语圣《灾害与好勇轻教的淮域民风》一文将淮河流域与皖南地区进行比较，认为淮河流域的自然灾害远大于徽州地区。因此，这也决定了淮河民风文化中好勇斗狠、喈瘯健讼、博饮轻教之风较为凸显，与徽州文儒社风迥异。

三、减灾救荒与灾赈制度

1. 减灾救荒

卜风贤的《传统农业减灾技术的历史考察》一文认为，秦汉以降，农耕生产中的减灾趋向促使传统农业放弃产量第一的技术路径，开启了农耕生产的稳产局面。赵晓华的《禁宰与借贷：清代救灾期间的耕牛保护》一文认为，在传统农耕社会，耕牛在救灾过程中发挥着重要作用。因此，为了加强对耕牛的保护，清政府在救灾过程中，严格执行禁宰耕牛制度，并将借贷耕牛进一步制度化，将之视作救灾的重要环节；地方政府也通过当牛局等因地制宜的政策，力求保证灾后农业生产的及时恢复。张家炎的《晚清以来江汉平原的环境变迁与救灾作物生产的变化》一文认为，为应对频繁的洪涝灾害，当地百姓有种植救灾作物的传统，并在不同历史时期，所种作物的种类与比重不尽相同。随着中国的政治制度、社会经济结构及人民生活水平的巨大变化，堤防体系也因中华人民共和国成立后大兴水利而日趋稳固，救灾作物的生产也相应日渐减少以至消失。康武刚的《清代温州滨海平原的地方社会与陡门修筑》一文认为，地方官员在滨海平原陡门修筑活动中发挥督率作用，乡民负责出资、出力，配合陡门的修筑，而乡绅主要负责联络，将乡民的修筑需求传递给政府官员。清代温州滨海平原地方社会中的官员、乡绅、民众围绕陡门的修筑活动，形成了一个利益共同体。

王成兴的《近代淮河流域自然灾害及其救治问题研究述评》一文对学界今后的研究方向做出了展望。文章认为近代淮河流域灾害及其救治问题作为独立的研究论域，应充分利用档案、方志资料，综合运用历史学、社会学、灾害学以及统计学的研究方法，力求灾害研究既有定性结论，又有量化分析，灾害救治研究既有宏观政策叙述，又有微观运作剖析，是未来学界应该努力的方向。张祥稳的《晚清（1861—1911）社会应对皖淮流域灾荒问题探究》一文认为，由于晚清时期皖淮地区的灾荒史无前例的频仍和严重，对此，官方整合国内外各界救助力量，治标与治本举措并行，开展了灾荒救助，取得了一些实效，但基于国祚、吏治、经济和民生等诸多因素的制约，最终没能达到"定人心而全民命"的灾荒应对目标。葛岭的《1959—1961年皖西北饥荒中的县级救助研究》一文认为，因囿于粮食供应的指标控制以及当时环境的影响，县级机构最主要的救灾措施是生产自救。但就结果而言，生产自救非但没有能起到缓解饥荒的作用，反因实施过程中的虚报浮夸而加重了灾情，从而出现了"救而弥荒"的怪象。张绪的《清代前期合肥地区的自然灾害与灾荒救济》一文认为，在清代前期，地方官府通常会以蠲赈、钱粮缓期带征等方式来安抚民心，以士绅为主体的民间力量也会积极作为，成为参与赈灾救荒的一股重要力量，体现出官府与士绅在处理和应对灾荒等地方社会事务上所呈现出的一种良性互动关系。陈业新的《关于历史时期荒政成效的评估——以明代皖北地区官方赈济为例》一文认为，明代凤阳府开展的救荒行为，从整体上讲，其积极作用和意义是毋庸置疑的。但因为凤阳地区灾害过于频繁，以致国家无法保证对历次灾害都能进行积极、有效的赈恤，加之该地民众的普遍贫困，除个别时期外，地方赈恤均微不足道。因此，灾荒环境下的凤阳地区民生极其艰难。

刘祥学的《明代中后期珠江中上游地区的灾害与社会治理》一文认为，明代中后期，珠江中上游地区灾害频仍，明廷虽然采取了一些赈济措施，但成效有限，这一地方社会始终无法安定下来。其根本原因与自然灾害频发对山地农业生产体系的冲击，较低的生产力水平等多重因素叠加影响有密切的关系。徐建平的《北洋政府时期京直灾荒救助特点研究》一文认为，1917 年和 1924 年发生在京直的大水灾，以及 1920 年的华北大旱灾，给京直带来了巨大灾难。在北洋政府主导下，灾荒救助工作取得了一定成效，并形成了一定的特点，不仅短期和长期救助相结合，而且覆盖农业除害、卫生防疫、灾区教育等诸多方面。文姚丽的《陕甘宁边区灾荒救助研究》一文认为，中国共产党在陕甘宁边区的救荒赈济之策集中体现在自力更生与生产救荒两方面。其具体救荒政策、措施及实践充分体现了自力更生与生产救荒、统筹安排与相互协调的救荒思想。胡勇、杨翰林《民国时期江南地区苦儿院初探（1911—1937）》一文认为，苏州苦儿院和上海广慈苦儿院为贫儿、苦儿收养事业做出巨大的贡献。苦儿院从慈善家、商人、政府等处筹集善款，同时依靠自身力量赚取经费，继承了传统善堂、善会中独立的特点和救济的职能，又以教养兼施的特性体现了时代的进步。李喜霞的《何为与为何——试论中国近代的慈善公益事业》一文认为，近代慈善公益事业与慈善紧密相连，蕴含顾恤同类的善心理念，在着手特殊人群之时，更着眼于公共利益，图谋整个社会的发展，形形色色的慈善公益活动均体现出为全体社会成员谋利益的时代特征。王明前的《南京政府时期四川省反共战争期间的战争动员与善后救济》一文认为，四川新军阀当局通过官方行政责任机构"剿匪区安抚委员会"和名义为社会团体的"剿匪民众后援会"，一方面最大限度地调动社会资源投入反共战争，另一方面本着安置与救济并举的原则解决难民问题。但新军阀的掠夺本性使他们的民生高调终将成为空谈，其善后救济终归不过是战争动员的欺骗性陪衬而已。

2. 灾赈制度

周琼的《农业复苏及诚信塑造：清前期官方借贷制度研究》一文认为，清代灾赈借贷制度起源于康熙朝，经雍正朝初建，乾隆朝完善并确立。灾赈借贷制度的基本内容包括：灾民借贷仓谷的收息及免息、借贷籽种口粮的期限及数额、兵丁借贷、耕牛粮草借贷、失信处罚等。这套借贷制度保障了灾民的再生产能力，稳定了统治、促进农业经济恢复，塑造了民众灾害自救自助的文化心态及诚信行为。牛淑贞《清代以工代赈的组织管理机制》一文认为，这套管理机制虽然能够加强清朝以农业生产为主的基础设施建设以及社会秩序的安定，但不同阶段的社会经济环境及吏治状况对以工代赈的监督管理机制的正常运营及国家和中央政府有效地协调、干预以工代赈的能力也带来了负面影响。总的来说，康雍乾盛世时期以工代赈组织管理机制要较嘉庆道光之后运行得好一些，运行过程中出现的弊病相对要少一些。张玉祥的《论清代新疆巴里坤地震的赈灾制度》一文论述了清代新疆巴里坤地震的报灾、勘灾、审户、救灾和核赈等赈灾制度。正是受益于此种制度，新疆巴里坤地震才得以化解，至今仍有值得借鉴的地方。吴四伍的《论清代甘肃冒赈案与国家治理危机》一文认为，自乾隆初年以降，日渐完善、强化的奏折制度、灾赈制度、财政交接制度等，因官僚系统的腐化，逐渐失效，最终走向衰败。作为贪污案件典型代表的甘肃冒赈案，不仅展示清代官僚体系的集体腐化，还揭示清代官赈所遭遇制度性危机，以及国家治理应对的困局。

四、灾害与城市发展

王国民的《水患视域下的明清沙颍河流域人地关系研究——以周家口为对象》一文认为，明清时期，周家口地方官民采取开辟新河道、筑堤捍水等措施，在一定程度上抑制了城市水灾的发生。但也改变了镇内的自然地理环境，对沙颍河水流和泥沙运动规律产生了巨大的影响，改变着周家口的平原地貌出现了坑塘棋布、北方水乡的城市新风貌。王挺的《论历史时期城市选址与水环境的关系——以关中地区为例》一文认为，尽管水环境对历史时期城市选址有着重要影响，但影响程度如何，不可一概而论，每个城址最终的选择可能是多种因素博弈的结果。程森的《山地水患与治所城市迁移——以道光初年陕西略阳县为中心》一文认为，道光七年（1827）略阳虽罹水患，但城址迁移的主因是移建新城比修复旧城更能为国家节省库银。这也启示我们在考察水患与治所城市迁移的关系中，应结合城址迁移的具体史料，充分考量当时地方官员群体移建城址时的具体思路与立场，方能接近治所城市迁移的客观原因。潘明娟的《旱涝灾害背景下的汉长安城水资源利用》一文认为，西汉气候灾害频仍，尤其是武帝时期长安地区旱灾频繁。因此，在城市供水方面，为有效利用地上水，开凿了昆明池、太液池、唐中池等蓄水池，重新梳理了城南水道，形成浐水，从而形成能够覆盖整个城市范围的供水系统。安介生的《灾患与造桥：湖州建桥小史》一文认为，历史时期频发的灾患使得桥梁受损严重，因此，造桥以及灾后再造桥，成为湖州地区社会史的重要组成部分，形成了当地社会中相当丰富多彩的桥梁文化，也成为湖州生产力水平与区域社会发展程度的重要体现。

五、个案研究

高建国的《棚民运动和徽州地主帐册》一文根据徽州地主账册中亩产变化，得出清前期的经济较以前呈现明显衰退，康熙帝"免额赋有差"、雍正帝"摊丁入亩"政策以后，农业经济有所好转。但康乾时期百余年棚民运动，使得森林破坏严重，农业上衰退比前期更甚。牛长立的《大别山区抗日根据地水利建设综合研究》一文认为，大别山抗日根据地的水利建设中，实施了"修工合用""摊工合理"的"精工政策"，发展了农业生产，改善了人民群众生活，极大地减少、减轻了根据地水旱灾害的肆虐，极大地激发了群众的生产热情，扩大了党和政府的政治影响。徐海亮的《史前黄河在淮河流域的泛滥》一文认为，探讨史前淮河流域的黄泛灾害，可借鉴黄淮平原晚近地貌过程和冲积扇发育历史的研究成果，分析相关区域关键部位的浅层地质资料，恢复晚更新世与全新世早中期汳河、瓠子河泛道带及其泛区，不应囿于历史时期文字记载（黄河南泛），忽视史前黄河多次、长期光临淮河流域，忽略淮北晚近地貌被黄河重塑的地文事实。王聪明的《高家堰名实问题考辨》一文对高家堰始筑于东汉建安年间的传统观点质疑，认为广陵太守陈登所筑陈登塘即为高家堰前身的观点，可能与当时的治河活动有关。因潘季驯等的筑堤束水攻沙的策略需要借助类似陈登、陈瑄等治水名臣来佐证，因此为淮安人胡应恩的陈公塘即高家堰的观点提供了一定的支撑作用，但陈公塘即高家堰的说法尚欠妥帖。朱浒的《同治十年直隶大水与盛宣怀走向洋务之路——兼再谈轮船招商局创办缘起》一文认为，同治十年（1871）直隶暴发特大水灾的意外事件，最终促成了盛宣怀参与筹办招商局的契机，并非传统观点认为是由李鸿章的着意安排。通过深入探究这一过程，除揭示盛宣怀个人的一段隐微历史之外，更有助于理解洋务事业从顶层设计落实为建设实践的复杂进程，从而拓展洋务运动研究的视角。

后　记

　　江淮流域是一块曾经被历史的荣耀深深浸润过的土地，史前时期有辉煌的蒙城尉迟寺、蚌埠双墩等文化遗址，历史时期有楚都寿春、宋都开封、明中都凤阳，以及相继出现的一批影响中国历史的重要人物如管子、老子、庄子、曹操、朱元璋、李鸿章，等等，则更显江淮流域历史发展的厚重与风云际会。唐宋时期，江淮流域经济文化日形繁荣，史有"天下无江淮不能以足用，江淮无天下自可以为国"之记载，民间有"江淮熟，天下足"和"走千走万，不及淮河两岸"之谚语。北宋以后，黄河河势南趋，最后全面夺淮数百年，导致江淮流域环境恶化、灾荒频仍、经济停滞、社会贫困，直至今日仍可见其不良影响。为了从多学科交叉视角推动江淮流域的灾害与民生、环境变迁与灾害治理研究的发展，深入探讨中国区域灾害史、环境史与社会变迁之间的密切关联性问题，展示历代江淮流域以及其他地区的人民为抗灾、减灾付出的巨大努力和宝贵经验，进而为今天中国防灾减灾对策以及应急机制的建立提供历史参照，中国灾害防御协会灾害史专业委员会联合安徽大学淮河流域环境与经济社会发展研究中心、中国水利水电科学研究院水利史研究所、中国人民大学清史研究所暨生态史研究中心、中国可持续发展研究会减灾与公共安全专业委员会以及安徽大学历史系等单位，于 2017 年 10 月 20 日至 23 日在安徽大学隆重召开了中国灾害防御协会灾害史专业委员会第十四届年会暨"江淮流域灾害与民生"学术研讨会。会议的成功举办，得到了中国灾害防御协会灾害史专业委员会等各主办单位的关心和支持，尤其是得到了中国人民大学清史研究所的大力赞助，在此我代表本次研讨会的具体承办者安徽大学淮河流域环境与经济社会发展研究中心的全体同仁一并向他们表示最衷心的感谢！

　　此次研讨会得到了各地灾害史专家学者的热烈响应，共收到全国科研院所专家代表参会论文 57 篇、青年学者论坛参会论文 26 篇，这些论文分别就灾害史理论、江淮流域等地区灾害与民生领域的一些重要问题进行了深入探讨。为了系统展示这次研讨会的高质量成果，在会议结束后不久就着手启动编辑出版论文集工作。2018 年 3 月，论文集编辑组向参会论文作者发出论文征集工作通知。论文集编辑组征集收录论文工作遵循作者自愿的原则，因出版经费和论集篇幅所限，编辑组事先约定不予收录的范围：一是青年论坛论文；二是仅提交论文但因故未能莅会和到会提前离会未宣读的会议论文；三是仅提供论文提要或未提交论文而仅在会议上口头汇报的论文；四是质量有较大欠缺的会议论文；五是同一个参会代表向会议提交的两篇论文中没有在会议上进行交流的论文；六是作者表示不愿收入的论文。在各位与会专家的鼎力支持下，论文集编辑组最后征集到收录论文21篇。经论文集主编张崇旺、朱浒共同商定，对收录的21篇论文分成灾害史理论方法与减灾事业、江淮流域的灾害与社会变迁、其他地区的灾害与环境社会治理三大板块进行编选，并邀请中国灾害防御协会灾害史专业委员会主任夏明方为本书作序，最后张崇旺对本书进行了统稿。

　　本书因是精选中国灾害防御协会灾害史专业委员会第十四届年会暨"江淮流域灾害与民生"学术研讨会的参会论文编辑而成，讨论的问题皆是灾害史研究的前沿而又重大的问题，期望本书的出版，对灾害史理论、区域灾荒史、历史地理学、环境史研究以及当今生态文明建设产生重要的推动作用，对高校历史学本科、硕士、博士研究生，国内外灾害史、历史地理、环境史、水利史、农业史、社会史、生态文明、环境科学、生态学等学科的专家学者，从事减灾、救灾、赈灾以及水利、环保、农林等工作的政府部门及企事业单位的工作人员，也或多或少地有一些帮助。

本书编者

2019 年 8 月 10 日